普通高等教育教材

普通高等教育食品科学与工程领域创新教材

食品加工与保藏原理

SHIPIN JIAGONG
YU BAOCANG YUANLI

朱建飞　王琳琳◎主编

汪　磊　郑俏然　杨　潇　王立娜◎副主编

化学工业出版社

·北京·

内容简介

《食品加工与保藏原理》系统阐述了食品加工与保藏过程涉及的主要工艺技术、方法及其原理。内容包括绪论、食品的劣变及控制、食品的低温保藏、食品的热处理、食品的干燥与浓缩、食品的辐照保藏、食品的非热加工技术、食品的发酵、食品的腌渍和烟熏、食品的化学保藏等。本书具有一定的实用性和可操作性。

本书可供高等院校食品科学与工程、食品质量与安全和食品营养与健康等专业及相关专业的教学使用，也可供食品科技工作者阅读参考。

图书在版编目（CIP）数据

食品加工与保藏原理 / 朱建飞，王琳琳主编. —北京：化学工业出版社，2023.9

ISBN 978-7-122-43623-8

Ⅰ.①食… Ⅱ.①朱… ②王… Ⅲ.①食品加工②食品贮藏 Ⅳ.①TS205

中国国家版本馆CIP数据核字（2023）第104299号

责任编辑：旷英姿　王　芳	文字编辑：王丽娜
责任校对：宋　夏	装帧设计：王晓宇

出版发行：化学工业出版社（北京市东城区青年湖南街 13 号　邮政编码 100011）
印　　刷：北京云浩印刷有限责任公司
装　　订：三河市振勇印装有限公司
787mm×1092mm　1/16　印张 17¾　字数 449 千字　2023 年 10 月北京第 1 版第 1 次印刷

购书咨询：010-64518888　　　　　　　　售后服务：010-64518899
网　　址：http://www.cip.com.cn

凡购买本书，如有缺损质量问题，本社销售中心负责调换。

定　价：56.00 元　　　　　　　　　　　　　版权所有　违者必究

编写人员名单

主　编　朱建飞　王琳琳

副主编　汪　磊　郑俏然　杨　潇　王立娜

编写人员　（按姓氏笔画排序）

王立娜	西南民族大学
王琳琳	西南民族大学
宁　芯	玉林师范学院
冯　敏	重庆工商大学
朱建飞	重庆工商大学
向世琼	重庆三峡学院
杨　潇	西华大学
汪　磊	玉林师范学院
郑俏然	长江师范学院
胡陆军	四川轻化工大学
高瑞萍	重庆工商大学
唐华丽	重庆三峡学院
雷　雨	四川轻化工大学

前　言

食品工业是我国国民经济的重要支柱产业之一，是关系国计民生以及农业、工业和第三产业的重要产业。党的二十大报告提出到 2035 年建成健康中国的目标，明确要把保障人民健康放在优先发展的战略位置。树立大食物观，顺应"大健康"时代人民群众食品消费结构的变化趋势，在保障食物品种丰富与数量供给的基础上，改善居民膳食结构与营养供给，推动民众食品消费结构由"吃得饱""吃得好"向"吃得营养""吃得健康"转变，不断满足人民群众对食物多样化、精细化、营养化、生态化的膳食新需求。

普通高校承担着培养生产和管理所需的复合应用型人才的重任，食品专业的学生作为现代食品工业生产者及技术人员的重要组成部分，必须能够与产业结构调整相适应，夯实专业基础，提升专业技能，提高综合素质。食品加工与保藏原理作为本科食品科学与工程类专业的核心课程，起着引导学生初步了解和认识食品科学各领域的作用。通过本课程的学习，学生应正确理解食品加工与保藏相关的概念，掌握食品加工和保藏方法的普遍规律、基本原理和一般方法，并能综合运用于对实际问题的分析，初步具备解决一般食品加工与保藏相关问题的能力，为以后学习其它专业食品相关课程打下基础。该课程涉及的知识面广、知识分散，且知识更新速度快。本教材在阐明食品加工与保藏的基本原理的基础上，将国内外该领域的最新应用技术和研究成果融入其中，比如，引入食品非热加工领域中超高压技术、脉冲电场技术、高压二氧化碳技术等前沿内容；各章节涉及原理部分更注重食品营养组分及其加工过程中的变化规律与互相作用机制的阐述。

本书具体编写分工如下：绪论和第二章由西南民族大学王琳琳和王立娜编写；第一章由重庆三峡学院唐华丽和四川轻化工大学胡陆军编写；第三章由长江师范学院郑俏然和重庆工商大学冯敏编写；第四章由西华大学杨潇编写；第五章由重庆工商大学朱建飞和四川轻化工大学雷雨编写；第六章由朱建飞和重庆工商大学高瑞萍编写；第七章由朱建飞及郑俏然、重庆三峡学院向世琼编写；第八章由玉林师范学院汪磊和宁芯编写；第九章由汪磊和王琳琳编写。重庆工商大学硕士研究生陈小梅、黄昕汀和田东灵等同学为本教材编写收集和整理参考资料。本书由朱建飞、王琳琳主编，汪磊、郑俏然、杨潇、王立娜副主编，全书由朱建飞和王琳琳统稿。

在教材的编写过程中得到了编者所在院校和化学工业出版社的支持、指导和帮助，在此深表谢意。由于编者水平所限，时间仓促，书中难免有疏漏和不足之处，恳请各位同仁和读者批评指正。

编　者

2023 年 3 月

目　录

绪　论

人类文明的进化和发展与食物密切相关。从古至今人类的食物在不断更新，人们对食物的认识也在不断加深。人类从最初主要通过采集和狩猎来获取食物，到现在能够利用多种先进的加工与保藏技术对食品进行加工处理以获得更好的食品风味、口感和更长的保存时间。随着食品科学技术的进步、食品加工业的快速发展以及人们食品消费水平的提高，现代食品消费对食品卫生与质量的要求在不断提高，食品加工与保藏技术也随着社会和科学技术的进步得到了更好的发展。

一、食品加工与保藏的历史和现状

(一) 食品加工与保藏概述

1. 食品的基本概述

（1）食品的概念　《食品工业基本术语》（GB/T 15091—1994）中规定，食品是指各种可供人类食用或饮用的物质，包括加工食品、半成品和未加工食品，不包括烟草或只作药品的物质。食品能提供人体生长发育、更新细胞、修补组织、调节机能必不可少的营养物质，也是人体能量的来源。在这个概念中食品包含食物和食品两层含义。广义上讲，食品是指可直接食用的制品以及食品原料、食品配料、食品添加剂等一切可食用的物质，对食品的范围进行了限定。狭义上讲，食物是指可供食用的物质，不一定进入流通领域，即不作为商品；食品是指经过加工与处理，作为商品可供流通的食物的总称。

《中华人民共和国食品安全法》第一百五十条对食品相关的用语有明确的定义，食品是指各种供人食用或者饮用的成品和原料，以及按照传统既是食品又是中药材的物品，但是不包括以治疗为目的的物品。美国食品及药品管理局（FDA）对食品的定义为：指消费者所消费的较大数量作为食用的物质，包括人类食品、从相关物质中迁移到食品中的物质、宠物食品以及动物饲料。食品主要来自动物、植物和微生物等，是全人类生存和发展的重要物质基础。

（2）食品的分类　食品品种繁多，名称多种多样，目前尚未对其进行规范统一。可按照多种分类形式和常规或习惯进行分类，如食品的物理状态、食品原料种类、食品加工处理方法、食品保藏方法、食品产品特点、食用对象等。

① 按照食品的物理状态　分为固态食品、半固态食品和液态食品。其中固态食品和半固态食品又可分为凝胶状食品、组织状食品、多孔状食品及粉体食品等。

② 按照食品原料种类　分为果蔬制品、粮食制品、肉禽制品、乳制品、蛋制品、水产品等。

③ 按照食品加工处理方法　分为生鲜食品、焙烤食品、罐头食品、挤压膨化食品、速冻食品、发酵食品等。

④ 按照食品保藏方法　分为低温保藏（冷藏、冻藏）食品、罐藏食品、干制食品、腌渍（盐腌、糖腌、醋腌、酱腌等）食品、烟熏食品、辐照食品等。

⑤ 按照食品产品特点　分为方便食品、功能食品、婴儿食品、快餐食品、工程食品、休

闲食品等。

⑥ 按照食品食用对象　分为老年人食品、儿童食品、婴幼儿食品、妇女食品、运动员食品、航空食品、军用食品等。

（3）食品的功能　人类的饮食不仅能够饱腹，还有其他更多的作用。食品对人类所发挥的作用称为食品的功能。食品的功能主要包括：营养功能、感官功能和保健功能。

① 营养功能　食品的营养功能是其最基本的功能。食品所含有的蛋白质、碳水化合物（糖类）、脂肪、维生素、矿物质及膳食纤维等营养成分表征了食品的营养功能，使食品成为满足人体营养需求最重要的营养源。食品的最终营养价值不仅取决于营养素的全面和均衡，而且还体现在食品原料的获得、加工、保藏和生产过程中的稳定性、保持率以及生物利用率等方面。

② 感官功能　随着社会生活和食品工业的快速发展，人们对食品的要求逐渐提高，对食品的需求不仅仅满足于吃饱，还要求在饮食过程中同时满足视觉、触觉、味觉、听觉等感官方面的需求。食品的感官功能不仅能满足消费者对享受的需求，还有助于促进食品的消化吸收。食品的感官功能通常体现在外观、质构和风味等方面。

a. 食品的外观主要包括大小、形状、色泽、光泽等，一般要求食品应大小适宜、造型美观、色泽悦目、便于拿取携带等；

b. 食品的质构，即食品的内部组织结构，包括硬度、黏性、韧性、弹性、酥脆度、稠度等，食品的质构会直接影响食品入口后消费者的感受，进而影响消费者的接受程度；

c. 食品的风味包括气味（香气、臭味、水果味、腥味）和味道（酸、甜、苦、辣、咸、麻、鲜以及多种味道的复合味道等），各种食物或食品本身就具有特定的风味，食品的风味是影响消费者对食品进行综合评价的重要因素之一。

③ 保健功能　食品的保健功能取决于其所含有的少量或微量的不属于营养素的生理活性物质，也称为功能因子，如黄酮类、多酚类、皂苷类、肽类、低聚糖、多不饱和脂肪酸、益生菌类等。这些功能因子有助于糖尿病、心血管疾病、肥胖症等患者调节机体、增强免疫功能、促进康复或具有预防慢性疾病发生的功能。需注意的是，具有保健功能的食品适用于特定人群食用，但不以治疗疾病为目的。

（4）食品的特性　从食品科学与工程专业角度来看，食品要能大规模工业化生产并进入商业流通领域，必须具有卫生与安全性、贮运耐藏性和方便性三个特性。

① 卫生与安全性　食品的卫生与安全性是食品最重要的特性，是指食品必须无毒、无害、无副作用，应当防止食品污染和有害因素对人体健康的危害以及造成的危险性，不会因食用食品而导致食源性疾病、中毒和任何危害作用。在食品加工中，食品安全除了我国常用的"食品卫生"的含义外，还应包括因食用而引起任何危险的其他因素，例如果冻食品体积过大可能存在致使婴幼儿呛噎以及食品包装中放置的干燥剂可能被消费者误食等潜在危险。

② 贮运耐藏性　食品的贮运耐藏性对于规模化的食品生产活动，是必须要注意和解决的问题。为了保证持续供应和地区间的流通以及保持最重要的食品品质和安全性，食品必须具有一定的贮运耐藏性。食品在既定的温度、湿度、光照等贮存环境参数下保持品质的期限称为食品保质期。食品保质期是食品仍可销售的时间。食品的加工方法、包装和贮藏条件等因素都会影响食品保质期。食品保质期的长短应依据有利于食品贮藏、运输、销售和消费等需要而定，是生产商和销售商必须考虑和影响消费者选择食品的重要依据，这是商业化食品所必备的要求。

③ 方便性　食品的方便性因现代社会的快速发展和人们越来越快节奏的生活方式而显得尤为重要，人们对食品的方便性和快捷性的追求也越来越高。食品作为日常的快速消费品，具有便于食用、携带、运输、保藏及再加工等方便性。食品的加工可以提高其方便性，如液

体食物的浓缩、含水食物的干燥可以节省包装，为运输和贮藏提供方便性；食品的包装容器和外包装如易拉罐、易拉盖、易开包装袋等方便了消费者开启食品；大型散货包装的开发与应用，降低了食品配料的运输成本，方便了制造过程；净菜、半成品菜、速冻食品、微波食品等则为家庭消费者和餐饮企业提供了方便，为家务劳动社会化和餐饮企业的发展提供了条件；快餐店、超市、便利店销售的快餐食品为家庭外的餐饮提供了快捷便利。食品的方便性充分体现了食品人性化的一面，直接影响消费者的接受性。食品的方便性是不容忽视的一项重要指标，未来方便食品仍然具有巨大的市场开发潜力和广阔的发展空间。

2. 食品加工技术概述

（1）食品加工的概念

① 食品工程　指运用食品科学相关知识、原理和技术手段在社会、时间、经济等限制范围内去建立食品工业体系与满足社会某种需求的过程。

② 食品加工　是以动物、蔬菜或海产品为原料，利用劳动力、机器、能量及科学知识，把它们转变成半成品或可食用的产品的全过程。现代食品加工则是利用现代科技，生产或制造出满足人类需要的食品。如利用基因工程技术生产出"免疫乳"；利用植物细菌培养技术，生产虫草菌丝代替天然生长的虫草；利用现代食品科技知识，生产"仿生食品"；利用生命科学及相关知识，生产适用于不同人群的"保健食品"等。

③ 食品加工技术　指运用化学、物理学、生物学、微生物学和食品工程原理等各方面的基础知识，研究食品资源利用、原辅材料选择、加工、包装、保藏、运输以及上述过程对食品保质期、营养价值、安全性等方面影响的一门科学。

④ 食品工业　当食品加工以商业化或批量甚至大规模生产食品，就形成了相应的食品加工产业。食品工业指主要以农业、渔业、畜牧业、林业或化学工业的产品或半成品为原料，制造、提取、加工成食品或半成品，具有连续性且有组织的经济活动的工业体系。食品工业具有投资少、建设周期短、收效快的特点，其产品不仅供应国内市场，而且也是国家重要的出口贸易物资。食品工业与人民生活密切相关，其发展水平标志着一个国家人民的生活水平。

（2）食品加工的方式　食品加工能够满足消费者对食品的多样化需求，提高原料的附加值，延长食品的保质期。大多数食品加工操作通过降低或消除微生物活性从而延长产品的保质期，确保安全性要求并改变产品的物理和感官特性。食品加工的主要方式包括：增加热能和提高温度，如巴氏杀菌、商业杀菌等处理；减少热能或降低温度，如冷藏、冻藏等处理；除去水分或降低水分含量，如干燥、浓缩等处理；利用包装来维持通过加工操作建立的理想的产品特性，如气调包装和无菌包装等；通过分离、挤压、化学处理、生物处理、辐照处理等改善产品品质，增加食品花色品种等。

（3）食品加工的意义

① 提高食品的卫生和安全性　食品加工通过一定的处理过程和达到卫生要求减少由原辅料、环境等带来的安全危害，控制加工过程可能造成的安全危害，并为产品的安全提供保障。

② 使农副产品增值　食品工业和农业有着密切的关系，农业是食品工业发展的基础；食品加工属于农产品的精深加工，可以大大提高农副产品价值。

③ 提高食品的保藏性　食品在加工过程中可通过不同的方法来杀灭、破坏和抑制可能导致食品腐败变质的微生物、酶和化学因素等，从而使食品具有一定的贮藏期。

④ 为人类提供营养丰富、品种多样的食品　食品加工可以最大限度保留食品原辅料中含有的各种营养物质，并通过减少有害物质和无功能成分的含量相对提高食品中营养成分的含量，还可以根据特殊人群的需要，在食品中增补和强化某些营养成分。

⑤ 提高食品的食用方便性　现代食品加工技术可通过改变食品原辅料的性能、状态和包装等形式使食品具有食用、携带、贮藏方便等特点。

3. 食品保藏技术概述

（1）食品保藏的概念　食品保藏是一门运用微生物学、生物化学、物理学、食品工程学等的基础理论和知识，专门研究食品腐败变质的原因、食品保藏方法的原理和基本工艺，阐释各种食品腐败变质现象，并提出合理科学的预防措施，从而为阐明食品的保藏加工提供理论基础和技术基础的学科。狭义上讲，食品保藏是为了防止食品腐败变质而采取的技术手段，因而是与食品加工相对应存在的；广义上讲，食品保藏与食品加工是相互包容的，原因在于食品加工的重要目的之一就是保藏食品，而为了达到保藏食品的目的，必须要对食品进行科学和合理的加工。

（2）食品保藏的方法　按照食品保藏的原理，食品保藏方法大致可分为以下四类：

① 维持食品最低生命活动的保藏方法　主要用于新鲜果蔬的保藏。采摘后的新鲜果蔬是有生命活动的有机体，保持着旺盛的向分解方向进行的生命活动，具有抗拒外界危害的能力。可通过控制果蔬保藏环境的温度、湿度及气体组成等，尽可能降低果蔬采摘后因呼吸作用造成的物质消耗水平，将其正常衰老的进程抑制到最缓慢的程度，以维持最低的生命活动，减慢变质的进程。这类保藏方法包括冷藏法、气调贮藏法。

② 抑制变质因素活动的保藏方法　通过降低温度、脱水降低水分活度、利用渗透压、添加防腐抗氧剂等手段，使食品中微生物和酶的活性受到不同程度的抑制，从而延缓食品的腐败变质。但这些因素一旦解除，微生物和酶即会恢复活性，导致食品发生腐败变质，所以这是一种暂时性的保藏方法。这类保藏方法包括冷冻保藏、干藏、腌制、熏制、化学保藏及改性气调包装等。

③ 利用无菌原理的保藏方法　利用热处理、微波、电离辐照、超高压、脉冲电场等方法杀灭食品中的腐败菌、致病菌以及其他微生物，或减少微生物的数量至能使食品长期保存所允许的最低限度并长期维持这种状况，从而达到长期保藏食品的目的。这类保藏方法包括罐藏、辐照保藏和无菌包装技术等。

④ 利用生物发酵的保藏方法　又称为生物化学保藏法，是借助有益微生物活动产生和积累的代谢产物（如乳酸、醋酸、酒精等）来抑制其他有害微生物的活动，从而延长食品保质期。食品发酵必须严格控制微生物的类型和环境条件，又因本身有微生物存在，其相应的保质期不长。

4. 食品加工与食品保藏的关系

随着社会物质生活水平的提高和食品加工技术的进步，人类获取食物后往往不直接食用，而常会根据饮食爱好和习惯或者其他特殊需要，利用一些加工处理方法对食品原料进行再加工，形成营养价值、感官品质和功能性质等在人类饮食生活中所占比例越来越高、品类越来越多的加工食品。食品加工能够满足消费者对食品的多样化需求，提高原料的附加值并延长食品的保质期。在食品加工的诸多目的中，防止食品的腐败变质和延长保质期以确保安全性是其最主要的目的。

食品保藏是专门研究食品腐败变质的原因、方法原理和基本工艺，延长食品保质期的技术手段，因而是与食品加工相对应存在的。食品保藏不仅针对食品的流通和贮存过程，还包括食品加工的全过程。食品保藏既是独立的一类加工技术，又是各类加工食品必不可少的保藏技术。狭义地讲，以保藏为主要目的的加工常归为食品保藏加工，而以加工产品为主要目的的加工常归为食品加工。广义地讲，食品加工在概念上包括食品保藏加工，一般农畜产品食物原料的初级加工多为保藏性加工，如食品的低温保藏、干制保藏、杀菌、腌制保藏等为食品保藏范畴，而酿造加工、油脂加工、焙烤加工则纯属于食品加工范畴。对食品生产而言，食品加工与保藏密不可分，任何食品都离不开保藏，没有食品保藏就没有食品贮备、流通和市场；食品加工与保藏又是相互包容的，原因在于食品加工的重要目的之一是保藏食品，而为了达到保藏食品的目的，必须采用合理、科学的加工工艺和方法。

（二）食品加工与保藏的发展历史

食品加工起源于原始社会的明火加热，熟制肉类、果实、根茎和植株，以适于食用。但当时的食物难以满足社会成员的需求，因而没有任何形式的保藏。进入农耕社会，食物开始需要贮存和保藏。据史料记载，中国古人在数千年以前就已掌握酿酒、酿醋和制造酱油的技术。国外酿酒历史也很悠久，相传公元前4000～前3000年，埃及人就已熟悉酒、醋的酿造方法。公元前3000～前1500年，埃及人发现了一些加工食物的方法，如干制鱼类和禽类、酿造酒类、烘焙面包等。公元前1500年世界各地种植了今天多数的主要食用作物。公元2世纪，在欧洲的罗马出现了第一台水磨和最早的商业烘焙作坊。公元前1000年，古罗马人学会使用天然冰雪来保藏龙虾和烟熏肉类等食物，这说明低温保藏和烟熏保藏技术已具雏形。《诗经》中有关"二之日凿冰冲冲，三之日纳于凌阴"的记载，也说明那时人们已经知道利用天然冰雪保藏食品。我国古书中常出现的"焙"字，均表明那时干藏技术已开始进入人们的日常生活。《北山酒经》中记载了瓶装酒加药密封煮沸后保藏的方法，可以看作是罐藏技术的萌芽。从公元1000年开始，欧洲迅速发展的贸易和连绵不断的战争促进了食品加工技术的迅猛发展，生产时间因较先进的水力和畜力驱动的机械设备而被有效缩短，人力需求呈下降趋势；食品保藏技术也因城镇和城市的增加和扩展得到有效发展，食品的保藏期延长，进而能满足从乡村地区向城市运输的要求。1700年，氯净化水、柠檬酸调味和保藏食品成为早期的科学发现。1780年，有人用热水处理蔬菜，再风（晒）干或将蔬菜放在烘房的架子上进行人工干燥；1795年在法国出现最早的利用热空气进行食品干制；1878年德国人研制出第一台辐照热干燥器；1882年真空干燥技术诞生。

冷却或冷冻食品的历史也可追溯到很早以前，最早是利用自然界中存在的冰来延长食品的保藏期，而制冷理论和制冷技术的发展也推动了低温保藏技术的发展。1809年美国人发现了压缩式制冷原理；1824年德国人发现了吸收式制冷原理，为发明制冷剂打下基础；1834年，美国人Jacob Perkins发明了世界上第一台乙醚压缩式冷冻机；1844年，美国人John Gorrie研制了第一台空气制冷机；1859年，法国人Ferdinand Carre发明了以氨为制冷剂、以水为吸收剂的压缩式冷冻机；1872年美国人David Boyle与德国人Carl von Linde分别发明了以氨为冷媒的压缩式冷冻机；1877～1878年，法国人Charles Tellier最先将氨吸收式冷冻机应用于冷冻牛羊肉的长时间运输，冷冻食品作为商品首次出现；1842年美国注册了鱼的商业化冷冻专利；1910年Maurice Lehlanc在巴黎发明了蒸汽喷射式制冷系统；1918年美国人Copeland发明了家用冰箱；20世纪20年代，美国人Clarence Birdseye研制了使食品温度降低到冰点以下的冷冻技术，开启了速冻食品行业的先河。

18世纪90年代，法国人Nicolas Appert发明了食品的商业化杀菌技术，从此拉开利用高温生产安全食品的序幕；1809年，法国人Nicolas Appert又发明罐藏食品，成为现代食品保藏技术的开端。从此各种现代食品保藏技术不断问世。19世纪60年代，Louis Pasteur发明了巴氏杀菌法；1883年前后出现了食品冷冻技术；1885年Poger首次报道了高压能杀死细菌；1899年Hite首次将高压技术应用于保藏牛奶；1908年出现了化学保藏技术；1918年出现了气调冷藏技术；1923 年美国人 Charles Olin Ball 提出了罐头杀菌的计算法；1943 年出现了食品辐照技术、冻干食品生产技术等。

20 世纪 50 年代出现的无菌包装显著提高了预包装食品的安全性和方便性。20 世纪 80 年代以后，随着生物技术的发展，以基因工程技术为核心的生物保鲜技术成为食品保藏技术的新领域，科学家成功应用基因工程技术改变果实的成熟和保藏性，延长保藏期。基于栅栏效应的栅栏技术也在食品保藏方面获得较好应用。同时，为了更大限度地保持食品的天然色、香、味、形和一些生理活性成分，满足现代人的生活需求，一些新型的加工与保藏技术应运而生，如超高压技术、高压脉冲电场技术、高密度二氧化碳技术、膜过滤技术、脉冲强光技术、超声波杀菌技术等，这些非热加工技术具有广阔的发展前景。随着营养学、食品化学和微生物学的发展，食品加工与保藏技术如低温保藏、干制保藏、辐照保藏、热处理保藏、腌制烟熏保藏、化学保藏、包装技术、气调保藏等技术逐步形成了较完整的理论体系，并衍生出多种与其他保藏方法相结合的复合型食品保藏技术，再结合先进的生产方法，可使食品加工与保藏突破时间、地域、气候等因素条件的限制，从而实现大规模、高效率地生产出高品质的食品。

(三) 食品加工与保藏的现状

1. 我国食品加工行业存在的问题及发展方向

食品工业为补给食品供应、改善人民生活、丰富城乡食品市场、推动农业增长、促进资金流动、扩大国际贸易和促进国民经济发展等方面都作出巨大的贡献。新中国成立以来，国家制定了各项宏观产业政策以促进食品工业的健康发展，这也使食品工业获得了新的生机，开始建设机械化、规模化生产。尤其改革开放以后，随着科技的快速发展，食品工业也实现了快速发展，以科技创新、技术进步为手段，依托国内强大的市场需求以及产业结构调整，食品工业发展步伐加快。目前，我国已基本上形成了门类齐全、各项食品法规和标准健全、规范化经营管理、规模化自动化生产的现代化工业化生产模式的食品工业。21 世纪以来，食品加工与保藏的研究领域更加宽泛，研究手段日趋先进，研究成果越来越多且应用周期越来越短。现代食品加工与保藏学的研究正向食品腐败变质机制、食品危害因子的结构和性质，贮藏加工过程中营养成分的结构和功能变化机制、新型包装技术和材料、现代新型加工保藏技术以及新食源、新工艺和新添加剂等方向发展，这也会在一定程度上促进我国食品加工业的升级与发展。

现代食品工业是与人类营养科学、现代医学、食品安全与食品科学，以及生物技术、信息技术、新材料技术、现代制造技术和智能化控制技术等密切关联的现代食品制造业，是一个国家社会文明进步的重要标志之一。现代食品工业体系的建立与发展、现代食品产业链与供应链的形成，是现代社会保障食品安全和促进农民增收的重要基础和必要条件。但目前我国食品工业正处在向现代化食品制造业转变的阶段，受到资源规格、产品质量、企业规模、高新技术和发展环境等诸多方面综合因素的制约，食品工业在整体上仍处于粗加工多、规模小、水平低、综合利用差、能耗高的发展阶段，致使目前我国现代食品加工业发展与世界发达国家相比，仍存在较大差距。同时，我国食品工业的加工深度与丰富的食品资源不相称，食品资源的有效转化能力低，当前我国食品工业还是以农副食品原料的初加工为主，精细加工的程度比较低，正处于成长期；食品工业总产值与农业总产值比例存在明显差距，食品加工行业整体水平有待提高。

2. 我国食品保藏行业存在的问题及发展对策

尽管我国食品保藏行业近年来取得了很大发展，但仍然存在很多问题，具体如下：

① 低温贮藏运输设施严重不足，冷链系统尚未完全建立；

② 农业产业化体系不健全，食品生产、贮藏、销售、追溯等环节严重脱节；

③ 食品的市场信息系统和服务体系不健全；

④ 企业经营规模小、管理水平低、硬件设施和技术投入不足；

⑤ 食品质量与安全问题层出不穷。

这些问题不仅严重制约了我国食品保藏行业的发展，同时也在一定程度上限制了食品加工行业的进步。针对我国食品保藏行业存在的问题，为了减少食品资源浪费，提高农业和保藏行业的经济效益，应该采取以下措施：

① 依靠科技创新振兴和促进我国食品保藏行业发展。现阶段我国食品加工和食品保藏技术整体上技术含量不高，这在一定程度上制约了本行业的可持续发展。

② 按照农业系统工程和栅栏技术的理念来实施食品的保藏。农业生产环节与食品保藏环节的相互结合，将使食品保藏更具有针对性和延伸性。

③ 建立配套的食品物流体系和生产服务体系。从小农经济发展到全国乃至世界性的行业体系，必须有与之对应的物流和生产服务体系。只有这样，行业才能健康有序地发展。

我国食品安全控制有着三大保障体系：农产品质量与安全体系，保障食品源头安全；食品安全可追溯体系，保障食品加工过程的安全；依据《中华人民共和国食品安全法》等法律法规，严格执法保障食品安全。民以食为天，所以在食品行业中，食品的质量和安全既是一种责任，也是行业生存的基本保障，食品贮藏工作也因此而显得尤为重要。

二、食品加工与保藏原理课程的内容和任务

食品加工与保藏原理课程是食品科学与工程本科专业的一门专业技术基础课和重要的必修课，目的在于运用生物学、微生物学、化学、物理学、营养学、公共卫生学、食品工程等各方面的基础知识，研究和讨论食品原料、食品生产和贮运过程涉及的基本技术和安全问题。该门课程在介绍食品加工与保藏的基本原理和方法的基础之上，重点介绍常见的食品加工与保藏技术、最新的食品加工与保藏技术以及食品加工与保藏技术对食品品质的影响等。

教学内容主要包括：食品的劣变及控制、食品的低温保藏、食品的热处理、食品的干燥与浓缩、食品的辐照保藏、食品的非热加工技术、食品的发酵、食品的腌渍和烟熏、食品的化学保藏等内容，并对当前的一些食品加工与保藏新技术，如高压脉冲电场技术、高密度二氧化碳技术等进行研究分析和探讨。以深入浅出的方式重点介绍一些典型的食品加工与保藏技术，目的在于让学生在学习食品加工与保藏基本原理和方法基础之上，重点掌握食品企业常用的食品加工与保藏技术，为将来从事食品行业相关工作打下坚实基础。

食品加工与保藏涉及的内容非常多，主要任务点包括：

① 研究食品保藏原理，探索食品加工、贮藏、运输过程中腐败变质的原因和控制方法；

② 研究食品加工与保藏过程中物理、化学及生物学特性的变化规律，分析其对食品质量和食品保藏效果的影响；

③ 解释各种食品腐败变质的机理及控制食品腐败变质应采取的技术措施；

④ 研究先进的食品加工与保藏的方法以及科学的生产工艺，在保证食品质量的同时，提高食品的生产效率和企业的经济效益。

三、食品加工与保藏的发展前景与展望

食品工业的技术进步已成为国民经济发展中具有全局性和战略性的且必须高度重视和长期支持的发展重点，也是构建社会主义和谐社会必须常抓不懈的国家战略任务和历史使命。

目前，世界食品产业的产品正逐步向"营养保健、方便快捷、安全卫生、回归自然"的方向发展，这也就决定了方便食品、健康食品、新鲜及天然食品将会在未来食品销售市场上占据主要位置并会不断被开发与生产。尤其随着世界食品工业向"高科技、新技术、多领域、多梯度、全利用、高效益、可持续和严要求"的方向发展，我国食品工业的发展趋势将紧跟世界步伐，开发出更多优质化、功能化、标准化的食品。食品种类及新资源食品将更加新颖化、多样化，食品加工能力也将进一步提升，新资源和新技术会被不断开发和应用于食品行业，这些都将为食品加工与保藏的发展提供强有力的发展机遇和广阔的开发前景，未来几年食品工业生产和消费趋势主要表现在以下几个方面。

(一) 方便、快捷食品将在未来食品销售市场上占据主要位置

随着科技的进步和人类生活方式的演变以及现代社会生活节奏的加快，人们对食品的方便性和快捷性的追求也越来越高，国际市场上花样繁多的方便主食、副食、休闲食品等受到越来越多消费者的欢迎。目前，全世界方便食品的品种已超过15万种，有向主流食品发展的趋势，而包装多样化、品种丰富化、风味特色化、调理简单化、食用家庭化是这类食品主要的发展趋势，方便、快捷、营养、健康食品将在未来食品销售市场上占主导地位。

(二) 营养、健康食品的开发与生产力度不断增强

随着经济的增长、国民收入的增加以及消费观念、健康观念的转变，人们对食品的需求也在慢慢从食品的风味化、时尚化向食品的优质化、营养化、功能化、绿色化、健康化的方向发展，营养食品、功能食品、绿色食品、保健食品层出不穷，消费需求不断扩大、市场占有率日益提高。大众食品功能化、有机化、绿色化，功能食品产业化、大众化正在成为中国食品工业发展的趋势。食品生产更加注重开发出更多更好营养均衡、搭配科学合理的新产品，开发营养强化食品和保健食品，既要为预防营养缺乏症服务，又要为防止因营养失衡造成的慢性非传染性疾病服务；开发绿色食品和有机食品，既要满足人们对食品的需要，又要适应消费者的消费水平。随着人们健康意识、保健意识和环保意识的增强，营养、健康、绿色、有机等食品将成为21世纪食品行业最有发展潜力和前景的产业之一。

(三) 食品新资源被不断开发利用，食品产品更加新颖化、多样化

现阶段因人口的持续增长和先进技术的不断开发与利用，传统食品资源已逐渐不能满足市场的需要，各种具有较好发展潜力的食品新资源（如蛋白质、野生植物、动物性食物、粮油新资源以及海洋资源）的开发和应用将会得到加强，具有较强的开发潜力。同时，由于消费结构的多元化变化趋势、居民消费层次的变化以及年龄、文化、职业、民族、地区生活习惯的不同，食品消费的个性化、多样化发展趋势越来越明显，使得各种精深加工和高附加值的食品，如肉类、鱼类、蔬菜等制成品和半成品，谷物早餐以及休闲食品等，和针对不同消费人群需求的个性化食品，在相当长的一段时间内都将具有广阔的发展前景。

(四) 更多先进技术在食品工业中将得到广泛应用

食品企业的技术开发、新产品研发以及食品工业的机械化和自动化能力提升将成为企业提高产品应变能力和竞争能力的首要条件，尤其学会吸收其他学科的理论和技术，基于多学科交叉开发出更多更有效的食品加工与保藏新技术，也是未来食品工业高效、快速、绿色、

健康发展的有效途径。未来电子技术、膜分离技术、超临界萃取技术、冷冻干燥技术、超高温瞬时灭菌技术及无菌包装技术等高新技术，将在食品工业生产和产品开发中得到广泛应用，这将大大改变传统食品工业的面貌，提高食品的科技含量，加快食品工业的发展进程。此外，包括细胞工程技术、酶工程技术和发酵技术在内的现代生物技术也被广泛地应用于食品开发与生产当中。这些现代技术的应用不仅能提高食品资源的开发力度，还能改进传统工艺，改良食品品质，促进产品加工深度，提高食品的市场竞争力。

（五）食品生产更加趋向机械化、自动化、专业化和规模化

食品加工机械设备的现代化程度是衡量一个国家食品工业发展的重要标志与依据，它直接关系到食品制造业和加工业产品科技含量的多少，以及精深加工食品附加值的高低。提高食品生产机械化和自动化程度，是提高食品生产效率，保证食品质量安全、产品质量稳定和企业经济效益的前提和基本要求，也是实现食品加工企业规模化生产和发挥规模效益的必要条件。食品加工业的规模和科技水平也将成为影响未来食品市场竞争力的核心要素，即可通过实现规模经济和提高核心竞争力争得更大的市场份额。

 思考题

1. 食品的功能和特性是什么？
2. 食品加工与食品保藏的定义分别是什么？
3. 食品的保藏方法有哪些？
4. 食品加工与保藏未来发展前景如何？

第一章 ｜食品的劣变及控制

第一节 引起食品劣变的主要因素及其特性

一、物理因素及其特性

（一）水分

食品都具有一定的含水量，由此显示出食品的色、香、味、形等品质特征。水分是营养物质的载体，直接影响到食品生化、生理活动的强弱与微生物及害虫的生长繁殖。食品中水分大体可分为自由水（又称游离水）和结合水两类，一般来说，食品的含水量就是指自由水的含量。当食品被干燥时，游离水首先蒸发，这时食品的物性基本不变。结合水存在于化学构造中，或与食品的成分以分子状态形成一定的结构，结合水一旦失去则会引起食品物性的改变。游离水的溶解溶质能力强，干燥时易被去除，适合微生物生长和大多数化学反应，易引发食品的腐败变质，当食品温度降到其冰点以下时会结冰；而结合水则无溶解溶质能力，微生物无法利用，在-40℃下也难以结冰。

因此，微生物可以利用食品中的游离水进行生长繁殖，微生物在食品中的生长繁殖所需的水不是取决于含水量的高低，而是取决于水分活度（A_w）的高低。因为其中一部分水是与蛋白质、碳水化合物及一些可溶性物质，如氨基酸、糖、盐等结合，这种结合水微生物是无法利用的，所以食品中通常使用水分活度来判断食品是否易腐败。水分活度是指食品在密闭容器内的水蒸气压（p）与纯水蒸气压（p_0）之比，即 $A_w=p/p_0$。纯水的 $A_w=1$，无水食品的 $A_w=0$，食品的 A_w 值为 0～1。一般半干食品 $A_w\leqslant0.75$，这种水分活度的食品具有一定的保藏特性，当食品 A_w 值降到 0.65～0.70 时，食品就可以长期干藏。新鲜的食品原料，例如鱼、肉、水果、蔬菜等含有较多的水分，A_w 值一般在 0.98～0.99，适合多数微生物的生长，如果不及时对这类食品加以处理，很容易发生腐败变质。在实际应用中，为了方便也常用含水量百分率来表示干藏食品的含水量，并以此作为保藏性能的一项质量指标。

（二）温度

温度是影响食品稳定性的重要因素，它不仅影响食品中发生的化学反应，还影响着与食品质量关系密切的微生物的生长繁殖过程，影响着食品水分的变化及其他物理变化过程。微生物的生长繁殖和食品内固有酶的活动是食品腐败变质的主要原因。

从温度对微生物影响的角度来说，任何微生物都有一定的生长、繁殖的温度范围。通常温度升高时，微生物的生长繁殖速度加快；温度降低时，微生物生长繁殖速度降低；当温度降低到-10℃时，大多数微生物会停止繁殖，部分出现死亡，只有少数微生物可缓慢生长。冻结介质引起的机械性损伤最易使得微生物死亡。

从温度对酶的影响角度来说，温度对酶的活性影响很大，高温可导致酶的活性丧失，低温处理虽然会使酶的活性下降，但不会完全丧失。一般来说，温度降低到-18℃才能比较有效地抑制酶的活性，但温度回升后，酶也会恢复活性，甚至比降温处理前的活性还高，从而加速果蔬的变质。低温不能完全抑制酶的作用，酶仍能保持部分活性，催化作用也未停止，只是进行得非常缓慢。冷冻也不能破坏酶的活性，只能降低酶活性化学反应的速率，故即使食品贮藏在-18℃温度下，酶也会继续进行着缓慢作用，当冷冻食品解冻时，食品中的酶将重新活跃起来，加速食品变质。

微生物的生长繁殖也是酶活动下物质代谢的结果，在酶的作用下出现组织或细胞解体的现象。当温度下降，酶的活性也将随之下降，物质代谢过程中各种生化反应减缓，因而微生物的生长繁殖会逐渐减慢。无论是细菌、霉菌、酵母菌等微生物引起的食品变质，还是由酶促反应以及其他因素引起的变质，在低温的环境下，都是可以延缓、减弱它们的作用，从而达到贮藏的目的。但是，低温并不能完全抑制它们的作用，即使在冻结点以下的低温，食品经过长期贮藏，其质量仍然有所下降。因此，采用的贮藏温度与食品的贮藏寿命密切相关。

（三）氧气

食品在贮藏期发生的变质主要来自新鲜果蔬的呼吸和蒸发、微生物生长、食品成分的氧化或褐变等的作用。而这些作用与食品贮藏环境中的气体有密切的关系，如果能够控制食品贮藏环境气体的组成就能在一定程度上控制果蔬的呼吸和蒸发作用，抑制微生物的生长，抑制食品成分的氧化或褐变，从而达到延长食品保鲜期或保藏期的目的。

对于新鲜的肉、禽、鱼类产品来说，低氧或不含氧可以抑制氧化变质和需氧微生物的生长繁殖；对于果蔬而言在贮藏中降低 O_2 浓度，可减少其呼吸量、推迟成熟期、抑制叶绿素降解、减少乙烯产生、降低抗坏血酸的损失等，在保证食品品质的前提下延长食品贮藏期。一般来说，果蔬制品在贮藏过程中降低气体成分中的 O_2 分压，对食品保藏是有利的，但是如果 O_2 浓度降得过低，制品内有机物就不能形成好气性分解，从而会引起有害于果蔬品质的厌氧性发酵。所以，当需要降低 O_2 的浓度时，应以不至于造成厌氧性呼吸障碍为度。

在食品长期贮藏时，食品中的脂肪在 O_2 作用下会发生自动氧化，产生酸败使其品质下降，出现变暗发黏现象并伴随有哈喇味。O_2 还可与食品中的抗坏血酸、半胱氨酸等发生氧化反应，降低食品营养价值以及改变食品色、香、味等风味，极易产生过氧化氢等有毒物质，危害人体健康。

低氧环境可抑制好气性微生物的生长繁殖，例如，在低于 2% O_2 浓度的环境条件下，青霉菌的生长减弱，发育受阻。

（四）酸度

食品中的酸度（pH 值）通过对微生物生命活动的影响来影响食品的腐败变质。主要原因有以下两方面：引起微生物细胞膜电荷的变化，进而影响微生物对营养物质的吸收；影响代谢过程中酶的活性。每种微生物都有其生长繁殖适宜的 pH 值。大多数细菌生长繁殖的最适 pH 值为 6.5～7.5，在 pH 4.0～10.0 基本都可以生长；放线菌一般在弱碱性（pH 7.5.0～8.0）环境中更适宜生长繁殖；酵母菌、霉菌则适合于 pH 5.0～6.0 的酸性环境，但其生存 pH 值范围更宽（pH 1.5～10.0）。因此，在食品发酵过程中生成乳酸或通过添加食用酸来酸化食品均有利于食品保藏。

（五）光照

食品在贮藏期间受光照作用，在 O_2 存在的情况下，易发生氧化变质，造成营养价值缺失。油脂含量丰富的食品，受光照影响极易发生油脂酸败，且随着时间的延长酸败程度会加重。除可以促进脂肪氧化外，光照对于较稳定的氨基酸类也有促进氧化的作用。含硫氨基酸（蛋氨酸、半胱氨酸）在光的作用下，会产生特有的氧化臭；芳香族氨基酸残基（色氨酸、酪氨酸、苯丙氨酸）能够吸收紫外线，如果紫外线的能量水平足够高，那么就能打断二硫键，从而导致蛋白质构象的改变；同时γ射线和其他离子射线也能导致蛋白质构象的改变。

除了以上影响食品腐败变质的因素外，还有很多因素能导致食品腐败变质，包括机械损伤、环境污染、农药残留和包装材料等。

二、化学因素及其特性

（一）酶

酶是指具有催化性质的蛋白质，其催化性质源自它特有的激活能力。在生物体内，酶控制着所有重要的生物大分子（蛋白质、碳水化合物、脂类、核酸）和小分子（氨基酸、糖和维生素）的合成和分解。食品加工中的原料大部分都含有种类繁多的内源酶，其中一些酶在原料加工期间甚至在加工过程完成后的产品保藏期间仍然具有活性。这些酶的作用有的对食品加工是有益的，例如牛乳中的蛋白酶，在奶酪成熟过程中能催化酪蛋白水解而给予奶酪特殊风味；而有的是有害的，例如番茄中的果胶甲酯酶在番茄酱加工中能催化果胶物质的降解而使番茄酱产品的黏度下降。除了在食品原料中存在着内源酶的作用外，在食品加工和保藏过程中还可以使用不同种类的外源酶，以此提高产品的产量和质量。例如使用淀粉酶和葡萄糖异构酶用玉米淀粉生产高果糖玉米糖浆；又如在牛乳中加入乳糖酶，将乳糖转化成葡萄糖和半乳糖，提供适合于有乳糖不耐受症的人群饮用的牛乳。因此，酶对食品行业的重要性是显而易见的。但在食品贮藏期间往往会因为食品本身的酶促作用，而产生食品腐败变质的情况。

从酶对食品颜色的影响角度来说，消费者在挑选食品时，往往会根据食品颜色来初步预判该产品的质量好坏。绿色是许多新鲜蔬菜和水果的质量指标，随着成熟度的提高，一些绿色蔬菜中的叶绿素含量下降；含多酚类的物质在多酚氧化酶的催化下产生醌及其聚合物，随即积累，醌再进一步氧化聚合形成褐色的黑色素或类黑精。这不仅有损于果蔬感官质量，影响产品运销，还会导致风味和品质下降，在新鲜水果蔬菜中尤为明显。常见的影响水果和蔬菜中色素变化的酶有脂肪氧合酶、叶绿素酶和多酚氧化酶等。

从酶对食品质构的影响角度来说，水果和蔬菜的质构常与一些复杂的碳水化合物，果胶物质、纤维素、半纤维素、淀粉和木质素相关。自然界中存在能作用于这些碳水化合物的酶，酶的作用会影响果蔬的质构。对于动物组织和高蛋白质植物食品，蛋白酶作用也会导致质构的软化。

从酶对食品风味的影响角度来说，在食品保藏期间，酶的作用会导致不良风味的形成。脂肪氧合酶影响食品颜色的同时，还能产生氧化性的不良风味，脂肪氧合酶的作用是青刀豆和玉米产生不良风味的主要原因；一些饱和脂肪酸会与脱氢酶、脱羧酶、水合酶发生氧化反应，造成强烈的酸败臭味。

从酶对食品营养质量的影响角度来说，大部分酶促反应会导致食品整体质量的下降。比如脂肪氧合酶氧化不饱和脂肪酸会导致食品中亚油酸、亚麻酸和花生四烯酸这些必需脂肪酸含量的下降。脂肪氧合酶在催化多不饱和脂肪酸氧化过程中产生的自由基会降低类胡萝卜素（维生素 A 的前体）、生育酚（维生素 E）、维生素 C 和叶酸在食品中的含量，也会破坏蛋白质中半胱氨酸、酪氨酸、色氨酸和组氨酸残基；果蔬中的抗坏血酸氧化酶会导致抗坏血酸的破坏；存在于一些维生素中的核黄素水解酶也能降解核黄素。

(二) 氧化作用

氧化作用一方面是在生物体内将物质分解并释放出能量，生物体内有机物在生物体细胞内氧化分解，释放出来的能量一部分被细胞利用，另一部分则以热的形式释放出来，这与果蔬中的氧化呼吸有关；另一方面是食品中某些物质与氧气发生化学反应，尤其是油脂在食品加工和贮藏期间，因空气中的氧气、光照、微生物、酶等的作用，会产生令人不愉快的气味、苦涩味和一些有毒性的化合物，造成食品品质下降。

脂类氧化是食品变质的主要原因之一，涉及氧与不饱和脂类反应，一类是自动氧化，比如活化的不饱和脂肪酸与基态氧发生的自由基反应；另一类是光敏氧化，比如含不饱和双键的油脂与单线态氧直接发生的氧化反应，油脂经氧化后生成氢过氧化物，再分解产生醛、酮、醇、酸等小分子物质，从而产生令人不愉快的哈喇味，醛进一步缩合生成黏度加大、颜色加深、异味的小分子物质聚合物。这些氧化产物是潜在的毒物，不仅降低了食品的营养质量，还有害于人体健康。

(三) 非酶褐变

非酶褐变是指食品在没有酶参与的情况下发生的褐变，氧化和聚合成为黑色素。一般非酶褐变主要包括美拉德反应，即食品中的还原糖与氨基化合物发生缩合、聚合生成类黑色素物质；还有焦糖化反应，即糖类物质在没有氨基化合物存在的情况下，加热到熔点以上时，糖会发生脱水与降解并生成黑褐色物质。例如面包烘焙时产生金黄和褐色外皮为美拉德反应；糖类高温下形成焦糖色为焦糖化反应。

非酶褐变反应在食品加工中具有重要意义，一方面能为肉类、烘焙食品带来浓郁芳香的风味及诱人的色泽；另一方面，美拉德反应也会使贮藏中的食品成品发生褐变，影响其感官品质。对于新鲜果蔬或预包装果蔬而言，凡能影响其自然色泽和风味的褐变反应都是不期望发生的，这会影响消费者的购买欲；从食品营养价值角度而言，由于非酶褐变使食品中的有益成分，如人体必需氨基酸、蛋白质、糖和维生素 C 等都有所损失，在一定程度上降低食品的营养价值。一些食品内在成分如蛋白质类在高温条件下会发生变化，产生诱变的多环芳烃或杂环胺，降低食品的适口性和可消化性，甚至存在安全隐患。

三、生物因素及其特性

(一) 微生物

微生物种类多、繁殖快、广泛分布于自然界中，对环境的适应能力极强，无论是在土壤、水体、空气，还是在人体的表面或体内，甚至于极端环境中，几乎无处不在；微生物与各种食品原料、加工过程中所接触的器具、生产环境、作业人员卫生以及贮藏条件密切相关。当微生物通过一定的途径污染食品，并在食品内生长繁殖，超出食品质量安全所不可控范围时，便造成了食品的腐败变质。食品中的水分和营养物质是微生物生长繁殖的良好基质，若食品被微生物污染，微生物进行生长繁殖代谢会产生许多有毒、有害物质，这些物质的产生会直接导致食品丧失可食用性。

微生物引起食品的变质，其一般作用机制是微生物活动产生的酶分解食品成分，食品内的大分子物质被分解成小分子物质；同时微生物在食品中繁殖代谢而产生各种中间产物，造成食品品质全面下降，甚至产生毒素和恶臭，这就造成了食品腐败变质。腐败变质后的食品失去了原有的营养价值，组织状态及色、香、味均不符合卫生要求，不能再食用。某些微生物代谢出的毒素无色、无味，表面上无明显劣变现象，单凭消费者的感官检测无法辨别，但营养价值已损失，并且基质往往携带危害人体的毒素。如果长期摄取这类食物，毒素积累在人体内，会引起严重的后果。

微生物污染主要是细菌污染、真菌污染、病毒污染以及寄生虫污染等。细菌污染是最常见的微生物污染，也是造成食品腐败变质最主要的卫生问题，细菌可以在食品中生长繁殖致使食品色、香、味、形都发生改变，引起食品腐败变质；在一定条件下还会以食品作为媒介引起人食物中毒。例如在肉类食品中可能存在的肉毒杆菌，它分泌出的肉毒素就具有毒性并且难以被发觉；一些生禽、蛋类制品中常会含有沙门氏菌，易引发食物中毒；粮谷类、油脂类食品及原料中因黄曲霉菌的生长而产生黄曲霉毒素，对肝、肾具有强毒性，并伴有致畸、致癌、致突变等影响。

（二）害虫

对食品贮藏造成影响的害虫主要是昆虫纲和蛛形纲，大多属于昆虫和螨类，这些有害生物会吞噬食品原料或成品。当食品和粮食贮存的卫生条件不良，缺少防蝇、防虫设施时，很容易招致昆虫产卵和滋生，带来的排泄产物、分泌物、寄生虫卵或是遗弃的皮壳、尸体，会裹挟着病原体污染食品，导致食品发霉、发酸和腐败变质。人类食用被污染的食品会增加感染疾病的风险，同时导致食品卫生质量不合格，商品名誉受损，从而影响其商业价值，造成巨大的经济损失。

食品害虫种类繁多，抵抗力、适应力和繁殖力极强，其个体小，不易被发现，还有很多害虫具备飞行能力，可以远距离传播疾病，它们极易在食品中生长繁殖，对粮食和油料贮藏危害极大。昆虫和螨在食品中生长繁殖，会导致食品损失，每年世界上不同国家谷物及其制品在贮藏期间的损失率为9%~50%，这些损失主要是由鞘翅目和鳞翅目的昆虫造成的。害虫分解食品中的蛋白质、脂类、淀粉和维生素等，使食品品质、营养价值和加工性能降低。

（三）鼠类

鼠类是哺乳纲、啮齿目、鼠科的啮齿类动物，是哺乳动物中繁殖最快、分布广、生存能力很强的动物。鼠科因身上携带大量的病毒和致病菌，成为很多疾病的贮存宿主或媒介，现已知的鼠科可对人类传播的疾病有鼠疫、流行性出血热、斑疹伤寒、蜱传回归热等57种。鼠类对贮藏期间粮食的损害和浪费也是巨大的，并且带来的安全隐患也是不容忽视的，受鼠科粪尿污染的食品更易滋生病毒和微生物，污染食品品质，影响人体健康安全。为了防止鼠类对食品的危害，需采取必要的综合防范措施，检修仪器、房屋等可疑的藏匿点，增设防鼠网等。

综上所述，引起食品腐败变质的因素有很多种，而且常常是多种因素共同作用的结果。因此，必须对影响食品腐败变质的各种因素及其特性充分了解，才能更有针对性地找出相应的防止食品腐败变质的措施，更好地保藏食品。

第二节　栅栏技术

一、栅栏技术的提出

栅栏技术是1976年由德国肉类研究中心微生物和毒理学研究所所长 Lothar Leistner 等人

在对肉制品保鲜的长期研究的基础上最先提出来的，它是通过食品内不同栅栏因子的协同作用或交互效应使食品内的微生物达到稳定性的食品防腐保鲜技术。

二、栅栏因子

食品要达到可贮藏性与卫生安全性，其内部必须存在能够阻止食品所含腐败菌和致病菌生长繁殖的因子，这些因子通过临时性或永久性地打破微生物的内平衡，从而抑制微生物的生长繁殖与产量，保持食品品质，这些因子称为栅栏因子。到目前为止，食品中的栅栏因子有 100 多个，其中常用的栅栏因子见表 1-1。

表 1-1　食品中常用的栅栏因子

栅栏因子	对应措施	效果
高温	热灭菌	用足够的热量使微生物失活
低温	低温抑菌	低温抑制微生物的生长
水分活度	脱水、干制、熏制、盐渍等	降低水分活度，明显地降低或抑制微生物的生长
pH 值	食品调酸	远离微生物最适 pH 值，提高其对热敏感性
氧化还原值	真空或缺氧气调包装	降低氧分压，抑制专性需氧菌和减缓兼性厌氧菌生长
防腐剂	添加各种防腐剂	抑制特定菌属
物理加工	磁场、超声波等	抑制或杀灭微生物
压力	超高压、高密度 CO_2	杀灭微生物、钝化酶活性
辐照	紫外、微波、放射性辐照	足够剂量射线使微生物灭活
涂膜保鲜	保鲜液涂膜处理	抑制微生物生长
竞争性菌群	乳酸菌等有益的优势菌群	抑制其它有害菌群的生长
光动力失活	可见光激活的光敏剂	使微生物细胞失活

食品的防腐保藏是一项综合而复杂的工程，所涉及的栅栏因子有很多种，一般可分为物理栅栏、物理化学栅栏、微生物栅栏、其它栅栏。物理栅栏包括高温处理、低温冷藏、真空/气调包装、辐照、压力等；物理化学栅栏包括降低水分活度、调酸、添加防腐剂等；微生物栅栏包括有益的优势菌、抗生素等。目前国内外研究较多的栅栏因子主要有以下几种。

(一) 温度

高温不同于其它栅栏因子的最主要特点是，它能使微生物失活，而其它栅栏因子大多只能抑制微生物的生长。高温杀菌的方法很多，主要有常压杀菌（巴氏杀菌）、加压杀菌、超高温瞬时杀菌、微波杀菌、远红外杀菌等。高温可以最大程度降低食品中微生物的数量，但同时对产品的感官品质和营养特性会造成损害。因此，高温热处理必须与其它保藏技术联合使用。

低温处理可抑制微生物的生长繁殖，从而保证食品的卫生安全。一般低温冷藏肉制品能短时间贮藏（20d 左右），冻藏可延长其贮藏期从几个月到两年，在冻藏条件下，水被冻结成冰，食品中液体成分约有 90% 变成固体，水分活度下降，微生物本身也产生生理干燥，形成不良渗透条件，无法利用周围的营养物质，无法排泄代谢产物，大部分的化学反应和生化反应不能进行或不易进行，因此能有较长的贮藏期。但包装不当，会出现"冻烧"，且运输成本较高，因此基于产品品质及经济方面考虑，应结合其它栅栏因子，从而延长其贮藏期。

（二）水分活度

食品的水分活度决定了微生物在食品中萌发的时间、生长速率及死亡率。不同的微生物在食品中繁殖时对水分活度的要求不同。一般来说，微生物更容易在高水分活度的食品中生长、繁殖。当水分活度低于微生物的最大耐受范围时，微生物得不到充足的水分而不能生长。

不同微生物对水分活度的耐受力不同，一般大多数的细菌在水分活度低于 0.95 时生长受到抑制，细菌和霉菌可耐受的最低水分活度为 0.83，在引起食物中毒的细菌中，金黄色葡萄球菌的耐受力最强，在有氧存在的条件下，当水分活度值低至 0.86 时仍有繁殖能力，而在真空包装的食品中，水分活度低于 0.91 即可抑制其生长繁殖。因此，只要降低水分活度就可以抑制微生物的生长繁殖，常用的降低水分活度方法有干燥、腌制、加入水分活度调节剂等。但水分活度过低会对产品的品质造成不利影响，比如肉干水分活度低至 0.70 以下时，大部分的微生物生长受到抑制，然而肉干的褐变以及氧化加快，保存过程中容易产生不愉快的气味。因此，应适当地降低水分活度，必要时与其它栅栏因子配合使用。

（三）pH值

微生物的生长繁殖需要一定的 pH 值条件，pH 值不同的环境中氢离子浓度的大小会影响微生物细胞膜上所带电荷的性质，进而影响微生物的整个生命活动，因此，pH 值对微生物的生长代谢有很大的影响。通常绝大多数微生物生长最适 pH 值范围为 6.5～7.5，放线菌在 pH 7.5～8.0条件下生长繁殖较快，而酵母菌、霉菌和少数乳酸菌在 pH 值极低的环境下（pH<4.0）仍然可以存活。不同的微生物种类的最适 pH 值范围也不同，高于或低于其最适 pH 值，微生物的生长速度就会减慢。pH 值极低的环境下微生物的生长繁殖就会被抑制或停止，例如当 pH 值低于4.2，多数腐败微生物被有效地抑制。因而，pH 值是主要的栅栏因子之一。降低食品 pH 值的途径一般有两条：一是乳酸发酵；二是通过适当的食用酸进行酸化处理。

（四）食品包装

大多数腐败菌属于好氧菌，因此食品中含氧量的多少对其中微生物的存活率有直接的影响。降低氧含量可抑制一些微生物的生长代谢，有利于食品的保藏。通常采用真空包装或气调包装有阻止氧气的作用，可降低氧含量，但氧含量过低也会影响到食品的风味和色泽。比如采用真空包装的肉颜色暗红，还有血水渗出。气调包装中 CO_2 浓度的增加也具有降低氧浓度的效果，而且 CO_2 本身就有特殊的杀菌作用，可充当一个"可流动的防腐剂"，因而效果更佳。气调包装在保证肉制品安全卫生的同时还可改善肉的感官品质，保持好的颜色，防止脂肪氧化，因此成为肉制品防腐保鲜比较常用的方法之一，同时还可用于鸡蛋、谷物、鱼等的保鲜或保藏，气调包装与适当的低温、防腐剂结合运用，防腐保鲜效果更佳。

（五）防腐剂

有机酸及其盐类等化学防腐剂具有一定的抑菌效果，但也有一定的毒性，过量使用对人体健康造成威胁，各国都严格控制这类食品防腐剂的添加量。基于人们对绿色、健康食品的需求，越来越多的生物防腐剂用于食品防腐保鲜的研究被人们重视。目前应用于食品防腐的生物防腐剂主要有溶菌酶、乳酸链球菌素、壳聚糖、蜂胶、鱼精蛋白、茶多酚、芦荟提取物、香辛料等。

（六）辐照

辐照处理用于食品的保藏早在 50 多年前就已经出现，最初是用来代替肉制品中的亚硝酸盐进行防腐，直到 1976 年低剂量的辐射才被认为是安全的。目前研究的辐照处理主要是利用核辐射产生的α射线或电子加速器产生的电子射线对食品进行辐照处理，辐照处理可将西式肉肠的保质期从 3 d 延长至 8～12d。Foley 等人研究发现辐照处理可以杀灭李斯特菌，同时不会对肉的质地和感官有不良影响。此外，辐照处理不仅有利于食品保藏还可改善某些食品的品质，比如辐照处理牛肉可使牛肉嫩滑，使大豆更容易消化。

（七）高压

高压处理最早用于研究其对菌落、牛奶等的影响，发现高压处理可以减少牛奶中的菌落总数，使牛奶中营养成分得到最大程度的保留，同时还有着色和提香的作用。进一步的研究证实，高压对食品中的小分子，如维生素、矿物质、风味成分及某些色素破坏降解作用很小，一定的高压条件，能对类胡萝卜素中的顺反异构体的比例进行调整，甚至能提高其在人体内的吸收率。此外，也有研究表明，高压处理可能会导致生鲜肉制品中蛋白质变性，水分含量以及 pH 值的变化。

（八）光动力失活

光动力失活是一项抑制微生物生长和繁殖的新技术，其使用可见光激活的光敏剂，导致活性氧的产生，从而使微生物细胞失活。微生物失活是由活性氧引起的，活性氧有可能破坏微生物细胞内的蛋白质、脂质和核酸，并导致细胞死亡。从现有文献来看，光动力失活能有效地杀灭各种微生物，包括细菌、真菌和病毒；适当参数下的光动力失活具有对食品商品价值影响较小等特点，因此受到了人们的关注。目前，光动力失活杀伤作用仍处于前期探索阶段，还需要对光敏剂进行筛选和改良，探讨结构和活性之间的关系，寻找环保、绿色的光源，满足食品安全灭菌的应用需求。

三、栅栏效应

在食品的防腐保藏中单靠一种栅栏因子很难达到理想的防腐保鲜效果，通常是多个不同的栅栏因子科学合理地组合起来，从不同的侧面抑制引起食品腐败的微生物，形成对微生物的多靶攻击和综合控制，从而达到改善食品品质、延长保质期、保证食品卫生安全的目的。对于稳定的食品来说，都有一套固有的栅栏因子，多个栅栏因子以及互作效应决定了食品的卫生安全，这就是栅栏效应。

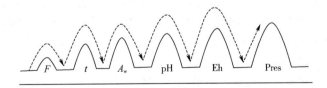

图 1-1　理想化栅栏效应模式图

F—高温处理；t—低温冷藏；A_w—降低水分活度；pH—酸化值；Eh—降低氧化还原值；Pres—防腐剂
实线代表各栅栏因子的防腐保质强度；虚线表示微生物抵抗各栅栏因子阻拦，引起食品腐败变质的能力

图 1-1 即为理想化栅栏效应模式，是常见的 8 种栅栏模式之一。栅栏效应强调的是栅栏因子之间互作对食品的防腐保质作用，栅栏效应理论的防腐保质机理一般归纳为天平式控制模式、魔方式控制模式以及微生物内平衡与多靶共效防腐。天平式控制模式认为食品内的多种栅栏因子作用保证食品内微生物的平衡，就像一个天平，一边是各种栅栏因子，一边是食品的可贮性，栅栏因子强度微弱的变化都会引起天平另一边食品可贮性的变化。魔方式控制模式则是说存在于食品内的最主要的栅栏因子 pH、Eh、A_w、F 中任何一个栅栏因子的变化都会像魔方变化一样影响到整个栅栏效应的重大变化。多靶共效防腐是指食品中各栅栏因子对微生物细胞中的不同目标进行攻击和控制，如细胞膜、酶系统、pH、A_w 等，这样从多方面打破微生物的内平衡，从而达到防腐的目的。这意味着应用多个低强度的栅栏因子将会起到比单个高强度的栅栏因子更有效的防腐保鲜效果，更有益于食品品质的保持。

四、栅栏技术的应用

目前，栅栏技术在各种食品保鲜方面已逐渐发展成熟，栅栏技术最早是应用在肉及肉制品的生产加工中，因为肉制品的腐败劣变主要是由微生物增殖和脂肪氧化所造成的，通过对辅料、原料肉及加工流程中微生物的生长繁殖情况进行分析研究，可以确定肉制品卫生品质相关的各关键控制点，然后据此选择栅栏因子，从而不仅能使产品加工过程简化，而且又能达到相应卫生标准。水产品加工与贮藏常用的栅栏因子包括贮藏温度、水分活度、杀菌、包装、防腐剂等。

已有研究报道运用栅栏效应的理论，分析了栅栏因子间的相互作用，形成有效防止制品腐败变质的栅栏模式，确定了相应的食品制作工艺，较好地保持了产品品质，延长保存期。国外相关学者研究也发现对于延长食品的保质期，利用栅栏因子之间的协同增效作用是必不可少的。栅栏技术在肉类制品、果蔬制品、乳制品、水产品、粮食及其半成品、调味品以及食用菌等各类食品的防腐保鲜以及食品包装中应用广泛。可以预见，随着人们对栅栏理论研究的深化和栅栏技术在生产中的成功应用，栅栏理论与技术将成为食品加工与保藏的重要指导依据。

第三节　食品保质期和食品标签

一、食品保质期

食品种类多样，特性各异，在贮藏和流通过程中，其质量都会发生变化，这些变化包括化学的、物理的和生物的变化。食品质量变化的特点表现为复杂性、自身的无序性、不可逆性和逐渐累积性，质量下降的程度随时间的延长而增大。因此，为了保证食品的营养价值、安全性和消费者的健康，就必须设置一个最佳食（饮）用的期限。

根据我国《食品安全国家标准　预包装食品标签通则》（GB 7718—2011）的有关规定，食品的保质期是指预包装食品在标签指明的贮存条件下，保持品质的期限。在此期限内，产品完全适于销售，并保持标签中不必说明或已经说明的特有品质。而所谓预包装食品指的是预先定量包装或者制作在包装材料和容器中的食品，包括预先定量包装以及预先定量制作在包装材料和容器中，并且在一定量范围内具有统一的质量或体积标识的食品。食品保质期由两个元素构成：一为贮存条件，二为贮存期限，二者紧密相关，不可分割。贮存条件必须在食品标签中标注，通常包括：常温、避光保存、冷藏保存、冷冻保存等。如果产品存放条件不符合规定，食品的保质期很可能会缩短，甚至丧失安全性保障。

二、食品标签

食品标签是指食品包装上的文字、图形、符号以及一切说明物。食品标签的内容包括食品名称、配料表、净含量、生产者和经销者的名称、生产者和经销者的地址和联系方式、生产日期、贮存条件、生产许可证编号、产品标准代号、质量等级、批号、食用方法、致敏物质等内容。

食品标签作为沟通食品生产者与销售者和消费者的一种信息传播手段，使消费者通过食品标签标注的内容进行识别、自我安全卫生保护和指导消费。根据食品标签上提供的专门信息，有关行政管理部门可以据此确认该食品是否符合有关法律、法规的要求，保护广大消费者的健康和利益，维护食品生产者、经营者的合法权益，提供正当竞争的促销手段。食品标签法典委员会（CCFL）[国际食品法典委员会（CAC）的下设机构]制定了《预包装食品标签通用标准》（1991年），其对于食品标签强制性要求标出的内容包括：食品名称、配料表、净含量和沥干物重、生产厂商名称和地址、原产国、批次标示、日期标志、贮藏条件、食用方法等。

我国涉及包装标签的标准有：《食品安全国家标准　预包装食品标签通则》（GB 7718—2011）、《食品安全国家标准　预包装食品营养标签通则》（GB 28050—2011）以及《食品安全国家标准　预包装特殊膳食用食品标签》（GB 13432—2013）等。其中《食品安全国家标准　预包装食品标签通则》（GB 7718—2011）只适用于直接或非直接提供给消费者的预包装食品，而不适用于为预包装食品在贮藏运输中提供保护的食品包装贮运标签，散装食品和现制现售食品同样不适用。

（一）预包装食品标签的基本要求

我国《食品安全国家标准　预包装食品标签通则》（GB 7718—2011）对食品标签提出以下11条要求。

① 应符合法律、法规的规定，并符合相应食品安全标准的规定。

② 应清晰、醒目、持久，应使消费者购买时易于辨认和识读。

③ 应通俗易懂、有科学依据，不得标示封建迷信、色情、贬低其他食品或违背营养科学常识的内容。

④ 应真实、准确，不得以虚假、夸大、使消费者误解或欺骗性的文字、图形等方式介绍食品，也不得利用字号大小或色差误导消费者。

⑤ 不应直接或以暗示性的语言、图形、符号，误导消费者将购买的食品或食品的某一性质与另一产品混淆。

⑥ 不应标注或暗示具有预防、治疗疾病作用的内容，非保健食品不得明示或者暗示具有保健作用。

⑦ 不应与食品或者其包装物（容器）分离。

⑧ 应使用规范的汉字（商标除外）。具有装饰作用的各种艺术字，应书写正确，易于辨认。可以同时使用拼音或少数民族文字，拼音不得大于相应汉字。可以同时使用外文，但应与中文有对应关系（商标、进口食品的制造者和地址、国外经销者的名称和地址、网址除外）。所有外文不得大于相应的汉字（商标除外）。

⑨ 预包装食品包装物或包装容器最大表面面积大于 35cm² 时（最大表面面积计算方法见GB 7718—2011 附录 A），强制标示内容的文字、符号、数字的高度不得小于 1.8mm。

⑩ 一个销售单元的包装中含有不同品种、多个独立包装可单独销售的食品，每件独立包装的食品标识应当分别标注。

⑪ 若外包装易于开启识别或透过外包装物能清晰地识别内包装物（容器）上的所有强制标示内容或部分强制标示内容，可不在外包装物上重复标示相应的内容；否则应在外包装物上按要求标示所有强制标示内容。

（二）预包装食品标签必须标示的内容

在国内市场上销售的预包装食品包括直接向消费者提供的预包装食品和非直接提供给消费者的预包装食品，根据我国《食品安全国家标准 预包装食品标签通则》（GB 7718—2011）的规定，两种标签必须标示的内容有所区别。直接向消费者提供的预包装食品标签标示内容如下。

1. 一般要求

直接向消费者提供的预包装食品标签标示内容应包括食品名称、配料表、净含量和规格、生产者和（或）经销者的名称、生产者和（或）经销者的地址和联系方式、生产日期和保质期、贮存条件、食品生产许可证编号、产品批准代号及其他需要标示的内容。

2. 食品名称

为了使食品名称能准确地反映食品本身的质量特点，防止生产者利用名称误导消费者，我国《食品安全国家标准 预包装食品标签通则》（GB 7718—2011）中做了以下规定。

应在食品标签的醒目位置，清晰地标示反映食品真实属性的专用名称。当国家标准、行业标准或地方标准中已规定了某食品的一个或几个名称时，应选用其中的一个，或等效的名称。无国家标准、行业标准或地方标准规定的名称时，应使用不使消费者误解或混淆的常用名称或通俗名称。

标示"新创名称""奇特名称""音译名称""牌号名称""地区俚语名称"或"商标名称"时，应在所示名称的同一展示版面标示国家标准、行业标准或地方标准中已规定的名称或不使消费者混淆的通俗名称。当上述名称含有易使人误解食品属性的文字或术语（词语）时，应在所示名称的同一展示版面邻近部位使用同一字号标示食品真实属性的专用名称。当食品真实属性的专用名称因字号或字体颜色不同易使人误解食品属性时，也应使用同一字号及同一字体颜色标示食品真实属性的专用名称。

为不使消费者误解或混淆食品的真实属性、物理状态或制作方法，可以在食品名称前或食品名称后附加相应的词或短语。如干燥的、浓缩的、复原的、熏制的、油炸的、粉末的、粒状的等。

3. 配料表

预包装食品的标签上应标示配料表，配料表中的各种配料应按上述食品名称的要求标示具体名称，食品添加剂按 GB 2760—2014 中食品添加剂通用名称的要求标示名称。

配料表应以"配料"或"配料表"为引导词。当加工过程中所用的原料已改变为其他成分（如酒、酱油、食醋等发酵产品）时，可用"原料"或"原料与辅料"代替"配料""配料表"，并按 GB 7718—2011 相应条款的要求标示各种原料、辅料和食品添加剂。加工助剂不需要标示。各种配料应按制造或加工食品时加入量的递减顺序——排列；加入量不超过 2% 的配料可以不按递减顺序排列。

在食品制造或加工过程中，加入的水应在配料表中标示。在加工过程中已挥发的水或其他挥发性配料不需要标示。可食用的包装物也应在配料表中标示原始配料，国家另有法律法规规定的除外。

如果某种配料是由两种或两种以上的其他配料构成的复合配料（不包括复合食品添加剂），应在配料表中标示复合配料的名称，随后将复合配料的原始配料在括号内按加入量的递减顺序标示。当某种复合配料已有国家标准、行业标准或地方标准，且其加入量小于食品总量的25%时，不需要标示复合配料的原始配料。食品配料可以选择按表1-2的方式标示。

表1-2　配料标示方式

配料类别	标示方式
各种植物油或精炼植物油，不包括橄榄油	植物油或精炼植物油；如经过氢化处理，应标示为氢化或部分氢化
各种淀粉，不包括化学改性淀粉	淀粉
加入量不超过2%的各种香辛料或香辛料浸出物（单一的或合计的）	香辛料、香辛料类或复合香辛料
胶基糖果的各种胶基物质制剂	胶姆糖基础剂、胶基
添加量不超过10%的各种果脯蜜饯水果	蜜饯、果脯
食用香精、香料	食用香精、食用香料、食用香精香料

4. 配料的定量标示

如果在食品标签或食品说明书上特别强调添加了或含有一种或多种有价值、有特性的配料或成分，应标明所强调配料或成分的添加量或在成品中的含量。如果在食品的标签上特别强调一种或多种配料或成分的含量较低或无时，应标示所强调配料或成分在成品中的含量。食品名称中提及的某种配料或成分而未在标签上特别强调，不需要标示该种配料或成分的添加量或在成品中的含量。

5. 净含量和规格

净含量的标示应由净含量、数字和法定计量单位组成。应依据法定计量单位，按以下形式标示包装物（容器）中食品的净含量：a. 液态食品，用体积升（L）、毫升（mL），或用质量克（g）、千克（kg）；b. 固态食品，用质量克（g）、千克（kg）；c. 半固态或黏性食品，用质量克（g）、千克（kg）或体积升（L）、毫升（mL）。净含量的计量单位应按表1-3标示。净含量字符的最小高度应符合表1-4的规定。

表1-3　净含量计量单位的标示方法

计量方式	净含量（Q）的范围	计量单位
体积	$Q<1000mL$	毫升（mL）
	$Q\geqslant 1000mL$	升（L）
质量	$Q<1000g$	克（g）
	$Q\geqslant 1000g$	千克（kg）

表1-4　净含量字符的最小高度

净含量（Q）的范围	字符的最小高度/mm
$Q\leqslant 50mL$；$Q\leqslant 50g$	2
$50mL<Q\leqslant 200mL$；$50g<Q\leqslant 200g$	3
$200mL<Q\leqslant 1L$；$200g<Q\leqslant 1kg$	4
$Q>1L$；$Q>1kg$	6

净含量应与食品名称在包装物或容器的同一展示版面标示。容器中含有固、液两相物质的食品，且固相物质为主要食品配料时，除标示净含量外，还应以质量或质量分数的形式标示沥干物（固形物）的含量。同一预包装内含有多个单件预包装食品时，大包装在标示净含量的同时还应标示规格。规格的标示应由单件预包装食品净含量和食品件数组成，或只标示件数，可不标示"规格"二字。单件预包装食品的规格即指净含量。

6. 生产者、经销者的名称、地址和联系方式

应当标注生产者的名称、地址和联系方式。生产者名称和地址应当是依法登记注册、能够承担产品安全质量责任的生产者的名称、地址。有下列情形之一的，应按下列要求予以标示。

① 依法独立承担法律责任的集团公司、集团公司的子公司，应标示各自的名称和地址。

② 不能依法独立承担法律责任的集团公司的分公司或集团公司的生产基地，应标示集团公司和分公司（生产基地）的名称、地址；或仅标示集团公司的名称、地址及产地，产地应当按照行政区划标注到地市级地域。

③ 受其他单位委托加工预包装食品的，应标示其委托单位和受委托单位的名称和地址；或仅标示委托单位的名称和地址及产地，产地应当按照行政区划标注到地市级地域。

④ 依法承担法律责任的生产者或经销者的联系方式应至少标示一项以下内容：电话、传真、网络联系方式等，或与地址一并标示的邮政地址。

⑤ 进口预包装食品应标示原产国国名或地区区名（如香港、澳门、台湾），以及在中国依法登记注册的代理商、进口商或经销者的名称、地址和联系方式，可不标示生产者的名称、地址和联系方式。

7. 日期标示

应清晰标示预包装食品的生产日期和保质期。如日期标示采用"见包装物某部位"的形式，应标示包装物的具体部位。日期标示不得另外加贴、补印或篡改。

当同一预包装内含有多个标示了生产日期及保质期的单件预包装食品时，外包装上标示的保质期应按最早到期的单件食品的保质期计算。外包装上标示的生产日期应为最早生产的单件食品的生产日期，或外包装形成销售单元的日期；也可在外包装上分别标示各单件装食品的生产日期和保质期。应按年、月、日的顺序标示日期，如果不按此顺序标示，应注明日期标示顺序。

8. 贮存条件

预包装食品标签应标示贮存条件。可以标示"贮藏条件""贮存条件""贮藏方法"等标题，或不标示标题。贮存条件可以有常温（或冷冻、或冷藏、或避光、或阴凉干燥处）保存；××～××℃保存；请置于阴凉干燥处；常温保存，开封后需冷藏；温度：≤××℃，湿度：≤××%等标示形式。

9. 食品生产许可证编号

预包装食品标签应标示食品生产许可证编号的，标示形式按照相关规定执行。

10. 产品标准代号

在国内生产并在国内销售的预包装食品（不包括进口预包装食品）应标示产品所执行的标准代号和顺序号。

11. 其他标示内容

经电离辐射线或电离能量处理过的食品，应在食品名称附近标示"辐照食品"。经电离辐射线或电离能量处理过的任何配料，应在配料表中标明。转基因食品的标示应符合相关法律、法规的规定。特殊膳食类食品和专供婴幼儿的主辅类食品，应当标示主要营养成分及其

含量，标示方式按照 GB 13432—2013 执行。其他预包装食品如需标示营养标签，标示方式参照相关法规标准执行。食品所执行的相应产品标准已明确规定质量（品质）等级的，应标示质量（品质）等级。

非直接提供给消费者的预包装食品标签应按照直接提供给消费者的预包装食品的相应要求标示食品名称、规格、净含量、生产日期、保质期和贮存条件，其他内容如未在标签上标示，则应在说明书或合同中注明。

(三) 标示内容的豁免

下列预包装食品可以免除标示保质期：酒精度大于等于10%的饮料酒、食醋、食用盐、固态食糖类、味精。当预包装食品包装物或包装容器的最大表面面积小于10cm² 时，可以只标示产品名称、净含量、生产者（或经销商）的名称和地址。

(四) 推荐标示内容

推荐标示内容包括产品批号、食用方法和致敏物质。根据产品需要，可以标示产品的批号、容器的开启方法、食用方法、烹调方法、复水再制方法等对消费者有帮助的说明。可以将用作配料的或者是加工过程中带入的可能导致过敏反应的食品及其制品，在配料表中使用易辨识的名称标示，或在配料表邻近位置加以提示。

以下食品及其制品可能导致过敏反应：含有麸质的谷物及其制品（如小麦、黑麦、大麦、燕麦、斯佩耳特小麦或它们的杂交品系）；甲壳纲类动物及其制品（如虾、龙虾、蟹等）；鱼类及其制品；蛋类及其制品；花生及其制品；大豆及其制品；乳及乳制品（包括乳糖）；坚果及其果仁类制品。如加工过程中可能带入上述食品或其制品，宜在配料表邻近位置加以提示。

(五) 食品营养标签

《食品安全国家标准 预包装食品营养标签通则》（GB 28050—2011）要求对预包装食品的营养信息做出标示和说明，但是只针对食品有效，不包括保健食品在内。其要求食品营养标签要体现营养成分表、营养声称以及营养成分功能声称，营养标签作为食品标签的一部分，其核心营养素包括蛋白质、脂肪、糖类以及钠。具体要求如下：

① 所有预包装食品营养标签强制标示内容有能量、核心营养素含量以及其占营养素参考值（NRV）的比重；当标示其他成分时，须重点标示能量、核心营养素含量。

② 除能量、核心营养素外的其他营养成分也应标示占营养素参考值（NRV）的比重。

③ 预包装食品中添加营养强化剂后，应在营养标签中标示强化后该营养素的含量。

④ 如配料中使用氢化或部分氢化油脂，应标示反式脂肪（酸）的含量。

⑤ 豁免强制标示营养标签的预包装食品包括生鲜食品（如生肉、生鱼、蔬菜、水果或者禽蛋）；饮料酒类（乙醇含量≥0.5%）；现制现售食品；饮用水；食用量较小的食品（每日食用量≤10g 或 10mL）等。

(六) 预包装特殊膳食食品

特殊膳食食品是指可以满足特殊身体或者生理状况或者出现疾病、紊乱等状态下的特定膳食，这类食品与普通食品在营养素上会有较显著的差异，比如婴幼儿配方奶粉、婴幼儿辅助食品以及低能量的配方食品。此类食品的标签不应有暗示疗效或者保健功能的内容，应标示出能量、蛋白质、脂肪、糖类和钠的含量，同时，也要符合国家对于每种特殊膳食食品标签标示的具体要求。此外，还应标出适宜人群、食用方法以及每日最佳摄入量等内容。

（七）转基因食品

我国境内销售的食品如果涉及转基因原料，应在标签中标示，否则禁止进口和销售。如转基因农产品直接加工的产品，要直接标示"转基因××加工品"或者"加工原料为转基因××"；而对于使用农业转基因生物或者含有农业转基因生物成分的产品加工成的，但最后不再含有或者检测不到转基因成分的产品，也应相应地标注在产品加工过程中使用转基因原料，但终产品中不含有转基因成分。

第四节　食品风险评估

民以食为天，食以安为先。食品是人类生存和发展的基本物质，人类在对食品需求的不满足，不断地促进和发展了食品的生产。当今，食品产业已经在许多国家众多产业中占据重要的地位。对于食品而言，安全性是最基本的要求，在食品的安全、营养、感官三要素中，安全是消费者选择食品的首要标准。近年来，在世界范围内不断出现食品安全事件，如英国疯牛病和口蹄疫事件，比利时二噁英事件，国内的苏丹红、吊白块、毒米、毒油、孔雀石绿、瘦肉精、大头娃娃、三聚氰胺等事件，使得我国乃至全球的食品安全形势十分严峻。

食品风险评估是以保障安全为目的，按照科学的程序和方法，对系统中固有的或潜在的危险及严重性进行预先的安全分析与评估，为制定基本的防护措施和安全管理提供科学的依据，并在预测事故发生可能性的基础上，掌握事故发生的一般规律，做出定性、定量的评价，以便提出有效的安全控制措施，减少并控制事故的发生。

食品风险评估包含危害识别、危害特征描述、暴露评估和风险特征描述四个步骤。

一、危害识别

危害识别采用的是定性方法，对于化学因素（包括食品添加剂、农药和兽药残留、污染物和天然毒素）而言，危害识别主要是指确定某种物质的毒性（即产生的不良效果），在可能时对这种物质导致不良效果的固有性质进行鉴定。实际工作中，危害识别一般采用动物和体外试验的资料作为依据。动物试验包括急性和慢性毒性试验，它们必须遵循被广泛接受的标准化试验程序，同时必须实施良好实验室规范（GLP）和标准化的质量保证/质量控制（QA/QC）程序。

二、危害特征描述

危害特征描述一般是由毒理学试验获得的数据外推到人，计算人体的每日容许摄入量（ADI 值）；对于营养素，为制定每日推荐摄入量（RDI 值）。

三、暴露评估

暴露评估主要根据膳食调查和各种食品中化学物质暴露水平调查的数据进行，通过计算，可以得到人体对于该种化学物质的暴露量。进行暴露评估需要有关食品的消费量和这些食品中相关化学物质浓度两方面的资料，因此，进行膳食调查和国家食品污染监测计算是准确进行暴露评估的基础。

四、风险特征描述

风险特征描述是指就暴露量对人群产生健康不良效果的可能性进行估计，暴露量小于 ADI 值时，产生健康不良效果的可能性理论上为零；同时，风险特征描述需要说明风险评估过程中每一步所涉及的不确定性。在实际工作中，这些不确定性可以通过专家判断和进行额外的试验（特别是人体试验）加以克服，这些试验可以在产品上市前或上市后进行。目前全球食品安全最显著的危害是致病性微生物。CAC 认为危害分析和关键控制点（HACCP）体系是迄今为止控制食源性危害最经济有效的手段。HACCP 体系确定具体的危害，并制定控制这些危害的预防措施。在制定具体的 HACCP 计划时，必须确定所有潜在的危害，而消除这些危害或者降低到可接受的水平是生产安全食品的关键。

 思考题

1. 名词解释：食品的腐败变质；栅栏技术；保质期；食品标签；食品风险评估。
2. 试述引起食品腐败变质的物理因素及其特性。
3. 试述引起食品腐败变质的化学因素及其特性。
4. 试述引起食品腐败变质的生物因素及其特性。
5. 栅栏技术的基本原理是什么？食品加工与贮藏过程中如何应用栅栏技术？
6. 食品标签的内容及其基本要求有哪些？
7. 什么是食品安全风险评估？简述食品安全风险评估的四个步骤。

第二章 | 食品的低温保藏

第一节　食品低温保藏原理

食品腐败变质的主要原因包括微生物作用、酶、食品褐变、氧化作用以及虫害和鼠类等有害生物的作用。食品保藏主要原理则是如何抑制食品贮藏、流通等过程中可能发生的物理、化学及生物危害。低温处理是一种较为常态化的食品保藏技术，低温保藏的基本做法为降低食品温度，同时维持食品保藏低温环境，保持食品处于低温或者冰冻状态，进而达到延缓食品腐败变质，实现食品长期贮存或长途运输的目的。

根据低温保藏的物料是否冻结，可分为冷藏和冻藏。冷藏温度范围一般为-2~15℃，高于食品物料的冻结点，比较常见的温度范围是4~8℃。不同食品根据其特性不同，会选择不同的冷藏温度，例如植物性食品冷藏温度为-2~15℃，动物性食品为-2~2℃。相比而言，冻藏的温度一般较低，温度范围为-30~-12℃，常用的冻藏温度为-18℃。高温（冷）库与低温（冷）库分别供食品冷藏和冻藏贮藏。了解食品腐败变质的原因与食品低温保藏的基本分类有助于更好地理解食品低温保藏的基本原理，以下会对食品低温保藏的基本原理进行详述。

一、微生物在低温保藏环境中的变化

微生物作为引起食品腐败变质的主要原因之一，是食品低温保藏优先考虑的因素。因此，了解微生物在低温保藏环境中的变化，对于确定准确的食品低温保藏条件至关重要，这也是食品低温保藏原理中的重要一部分。

（一）温度对微生物生长的影响

不同微生物有着不同生长和繁殖的温度需求（表2-1），当环境温度低于其适宜生长温度，它们的活动能力随之减弱，一般而言，当保藏温度降低到-10℃时，大多数微生物会停止繁殖（表2-2）。因此降低环境温度是减缓微生物生长，从而达到延长食品货架期的有效方法。探究其原因主要有以下几点：a. 微生物体内代谢酶的活力会随着温度降低而下降；b. 微生物细胞内原生质浓度会因温度的降低而升高，高黏度的原生质会降低新陈代谢的速率；c. 在低温环境中，细胞中的部分水会形成冰晶进而刺伤细胞，引起细胞失活。

表2-1　微生物的生长温度

类群	最低生长温度/℃	最适生长温度/℃	最高生长温度/℃	举例
嗜冷微生物	-10~5	10~20	20~40	水和冷库中的微生物
嗜温微生物	10~15	25~40	40~50	腐败菌、病原菌
嗜热微生物	40~45	55~75	60~80	温泉、堆肥中微生物

表2-2　不同温度下微生物的繁殖时间

温度/℃	繁殖时间/h	温度/℃	繁殖时间/h
33	0.5	5	6
22	1	2	10

续表

温度/℃	繁殖时间/h	温度/℃	繁殖时间/h
12	2	0	20
10	3	-30	60

在-12℃～-8℃温度下，因介质内所含有的大量水分转变成冰晶体，对微生物的破坏作用特别厉害。以神灵杆菌（*Bacterium prodigiosum*）为例，在-8℃的冰冻介质中其死亡速度比过冷介质中明显快得多。但在温度更低的冻结或冰冻介质中（-20～-18℃）微生物的死亡速度却显著地变缓慢（表2-3）。

表2-3 不同温度和贮藏期的冻鱼中细菌残留量

贮藏期/d	细菌残留量/%		
	-18℃	-15℃	-10℃
115	50.7	16.8	6.1
178	61.0	10.4	3.6
192	57.4	3.9	2.1
206	55.0	55.0	2.1
220	53.2	53.2	2.5

由以上研究结果可知，低温会限制微生物的生长，长期处于低温环境的微生物会产生低温适应性，如低温会让微生物的新陈代谢水平达到较低水平而进入休眠状态。微生物在形成孢子的情况下会表现出对低温具有较强的抵抗力，如霉菌、酵母菌等耐低温能力很强，在低于0℃的环境中仍然可以生长。但总体来看，低温下微生物的死亡率要低于高温环境，低温处理主要目的是延缓食品腐败变质的速率而不是彻底杀菌。

(二)影响微生物低温致死的因素

1. 温度范围

温度的高低直接影响微生物的生长繁殖，有些微生物处于冰点左右或者冰点以上温度时会生长繁殖，虽然部分微生物会因低温死亡，但仍有部分微生物可以适应低温环境，这就导致了食品在较高的温度冷藏时其保质期较短。但是，当保藏温度较低，如-12～-8℃，尤其是-5～-2℃时，微生物的生长会受到较大的抑制或者全部死亡。但是并不是温度越低，微生物的活性越会受到抑制，当温度降低至-25～-20℃时，微生物的死亡率会因细胞内酶反应的减缓而降低，其死亡速度会低于8～10℃的贮藏温度。急剧低温环境（-30～-20℃）会让微生物细胞在较长时间内仍能保持其生命力。表2-4列出了不同微生物生长的适应性。

表2-4 不同微生物生长的适应性

菌种和食品	在各温度下出现可见生长现象的时间/d				
	-5℃	-2℃	0℃	2℃	5℃
新鲜蛇莓	—	25	17	17	7
胡萝卜（6℃）	—	18	10	10	6
卷心菜（6℃）	42	17	11	11	6
-5℃培养8代后适应菌	7	—	—	—	—

菌种和食品	在各温度下出现可见生长现象的时间/d				
	−5℃	−2℃	0℃	2℃	5℃
冻蛇莓和醋栗	—	20	20	35	—
冻梨	19	6	6	6	—
羊肉	18	18	18	16	—
−5℃培养3代后适应菌	12	—	—	—	—

2. 降温速度

当贮藏温度在食品冻结点以上时，温度迅速下降会导致微生物细胞内各种生化反应不能及时地做出调整，以至于出现新陈代谢紊乱；而食品冻结则恰好相反，缓慢冻结会杀死大部分微生物，因为食品长时间处于−12～−8℃（特别在−5～−2℃）细胞会被缓慢冻结过程中所形成的冰晶体刺伤，同时，蛋白质变性等原因也会加速细胞死亡。然而，速冻很大程度上缩短了对微生物威胁最大的温度时间，当温度降至−18℃以下，微生物细胞内各种酶的反应、胶体的变性会得到抑制，可降低微生物的死亡率，死亡率仅为原菌数的50%左右。

3. 结合水分与过冷状态

如果微生物细胞内原生质含有大量结合水，介质较容易进入过冷状态，不再形成冰晶体，这样就可避免因介质内水分结冰而造成的机械性损伤。细菌和霉菌芽孢在低温下的稳定性较高也是因为结合水分的含量比较高。反之，游离水分多，形成的冰晶体大，对细胞的损伤也大。

4. 食品的成分

食品中介质成分的种类及含量也会影响微生物低温下的活性。高水分和低pH值的介质会加速微生物的死亡，pH值越低，对微生物的抑制作用加强。食品中一定浓度的糖、盐、蛋白质、胶体、脂肪等对微生物有保护作用，可使温度对微生物的影响减弱，但当这些可溶性物质的浓度提高到一定程度时，其本身也具有一定的抑菌作用。

二、酶在低温保藏环境中的变化

食品中的酶是引起食品腐败变质的重要因素之一，这些酶有的来源于食品本身，有的则是微生物生命活动的产物。而上文中也提到温度变化与食品腐败变质息息相关，深究其原因，温度也是制约酶活性的重要因素之一。酶作为生物催化剂，有其最适的温度范围，大多数酶的适宜活动温度为30～40℃，动物体内酶的最适温度（37～40℃）高于植物体内酶的最适温度（30～37℃），而来自植物性食品的酶活性的最适温度较低，因此低温对酶的影响较小。酶的活性因温度而发生的变化常用温度系数 Q_{10} 衡量：

$$Q_{10} = \frac{K_2}{K_1} \tag{2-1}$$

式中　Q_{10}——温度每增加10℃时因酶活性变化所增加的化学反应速率；

K_1——温度 t℃时酶活性所导致的化学反应速率；

K_2——温度增加到（$t+10$）℃时酶活性所导致的化学反应速率。

食品中酶活性的温度系数 Q_{10} 为2～3，也就是说温度每降低10℃，酶的活性会降低至原来的1/3～1/2。但是低温不一定意味着酶会失活，只是受到不同程度的抑制。例如，胰蛋白酶在−30℃下仍然有微弱的反应，氧化酶、脂肪水解酶等能耐−19℃的低温。虽然低温不能使酶完全失活，但足以达到长期贮藏保鲜食品的目的。商业上通常选择−18℃作为贮藏温度，但是酶在此温度下仍然会缓慢活动，在几日至几个月的贮存时间内，食品虽然是安全的，但是也会出现产生不良风味的现象。因此，在食品进行冻藏处理时，为将食品内不良变化降低到最低的程度，在冻藏前，使用短时预煮的方式使酶的活性完全破坏掉，之后再行冻制。表2-5、表2-6列出了部分常见果蔬的呼吸速率的温度系数 Q_{10} 以供参考。

表2-5 水果呼吸速率的温度系数 Q_{10}

项目	Q_{10}				
温度/℃	0～10	11～21	16.6～26.6	22.2～32.2	33.3～43.3
草莓	3.45	2.10	2.20		
桃子	4.10	3.15	2.25		
柠檬	3.95	1.70	1.95	2.00	
橘子	3.30	1.80	1.55	1.60	
葡萄	3.35	2.00	1.45	1.65	2.50

表2-6 蔬菜呼吸速率的温度系数 Q_{10}

项目	Q_{10}	
温度/℃	0.5～10.0	10.0～24.0
芦笋	3.7	2.5
豌豆	3.9	2.0
豆角	5.1	2.5
菠菜	3.2	2.6
辣椒	2.8	2.3
胡萝卜	3.3	1.9
莴苣	1.6	2.0
番茄	2.0	2.3
黄瓜	4.2	1.9
马铃薯	2.1	2.2

低温虽然使酶的活性受到抑制，但不能使酶完全失活。在长期冷藏过程中，部分酶的作用仍可引起食品的变质。即使温度低于-18℃，酶的催化作用也未停止，只是进行得非常缓慢而已。例如，脂肪酶在-30℃下仍具有活性，脂肪分解酶在-20℃下仍能引起脂肪水解。因此，长时间的低温保存，食品的风味和营养等都会受到影响。商业上一般采用-18℃作为冻藏温度，实践证明这一温度对多数食品在数月内的贮藏是可行的。当食品解冻后，随着温度的升高，仍保持活性的酶将重新活跃起来，从而加速食品的变质。

另外，食品基质浓度和酶浓度对催化反应速率影响也很大。因此，快速通过这个冰晶带不但能减少冰晶体对食品质构的机械损伤，同时也能减少酶促变质。为了防止上述变化对食品品质造成的影响，某些食品如蔬菜类，在冻结前通常采用短时间预煮或热烫的方法，以钝化其中的酶。由于过氧化酶的耐热性比其他酶强，所以预煮或热烫时常以过氧化酶活性被破坏的程度来确定预煮或热烫所需要的时间。

三、低温对食品成分的影响

(一) 蛋白质

食物中的蛋白质是既具有酸性又具有碱性的两性物质，很不稳定。蛋白质的水溶液温度在 52～54℃时，具有胶体性质，是胶体状溶液。在温度降低进行冷冻时，蛋白质则从溶液中结块沉淀，成为变性蛋白质。

蛋白质的沉淀作用可分为可逆性和不可逆性两种。碱金属和碱土金属的盐（如 Na_2SO_4、$NaCl$、$MgSO_4$ 等）能使蛋白质从水溶液中沉淀析出，其原因主要是这些无机盐夺去了蛋白质分子外层的水化膜，被盐析出来的蛋白质保持原来的结构和性质，用水处理后又复溶解，这种沉淀称为可逆性沉淀。在一定条件下，食品冷加工后所引起的蛋白质的变化是可逆性的。但在许多情况下，由于各种物理和化学因素的影响，蛋白质溶液凝固而变成不能再溶解的沉淀，此过程称为变性，这样的蛋白质称为变性蛋白质，它不能恢复成原来的蛋白质，是不可逆的，蛋白质会失去生理活性。

总之，蛋白质的变性在最初阶段是可逆的，但在可逆阶段后即进入不可逆变性阶段。酶也是一种蛋白质，当其变性时即失去活性。

（二）水

食品中的水分可分为结合水和自由水。自由水也称为游离水，主要包括食品组织毛细孔内或远离极性基团能够自由移动、容易结冰、能溶解溶质的水。自由水在动物细胞中含量较少，而在某些植物细胞中含量较高。结合水包围在蛋白质和糖分子的周围，形成稳定的水化层。结合水不易移动，不易结冰，不能作为溶质的溶剂。结合水对蛋白质等物质具有很强保护作用，对食品的色香味及口感影响很大。加热干燥或冷冻干燥可除去部分结合水，而冻藏处理对结合水的影响较小。冻藏过程中，食品中的自由水冻结成冰使各种微生物生长繁殖及食品自身的生化反应失去传递介质而受到抑制。

（三）脂肪

食品在冷藏或冻藏过程中，其所含脂肪会发生水解、氧化、聚合等多种复杂变化，这些复杂变化生成的低级醛酮类物质会使食品的味道恶化、风味变差，伴随出现的还有食品变色、发黏、酸败等现象。这种现象非常严重的时候被人们称为"油烧"。

低温可以推迟酸败，但不能阻止酸败。这是由于脂酶、脂肪氧化酶等在低温下仍具有一定的活性，因此会引起脂肪缓慢水解，产生游离脂肪酸。与水解酸败相比，氧化酸败对冻结食品质量的损害更加严重。发生在冻结食品中的自动氧化很可能在冻结前的准备阶段就已开始。因此，在冻结过程中，只要有氧的存在，即使没有紫外线的照射，自动氧化也会继续进行，最终导致食品变质。

（四）淀粉

普通淀粉一般由20%左右的直链淀粉和80%左右的支链淀粉构成，这两种成分形成微小的结晶，这种结晶的淀粉称为β-淀粉。在适当温度下，淀粉在水中溶胀分裂形成均匀的糊状溶液，这种作用叫糊化作用，糊化的淀粉又称为α-淀粉。食品中的淀粉是以α-淀粉形式存在，但是在接近0℃的低温范围内，糊化了的α-淀粉分子又自动排列成序，形成致密的高度晶化的不溶性淀粉分子，迅速出现了淀粉的β化，即淀粉的老化。老化的淀粉不易受到淀粉酶的作用，不易被人体消化吸收。

水分含量在30%～60%的淀粉容易老化，含水量在10%以下的干燥状态淀粉及在大量水中的淀粉都不易老化。淀粉老化作用的最适温度是2～4℃，当贮存温度低于-20℃或高于60℃时，均不会发生淀粉老化现象。因为低于-20℃时，淀粉分子间的水分急速冻结，形成了冰晶体，阻碍了淀粉分子间的相互靠近而不能形成氢键，所以不会发生淀粉老化现象。

(五) 维生素

在低温条件下，维生素被破坏程度较小。

四、低温对食品物料的影响

食品物料可以根据其在低温条件下呈现的不同特性分为植物性食品物料、动物性食品物料以及其他类食品物料。植物性食品物料，主要是指新鲜水果蔬菜等；动物性食品物料，主要是指新鲜捕获的水产品、屠宰后的家禽和牲畜以及新鲜乳、蛋等；其他类食品物料，包括一些原材料、半加工品和加工品、粮油制品等。

(一) 低温保藏对植物性食品的影响

对于植物性食品来讲，低温保藏的原则为既要降低植物个体的呼吸作用又要维持其基本的生命活动，使植物性食品原料保持一种低水平的生命活动状态。采摘后果蔬会出现脆性和硬度下降、叶片组织萎蔫、肉质粗糙等现象，其主要原因是持续的呼吸作用和生理活动，同时果蔬体内与乙烯合成相关的酶 [如 1-氨基环丙烷-1-羧酸合成酶（ACS）] 活性的增强，也促进了乙烯的生成与释放，加速果蔬的衰老；且葡萄糖内切酶、果胶内切酶和果胶外切酶活性的增强加速了组织细胞壁的分解，最终导致果蔬质地发生劣变。采摘后的果蔬实际上还处于和生长期相似的生命状态，而温度降低会降低植物个体的呼吸强度以及新陈代谢的速度，其贮存期限也会延长。在此方面，已有研究结果表明低温贮藏有效抑制了巨峰葡萄的呼吸作用，降低失重率、掉粒率和腐烂率，很好地保留了营养物质；0℃下贮藏的油桃果实乙烯释放量降低了 8.8%，并推迟了乙烯含量高峰值的出现时间。但应该注意的是贮藏温度应该控制在一定的范围内，如果超出植物性食品承受的范围，将会导致其正常的生理代谢活动难以维持，那么植物性食品就会因为生理失调产生低温冷害，难以贮存下去。

(二) 低温保藏对动物性食品的影响

对于动物性食品而言，屠宰后则变成无生命体，其体内的生化反应主要是一系列的降解反应，肌体经历死后僵直、软化成熟、自溶和酸败等过程，达到"成熟"的肉继续放置则会进入自溶阶段，肌体内的蛋白质会发生进一步的分解，腐败微生物也大量繁殖。因此动物性食品的贮藏原则是尽量延缓死亡后的变化过程。降低温度，一方面可减弱机体内酶的活性，另一方面可以减少微生物的繁殖。水产保鲜中常用到的冰藏方法，其主要原理则是减少自溶和细菌降解。

(三) 低温保藏对其他变质因素的影响

油脂的酸败是引起食品变质的又一因素，油脂与空气直接接触，发生氧化反应，同时，油脂本身黏度增加、相对密度增加，会出现令人不愉快的"哈喇"味。此外，维生素 C 氧化会失去维生素 C 的生理作用；番茄红素、胡萝卜素类等也有类似的氧化反应。

总体来看，低温贮藏延长食品贮藏期的主要原理是抑制破坏食品品质的不良因素，如微生物、酶等的作用，不同食品物料所需求的贮藏温度会有所差别。

第二节　食品的冷却与冷藏

一、冷却

(一) 冷却的定义

冷却又称为预冷，是指在食品进行运输或者贮藏前将温度降到冷藏温度，这样可以及时地抑制食品微生物的生长、繁殖，以达到更好地保持原有食品品质、延长食品贮藏期的目的。不同食品物料所需要进行的预冷处理时间点有所区别，植物性食品在采收后，动物性食品则在捕获或屠宰后尽快地进行冷却。

(二) 冷却的目的和对象

微生物和酶的作用是食品变质的主要原因，如果食品得不到及时的冷却处理，其变质速率会非常快，已有很多现象证明只要在收获或屠宰与冷藏之间有数小时的延缓，就会出现显著的变质现象。因而，对食品进行冷却对于延缓食品腐败变质、延长保质期和维持食品品质具有重要作用。食品冷却目的如下所述：

① 对动物性食品来说，冷却有利于抑制酶对蛋白质的分解作用和细菌的生长繁殖，急速降温速冷甚至使部分细菌休克死亡。

② 肉在低温下解僵成熟，其色泽、风味及嫩度变好，商品价值提高。

③ 冷却肉与冻结肉相比，没有因冰晶物理变化所导致的肉质变化以及蛋白质变性。

④ 冷却有利于排出呼吸热和田间热，延长植物性食品的贮藏期，但要防止冷害发生。

以甜玉米为例，甜玉米甜度的丧失就是代谢物从一种形式转化为另一种形式的一个典型例子（表 2-7）。在 0℃下，甜玉米能把本身所含糖分代谢至一定程度，以致在 1d 内糖分丧失 8.1%，在 4d 内丧失 22%。然而，糖分在 20℃下的丧失规律为 1d 内丧失 25.6%，而在炎热的夏天还要远远超过此数值。显然，推延冷却会导致食品的变质和品质下降。

表 2-7　甜玉米糖分在贮藏过程中的丧失情况

贮藏时间/h	不同贮藏温度下总糖分损失/%	
	0℃	20℃
24	8.1	25.6
48	14.5	45.7
72	18.0	55.5
96	22.0	62.1

对于果蔬食品来说，其结果也是一样，如采摘后 24h 冷却的梨，在 0℃下贮藏 5 周不腐烂；而采收后经 96h 才冷却的梨，在 0℃下贮藏 5 周就有 30%的梨腐烂。此外，食品的生化品质也会因不同的冷却处理而不同。

(三) 食品冷却方法

冷却可以通过传导、对流、辐射或蒸发等途径来达到目的。冷却方法的选择与食品状态有关，巧克力和糖果生产过程中的冷却隧道通常采用辐射冷却，而热传导冷却方式的应用前提是食品的形状适合与固体冷却器件接触，例如，有规则形状的家畜肉片或鱼肉片可以用板式冷却器来冷却。当然，大多数食品是靠对流或对流与传导相结合的方式来进行冷却的。对于固体食品，冷却剂可以直接与产品接触；对于液体食品则需要通过热交换器与食品进行间接的接触，以除去产品中的热值。目前食品冷却的常用方法有空气冷却法、真空冷却法、冷水冷却法、碎冰冷却法、差压式冷却法、通风冷却方式。根据食品的种类及冷却要求不同，而选择合适的冷却方法（表2-8）。

表2-8 冷却方法与适用范围

冷却方法	肉	禽	蛋	鱼	水果	蔬菜
空气冷却	√	√	√	√	√	√
真空冷却					√	√
冷水冷却		√		√	√	√
碎冰冷却		√		√		
差压式冷却	√	√	√		√	√
通风冷却	√	√	√			√

1. 空气冷却法

空气冷却法分自然通风冷却和强制通风冷却。自然通风冷却是最简单易行的一种方法，是指将采摘后的果蔬放在阴凉通风的地方，慢慢地散去果蔬采摘后所携带的田间热。但是，这种方法冷却的时间较长，也很难达到产品所需的预冷温度。强制通风冷却是让低温空气流经食品的表面，将食品散发的热量带走。通常强制通风冷却的步骤为：首先，可先用冰块或机械制冷使空气降温；然后，用冷风机将被冷却的空气从风道吹出，在冷却间或冷藏间中循环，吸收食品中的热量，促使其降温。

空气的温度、相对湿度和流速等因素是影响强制通风冷却工艺效果的主要因素。工艺条件根据食品的种类、有无包装、是否干缩、是否需要快速冷却等来确定。这种方法冷却时间长，且难以达到所需的预冷温度，但是在没有更好的预冷条件时，强制通风冷却是一种有效的方法。图2-1是肉类冷风冷却装置简图；图2-2是隧道式冷却装置简图。

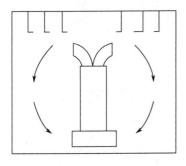

图2-1 肉类冷风冷却装置简图

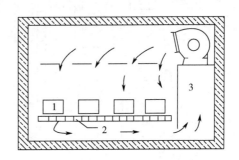

图2-2 隧道式冷却装置简图

果蔬、鲜蛋、乳品以及畜禽肉等冷藏、冻藏食品的预冷处理等通常采用空气冷却法。特别是青花菜、绿叶类蔬菜等浸水后品质易受影响的蔬菜产品，适宜于用空气冷却法。不同食品原料，所进行空气冷却的场所有所不同，果蔬类食品适合在冷藏库进行冷却，冷却条件为空气流速一般初期在 1～2m/s，末期降到 1m/s 以下，湿度为 85%～95%。

畜肉则在冷却间完成冷却，温度一般控制在 0℃左右，风速在 0.5～1.5m/s，不宜超过 2m/s，相对湿度控制在 90%～98%，一般要在 24h 内完成冷却。而对于禽肉，空气温度稍高，在 2～3℃，湿度 80%～85%，风速 1.0～1.2m/s，经 7h 左右可使禽胴体温度降至 5℃ 以下。鲜蛋类产品开始的冷却温度不能与蛋体温度差距过大，一般低于蛋体温度 2～3℃ 即可，并且冷却间空气温度每隔 1～2h 将降低 1℃ 左右，空气相对湿度在 75%～85%，流速在 0.3～0.5m/s 范围内，通常情况下经过 24h 的冷却，蛋体温度可达 1～3℃。

2. 真空冷却法

真空冷却又叫减压冷却，其原理是根据水分在不同的压力下有不同的沸点，将食品放置于可调节空气压力的密闭容器中，食品表面的水分会因真空负压迅速蒸发，水分蒸发的过程会带走大量的汽化潜热。真空冷却的降温速度极快，30min 内即可达到其他降温方法 30h 的效果，可使食品表面的温度由 30℃ 左右降至 0～5℃。真空冷却法适用于叶菜类，对葱蒜类、花菜类、豆类和蘑菇类等食品不适用，对于这类食品物料，由于水分蒸发的速度快，所需的降温时间短（10～15s），造成的水分损失并不大（2%～3%）。某些水果和甜玉米也可用此方法预冷，但是果菜、根菜等表面积小、组织致密的蔬菜不大适宜。

真空冷却设备的尺寸和形状根据实际应用需求而定。但真空冷却系统基本上都由真空室、真空抽气系统、制冷系统和控制系统组成，如图 2-3 所示。装置中制冷系统的作用不是直接用来冷却食品的，而是让食品中蒸发出来的水汽重新凝结于蒸发器上而排出，以保持真空室内压力的稳定。

真空冷却的优点有：一是通常在进行真空冷却前，可先将食品原料湿润，这样可为真空冷却提供更多的水分，这样既加快了降温速度，又减少了植物组织内水分损失，从而减少了原料的干耗；二是真空冷却速度很快，一般 20～30min 即可。但真空冷却处理的食品干耗大，且此方法能耗较大，设备投资和操作费用都较高，在国外一般都用在离冷库较远的蔬菜产地。

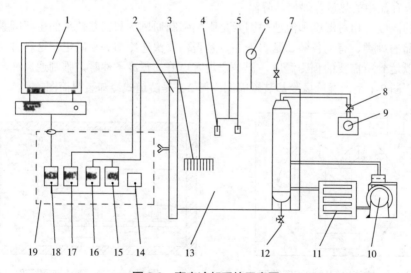

图 2-3　真空冷却系统示意图

1—计算机；2—真空室门；3—温度传感器；4—压力传感器；5—湿度传感器；6—真空表；7—充气阀；

8—真空阀；9—真空泵；10—压缩机；11—冷凝器；12—放水阀；13—真空室；14—开关电源；

15，16—热电阻 A/D 专用模块；17—A/D 模块；18—接口转换模块；19—电气箱

3. 冷水冷却法

冷水冷却法是指用冷水喷淋产品或将产品浸泡在冷却水（淡水或海水）中，使产品降温的方法。一般在0℃左右的温度条件下进行。其中，喷水冷却多用于鱼类、家禽，有时也用于水果、蔬菜和包装食品的冷却；果蔬或者包装食品也可用浸泡冷却法，一般浸泡在0~2℃的冷水中。适合采用冷水冷却法的蔬菜有甜瓜、甜玉米、胡萝卜、菜豆、番茄、茄子和黄瓜等。

直接浸没式冷却系统可以是间歇式的，也可以是连续式操作的。喷淋或者流水方式的冷却速率要高于浸泡冷却。此方法所用到的冷却水可循环利用，但考虑到食品卫生安全问题，应在冷却水中加入少量次氯酸盐消毒，以消除微生物或某些个体食品对其他食品的污染。冷水冷却的形式包括浸渍式、喷淋式和降水式。

（1）浸渍式　将食品直接浸在冷水中，且不断搅拌冷水，以加快食品的冷却。

（2）喷淋式　在被冷却食品上方，由喷嘴把冷却的有压力的水呈散水状喷向食品，达到冷却目的。

（3）降水式　被冷却的食品在传送带上移动，上部水盘均匀地像降雨一样降水，达到冷却的目的，适用于大量处理作业。

喷淋式冷水冷却设备如图2-4所示。其主要由冷却水槽、传送带、冷却隧道、水泵和制冷系统等部分组成。在冷却水槽内设冷却排管，由压缩机制冷，使冷却排管周围的水部分结冰，因而冷却水槽内是冰水混合物，泵将冷却的水抽到冷却隧道的顶部，被冷却食品则从冷却隧道的传送带上通过，冷却水从上往下喷淋到食品表面，冷却室顶部的冷水喷头根据食品种类的不同而大小不同。对耐压的产品，喷头孔较大，为喷淋式；对较柔软的产品，喷头孔较小，为喷雾式。

值得注意的是，当用盐水作冷却介质时，不宜和一般食品直接接触，盐分会影响食品质量，因此，食品一般只与盐水间接接触。用海水冷却鱼类，特别是在远洋作业的渔轮上，采用降温后的无污染低温海水冷却鱼类，不仅冷却速度快，鱼体冷却均匀，而且成本也可降低。冷水比冷空气的传热系数高，在大大缩短冷却时间的同时不会产生干耗，成本也低。

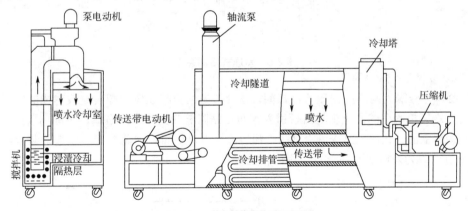

图2-4　喷淋式冷水冷却装置

4. 碎冰冷却法

碎冰冷却法的物理原理非常简单，就是利用冰融化时的吸热作用来达到降低食品物料温度的目的。冰的来源可以是机械制冰或者天然冰，可以是净水形成的冰或者海水冰，净水冰的融化潜热为334.72kJ/kg，熔点为0℃；海水冰的融化潜热为321.70kJ/kg，熔点为-2℃。鱼类食品常用冰冷却法，并且考虑到传热均匀，一般用碎冰。采用一层鱼一层冰，或将碎冰与鱼混拌在一起的形式进行冰冷却。前者被称为层冰层鱼法，适合于大鱼的冷却；后者为排冰法，适合于中、小鱼的冷却。碎冰冷却法所用到的冰量并不大，拌冰法中鱼和冰的比例约为1：0.75，层冰层鱼法所用到的鱼和冰的比例一般为1：1。为了防止冰水对食品物料的污染，通常对制冰用水的卫生标准有严格的要求。

除了碎冰冷却，还有水冰冷却，具体过程为，先将预冷到1.5℃的海水放置在船舱或泡沫塑料箱中，再加入鱼和冰，用冰量一般是鱼与冰之比为2：1或3：1，冰量要完全将鱼浸没。水冰冷却法易于操作且用冰量少，冷却效果好，但如果鱼类食品在冰水中浸泡时间过长易引起鱼肉变软、变白，因此该法主要用于鱼类的临时保鲜。

5. 差压式冷却法

差压式冷却法是冷空气通过机械加压在食品两侧产生一定压力差，迫使冷空气全部通过食品填充层，增加冷空气与被冷却物间的接触面积，从而使预冷食品被迫迅速冷却的方法。图2-5是差压式冷却装置。将食品放在吸风口两侧，并铺上盖布，使高压、低压部形成2～4kPa压差，利用这个压差，使-5～10℃的冷风以0.3～0.5m/s的速度通过箱体上开设的通风孔，顺利地在箱体内流动，用此冷风进行冷却。根据食品的种类不同，差压式冷却一般需4～6h，有的可在2h左右完成。一般最大冷却能力为货物占地面积70m^2，若大于该值，可对储藏空间进行分隔，在每个小空间内设吸气口。

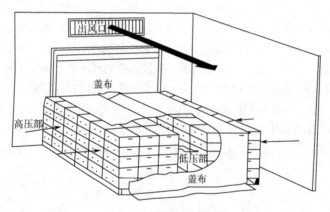

图 2-5　差压式冷却装置

图2-6为分隔为两间的差压式冷却间。图2-7为由强制通风冷却装置改建成的差压式冷却装置，冷风机吹出的冷风由导流板引入盖布，贴附着吹到冷却间右端，下降到入口空间，然后从箱体上的开孔进入。冷风将食品冷却后，经出口空间返回蒸发器。原来的装置经过这样改造后，即为差压式冷却装置，用同样的设备可以得到较大的效益。差压式冷却的优点

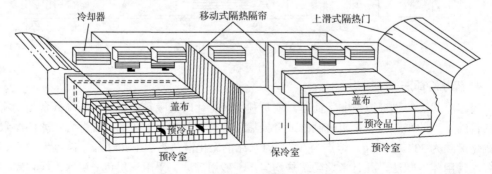

图 2-6　分隔为两间的差压式冷却间

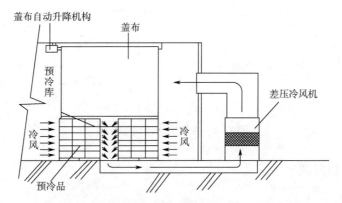

图 2-7 由强制通风冷却装置改建为差压式冷却装置

是：能耗小，冷却速度快，冷却均匀，可冷却的品种多，易于由强制通风冷却改建。缺点包括：食品干耗大，货物堆放麻烦，冷库利用率低。

6. 通风冷却法

通风冷却又称为空气加压冷却，它与自然通风冷却的区别在于配置了较大风量、风压的风机，所以又称强制通风冷却方法。图 2-8 为强制通风冷却与差压式冷却的比较。图 2-9 为冷风机进出风示意图。

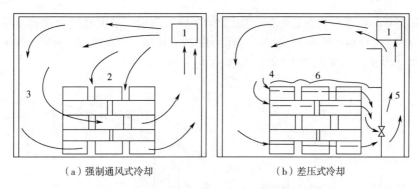

（a）强制通风式冷却　　　　　　（b）差压式冷却

图 2-8 强制通风冷却与差压式冷却的比较

1—通风机；2—厢体间设通风空隙；3—风从箱体外通过；4—风从箱体上的孔中通过；

5—差压式空冷回风风道；6—盖布

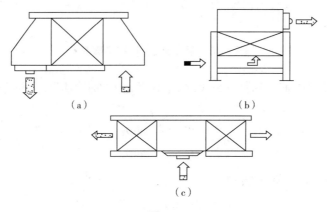

（a）　　　　　　　　　　（b）

（c）

图 2-9

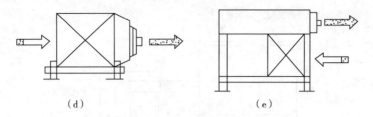

（d）　　　　　　　　　　（e）

图2-9　冷风机进出风示意图

（四）冷却速度和时间

1. 冷却速度

冷却速度是表示该放热过程快慢的物理量，主要影响因素包括：食品和介质之间的温差；食品的形状和大小；冷却介质种类。影响食品冷却速度的因素可以用式（2-2）表示：

$$v = \frac{t_0 - t}{\tau} \tag{2-2}$$

式中　v——影响冷却速度的因素；

t_0——冷却前食品温度，℃；

t——冷却后食品平均温度，℃；

τ——冷却时间，h。

以特殊形状——平板状食品为例，如图2-10（b）所示，平板厚度为 $\delta(\mathrm{m})$，假设该食品的换热面积为 F，导热系数为 λ，放置在温度为 t_r 的介质里，冷却时间为 $\tau(\mathrm{h})$。热量在食品中的传递方向 $AA'BB'$，其内部温度分布如图2-10（a）所示。

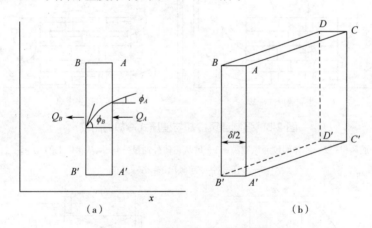

（a）　　　　　　　　　　　　　（b）

图2-10　平板状食品的换热情况

如以 Q_A 表示进入 AA' 面的热量，以 Q_B 表示传出 BB' 面的热量，则可以得到式（2-3）与式（2-4）：

$$Q_A = \lambda F \tan\phi_A \tag{2-3}$$

$$Q_B = \lambda F \tan\phi_B \tag{2-4}$$

整个食品净除去的热量为 Q，则：

$$Q = Q_B - Q_A = \lambda F\left(\tan\phi_B - \tan\phi_A\right) \tag{2-5}$$

式中 λ——导热系数，kJ/(m·℃·h)；

　　F——食品表面积，m^2。

食品热量是通过对流换热的方式传递给冷却介质的，如果对流换热系数为 α[kJ/（m^2·℃·h）]，则：

$$Q = \alpha F(t - t_r) \tag{2-6}$$

式中 t——某时刻冷却食品的平均温度，℃；

　　F——食品表面积，m^2；

　　α——对流换热系数，kJ/（m^2·℃·h）；

　　t_r——冷却介质的平均温度，℃。

如果食品的体积为 V（m^3），比热容为 c，密度为 γ，则冷却前后食品内能的变化 Δu 为：

$$\Delta u = -\gamma c V \frac{dt}{d\tau} \tag{2-7}$$

式中 γ——食品密度，kg/m^3；

　　V——食品体积，m^3；

　　c——食品比热容，kJ/（kg·℃）；

　　$\dfrac{dt}{d\tau}$——食品冷却速度 v。

因此食品冷却速度的计算公式如式（2-8）所示：

$$v = -\frac{\alpha}{\gamma c} \times \frac{F}{V}(t - t_r) \tag{2-8}$$

式中 F——食品表面积，m^3；

　　α——对流换热系数，kJ/（m^2·℃·h）；

　　t——冷却食品的某一刻的温度，℃；

　　t_r——冷却介质的平均温度，℃；

　　γ——食品密度，kg/m^3；

　　V——食品体积，m^3；

　　c——比热容，kJ/（kg·℃）。

食品形状不同，其冷却速度的计算公式也不同，具体如表 2-9 所示。

表 2-9 不同形状食品的冷却速度

规则形状食品的冷却速度公式	食品形状	u^2
$v = (t_0 - t_r)\alpha \dfrac{u^2}{\delta^2} e^{-\frac{u^2}{\delta^2}\tau}$ （2-9） 式中 α——导温系数，℃/m^2； 　　u——常数，与食品形状、特性有关； 　　t_0——冷却前食品温度，℃； 　　t_r——冷却介质温度，℃； 　　δ——食品厚度，m； 　　λ——导热系数，kJ/（m·℃·h）； 　　τ——冷却时间，h。	平板	$u^2 = \dfrac{10.7 \times \frac{\alpha}{\lambda}\delta}{\frac{\alpha}{\lambda}\delta + 5.3}$
	圆柱	$u^2 = \dfrac{6.3 \times \frac{\alpha}{\lambda}\delta}{\frac{\alpha}{\lambda}\delta + 3.0}$
	球状	$u^2 = \dfrac{11.3 \times \frac{\alpha}{\lambda}\delta}{\frac{\alpha}{\lambda}\delta + 3.7}$

2. 冷却时间

食品冷却时间是指食品从最初的温度 t_0 冷却到预设的终温 t 所需要的时间，τ 表示冷却时间，α 为常数，则冷却时间的计算公式如式（2-10）所示，

$$\tau = \frac{2.3 \lg \dfrac{t_0 - t_r}{t - t_r}}{\alpha \dfrac{u^2}{\delta^2}} \tag{2-10}$$

另外，冷却时间可以按照 Backstrom 所推导的公式，

$$\tau = \frac{1}{\sigma} \ln \frac{t_0 - t_r}{t - t_r} \tag{2-11}$$

其中 t_0 通常是已知的，而 t 通常按照式（2-12）计算，

$$t = t_r + \frac{t_0 - t_r}{1 + \dfrac{K\delta}{16\lambda}} \tag{2-12}$$

σ 则按照式（2-13）计算，

$$\sigma = \frac{KF}{mc_p} \tag{2-13}$$

式中，c_p 为食品质量热容，kJ/（m·℃·h）；K 为玻尔兹曼常数，J/K。

二、冷藏

(一) 冷藏的基本概述

冷藏主要以空气作为介质，冷藏的保藏效果主要由贮藏温度、空气湿度和空气流速等因素决定，食品物料不同，工艺条件也不同（表 2-10）。食品物料的贮藏期不同，其对冷藏工艺条件的要求不同，针对贮藏期较短的物料来讲，可适当放宽要求。

贮藏温度是冷藏工艺条件中最重要的因素。贮藏温度可以从两个方面理解：一方面指冷藏的环境温度，另一方面指食品本身的温度。贮藏期与贮藏温度间存在函数关系，冷藏温度越接近冻结温度，则贮藏期越长。因此了解食品冻结温度是选择冷藏温度的前提，例如，葡萄的冻结温度是 -2.2℃，选择更接近于冻结温度的贮藏温度可将其贮藏期延长至 2 个月。有些食品是温度敏感型食品，如果高于或低于某一临界温度就会出现冷害的现象。

表 2-10 部分食品的冷藏工艺条件

品名	最适条件		贮藏期/d	冻结温度/℃
	温度/℃	湿度/%		
橘子	3.3～8.9	85～90	21～56	-1.3
葡萄柚	14.4～15.6	85～90	28～42	-2.0
柠檬	14.4～15.6	85～90	7～42	-1.1
酸橙	8.9～10.0	85～90	42～56	-1.4
苹果	-2.3～4.4	90	90～240	-1.6
西洋梨	-1.1～0.6	90～95	60～210	-1.5
桃子	-0.6～0	90	14～28	-1.6
杏	-0.6～0	90	7～14	-0.9

品名	最适条件		贮藏期/d	冻结温度/℃
	温度/℃	湿度/%		
李子	−0.6~0	90~95	14~28	−1.0
油桃	−0.6~0	90	14~28	−0.8
樱桃	−1.1~0.6	90~95	14~21	−0.9
葡萄（欧洲系）	−1.1~0.6	90~95	90~180	−1.8
葡萄（美国系）	−0.6~0	85	14~56	−2.2
柿子	−1.1	90	90~120	−1.3
杨梅	0	90~95	5~7	−2.2
西瓜	7.2~10.0	85~90	21~28	−0.9
香蕉	15~20	90~95	2~4	−0.9
木瓜	13.3~14.4	85	7~21	−0.8
菠萝	7.2	85~90	14~28	−0.9
番茄（绿熟）	7.2~12.8	85~90	7~21	−1.1
番茄（完熟）	12.8~21.1	85~90	4~7	−0.6
黄瓜	7.2~10.0	85~90	10~14	−0.5
茄子	7.7~10.0	90~95	7	−0.5
青椒	7.2~10.0	90	2~3	−0.8
青豌豆	7.2~10.0	90~95	7~21	−0.7
扁豆	0	90~95	7~10	−0.6
菜花	0	90~95	14~28	0.6
白菜	0	90~95	60	−0.8
莴苣	0	90~95	14~21	—
菠菜	0	95	10~14	−0.2
芹菜	0	90~95	60~90	−0.3
胡萝卜	0	90~95	120~150	−0.5
土豆（春收）	12.8	65	60~90	—
土豆（秋收）	10.0~12.8	70~75	150~400	−0.8
蘑菇	10.0	90	3~4	−0.6
牛肉	3.3~4.4	90	21	−0.6
猪肉	−1.1~0	85~90	3~7	0.9
羊肉	0~1.1	85~90	5~12	−2.2~1.7
家禽	−2.2~1.1	85~90	10	—
腌肉	−2.2	80~85	180	−1.7
肠制品	−0.5~0	85~90	7	−2.8
肠制品（烟熏）	1.6~4.4	70~75	6~8	−3.3
鲜鱼	0~1.1	90~95	5~20	−3.9
蛋类	0.5~4.4	85~90	270	−1.0~2.0
全蛋粉	−1.7~0.5	尽可能低	180	−0.56
蛋黄粉	1.7	尽可能低	180	—
奶油	7.2	85~90	270	—

另外，冷藏环境中空气湿度也会对食品的冷藏效果产生影响，空气太干或者太湿均会对食品的贮藏品质产生影响，低温的食品物料表面如果与高湿空气相遇就会发生水分冷凝导致食品物料发霉、腐烂，而湿度过低时，食品物料中的水分会迅速蒸发并出现萎缩。因此，选

择合适的空气湿度非常重要。大多数水果和植物性食品物料适宜的相对湿度在 85%～90%，绿叶蔬菜、根菜蔬菜和脆质蔬菜适宜的相对湿度可提高到 90%～95%，坚果类冷藏的适宜相对湿度一般在 70%以下。畜、禽肉类冷藏时适宜的相对湿度一般也在 85%～90%，而冷藏颗粒状食品物料如奶粉、蛋粉等时，空气的相对湿度一般较低（50%以下）。

室内空气的流速可以保持室内温度的均匀和进行空气循环。空气的流速过大，空气和食品物料间的蒸气压增大，导致食品水分蒸发也随之增大；如果空气湿度过低，空气的流速将对食品产生严重的影响。只有空气的相对湿度较高而流速较低时，才会使食品物料的水分损耗降低到最低。

（二）冷藏技术

空气冷藏法包括自然空气冷藏法和机械空气冷藏法。自然空气冷藏要求建立通风冷藏库，借助室内外空气互换达到降温的目的，但是温暖的气候条件难以满足这一要求。一般在秋季以后，可以将冷藏库的门窗打开，让冷空气进入室内，以达到降温的目的。通风库效果不如冷库，但费用较低。在我国，许多地方采用地下式通风库，可用来储存苹果等水果或者蔬菜。为了保持室内温度恒定，通风贮藏库的四周墙壁和库顶需使用具有良好隔热性能的材料，通风库的门窗以泡沫塑料填充隔热较好，排气筒设在屋顶，可防雨水，筒底可自由开关。

大多数食品冷藏库多采用制冷剂机械冷藏的方法，常用的制冷剂有氨、氟利昂、二氧化碳等。氨是工业化的冷库中最常用的制冷剂，氨很适合作为-65℃以上温度范围内的制冷剂；同时，现有密封技术已可以保证氨不泄漏，具有较强的可靠性和安全性。

制冷剂需与制冷压缩机共同使用，例如，压缩式氨冷气机的主要组成部分有：压缩机、冷凝器和蒸发器，其工作过程为氨压缩机将氨压缩为高压液态，经管道输送进入冷库，在鼓风机排管内蒸发，成为气态氨时便会大量吸热从而达到降温的目的。随后，将氨气返回氨压缩机，加压后变成液态氨，并采用水冷法移去氨液化过程所释放的热量，这样反复循环，便将冷库内热量移至库外。

（三）不同食品物料的冷藏工艺

1. 果蔬食品的冷藏工艺

如果采用空气冷却法对果蔬进行冷藏，可先将果蔬在冷藏库的冷却间或过堂内进行冷却，空气流速一般在 0.5m/s，冷却到冷藏温度后再入冷藏库。如果采用冷水冷却法，冷水的温度为 0～3℃，冷却速度快且干耗小，适用于根菜类和较硬的果蔬。对于较大的叶菜类，多采用真空冷却法，真空室的压力为 613～666Pa，温度一般为 0～3℃。但由于品种、采摘时成熟度等多因素的影响，冷却温度差别很大。完成冷却的果蔬就可以进入冷藏库。冷藏过程主要控制的工艺条件包括温度和空气的相对湿度。

2. 肉类食品的冷藏工艺

肉类食品冷却多采用将其吊挂在空气中冷却，吊挂的密度和数量因肉的种类、大小和肥瘦等级等而定。较大的畜肉胴体的冷却方法有一段冷却法和两段冷却法。一段冷却的整个冷却过程在一个冷却间完成，空气温度控制在 0℃左右，流速在 0.5～1.5m/s，相对湿度在 90%～98%，冷却结束时胴体后腿肌肉最厚部的中心温度应达到 4℃以下，冷却时间控制在 24h 以内。两段冷却法是通过不同冷却温度和空气流速的两个冷却阶段完成的，可在同一冷却间或者不同冷却间完成。具体来说，第一阶段的空气温度在-15～-10℃，流速在 1.5～3.0m/s，冷却时间为 2～4h，肉的表面温度降至-2～0℃，内部温度降至 16～25℃；第二阶段的空气温度为-2～0℃，流速为 0.1m/s 左右，冷却时间为 10～16h。

相比于一段冷却来说，两段冷却干耗小，平均干耗量为 1%，肉的表面干燥、外观好、肉味佳、在分割时汁液流失量少。但由于冷却肉的温度为 0～4℃，在这样的温度条件下，不能有效地抑制微生物的生长繁殖和酶的作用，所以只能作为 1～2 周的短期贮藏。可较容易地控制微生物的繁殖和生化反应，不过单位耗冷量较大。如果食品物料为个体较小的禽肉，常用的冷却工艺为：空气温度在 2～3℃，相对湿度在 80%～85%，流速在 1.0～1.2m/s，冷却时间在 7h 左右，在此条件下，鸭、鹅的温度可降低至 3～5℃，鸡的时间会更短些。对于禽肉来说，多采用水冷却法，冰水浸泡或喷淋法的冷却速度快，且没有干耗，但易被微生物污染。

3. 水产品的冷藏工艺

鱼类食品原料采用层冰层鱼法进行冷却，具体的做法为：鱼层的厚度在 50～100mm，冰鱼整体堆放高度约为 75cm，上层用冰封顶，下层用冰铺垫。鱼体温度可降到 1℃左右，冷藏期为 8～10d（淡水鱼）和 10～15d（海水鱼）。有时候为了延长保鲜期，可向冰里加入防腐剂。应用冷海水时，冷海水的温度一般在-1℃，水的流速一般不大于 0.5m/s，冷却时间几分钟到十几分钟，鱼与海水的比例约为 7∶3。当用冷海水冷却时，充入 CO_2 可使冷海水的 pH 值降低至 4.2 左右，酸性条件可抑制或杀死部分微生物，延长贮藏期，鲑鱼在充入 CO_2 的冷海水中可贮藏 17d，而冷海水中最多贮藏 5d。

虽然冷藏可以延长水产品保质期，但是低温并不能完全杀死微生物，在贮藏后期，水产品依然会因为某些微生物的出现和繁殖而品质下降。例如，研究表明希瓦氏菌与假单胞菌是冷藏带鱼的优势腐败菌，冷藏金枪鱼优势腐败菌为红游动菌、约氏不动杆菌、假单胞菌、解糖假苍白杆菌，挪威龙虾的优势腐败菌为嗜冷杆菌和假单胞菌。为更好地达到水产品冷藏保鲜的效果，鉴定冷藏过程中水产品优势腐败菌菌种及致腐能力，对延长水产品保鲜期、推广使用冷藏保鲜至关重要。

4. 其他食品的冷藏工艺

除了果蔬、肉类及水产食品外，鲜乳在收购后也必须尽快冷却，常用制冷剂进行冷却，常用的制冷剂有冷水、冰水或盐水（如氯化钠、氯化钙溶液）。冷水冷却指直接将盛有鲜乳的乳桶放入冷水池中冷却，必要时，可以加适量的冰块辅助解决。一般冷水池中的水量应 4 倍于冷却乳量，这样可以保证有较好的冷却效果，而且，在冷却过程中，应适当地换水和搅拌，这样可以加快鲜乳的降温速度。除用冷水冷却外，乳品厂还常用冷排（表面冷却器）来给鲜乳冷却，其结构简单、清洗方便，但是鲜乳暴露于空气中，易受污染并混入空气产生泡沫，影响下一工序的操作。现代的乳品厂均采用封闭式的板式冷却器进行鲜乳的冷却。冷却后的鲜乳应保持在低温状态，温度的高低与乳的贮藏时间密切相关。

鲜蛋一般采用空气冷却法冷却。开始时冷却空气的温度与蛋体的温度不要相差太大，低于蛋体 2～3℃即可，随后每隔 1～2h 将冷却空气的温度降低 1℃左右，直至蛋体的温度达到 1～3℃。冷却间空气相对湿度为 75%～85%，流速在 0.3～0.5m/s 之间，冷却时间控制在 24h 内。冷却后的蛋冷藏条件为：冷藏温度为-1.5～0℃，空气湿度为 80%～85%，贮藏期为 4～6 个月；冷藏温度-2～-1.5℃，空气湿度为 80%～90%，贮藏期 6～8 个月。

三、冷耗量计算

冷耗量是指冷却过程中食品物料的散热量。如食品冷却过程中，食品物料内部无热源产生，冷却介质温度稳定不变，食品物料中相应各点的温度也相同，即冷却过程属于简单的稳定传热，冷却过程中的冷耗量可按式（2-14）计算：

$$Q_0 = Gc(T_i - T_c) \tag{2-14}$$

式中　Q_0——冷却过程中食品物料的散热量，kJ；

G——被冷却食品物料的质量，kg；

c——冻结点以下食品物料的比热容，kJ/（kg·K）；

T_i——冷却开始时食品物料的温度，K；

T_c——冷却结束时食品物料的温度，K。

当贮藏的温度在食品冻结点以上时，食品物料的比热容可根据其成分和各成分的比热容计算。对于低脂肪食品物料来讲，其比热容一般很少会因温度的变化而发生变化，当然，这一规律并不适用于脂肪含量高的食品物料，因为脂肪会因湿度的变化而凝固或熔化，脂肪相变时有热效应，对食品物料的比热容有影响。

对于低脂肪食品物料，比热容可以通过式（2-15）计算：

$$c = c_w W + c_d (1-W) \tag{2-15}$$

式中　c——食品物料的比热容，kJ/（kg·K）；

c_w——水的比热容，4.184kJ/（kg·K）；

c_d——食品物料干物质的比热容，kJ/（kg·K）；

W——食品物料的水分比例，kg/kg。

食品物料中干物质的比热容一般变化很小，一般的数值在1.046～1.674kJ/（kg·K）以内，通常的取值为1.464kJ/（kg·K）。不同温度 T（K）下食品物料干物质的比热容还可以通过式（2-16）计算：

$$c_d = (1.464 + 0.006)(T - 273) \tag{2-16}$$

对于含脂肪的食品物料，如肉和肉制品，它们的比热容不仅因组成而异，还跟食品物料的温度有关。不同肉组织的比热容不同，具体可见表2-11。

表2-11　不同肉组织的比热容

肉组织种类	比热容/［kJ/（kg·K）］	肉组织种类	比热容/［kJ/（kg·K）］
牛肉条纹肌肉	3.45	疏松质骨骼	2.97
牛脂肪	2.97	肌肉干物质	1.25～1.67
密度骨骼	1.25		

不同肉组织的比热容与温度的关系可以按式（2-17）推算：

$$c = c_0 + b(T - 273) \tag{2-17}$$

式中　c——肉组织的比热容；

c_0——温度273K（0℃）时的比热容；

b——温度系数；

T——热力学温度，K。

温度系数常因各种肉组织的不同而异，故实际上肉组织的比热容也很难按式（2-17）计算。为此人们提出一些经验公式，可以根据肉或肉制品干物质的主要组成计算不同温度下的比热容：

$$
\begin{aligned}
c &= \left[1.255 + 0.006276(T-273)\right]\left(A_d - A_p - A_f\right) + \left[1.464 + 0.006276(T-273)\right]A_p + \\
&\quad \left[1.674 + 0.006276(T-273)\right]A_f + 4.184(1 - A_d) \\
&= 4.184 + 0.2092 A_p + 0.4184 A_f + (0.006276 A_d + 0.01464 A_f)(T-273) - 2.9288 A_d
\end{aligned} \tag{2-18}
$$

式中　　c——肉和肉制品的比热容，kJ/（kg·K）；

　　　　　T——肉和肉制品的热力学温度，K；

A_d、A_p、A_f——分别为肉和肉制品中的干物质、蛋白质、脂肪的含量，kg/kg。

温度在冷却的初温 T_i 和冷却的终温 T_c 之间的平均比热容可按式（2-19）推算：

$$c = 4.184 + 0.2092A_p + 0.4184A_f + (0.003138A_d + 0.007531A_f)(T_i - T_c) - 2.9288A_d \qquad (2\text{-}19)$$

实际上在冷却过程中食品物料的内部有一些热源存在，例如，果蔬的呼吸作用以及肉类内部的一些生化反应都会产生一定的热量。因此不同果蔬在不同温度下的呼吸热有一定的差异。果蔬的呼吸热所需的冷耗量可以通过式（2-20）计算：

$$Q_h = GHt \qquad (2\text{-}20)$$

式中　Q_h——冷却过程中果蔬呼吸热的散热量，kJ；

　　　　G——被冷却果蔬的质量，kg；

　　　　H——果蔬的呼吸热，kJ/（kg·K）；

　　　　t——冷却时间，h。

肉组织的生化反应热所需要的冷耗量可通过式（2-21）计算：

$$Q_h = GFt \qquad (2\text{-}21)$$

式中　Q_h——冷却过程中肉生化反应热的散热量，kJ；

　　　　G——被冷却肉的质量，kg；

　　　　F——肉的生化反应热，kJ/（kg·K）；

　　　　t——冷却时间，h。

肉的生化反应包含多重物质的化学变化，一般认为肌肉组织在蒸煮过程中的散热量为0.7531~1.5062kJ/（kg·h），平均值为1.046kJ/（kg·h），一般肌肉组织占肉胴体的60%，因此肉胴体的生化反应热可取为0.6276kJ/（kg·h）。

四、冷藏过程中食品品质的变化

食品的种类、成分、冷却条件、冷藏条件均会对食品在冷藏过程中的品质变化产生影响。整体来看，大部分食品在冷藏过程中都会出现品质下降的问题，当然不包括肉类的成熟以及果蔬的后熟。了解食品物料在冷藏过程中的品质变化对于改进冷藏工艺来说十分重要，经过优化可避免和减少冷藏过程中食品品质的下降。

（一）水分蒸发

在冷却和冷藏过程中，当冷空气中水分的蒸气压低于食品表面水分蒸气压时，食品表面的水分就会向外蒸发，使食品失水干燥，食品质量损失，俗称干耗。水分在果蔬食品中占有很大的比重，是维持果蔬正常代谢的必要条件，水分蒸发会抑制果蔬食品的呼吸作用，影响其新陈代谢；而且，果蔬失水后就失去了饱满的外观，当失水量达到一定程度后，会出现明显的凋萎现象，重量减轻，造成直接的经济损失。蛋类食品在冷藏过程中由于失水会出现气室增大、质量减轻、品质下降等品质缺陷问题。肉类食品在冷藏过程中发生干耗，除导致质量减轻外，肉的表面还会形成干燥皮膜，肉色也发生变化。

食品的种类、食品和冷却空气的温差、空气的湿度和流速及冷却和冷藏的时间都会影响食品干耗的程度。水果、蔬菜类食品在冷藏过程中，水分蒸发情况会因表皮成分、厚度及内部组织结构不同而有所差别。一般来说，蔬菜比水果易蒸发，叶菜类比果菜类易蒸发，果皮的胶质、蜡质层较厚的品种水分不易蒸发，表皮皮孔较多的果蔬水分容易蒸发。例如杨梅、蘑菇、叶菜类食品在冷藏过程中水分蒸发较快，而苹果、柿子、梨、马铃薯（俗称土豆）、洋葱等在冷却、冷藏过程中水分蒸发较慢。

一般未成熟果蔬的蒸发量大于成熟的果蔬，肉类水分蒸发量与肉的种类、单位质量表面积的大小、表面形状、脂肪含量等有关。在冷却、冷藏的初期，食品水分蒸发的速率较大。例如，冷却肉在冷藏初期的干耗一般在 0.3%～0.4% 范围内，随着冷藏时间的延长逐渐缩小，在冷藏第 3 天降至 0.1%～0.2%。

根据水分蒸发特性对果蔬类食品进行的分类如表 2-12 所示。

表 2-12　水果、蔬菜类食品的水分蒸发特性

水分蒸发特性	水果、蔬菜的种类
A 型（蒸发小）	苹果、柑橘、柿子、梨、西瓜、葡萄、马铃薯、洋葱
B 型（蒸发中）	甜瓜、莴苣、萝卜、白桃、栗子、无花果、番茄
C 型（蒸发大）	樱桃、杨梅、龙须菜、蘑菇、叶菜类

动物性食品如肉类在冷却贮藏中由水分蒸发造成的干耗情况如表 2-13 所示。肉类水分蒸发量与冷却室内的空气温度（T）、相对湿度（ϕ）及流速（v）有密切关系，还与肉的种类、单位质量表面积大小、表面形状、脂肪含量等有关。

表 2-13　冷却贮藏中肉类胴体的干耗情况　　　　　　　　　单位（质量分数）：%

时间	牛	小牛	羊	猪
12h	2.0	2.0	2.0	1.0
24h	2.5	2.5	2.5	2.0
36h	3.0	3.0	3.0	2.5
48h	3.5	3.5	3.5	3.0
8d	4.0	4.0	4.5	4.0
14d	4.5	4.6	5.0	5.0

注：$T=1℃$，$\phi=80\%～90\%$，$v=0.2m/s$。

（二）低温冷害

果蔬在进行冷却或冷藏处理时，虽然温度未低于其冻结点，但是已经超过了果蔬的耐受温度，这时果蔬的正常生理机能就会紊乱，失去平衡，出现病故，表面出现斑点，这种由低温造成的生理病害现象称为冷害。果蔬出现冷害有各种现象，最明显的是组织内部变褐和表皮出现干缩、凹陷斑纹等。例如，荔枝果皮变黑、鸭梨的黑心病、马铃薯的发甜现象都属于低温冷害。另外，还有一些果蔬从外观上并不能看出冷害，但是常温下却不能正常地成熟，比如绿熟的西红柿冷藏温度为 1℃，如果低于这个温度后，西红柿会丧失后熟能力，不能变成红色。

导致冷害发生的主要因素包括果蔬的种类、贮藏温度以及时间。热带和亚热带果蔬由于系统发育处于高温的气候环境中，对低温较敏感，因此在低温贮藏中易遭受冷害。温带果蔬的一些种类也会发生低温冷害，寒带地区的果蔬耐低温的能力要强些。

同一类果蔬发生冷害的临界温度会因品种、冷却条件、冷藏条件的不同而有所波动，不同种类的果蔬对低温冷害病的易感性大小也不同。果蔬发生低温冷害的程度，会因温度差距

和受到冷害的时间而不同，发生冷害的温度低于临界温度越多，处于冷害温度下的时间越长，果蔬冷害的程度就会越高。如果果蔬在冷害临界温度下经历的时间较短，即使温度低于临界温度也不会出现冷害。

另有一些水果、蔬菜在外观上看不出冷害的症状，但冷藏后再放到常温中，则丧失了正常的促进成熟作用的能力，这也是冷害的一种。例如，香蕉放入低于11.7℃的冷藏室内一段时间，拿出冷藏室后表皮变黑呈腐烂状，而生香蕉的成熟作用能力则已完全失去。产地在热带、亚热带的果蔬容易发生冷害。

应当强调指出，需要在低于临界温度的环境中放置一段时间冷害才能显现，症状出现最早的品种是香蕉，如黄瓜、茄子一般则需要10～14d。表2-14列出了一些果蔬冷害的临界温度及冷害症状，以供参考。

表2-14　果蔬冷害的临界温度及冷害症状

种类	冷害临界温度/℃	冷害症状
苹果	2.2～2.3	内部褐变、褐心、湿裂，表皮出现软虎皮病
香蕉	11.7～13.3	出现褐色皮下条纹，表皮浅灰色到深灰色，延迟成熟甚至不能成熟，成熟后中央胎座硬化，品质下降
葡萄柚	无常值	外果皮出现凹陷斑纹、凹陷区细胞很少突出，出现相当均匀的褐变
柠檬（绿熟）	10.0～11.6	外果皮出现凹陷斑纹、退绿慢，细胞比周围色深，有红褐色斑点，果瓣囊膜变褐色
荔枝	—	果皮变黑
芒果	10.0～12.3	果皮变黑，不能正常成熟
番木瓜	10	果皮出现凹陷斑纹，果肉呈水渍状
菠萝	6.1	变软，后熟不良，失去香味
橄榄	7.2	果皮变褐或呈暗灰色，果肉呈水渍状，果蒂枯萎或易脱落，风味不正常，内部褐变
橘子	2.8	变软、褐变
青豆	7.2	变软变色
黄瓜	7.2	表皮凹陷及水渍斑点、腐烂
茄子	7.7	表皮烧斑、褐变、腐烂
甜瓜	7.2～10.0	表皮凹陷斑点、后熟不良
西瓜	4.4	变软、不良气味
青辣椒	7.2	表皮凹陷斑点、变软、种子发生褐变
马铃薯	3.4～4.4	褐变、糖分增加、干化
南瓜	10.0	腐烂加快
甘蔗	12.8	表皮凹陷斑点、变软、内部变色、腐烂加快
长豆角	7.2～10.0	表皮凹陷斑点、褐变

（三）后熟作用

一般而言，果蔬在尚未完全成熟时就进行采收，然后在低温下贮藏或运输，在这个过程中逐渐成熟，称为果蔬的后熟。果蔬在实现后熟的过程中其组织成分和组织形态会发生一系列的变化，主要表现为可溶性糖含量升高、糖酸比例趋于协调、可溶性果胶含量增加、果实香味变得浓郁、颜色变红或变艳、硬度下降等一系列成熟特征。因此，应当控制其后熟能力以达到较长时间贮藏果蔬的目的。后熟速度与果实种类、品种和贮藏条件有关。贮藏温度会直接影响果蔬的后熟，要根据不同果蔬品种选择最佳贮藏温度，既要防止冷害，又不能产生高温病害，否则果蔬会失去后熟能力。

（四）移臭和串味

如果食品冷藏时需要将不同的食品放置在同一冷藏室，食品则会出现移臭和串味的情况，各种食品的气味不尽相同，这样在混合贮藏过程中就会有串味的问题。有些食品在冷藏过程中容易放出或吸收气味，即使短期贮藏，也不宜将其与其他食品一起存放。例如，大蒜的臭味非常强烈，如将其与苹果等水果一起存放，则苹果会带上大蒜的臭味；梨和苹果与土豆冷藏在一起，会使梨或苹果产生土腥味；柑橘或苹果不能与肉、蛋、牛奶冷藏在一起，否则将互相串味。串味后食品原有的风味发生变化，因此，对于比较容易释放气味的食品来讲，要么将其单独贮藏，要么将其包装好后再与其他食品一起贮藏。另外，冷藏库长期使用后会有一种特有的冷藏臭，也会转移给冷藏食品，应及时清理。

（五）肉的成熟

屠宰后，动物肉的持水性很高并且很柔软，在放置过程中，肉质会变得粗硬，持水性大大降低。随着放置时间的延长，僵直开始缓解，肉的硬度降低，持水性有所恢复，使肉变得柔软、多汁，风味得到改善，这个变化过程称为肉的成熟。肉的成熟时间和温度有关，温度低（0～4℃），肉成熟的时间长，但肉质好，耐贮藏；高温（20℃以上）虽然可以缩短肉的成熟时间，但肉质差，易腐败。

（六）肉的寒冷收缩

在畜禽屠宰后而未出现僵直前进行快速冷却，肌肉会发生显著收缩，在这以后再进行成熟，肉质也不会变得十分柔软，这种现象叫肉的寒冷收缩。肉类一旦发生寒冷收缩，肉质变硬、嫩度变差，如果再经冻结，在解冻后会出现大量的汁液流失。例如，牛肉在宰后 10h 内，pH 值降到 6.2 以前，肉温降到 8℃以下，就容易发生寒冷收缩。不过这与肉质或者肉的部位有关，成牛与小牛或者同一头牛的不同部位都有差异，成牛出现寒冷收缩的温度是 8℃以下，而小牛则是 4℃以下。

（七）脂肪的氧化

冷却、冷藏过程中，食品所含油脂会发生水解、脂肪酸的氧化和聚合等复杂变化，导致食品风味变差，味道恶化，出现变色、酸败、发黏等现象。

（八）微生物的增殖

食品中的细菌若按温度划分可分为低温细菌、中温细菌、高温细菌。在冷却、冷藏状态下，细菌特别是低温细菌的繁殖和分解作用并没有被充分抑制，只是速度变得缓慢了一些，其总量还是增加的，若时间较长，就会使食品发生腐败。冷藏或者冷却的低温环境并不能抑制所有微生物特别是低温细菌的繁殖和分解作用，只是速率变得缓慢些，低温微生物的增殖会导致食品发生腐败变质。低温微生物的繁殖在0℃以下变得缓慢，当温度降到-10℃以下微生物会停止繁殖，有些低温细菌在-4℃的低温条件下仍有繁殖能力。

低温细菌的繁殖在0℃以下变得缓慢，但如果要它们停止繁殖，一般来说温度要降到-10℃以下（图2-11），对于个别低温细菌，在-40℃的低温下仍有繁殖现象。随着品温的变化，鳕鱼肉中低温细菌（无芽孢杆菌）的繁殖情况如图2-12所示。

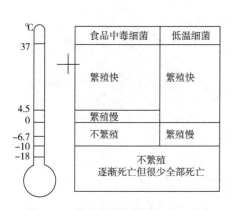

图2-11　食品中毒细菌与低温细菌的繁殖温度区域

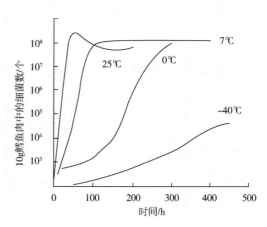

图2-12　不同品温鳕鱼肉中低温细菌（无芽孢杆菌）的繁殖情况

五、冷藏食品的回热

对于出冷藏库后非立即食用的冷藏食品，需要在出冷藏库前进行回热处理，回热处理在保证空气中的水分不会在冷藏食品表面上冷凝的前提下，逐渐提高冷藏食品的温度，最终使冷藏食品的温度与外界空气温度一致。如果冷藏食品直接出冷藏库，其表面温度低于外界温度，就会有带灰尘和微生物的水分在冷藏食品的表面上凝结，使冷藏食品受到污染。如果在比较潮湿的环境中，温度上升后，微生物（特别是霉菌）会迅速生长、繁殖，各种生化反应也会因温度的上升而加剧，食品的品质会迅速下降，甚至腐烂。例如，蛋类食品在出库前就要进行回热处理，经冷藏的蛋出库前应将其放在特设的房间，使蛋的温度逐渐回升，当蛋温升到比外界温度低3~4℃时便可出库。未经过升温而直接出库的蛋类食品由于蛋品温度低于外界温度，蛋壳表面就会凝结水珠，容易造成微生物的繁殖而导致蛋变坏。

回热的技术关键点是避免食品表面有冷凝水，主要做法为使冷藏食品表面接触的空气温度低于冷藏食品的表面温度。假设与冷藏食品接触的空气状态在图2-13的点4（温度、湿含量分别为T_4、d_2），若它与温度为T_1的食品干表面接触，则空气状态从点4沿d_2等湿线下降，与T_1等温线相交于点1，相应的温度也由T_4变为T_1，此时空气的相对湿度在80%左右，空气中的水分不会冷凝。但是，如果与温度为T_2的食品干表面相接触，则空气温度会下降至T_2，此时，食品表面的空气相对湿度为100%，也就是说T_2为该空气状态的露点温度。若食品干表面的温度更低为T_3，则空气温度会从T_2沿饱和相对湿度线（$\phi=100\%$）下降到与T_3等温线相交为止，在这个过程中空气湿含量由d_2下降到d_3，食品表面有冷凝水出现。

实际上，冷藏食品的表面未必是干表面。食品在回热过程中向空气中蒸发了水分，空气温度下降，湿含量增加，如图2-14所示，显然在湿焓图（H-d图）上空气状态沿$1''$-$2'$变化。

为避免回热过程中食品表面出现水分的冷凝，在实际操作中要控制温度不能下降到与空气饱和相对湿度线相交。当暖空气状态降至2′时，就需重新加热，提高其温度，降低相对湿度，直到空气状态达到点2″为止。这样循环往复，直到食品温度上升到比外界空气的露点温度稍高为止。同时，暖空气的相对湿度不宜过高，也不宜过低。相对湿度过高，空气中的水分容易出现冷凝现象；相对湿度过低，容易引起回热过程中食品的干缩。回热时食品物料出现干缩，不仅影响食品物料的外观，而且会加剧氧化作用。

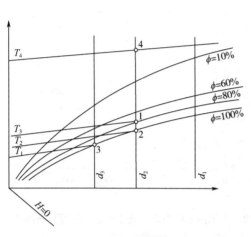

图 2-13　食品干表面温度对空气状态
变化的影响

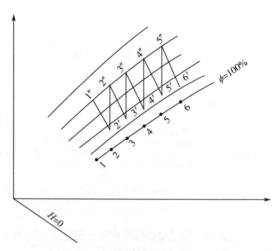

图 2-14　冷藏食品回热时空气状态在湿焓图上的
变化示意图

第三节　食品的冻结与解冻

食品的冻结是指温度降到食品冻结点以下的某一温度（一般要求食品的中心温度达到-15℃或以下），食品中的大部分水分冻结成冰晶体。常见的冻结食品包括只经过初加工的新鲜状态的肉、禽、水产品、去壳蛋、水果、蔬菜等，还有经过加工的面食、点心、冰淇淋、果汁以及种类丰富的预制冻结食品和预调理冻结食品等等。合理冻结的食品在大小、形状、质地、色泽和风味方面一般不会发生明显的变化。冻结食品已经成为方便食品中重要的一员，冻结食品的保藏方式方便，食味新鲜，一般只要解冻和加热后即可食用。

一、食品的冻结

（一）食品冻结基本规律

1. 冻结点和低共熔点

冻结点是指液态物质由液态转为固态的温度点，图2-15所示为水的相图，其中 AO 线为液气线，BO 线为固气线，CO 线为固液线，O 点为三相点。从图中可以看出压力会影响水的冻结，常压下水的冻结点会有所下降（相比于真空）。一般来说，温度低于冻结点的某一温度的时候，水才会开始冻结，这种现象称为水的过冷，这一温度点称为过冷点。在冻结点与过冷点之间，水是处于亚稳态（过冷态），处于这个温度带的水极易形成冰晶。

对于水溶液而言，溶液中溶质和水（溶剂）的相互作用使得溶液的饱和水蒸气压较纯水的低，也使溶液的冻结点低于纯水的冻结点，溶液的冻结点较纯水来说，就会有所下降，下降程度与溶液的浓度有关。下面以一简单的二元溶液系统说明溶液的冻结点下降情况。

以蔗糖溶液为例，图 2-16 为蔗糖水溶液的液固相图。图中 AB 线为溶液的冰点曲线，即冻结点曲线；BC 线为液晶线，也是蔗糖的溶解度曲线。可以看出从 A 到 B，随着蔗糖溶液浓度的增加，溶液的冻结点下降。其原因为：在温度下降的过程中，一部分蔗糖溶液先开始冻结，水分形成冰结晶，使得剩余未冻结的蔗糖溶液浓度升高，冻结点下降，因此整个蔗糖溶液的冻结并不是在同一个温度点完成的。而常说的食品物料的冻结点其实是指食品物料冻结开始的温度点，而随着温度的降低，水分不断结晶，冻结点不断下降，这一过程在所有水分冻结后终结，此时溶液中的溶质、水均达到固化状态，这一温度点（B）称为低共熔点或冰盐冻结点。

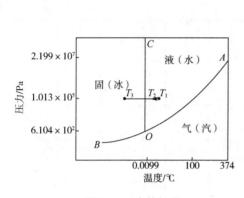

图 2-15　水的相图

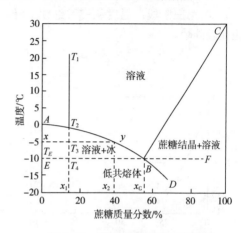

图 2-16　蔗糖水溶液的液固相图

食品物料由于溶质种类和浓度上的差异，其初始冻结点会不同，即使是同一类食品物料，由于品种、种植、饲养和加工条件等的差异，其初始冻结点也不尽相同。实际上一些食品物料的初始冻结点多表现为一个温度范围。表 2-15 列出了一些常见食品物料的初始冻结点。表 2-16 则列出了一些溶液和食品物料的低共熔点。

表 2-15　常见食品的初始冻结点

食品种类	初始冻结点/℃	食品种类	初始冻结点/℃
蔬菜	-2.8～-0.8	鱼类	-2.0～-0.5
水果	-2.7～-0.9	牛乳和鸡蛋	约-0.5
鲜猪、牛、羊肉	-2.2～-1.7		

表 2-16　常见食品的低共熔点

种类	低共熔点/℃	种类	低共熔点/℃
葡萄糖溶液	-5	冰淇淋	-55
蔗糖溶液	-9.5	蛋清	-77
牛肉	-52		

2. 冻结曲线

冻结曲线描述了食品冻结过程中物料随温度变化的曲线。图 2-17 展示了水的冻结曲线，

水从 T_1 开始温度下降，到过冷点 S 后开始形成冰晶，这时候温度有所回升，之后水在不断除去相变潜热的平衡条件下继续形成冰晶，这一过程温度始终保持平衡，平衡带的长度就是水转化成冰所需的时间。当全部的水转化为冰之后，温度再次下降，达到最终的 T_3 状态。

食品的冻结曲线相似，基本都如图 2-18 所示，分为三个阶段：

① 第一阶段：从初温降到冻结点，此时释放的热量值与全部释放的热量值相比较小，因此，降温速度较快，曲线较陡。

② 第二阶段：温度从冻结点进一步下降至−5℃左右，此时大部分水会结冰，同时释放大量的潜热，降温速度比较慢，曲线比较平坦。冻结曲线平坦段的长短与传热介质有关，传热快则平坦段短。

③ 第三阶段：温度从−5℃继续下降，此时冰的降温和剩余水分的结冰继续放热，曲线也比较陡峭。

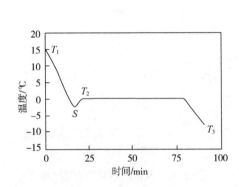

图 2-17　水的冻结曲线

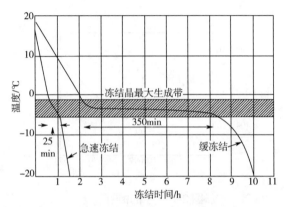

图 2-18　冻结曲线与冰晶生成带

3. 冻结速率

冻结速率是指食品物料内某点的温度下降速率或冰峰的前进速率，与食品物料有关。对于冻结速率来讲，目前的表示方法有时间-温度法，根据冻结时间分为快速冻结和缓慢冻结两种，快速冻结指通过温度区域（热中心温度从−1℃降至−5℃）少于 30min，缓慢冻结指通过温度区域的时间多于 30min。这种表示方法多用于肉类的冻结，但是对于最大冰晶形成温度区域较宽（−15～10℃）的食品来讲则不太适用。一般认为，速冻食品的质量高于缓冻食品，这是由于速冻形成的冰结晶细小而且均匀；速冻的冻结时间短，允许食品物料内盐分等溶质扩散和分离出水分以形成纯冰的时间也短；速冻可以将食品物料的温度迅速降低到微生物的生长活动温度以下，减少微生物的活动给食品物料带来的不良影响；此外，食品物料迅速从未冻结状态转化成冻结状态，浓缩的溶质和食品组织、胶体以及各种成分相互接触的时间也显著减少，浓缩带来的危害也随之下降至最低程度。

实际应用中多以食品类型或设备性能划分是速冻还是慢冻。目前对于多大的冻结速率才是速冻，尚没有统一的概念。冻结速率与冻结方法、食品物料的种类和大小、包装情况等多种因素有关。一般认为冻结时，食品物料从常温冻至中心温度低于−18℃，果蔬类不超过30min、肉食类不超过 6h 为速冻。

冰峰前进速率是指单位时间内−5℃的冻结层从食品表面伸向内部的距离，单位 cm/h，常称线性平均冻结速率、名义冻结速率。这种方法最早由德国学者普朗克提出，他以−5℃作为冻结层的冰峰面，将冻结速率分为三级，快速冻结：5～20cm/h；中速冻结 1～5cm/h；慢速冻结：0.1～1cm/h。该方法的不足是实际应用中较难测量，而且不能应用于冻结速率很慢以至产生连续冻结界面的情况。

国际冷冻协会将冻结速率定义为：食品表面与中心温度点间的最短距离（δ_0）与食品表面达到0℃后食品中心温度降至比食品冰点（开始冻结温度）低10℃所需时间之比，该比值就是冻结速率（v），单位cm/h。如食品中心与表面的最短距离（δ_0）为5cm，食品冰点−5℃，中心降至比冰点低10℃，即−15℃，所需时间为10 h，其冻结速率为：

$$v = \frac{\delta_0}{\tau_0} = \frac{5}{10} = 0.5 \text{（cm/h）} \tag{2-22}$$

（二）冻结方法与冻结装置

食品冻结方法与介质、介质和食品物料的接触方式以及冷冻设备有关，按照接触方式可以分为空气冻结法、间接接触冻结法和直接接触冻结法。

1. 空气冻结法

空气冻结即以低温空气作为介质，在静止空气或者流动空气的环境中进行食品冻结。静止空气冻结法在绝热的低温冻结室进行，冻结室的温度一般在−40～−18℃，冻结所需的时间为3h～3d，这与食品物料、包装的大小、堆放情况以及冻结的工艺条件有关。空气冻结是目前唯一的缓慢冻结法，通常用于牛肉、猪肉（半胴体）、箱装的家禽、盘装整条鱼、箱装的水果、5kg以上包装的蛋品等。

鼓风冻结法也属于空气冻结法，不同的是冻结过程要采用鼓风，使空气强制流动并和食品物料充分接触，增强制冷的效果。鼓风冻结法中空气的流动方向可以和食品物料总体的运动方向相同（顺流），也可以相反（逆流），以达到快速冻结目的。冻结室内的温度一般为−46～−29℃，空气的流速在10～15m/s，冻结室可以是房间或者冻结隧道，隧道式冻结适用于大量包装或散装食品物料的快速冻结。

隧道冻结时通常使用小推车将食品物料运送到隧道中，小推车在隧道中的行进速度可根据冻结时间和隧道的长度设定，置于小推车上的食品物料在隧道终端出来时就已经完全冻结。常采用的冻结条件为：温度一般在−45～−35℃，空气流速在2～3m/s，冻结时间为包装食品1～4h，较厚食品6～12h。

除了用小推车外，还可以使用传送带将食品从隧道一端运送到另一端，输送带可以做成螺旋式以减小设备的体积，输送带上还可以带有通气的小孔，以便冷空气从输送带下方由小孔吹向食品物料，这样在冻结颗粒状的散装食品物料（如豆类蔬菜、切成小块的果蔬等）时，颗粒状的食品物料可以被冷风吹起而悬浮于输送带上方，使空气和食品物料能更好地接触，这种方法又被称为流化床式冻结。散装的颗粒型食品物料可以通过这种方法实现快速冻结，冻结时间一般只需要几分钟，这种冻结被称为单体快速冻结（IFQ）。

吹风冻结装置通常用在空气冻结法中，隧道式冻结装置是一种多用途冻结装置，见图2-19，特别适用于产品繁多的生产单位。被冻结的食品可放置在托盘内，由搁架车运输食品。传送带式冻结装置如图2-20所示，适用于场地狭小的工厂，典型冻结产品包括鱼条、鱼块、各种马铃薯制品等。

螺旋带式冻结装置如图2-21所示，适用于冻结时间在10～180min的各种食品，比如鸡块、鱼块、盘菜等。该装置占地面积小，被冻结食品放置在传送带上，盘旋而上，最终食品从出料口排出；该装置配有特别的冷风循环系统，冷风可以垂直从食品表面吹过，食品的干耗可降低50%。

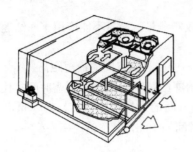

图 2-19 隧道式冻结装置

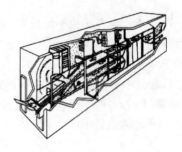

图 2-20 传送带式冻结装置

流态化冻结装置如图 2-22 所示，专用于食品单体的冻结。单体冻结是把食品一个个地冻结，而不是冻成一团。该装置槽道底面有许多小孔，侧面或下方设有蒸发器组和离心风机，置于槽道内的待冻食品被温度为−30℃左右、流速为 6～8m/s 的冷气流吹动，呈翻滚浮游状态，出现流态化现象。一定风速下的冷空气形成气垫，悬浮的食品颗粒好像流体般自由流动，食品就在低温气流中一边移动一边冻结，食品在冻结过程中呈悬浮分离状态。这种冻结装置适合冻结的食品有豌豆、豆角、胡萝卜、整块蘑菇或蘑菇片，以及切成块、片、条状的蔬菜、草莓、蓝莓、无核小红葡萄、苹果等。

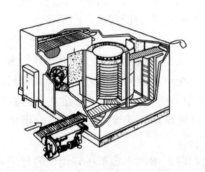

图 2-21 螺旋带式冻结装置

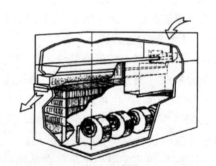

图 2-22 流态化冻结装置

2. 间接接触冻结法

间接接触冻结法是指食品不与制冷剂直接接触，而是与被制冷剂冷却的板、盘、带或者其他冷壁接触，从而达到冻结食品的目的。固态食品可加工为具有平坦表面的形状，使冷壁与食品的一个或两个平面接触；液态食品则用泵送方法使食品通过冷壁热交换器，冻成半融状态。其中，板式冻结法是最常见的间接接触冻结法，其冻结效率跟金属板与食品物料之间的接触状态有关。该法可用于冻结包装和未包装的食品物料，对于外形规整的食品物料来说，由于其和金属板接触较为紧密，冻结效果较好。

平板冻结装置（图 2-23）主要适用于间接接触冻结法。多板式速冻设备特别适用于小型立方体形包装的食品物料。冻结时间取决于制冷剂的温度、包装的大小以及相互密切接触的程度和食品物料的种类等。例如，厚度为 3.8～5.0cm 的包装食品的冻结时间一般在 1～21d。板式冻结装置有间歇的，也有连续的。金属板可以分为卧式和立式的。卧式的主要用于肉制品、鱼片、虾及其小包装食品物料等的快速冻结，立式的适合冻结无包装的块状食品物料，如整鱼、剔骨肉和内脏等，也可用于包装产品。回转式或钢带式冻结装置分别是用金属回转筒和钢输送带作为和食品物料接触的部分，具有可连续操作、物料干耗小等特点。

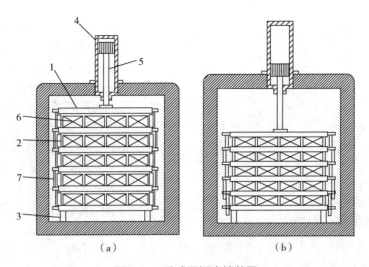

图 2-23 卧式平板冻结装置

1—冷却板；2—螺栓；3—底栓；4—活塞；5—水压升降机；6—包装食品；7—板架

3. 直接接触冻结法

直接接触冻结法又称为液体冻结法，它是将载冷剂或制冷剂直接喷淋在需冻结的包装食品或未包装的食品物料上。载冷剂或制冷剂要求无毒、纯净、无异味和异样气体、无外来色泽和漂白作用、不易燃、不易爆等，且和食品物料接触后也不能改变食品物料原有的成分和性质。常用的载冷剂有盐水、糖液和多元醇-水混合物。通常用的盐是氯化钠或氯化钙，控制盐水的浓度，使其冻结点在-18℃以下。由于盐水可能对未包装食品物料风味产生影响，因此，主要用于海鱼类食品的冻结。盐水具有黏度小、比热容大和价格便宜等优点，但其腐蚀性较大，要与防腐蚀剂配合使用。常用的防腐蚀剂为重铬酸钠和氢氧化钠。蔗糖溶液可用于冻结水果，如果要达到较低的冻结温度，所需糖液浓度要较高，比如，如要达到-21℃的冻结温度，所需的蔗糖浓度为62%（质量分数），但是，低温下这样的糖液黏度很高，传热效果差。

丙三醇-水的混合物可被用来冻结水果，67%的丙三醇-水混合物（体积分数）的冻结点为-47℃。60%的丙二醇-水混合物（体积分数）的冻结点为-51.5℃。但是丙三醇和丙二醇都会影响食品物料的风味，所以不适用于冻结未包装的食品物料。

制冷剂一般有：液态氮、液态二氧化碳和液态氟利昂等。采用制冷剂直接接触冻结时，由于制冷剂的温度都很低（如液氮和液态 CO_2 的沸点分别为-196℃和-78℃），冻结可以在很低的温度下进行，故此时又被称为低温冻结。此法的传热效率很高、冻结速度极快、冻结食品物料的质量高、干耗小，而且初期投资也很低，但运转费用较高。使用液态氟利昂还要注意对环境的影响。

低温液体的传热性能很好，比如龙虾、蘑菇等形状不规则的食品，可以和低温液体充分接触，冻结速度很快。图 2-24 所示是法国研制的一种用于处理沙丁鱼的冻结装置，其冻结速率极快，当盐水温度为-20～-19℃时，25～40kg 的沙丁鱼温度从 4℃降到-13℃，仅需要 15min。

超低温液体冻结装置常采用液氮或者液态 CO_2 作为介质，液氮冻结装置呈隧道状，中间是不锈钢丝制的网状传送带，隧道外以聚氨酯泡沫塑料隔热，见图 2-25。待冻食品从传送带输入端输入，依次经过预冷区、冻结区和均温区，冻好后从另端输出。在预冷区，搅拌风机将-10～-5℃的氮气搅动，使之与食品接触，食品经充分换热而预冷；而排气风机则使氮气

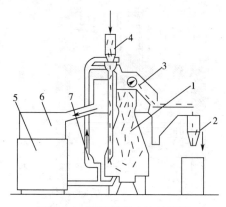

图 2-24　连续式盐水冻结装置

1—冻结器；2—冻鱼出料口；3—滑道（分离器）；4—进料口；
5—盐水冷却器；6—除鳞器；7—盐水泵

与食品的移动方向呈逆向流动，以充分利用氮气的冷。食品进入冻结区后，受到雾化管喷出的雾化液氮喷淋而被冻结。在设计时必须保证液氮呈液滴状而不是呈气态和食品接触。食品通过均温区时，其表面和中心温度渐趋均匀一致。5cm 厚的食品经过 10～30min 即可完成冻结，其表面温度为-30℃，中心温度达-20℃，冻结每千克食品的液氮耗用量为 0.7～1.1kg。液氮的冻结速度极快，在食品表面与中心会产生极大的瞬时温差，造成食品龟裂，所以过厚的食品不宜采用，食品厚度一般应小于

10cm。液氮冻结装置构造简单、使用寿命长、可实现超快速冻结，而且食品几乎不发生干耗、不发生氧化变色，很适宜冻结个体小的食品。

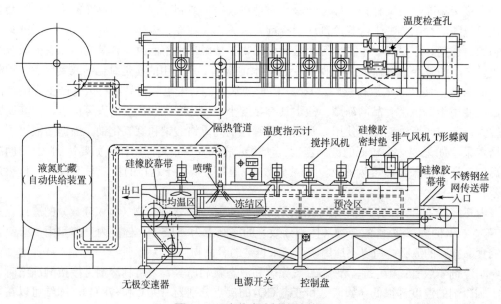

图 2-25　喷淋式液氮冻结装置

（三）食品冻结与冻藏技术

1. 冻藏温度与时间

冻藏食品的品质除了受冻结过程的影响外，还受到冻藏条件如冻藏温度、时间的影响，不适宜的冻藏温度会对冻结食品质量产生不良影响。在冻结过程中，虽然食品质量的变化随着冻藏温度的降低而减小，但要将食品的温度降到更低水平必须采用高制冷能力的冷冻系统；此外，保持较低贮藏温度也增加了冷冻食品贮藏期的费用。

通常冻藏温度的选择主要考虑食品物料的品质和经济成本等因素。从保证冻藏食品物料

品质的角度看，温度一般应降低到-10℃以下，才能有效抑制微生物的生长繁殖；温度必须降低到-18℃以下，才能有效控制酶的反应。因此，一般认为-12℃是食品冻藏的安全温度，-18℃以下则能较好地抑制酶的活力，降低化学反应，更好地保持食品品质。目前，国内外基于经济与冻藏食品质量的考虑，使大多数食品冻藏的温度都维持在-18℃，部分特殊产品会低于-18℃。但冻藏温度愈低，冻藏所需的费用愈高。

冻藏过程中由于制冷设备的非连续运转，以及冷库进出料等的影响，冷库的温度并非恒定保持在某一固定值，而是会产生一定波动。过大的温度波动会加剧重结晶现象，使冰结晶增大，影响冻藏食品的质量。因此应采取一些措施，尽量减少冻藏过程中冷库的温度波动。除了冷库的温度控制系统应准确、灵敏外，进出口都应有缓冲间，而且每次食品物料的进出量不能太大。

2. 冻结食品的 T.T.T.概念

（1）T.T.T.的概念　冻结食品的 T.T.T.概念最初是由美国人 Arsdel 等在 1948～1958 年，在对冷冻食品进行大量实验基础之上提出的"3T 原则"，其表征了冻结食品的可接受性与冻藏温度、冻藏时间的关系，对食品冻藏有理论和实际指导作用。冷冻食品从生产、贮藏至流通，其质量的优劣主要是由"早期质量"与"最终质量"来决定的。冷冻食品从生产到消费的过程中，所经过的冻藏、输送、贩卖等环节保持的温度不尽一致，自生产工厂出货时开始是同一温度和品质（早期质量），但转到消费者手中时的品质（最终质量）将有所不同。因此以品质第一为前提，使用一定温度的冷链系统是十分必要的。

冻结食品的早期质量受"P.P.P."条件的影响，也就是受到产品原料（product of initial quality）的种类（品种）、成熟度和新鲜度；冻结加工（processing method）包括冻结前的预处理、速冻条件；包装（package）等因素所影响。冻结食品的最终质量则受"T.T.T."条件的影响。所谓"T.T.T."是指速冻食品在生产、贮藏及流通各个环节中，经历的时间（time）和经受的温度（temperature）对其品质的容许限度（tolerance）有决定性的影响。

早期质量优秀的速冻产品，由于还要经过各个流通环节才能到达消费者手中，如果在贮藏和流通过程中不按冷冻食品规定的温度和时间操作，如温度大幅度波动，也会失去其优秀的品质。也就是说冷冻食品最终质量还要取决于贮运温度、冻结时间和冻藏期的长短，并可根据不同环节及条件下冻藏食品品质的下降情况，确定食品在整个冷链中的贮藏期限。

冻藏食品的"T.T.T."研究常用感官评价配合理化指标来测定，通过感官评价能感知食品品质的变化。根据 3T 原则，食品冻藏期可以分为高品质寿命期（high quality life，HQL）和实用冻藏期（practical storage life，PSL）。把初期品质良好的冻结食品放在流通中常见的各种温度范围内贮藏，并与放在-40℃温度下贮藏的对照品作比较，通过感官评定，当 70%的评定人员能识别出两者之间的品质差异时，冻结食品所经历的时间称为 HQL。然而，实际上感官评定小组的成员在进行评定时，常把标准适当放宽，降低到冻结食品不失去商品价值为限，此时该冻结食品所经历的时间称为 PSL。

HQL 通常从冻结结束后开始算起，而 PSL 一般包括冻藏、运输、销售和消费等环节。HQL 和 PSL 的长短是由冻结食品在流通环节中所经历过的品温决定的，品温越低，HQL 和 PSL 的时间越长。如是同样的贮藏期相比较，则品温低的一方品质保持较好，即冻结食品的耐贮藏性是由所经历过的时间和品温决定的。

（2）T.T.T.的计算　冻结食品在-30～-10℃的温度范围内，贮藏温度与 PSL 之间的关系曲线称为 T.T.T.曲线，见图 2-26。大多数冻结食品的品质稳定性或 PSL 会随着冻藏温度的降低而呈指数关系增加。假定某冻结食品在某一冻藏温度下的 PSL 为 A 天，那么在此温度下，该冻结食品每天的品质下降量为 $1/A$。当冻结食品在该温度下实际储藏了 B 天时，则该冻结食品的品质下降量为 $(1/A) \times B$。若该冻结食品在不同的冻藏温度下贮藏了若干不同的时间，则该冻结食品的累计品质下降量为 $\sum_{i=1}^{n} \frac{1}{A_i} \times B_i$。

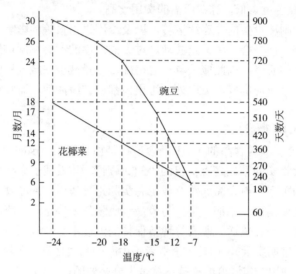

图 2-26　花椰菜和豌豆的 T.T.T. 曲线

如某冻结食品从生产到消费共经历了五个阶段的贮藏。根据 T.T.T. 曲线，可以计算出不同阶段食品品质的下降值和剩余的可冻藏量，从而确定冻结食品的品质下降量，如表 2-17 所示。从表中可以看出，在流通过程中的不同阶段，冻结食品经历的温度和时间不同，其累计品质下降量为 0.4409，这说明该冻结食品还有 0.5591 的剩余冻藏性。当累计品质下降量大于 1 时，冻结食品就失去了商品价值和食用价值。实际生产中，由于冻结食品的腐败原因很复杂，如温度的波动、光线的照射等因素在计算中并未考虑，所以食品的冻藏期比 T.T.T. 曲线计算值要小。

表 2-17　某冻结食品在流通期间温度、时间与品质的关系

阶段	流通温度/℃	PSL/d	每天品质下降率/%	流通时间/d	品质下降量
生产者保管	−25	365	0.0027	100	0.27
运输	−20	150	0.0067	2	0.0134
零售商保管	−24	340	0.0029	15	0.0435
搬运	−10	67	0.0149	1/5	0.003
消费者保管	−18	135	0.0074	15	0.111
累计				132.2	0.4409

如果将冻结食品在不适宜的温度下流通，其质量会很快下降。冻结食品与罐头食品不同，不能以生产日期作为品质判断的依据，冻结食品从生产到消费的时间长短并不能说明冻结食品的质量。因此，为了保证冻结食品的优秀品质一直持续到消费者手中，就必须使冻结食品从生产到消费之间的各个环节都处于适当的低温状态。

3. 食品物料的冻结与冻藏方法

（1）果蔬冻结与冻藏方法　果蔬的冻结、冻藏工艺与果蔬的冷却、冷藏工艺有较大的不同。果蔬采摘后仍然可进行呼吸作用，如果将果蔬食品进行冻结冻藏的话，就要终止呼吸作用，那么对于果蔬的采摘期就要有具体的要求，最好在果蔬比较成熟后进行采摘与冻结冻藏处理。另外，冻结过程中形成的冰晶会对脆弱的果蔬细胞质膜产生机械损伤，因此要采用速冻工艺冻结果蔬，如采用流化床冻结小颗粒状的果蔬，也可采用金属平板接触式冻结或低温液体的喷淋和浸渍冻结。质地柔软且含有机酸、糖类和果胶质较多的果蔬（如番茄），冻结点较低，需要较低的冻结与冻藏温度，而且解冻后此类果蔬的品质与新鲜物料相比有较大的差距；也有一些果蔬的质地较硬（如豆类），冻结与冻藏过程对其品质影响较小，解冻后的品质与新鲜、未经冻结的相差不大，这类果蔬比较适宜冻藏。

果蔬冻结前一般要进行热烫、渗糖等前处理，这个处理过程可减小冻结、冻藏过程对果蔬品质的影响。果蔬冻藏过程的温度越低，对果蔬品质的保持效果越好。热烫处理的果蔬多数可在-18℃下实现跨季度冻藏，少数果蔬（如蘑菇）必须在-25℃以下才能实现跨季度冻藏。

（2）畜禽肉的冻结与冻藏方法　畜肉类的冻结多是冻结畜肉胴体或半胴体，通常采用空气冻结法，经一次或两次冻结工艺完成。一次冻结工艺是指将屠宰后的畜肉胴体在一个冻结间内完成全部冻结过程；而两次冻结工艺是指先将屠宰后的畜肉胴体在冷却间内用冷空气冷却（或称预冻），待温度从37～40℃降至0～4℃后，再将冷却后的畜肉移送到冻结间进行冻结。虽然两次冻结工艺比一次冻结工艺冻结的肉质量好，尤其是对于易产生寒冷收缩的牛羊肉更明显，但两次冻结工艺的生产效率较低、干耗大，相比而言，一次冻结工艺的效率高、时间短、干耗小。为了改善肉的品质，在实际生产中可以采取介于两种冻结工艺之间的冻结方法，即先将屠宰后的鲜肉冷却至10～15℃，然后再在冷冻间进行冷却、冻结至冻藏温度。一般将冻结后的畜肉胴体堆叠成方形料垛，下面用方木垫起，整个方垛距离冷库的围护结构40～50cm，距离冷排管30cm，冷库内空气的温度-20～-18℃，相对湿度95%～100%，空气流速0.2～0.3m/s。

禽肉可用冷空气冻结法或液体冻结法完成冻结，采用鼓风冻结法较多。禽肉的冻结工艺取决于有无包装、整只还是分割禽体。无包装的禽体多采用空气冻结，冻结后在禽体上包冰衣或用包装材料包装。有包装的禽体可用冷空气冻结，也可用液体喷淋或浸渍冻结。禽肉冻结温度一般为-25℃或更低一些，相对湿度在85%～90%，空气流动速度2～3m/s。一般而言，鸡比鸭、鹅等冻结时间短，装在铁盘内冻结比在木箱或纸箱中快些。禽肉的冻藏条件：冷库的温度一般在-20～-18℃，相对湿度95%～100%，昼夜温度波动应小于±1℃。通常，小包装的鸡、鸭、鹅在-18℃可冻藏12～15个月，在-30～-25℃可冻藏24个月，用复合材料包装的分割鸡肉可冻藏12个月。对无包装的禽肉，应每隔10～15d向禽肉垛喷冷水一次，使暴露在空气中的禽体表面冰衣完整、减少干耗。

（3）鱼类的冻结与冻藏方法及控制　鱼类的冻结方法可选择性比较多，可以采用空气冻结、金属平板冻结或低温液体冻结法完成，空气冻结法一般采用隧道式冻结，鱼肉经过低温高速冷空气快速冻结。冷空气的温度一般在-25℃以下，空气的流速在3～5m/s，相对湿度大于90%。金属平板冻结是将鱼放在鱼盘内压在两块平板之间，施加的压力为40～100kPa，经过金属平板压制，冻结后的鱼具有规整外形，易于包装和运输。与空气冻结相比，金属平板冻结的干耗和能耗均比较少。低温液体冻结一般用于海鱼类的快速冻结，其干耗也小。冻结后鱼体的中心温度在-18～-15℃，特殊的鱼类可能要达到-40℃左右。为减少干耗，鱼在冻藏前也应进行包冰衣或加适当的包装，冰衣的厚度一般在1～3mm。对于体积小或者脂肪含量低的鱼可通过约2℃的清水中浸泡2～3次，每次3～6s来实现包裹冰衣；而对于大鱼或多脂鱼，需浸没

1 次，浸没时间 10～20s。如果鱼体是放置在冷库进出口、冷排管附近，冰衣可以加厚一些。

鱼的脂肪含量对鱼肉的贮藏期有很大影响，对于多脂鱼（如鲭鱼、大麻哈鱼、鲱鱼、鳟鱼等），在-18℃下仅能贮藏 2～3 个月；而对于少脂鱼（如鳕鱼、比目鱼、黑线鳕、鲈鱼、绿鳕等）在-18℃下能贮藏 4 个月。多脂鱼一般的冻藏温度在-29℃以下，少脂鱼在-23～-18℃，而部分肌肉呈红色的鱼的冻藏温度应低于-30℃。

4. 食品在冻结、冻藏过程中的变化

（1）冻结过程中食品品质的变化

① 体积的变化　0℃的纯水冻结后体积约增加 8.7%，食品物料在冻结后也会发生体积膨胀，但程度较小。影响食品物料冻结后体积变化的因素包括物料的水分质量分数和空气体积分数。食品物料中溶质和悬浮物"替代"水分，而水分的减少使冻结时物料体积的膨胀减小。物料内的空气可为冰结晶的形成与长大提供空间，空气所占的体积增大会减小体积的膨胀。食品物料的体积随温度的变化而变化，分为冷却阶段（收缩）、冰结晶形成阶段（膨胀）、冰结晶的降温阶段（收缩）、冰盐结晶的降温阶段（收缩）、非溶质如脂质的结晶和冷却阶段（收缩）。多数情况下，冰结晶形成所造成的体积膨胀起主要作用。

② 水分的重新分布　冰结晶的形成还可能造成冻结食品物料内水分的重新分布，这种现象在缓慢冻结时比较明显。缓冻时食品物料内部各处冻结时间不一致，细胞外（间）的水分往往先冻结，冻结后造成细胞外（间）的溶液浓度升高，细胞内外由于浓度差而产生渗透压差，使细胞内的水分向细胞外转移。

③ 机械损伤　也称冻结损伤，食品物料冻结时冰结晶的形成以及体积的变化和物料内部存在的温度梯度等，会导致产生机械应力并产生机械损伤。机械损伤对果蔬等脆弱的植物组织的损伤较大。食品物料产生冻结损伤的主要原因为冻结时的体积变化和机械应力。食品物料的大小、冻结速率和最终的温度会影响机械应力，小的食品物料产生的机械应力小些。而含水较高、厚度大的物料，冻结时表面温度下降快会导致物料出现严重的裂缝。

④ 非水相组分被浓缩　食品冻结后，纯水形成冰晶，而原来存在于水相的组分会转移到未冻结的水分中，从而使剩余部分的溶液浓度升高。

（2）冻藏过程中食品品质的变化

① 干耗与冻结烧　贮存于冻藏室内的食品表面与外界环境之间存在着温度差，进一步形成了水蒸气压差。如果冻结食品表面温度高于冻藏室内空气的温度，食品会再一次被冷却，水蒸气压差的存在会导致食品表面的冰结晶升华，这部分含水蒸气较多的空气，吸收了冻结食品放出的热量，密度减小向上运动，当流经空气冷却器时，在温度很低的蒸发管表面水蒸气达到露点和冰点，凝结成霜。冷却并减湿后的空气因密度增大而向下运动，当遇到冻结食品时，因水蒸气压差的存在，食品表面的冰结晶继续向空气中升华。这样周而复始后冻结食品表面出现干燥现象，并造成质量损失，称为干耗。

冻结食品表面冰晶升华需要的升华热来源于冻结食品本身放出的热量、外界通过围护结构传入的热量、冻藏室内电灯和操作人员发出的热量等。当冻藏室的围护结构隔热不好，外界传入的热量多，以及冻结食品晶温较高、冻藏室内空气温度变动剧烈、冻藏室内蒸发管表面温度与空气温度之间温差太大、冻藏室内空气流动速度太快等都会造成冻结食品干耗加剧。

最开始，冰晶升华仅仅发生在食品表面，但随着贮存时间的延长，食品表面出现脱水，多孔层不断加深，质量开始损失，而且冰晶升华后留存的细微空穴大大增加了冻结食品与空气的接触面积。食品中的脂肪氧化酸败，其表面发生黄褐变，使食品的外观损坏、食味、风味、质地、营养价值都变差，这种现象称为冻结烧。

食品发生冻结烧部分的含水率非常低（2%～3%），断面呈海绵状，蛋白质脱水变性后易吸收冻藏库内的各种气味，食品品质严重下降。提高冷库围护结构的隔热效果可减少和避免冻结食品在冻藏中的干耗与冻结烧。

一般冷库减少外部热量传入的做法有：将冷库的围护结构外表面刷白，减少进入库内的辐射热量；维护好冷藏门和风幕，在库门处加挂棉门帘或硅橡胶门帘，减少从库门进入的热量；减少开门的时间和次数；减少不必要进入库房的次数；库内操作人员离开时要随手关灯。对于冷库内的温度控制也很重要，要减小库内温度与冻结温度和空气冷却器之间的温差，合理降温，维持较高的相对湿度。

食品的性质、形状、表面积大小都会影响干耗与冻结烧的产生，可采用加包装或镀冰衣和合理堆放的方法来延缓食品干耗和冻结烧的产生。

② 冰结晶成长　在冻藏阶段，冰晶总量在给定温度下是一定的，同时，冰晶数量将减少，其平均尺寸将增大，这是晶核生长需求的结果。所以无论在恒温还是变温环境下，食品表面的冰晶含量都会下降。温度波动（如温度的上升），小冰晶尺寸降低幅度比大冰晶要大。在冷却循环中，大横截面的冰晶更易截取返回固相的水分子。在冻藏阶段，冰晶尺寸的增大会产生机械损伤，使食品质量受损；此外，相互接触的冰晶聚集在一起，尺寸增大，表面积减小。当微小的冰晶相互接触时，此过程最为显著，一般而言，相互接触的冰晶会结合变成一个较大的冰晶。

重结晶是冻藏期间反复解冻和再结晶后出现的一种结晶体积增大的现象，贮藏室内的温度变化是重结晶的主要原因。食品细胞或肌纤维内汁液浓度比细胞外高，故其冻结温度比较低。贮藏温度升高后，冻结点较低部分的冻结水分首先开始融化，接着扩散到细胞间隙，这样未融化冰晶体就处于外渗的水分包围中；而当温度下降时，这些外渗的水分就在未融化的冰晶体的周围再次结晶，增大了冰晶体的体积。重结晶的程度与单位时间内温度波动次数和程度直接相关，波动幅度越大，次数越多，重结晶的情况越剧烈。因此维持冻藏室温度的稳定是保持冻藏食品品质的关键。

③ 色泽的变化　食品在冻藏过程中会发生很多色泽上的改变，首先是脂肪的变色，如多脂肪鱼类在冻藏过程中因脂肪氧化会发生黄褐变。蔬菜在速冻前一般要将原料进行烫漂处理，破坏过氧化酶，使速冻蔬菜在冻藏中不变色。如果烫漂的温度与时间不够，过氧化酶失活不完全，绿色蔬菜在冻藏过程中会变成黄褐色；如果烫漂时间过长，绿色蔬菜也会发生黄褐变。红色鱼肉，最具代表性的是金枪鱼，会在冻藏中发生褐变，−20℃冻藏 2 个月，鱼肉会由红色向暗红色、红褐色、褐红色、褐色转变。除了金枪鱼，其他鱼类，例如鳕鱼、剑鱼等也都会在贮藏过程中发生褐变。

④ 化学变化　食品物料中的蛋白质会在贮藏过程中发生变性，贮藏温度的波动会引起冰晶长大，挤压肌原纤维蛋白质，使得反应基互相结合发生交联，加剧蛋白质变性程度。另外，脂类也会发生明显的变化，尤其是不饱和脂肪酸，即使在很低温度下，也会保持液态。鱼类冻藏过程中，脂肪酸会因为冰晶的压力转移到表层，容易接触空气中的氧气发生氧化，产生酸败味，大大地降低了鱼类食品的品质。

二、食品的解冻

(一) 解冻过程的热力学特点

大部分冻结食品在消费前或进一步加工前都要经过解冻复原。解冻是使冻藏食品回温、冰晶体融化、恢复到冻前的新鲜状态和特性的工艺过程。解冻过程似乎可以简单地被看作是冻结的逆过程，但解冻过程所需时间要比冻结过程长。从食品物料的状态、热量传递和解冻时间来看，解冻过程并不完全是冻结的逆过程。

一般的传导型传热过程是由外向内、由表及里的，冻结时食品物料的外层首先被冻结，形成固化冻结层，放热过程要通过这个冻结层；解冻时冻结品处在温度比它高的介质中，其外层先吸热融化形成融化层，介质的热量必须先通过这个已融化的融化层，如图 2-27 所示。解冻食品的热量由两部分组成：即冰点上的相变潜热和冰点下的显热。如图 2-28 所示，由于冰的热导率和热扩散率比水的大，而冰的比热容只有水的一半，因此即使冻结和解冻以同样的温度差作为传热推动力，冻结过程的传热条件也比解冻过程好得多，这使得冻结时的传热速度比解冻时快。同时，冻藏时食品物料中的水主要以冰结晶的形式存在，其比热容接近冰的比热容；解冻时食品中的水分含量增加，比热容相应增大，最后接近水的比热容；解冻时食品的比热容随着温度升高逐渐增大，升高单位温度所需要的热量也会渐增多。

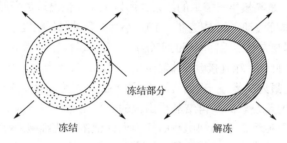

冻结　　　　　解冻

箭头表示热流的方向

图 2-27　食品物料冻结和解冻时的传热示意图

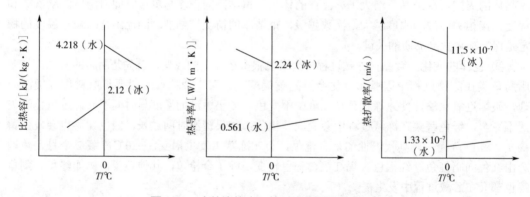

图 2-28　水的比热容、热导率和扩散率的比较

从图 2-29 可以看出，肉类食品的冻结曲线与其解冻曲线有相似之处，即在 $-5 \sim -1℃$ 的冰结晶最大生成带，肉品心的温度变化都比较缓慢；所不同的是在食品与传热介质之间的温度差、对流传热系数和食品的厚度都相同的情况下，在解冻过程中肉中心温度通过 $-5 \sim -1℃$ 温度区的速率比冻结过程缓慢得多。造成此结果的原因主要是食品中的冰结晶融化成水，其比热容变大，而热导率变小。若要快速解冻，就必须使冻结食品快速通过 $-5 \sim -1℃$ 温度区。此外，在冻结过程中，人们可以将低温介质温度降得很低以增大它与食品材料的温差，从而加强传热、提高冷却速率。可是在解冻过程中，高温介质温度却受到食品材料的限制，不能过高否则将导致组织破坏。为避免表面首先解冻的食品被微生物污染和变质，解冻的温度梯度也远小于冻结的温度梯度，所以解冻过程的热控制要比冻结过程更困难。

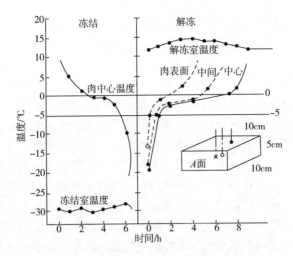

图 2-29　某肉类食品的冻结与解冻曲线

肉表面深 1cm×肉中间深 2.5cm，距 *A* 面 2.5cm；肉中心深 2.5cm，距 *A* 面 5cm

（二）解冻状态

食品在冻结时，细胞内的水分或多或少会向细胞间隙转移，因此最大程度恢复水分在食品未冻结前的分布状态是解冻过程中值得重视的问题。若解冻不当，极易导致食品出现大量汁液流失的现象，进而对食品质量造成较大影响。

根据食品解冻后的用途可将解冻状态分为半解冻和完全解冻。用作加工原料的冻品达到半解冻即中心-5℃即可，以能用刀切断为准，此时汁液流失亦少。同时，解冻介质的温度不宜过高，以不超过 10～15℃为宜，但对植物性食品如青豆等，为防止淀粉β化宜采用蒸汽、热水、热油等高温解冻。冻结前经加热烹调等处理的方便食品，快速解冻比普通缓慢解冻好。

食品的解冻状态不管是达到半解冻还是完全解冻，都应尽量使食品在解冻过程中品质的下降最小，使解冻后的食品质量尽量接近于冻结前的质量。但要使冻结食品的水分分布状态恢复到未冻结前并非易事，原因是细胞受到冰晶体的损害后它们原有的持水能力显著降低，且细胞的主要化学成分蛋白质的溶胀力受到了损害；同时，冻结使食品的组织结构和介质的pH 值也发生变化，复杂的大分子有机物一部分分解为较为简单的和持水能力较弱的物质，加之温度的升高和空气中的水分在冻结食品表面上的凝结等均加剧了微生物的生长繁殖，进一步加剧各类生化变化，最终导致解冻后食品质量有所下降，难以恢复到冻结前的状态。因而，可降低冻结食品的微生物污染程度并尽可能采用较低的解冻温度，使解冻过程中微生物的活动和食品的品质变化降到最缓慢程度，以最大程度维持食品质量。

（三）常用的解冻方法

为缓解解冻食品质量的快速变差最好是能做到均一解冻，这就要求解冻品厚度尽量小、表面积尽量大些。同时，使用外部加热法解冻时应采用热传导性能良好的介质，如水，流动的解冻介质比静止的解冻介质热传导性能好。因食品种类特点不同，故解冻时要特别考虑适合于其本身特性的解冻方法。

从能量提供方式和传热的情况来看，解冻方法可以分为三大类：一类是外部加热解冻法，采用具有较高温度的介质加热食品物料，使热量从食品物料的表面逐渐向内部传递，食品的外部先受热。另一类是内部加热解冻法，采用介电或微波场加热食品物料，此类方法可使热量在食品内外同时产生，使食品物料内外同时受热。除此之外，还有将多种解冻方法相结合的组合解冻法，这类方法的解冻效果可能更好，解冻时间可能更短，也可使食品的解冻损失有所降低。

1. 外部加热解冻法

（1）空气解冻　空气解冻又称自然解冻，是采用温热的空气作为加热介质，将被解冻的食品物料置于热空气中进行加热升温的一种最简便的解冻方法，多用于对畜胴体的解冻。根据解冻时空气的状态又分为静止空气解冻法、流动空气解冻法和加压流动空气解冻法。该方法不需要特殊设备，适用于任何大小和形状的食品，不消耗能源，最为经济。但由于空气导热系数低，在空气中解冻的速率不高，解冻过程较缓慢；食品被空气中的灰尘、蚊蝇及微生物等污染的概率较大；解冻时间常受空气的温度、湿度、流速和食品与空气之间的温差等的影响。空气温度不同，物料的解冻速率也不同，0～4℃的空气为缓慢解冻，20～25℃则可以达到较快速的解冻。当采用高湿空气解冻时，空气相对湿度一般不低于98%，空气温度可以在−3～20℃的范围，空气流速一般为3m/s。但在使用高湿空气时，应注意防止空气中的水分在食品物料表面冷凝析出。空气解冻可通过改变空气的温度、相对湿度、流速、流向达到不同的解冻工艺要求。

（2）水解冻　水解冻是把冻结食品浸渍在水、盐水或碎冰中的解冻方法。水解冻法又分为清水解冻法、盐水解冻法、碎冰解冻法和减压水蒸气解冻法。根据解冻时水的状态又分为静水解冻法、流水解冻法和淋水解冻法。由于水的导热系数远大于空气，故水解冻法解冻速率快，解冻时间明显缩短，为空气解冻时间的1/5～1/4（若使水流动，可达1/10），且可避免产品的质量损失。该方法不足之处在于会导致食品中的可溶性物质流失、食品吸水后膨胀、易被解冻水中的微生物污染等。因此，适用于带包装食品、冻鱼以及破损小的果蔬类食品的解冻。

解冻时水或盐水的温度一般在4～20℃，食盐水浓度一般为4%～5%（质量分数），盐水解冻主要用于海产品。盐水还对物料有一定的脱水作用，如用盐水解冻海胆时，海胆的适度脱水可以防止其出现组织崩溃。碎冰解冻法是利用接近水的冻结点的碎冰包围欲解冻的食品物料而使其升温解冻的方法。此方法可使食品物料在解冻过程中一直保持较低的温度，从而达到减少物料表面质量下降的目的，但该法解冻时间较长、解冻效率较低。

减压水蒸气解冻又称真空解冻，是利用在真空状态下水在低温时就沸腾，沸腾时形成的水蒸气遇到更低温度的冻品时在其表面凝结成水珠放出相变潜热，从而使冻结食品解冻。此种解冻方法比空气解冻的效率提高2～3倍，冻结食品解冻时不会发生氧化和干耗，因而汁液流失少，适用于鱼、鱼片、各种肉、果蔬、蛋、浓缩状食品等冻结食品的解冻。

2. 内部加热解冻法

常见的内部加热解冻法为电解冻，电解冻包括不同频率的电解冻和电磁波解冻。不同频率的电解冻又包括低频电解冻（50～60Hz）、高频电解冻（1～50MHz）、微波解冻（915MHz或2450MHz）和高压静电强化解冻等。

（1）低频电解冻　低频电解冻是将冻结食品视为电阻，利用电流通过电阻时产生的焦耳热，使冰融化达到解冻目的。由于冻结食品是电路中的一部分，因此，要求食品表面平整，内部成分均匀，否则会出现接触不良或局部过热现象。一般情况下，首先利用空气解冻或水解冻，使冻结食品表面温度升高到−10℃左右，然后再利用低频电解冻。这种组合解冻工艺不但可以改善电极板与食品的接触状态，同时还可以减少随后解冻中的微生物繁殖。

（2）高频电解冻　高频电解冻是在交变电场作用下，利用冻结食品中的极性基团，尤其是极性水分子随交变电场变化而旋转的性质，相互碰撞，产生摩擦热使食品解冻。利用这种方法解冻，食品表面与电极并不接触，而且解冻更快。缺点是成本较高，因食品成分不均匀、含水量不一致，解冻不好控制。

（3）微波解冻 微波解冻是将欲解冻的食品置于微波场中，使食品物料吸收微波能并将其转化成热能，从而起到加热食品的作用。由于高频电磁波的穿透性强，解冻时食品物料内外可以同时受热，解冻所需的时间很短。目前家庭和工业用的微波频率为 915MHz 和 2450MHz。微波解冻是一种新型的解冻方法，食品表面与电极并不接触，而且解冻更快，一般只需真空解冻时间的 20%。将一块厚 20cm、重 50kg 的冰冻牛肉块用微波处理解冻，温度可以在 2min 内从−15℃升至−4℃。发达国家如美国和日本，使用高频微波（20kW），可以在 1h 内解冻 500kg 的鱼。该方法的缺点是成本较高，因食品成分不均匀、含水量不一致，解冻不好控制。

（4）高压静电强化解冻 高压静电强化解冻是用 10～30kV 的电场作用于冷冻食品物料，将电能转变成热能，从而将食品物料加热。这种方法解冻时间短、物料的汁液流失少，解冻质量和解冻时间上远优于空气解冻和水解冻，解冻后肉的温度较低（约−3℃）；在解冻控制和解冻生产量上又优于微波解冻和真空解冻，是一种有开发应用前景的解冻新技术。

（5）结合高压静电场的新型解冻方式 静电波保鲜（DENBA+）技术是一种新型的食物保鲜技术，也可用于冷冻食品的解冻。在传统的冷柜或冰箱中安装 DENBA+电极板，利用高压静电产生的静电波与食物中的水分子发生共振使其活化，达到保鲜的效果。通过静电波与水分子共振，大幅度减少解冻损失，实现冰点下的高品质解冻。目前国内已有小范围的推广与使用，是非常具有应用前景的一种新型技术。

（6）超声波解冻 超声波是频率大于 20kHz 的一种机械波。超声波解冻主要是利用超声波的热效应，在解冻过程中，超声波的振动能转变为热能，使冻结品内部温度升高，冻结物料得到解冻。不同原料肉在不同功率下的解冻效果大有不同，所以在使用超声波进行解冻时，选择适宜的功率至关重要。因为超声波对脂肪和蛋白质的影响较小，解冻效率也比较高，与其他方式结合还可以在一定程度上降低解冻损失，故此种解冻方法在肉制品解冻领域有很好的发展前景。

3. 组合解冻法

组合解冻是在新型解冻技术的基础上，通过与传统解冻方式结合或两种新型解冻方式相结合，如采用电介质-空气、电-水等组合解冻，以达到冷冻食品的最适解冻目的。例如，温盐水浸泡与空气低温解冻相组合、腌制液浸泡包装袋、使用纳米粒子包裹等方式，可以弥补新型解冻方法的缺点，达到比使用单一的新型解冻技术更好的效果。

（四）食品在解冻过程中的质量变化及其影响因素

1. 汁液流失

对于冻藏食品物料来说，汁液流失的产生是较为常见的现象，它是食品物料在冻结或冻藏过程中受到的各种冻害的体现。汁液流失的多少不仅与解冻的控制有一定关系，而且与冻结和冻藏过程有关，此外食品物料的种类、冻结前食品物料的状态等也对汁液流失有很大影响。减少汁液流失的方法应从上述各方面采取措施，如采用速冻，减小冻藏过程的温度波动；对于肉类原料，控制其成熟程度使其 pH 值偏离肉蛋白质的等电点以及采取适当的包装等，都可在一定程度上减少解冻肉的汁液损失。

2. 解冻时汁液流失的影响因素

冻结食品解冻时汁液流失是由于冰晶体融化后，水分未能被组织细胞充分重新吸收。因此影响汁液流失的因素即为影响蛋白质变性、细胞内外冰晶体大小和分布状况等的因素以及其他方面影响细胞对水分重新吸收的因素，具体可归纳为以下四个方面：

（1）冻结速率　快速冻结的食品解冻时汁液流失量比缓慢冻结的食品少。有试验表明，在-8℃、-20℃和-43℃三种不同温度的空气中冻结的肉块，同在20℃的空气中解冻，肉汁损耗量分别占原质量的11%、6%和3%。

（2）冻藏的温度　冻藏温度对解冻时的汁液流失量也有影响，冻藏温度越低，解冻时汁液的流失越少。这主要是因为在较高的冻藏温度下，细胞间隙中冰晶体成长的速度较快，形成的冰晶颗粒较大，对细胞的破坏作用较为严重；若在较低温度下冻藏，冰晶体成长的速率较慢，对细胞的损伤不像较高温度时那样严重，且食品中发生的生物化学变化也较慢，持水力较强的物质得以较好地保留，解冻时汁液流失就较少。例如，在-20℃下冻结的肉块分别在-1～-15℃、-3～-9℃和-19℃的不同温度下冻藏3d，然后在空气中缓慢解冻，肉汁的损耗量分别为原样品质量的12%～17%、8%和3%。

（3）生鲜食品的pH值　蛋白质对水的亲和力与pH值有密切关系，在等电点时，蛋白质胶体的稳定性最差，对水的亲和力最弱。如果解冻时生鲜食品的pH值正处于蛋白质等电点附近，则汁液流失就较大。因此，畜、禽、鱼、贝类等生鲜食品解冻时的汁液流失与它们的成熟度（pH值随着成熟度不同而变化）有直接关系，pH值远离等电点时，汁液的流失就较少，否则就增大。

（4）解冻速率　解冻有缓慢解冻和快速解冻之分，前者为解冻时冻品温度上升缓慢，后者冻品温度上升迅速。在实际生产中，解冻速度的快慢应视解冻的食品类型而定。以何种速度解冻可减少汁液的流失，保持食品的质量，则要视食品的种类、大小、用途而定。同时，汁液流失还与食品的切分程度、冻结方式、冻藏条件以及解冻方式等有关。一般情况下，小包装食品（速冻水饺、烧卖、汤圆等），冻结前经过漂烫的蔬菜或经过热加工处理的虾仁、蟹肉，含淀粉多的甜玉米、豆类、薯类等，多用高温快速解冻法，而较厚的畜胴体、大中型鱼类则常用低温慢速解冻法。

第四节　食品的冷链

一、食品冷链简介

对于易腐食品来说，冷链流通是非常重要的一个环节。食品冷链过程包括食品生产前的收集加工、贮藏、食品进行销售前的运输以及销售前的贮藏，在这个过程中冷藏工具及冷藏作业过程的总和称为食品冷链。随着科学的进步，制冷技术在不断发展，食品冷链物流也逐步发达起来，食品冷链以食品冷冻工艺学为基础、以制冷技术为手段，主要由冷冻加工、冷冻贮藏、冷藏运输及配送和冷冻销售4个方面构成。

适用于食品冷链的产品包括蔬菜、水果、肉、禽、蛋、水产品、花卉产品等初级农产品；速冻食品，禽、肉、水产等包装熟食，冰淇淋和乳制品；快餐原料以及特殊商品、药品等。冷链的应用需要综合考虑生产、运销、销售、经济和技术性等各种问题，保证食品品质和安全，减少食品损耗，防止污染。

（一）冷链主要环节

食品冷链（又称食品冷藏链）中的主要环节有：原料前处理环节、预冷环节、速冻环节、冷藏环节、流通运输环节、销售分配环节等。其中，冷藏链中的"前端环节"包括原料前处理、预冷、速冻这三个食品冷加工环节；冷藏链的"中端环节"为冷藏环节，主要是冷却物冷藏和冻结物冷藏；销售分配环节是冷藏链的"末端环节"，而流通运输则贯穿在整个冷藏链的各个环节中。原料前处理、预冷、速冻，对冷藏链中冷食品（指冷却和冻结食品）的质量影响很大，因此，前端环节是非常重要的。

(二) 冷藏链主要设备构成

食品冷藏链涉及的主要设备是根据食品冷藏链的主要环节分类的，根据食品原料、预冷、速冻、冷藏、流通运输、销售分配等环节将设备进行分类。具体的，食品原料：前处理加工设备；预冷：空气预冷设备、水预冷设备、真空预冷设备；速冻：鼓风式速冻设备、接触式速冻设备、沉浸式速冻设备；冷藏：土建式冷库、装配式冷库、气调冷库；流通运输：冷藏船、铁路冷藏车、公路冷藏车、冷藏集装箱；销售分配：分拣包装贮藏、超市冷柜、冷藏柜。

(三) 冷藏链的特点

冷藏链比一般常温物流系统的要求更高，建设投资要大很多，它是一个庞大的系统工程，以冷藏库建设为例，中型冷藏库的造价是同样规模常温仓库的2～3倍。而且，易腐食品的时效性要求冷藏链各环节具有更高的组织协调性，冷藏链运行中不能出现断链。食品冷藏链的运行成本与能耗成本相关联，有效控制运作成本与食品冷藏链的发展密切相关。

二、食品冷藏链运输设备

食品冷藏链运输设备指可以维持一定的低温环境，运输冷冻食品或者易腐食品所用到的设备，其兼具了冷藏装置和运输工具的作用，在整个冷藏链中，冷链运输设备非常重要。冷链运输设备主要有冷藏汽车、冷藏火车、冷藏集装箱、冷藏船等。

运输用冷藏装置具有如下特点：第一，厢体多采用金属结构，冷链运输工具的箱体部分多采用金属骨架，中间填充隔热材料。厢体在装卸货物时可经受重压，同时还便于叉车或吊车的使用。第二，装备负荷变化大，白天环境温度高，运输冷藏装备负荷高，另外，冷藏装置的载货品种与装载量的变化大，货物的热容量也不同，这样也导致装置的负荷变化大；第三，制冷方式多，运输用冷藏装置在长途运输、短途运输中均会使用，运输时长不同，其制冷方式也会改变。制冷方式包括制冷机制冷、蓄冷剂制冷、冰或盐混合物制冷，也有采用向厢内喷液的一次扩散式等制冷方法。

(一) 冷藏汽车

冷藏汽车按专用设备功能分为保温汽车、冷藏汽车和保鲜汽车。保温汽车指只有隔热车体而无制冷机组的车；冷藏汽车指有隔热车体和制冷机组且厢内温度可调范围的下限低于-18℃的车，可用来运输冻结货物；保鲜汽车指有隔热车体和制冷机组（兼有加热功能），厢内温度可调范围在10℃左右的车，用来运输新鲜货物。另外，还可以按照制冷方式分类，分为冰制冷冷藏汽车、机械制冷冷藏汽车、冷冻板制冷冷藏汽车、干冰制冷冷藏汽车和液氮制冷冷藏汽车等。

1. 机械制冷冷藏汽车

机械制冷冷藏汽车适合短、中、长途特殊冷藏货物的运输，车内配有蒸汽压缩式制冷机组，可直接吹风冷却，车内温度可实现自动控制。冷藏车通常配有车首式制冷机组，对于大型的运输车来讲，制冷压缩机配有专门的发动机，小型货车的制冷压缩机与汽车共用一台发动机。压缩机的制冷能力与行车速度有关，车速低时，制冷能力小，通常用 40km/h 的速度设计压缩机的制冷能力。

一般采用强制通风的方式对整个车身进行通风，空气冷却器通常安装在车厢前端，冷风贴着车厢顶部向后流动，从两侧及车厢后部下到车厢底面，沿底面间隙返回车厢前端。这样，车体运载的食品始终被冷风包围，外界环境的热量不会影响食品的温度。对于像果蔬这样自身会产生呼吸热的食品，要在货垛内部留有间隙，便于冷风把果蔬放出的呼吸热及时带走。而运输冻结食品货垛内部不必留间隙，只要冷风能在货垛周围循环即可。

使用恒温器控制温度，使车厢内的温度始终保持在规定温度范围内。除了恒温器的控制，同时还要配合使用隔热材料，最常用的隔热材料是聚苯乙烯泡沫塑料和聚氨酯泡沫塑料，厢壁的传热系数通常小于 0.6W/（m²·℃）。机械制冷冷藏汽车的车内温度比较均匀稳定且可调，运输成本较低。不过，其结构复杂，易出故障，维修费用高；初期投资高；噪声大；大型车的冷却速度慢，时间长，需要融霜。

2. 液氮制冷冷藏汽车

液氮制冷冷藏汽车主要采用液氮制冷装置，液氮从 -196℃ 升温到 -20℃ 左右，通过汽化吸热实现降低车内温度的目的。液氮制冷装置主要由液氮容器、喷嘴及温度控制器组成。首先，液氮容器供给的液氮由喷嘴喷出，汽化过程吸收大量热量，使车厢降温。待温度降至要求温度时，恒温器自动地打开或关闭液氮通路上的电磁阀，调节液氮的喷射，使厢内温度维持在规定温度（±2℃）。液氮气化后容积会膨胀 600 倍，因此，车厢上部装有排气管将液氮排出车外，以减小车内压力。

液氮冷藏汽车对不同食品物料的影响不同，果蔬食品在运输过程中的呼吸作用会受到影响，因为氮气置换了车厢内的空气；但是对于冻结食品，氧气的减少可以减轻食品的氧化作用。液氮冷藏汽车装置简单、投资少、降温速度很快、无噪声，且与机械制冷装置比较质量大大减小。但是液氮成本较高；运输途中液氮补给困难，长途运输时必须装备大的液氮容器，减少有效载货量。

3. 干冰制冷冷藏汽车

干冰制冷冷藏汽车内装有可容纳 100kg 或 200kg 干冰的干冰容器，下部有空气冷却器，采用通风方式使冷却后的空气在车厢内循环。二氧化碳气态化后由排气管排出车外，同时配合恒温器调节通风机的转速来调节制冷能力。干冰制冷冷藏汽车设备简单、投资费用低、故障率低、维修费用少、无噪声。但是，车厢内温度不够均匀、冷却速度慢、时间长、干冰的成本高。

4. 冷冻板制冷冷藏汽车

冷冻板制冷的原理就是利用低温共晶溶液液化吸热来降低冷藏汽车内温度，通过调节冷冻板的数量来维持车厢内的温度。通常来讲蓄冷的方法有两种：一是，利用当地现有的供冷藏库用的制冷装置，停车或夜间在专门设立的蓄冷站使冷冻板蓄冷；二是，借助于装在冷藏汽车内部的制冷机组，停车时借助外部电源驱动制冷机组使冷冻板蓄冷。冷冻板装在车厢顶部有利于整个车内空气的流通，但是不利于安全，因为冷冻板本身重量很大，要使 4L 的冷冻板制冷冷藏汽车保持 -18℃，所用冷冻板的重量达 800～900kg（带有专用发动机机组的机械制冷冷藏汽车重量在 300～400kg），通常将冷冻板安装在车厢两侧。

冷冻板制冷冷藏汽车所用设备费用比机械式的少，可以利用夜间廉价的电力为冷冻板蓄冷，降低运输费用，无噪声且故障少。但是冷冻板的数量不能太多，致使蓄冷能力有限，不适于超长距离运输冻结食品；冷冻板减少了汽车的有效容积和载货量，冷却速度慢。

5. 保温汽车

保温汽车没有制冷装置，只在箱体上加设隔热层。这种汽车不能长途运输冷冻食品，只能用于市内由批发商店或食品厂向零售商店配送冷冻食品。国产保温车的车体内外壳用金属制造，中夹聚苯乙烯塑料板为隔热层，传热系数为 0.47～0.80W/（m²·℃），装货容积 8～21m³，载重量 2～7t。

6. 冷藏车的热负荷计算

冷藏车的热负荷 Q_0 由以下几部分组成：通过箱体维护结构传入的热量 Q_1、车厢各处缝隙泄漏传入车厢的热量 Q_2、太阳辐射进入车厢的热量 Q_3、车内食品的呼吸热 Q_4、开门漏热量 Q_5 和车厢内照明与风机的发热量 Q_6。

（1）箱体内维护结构的传热量 Q_1

$$Q_1 = KA(\theta_h - \theta_n) \tag{2-23}$$

式中　K——箱体结构的传热系数，W/（m²·℃）；

A——箱体外表面面积，m²；

θ_h——环境空气温度，常用使用环境最高温度计算，℃；

θ_n——车厢内空气温度，℃。

（2）车厢各处缝隙泄漏传入车厢的热量 Q_2

$$\theta_2 = \frac{1}{3600}\beta\rho V\left[c_p(\theta_h - \theta_n) + r(\phi_1 d_1 - \phi_2 d_2)\right] \tag{2-24}$$

式中　β——车厢漏气系数；

ρ——车厢内空气密度，kg/m³；

V——车厢内容积，m³；

c_p——食品质量热容，kJ/（m·℃·h）；

r——水蒸气的凝固热，J/kg；

ϕ_1、ϕ_2——车厢外、内空气的相对湿度，%；

d_1、d_2——车厢外、内饱和空气的绝对湿度，kg/kg。

实际计算时，也可采用经验公式：

$$Q_2 = (0.1～0.2)Q_1 \tag{2-25}$$

（3）太阳辐射进入车厢的热量 Q_3

$$Q_3 = KA_f(\theta_f - \theta_n)t_1/24 \tag{2-26}$$

式中　A_f——车厢表面受太阳辐射的面积，一般取车厢总传热面积的30%～40%，m²；

θ_f——车厢外表面受太阳辐射的平均温度，$\theta_f = \theta_h + 20$，℃；

K——箱体结构传热系数，W/（m²·℃）；

t_1——每昼夜日照时间，常取 12～16，h。

（4）车内食品的呼吸热 Q_4

$$Q_4 = m\Delta H t_2 \tag{2-27}$$

式中　m——车内食品的质量，kg；

ΔH——单位质量的食品在单位时间内的呼吸热，W/（kg·h）；

t_2——车内食品的保冷时间，h。

（5）开门漏热量 Q_5

$$Q_5 = \alpha Q_1 \qquad (2\text{-}28)$$

式中　α——开门频度系数（运输途中不开门，$\alpha=0.25$；开门 6 次以下，$\alpha=0.5$；开门次数在 7～12 次之间，$\alpha=0.75$；开门在 12 次以上，$\alpha=1$）。

（6）车厢内照明与风机的发热量 Q_6

$$Q_6 = \sum p_i t_3 / 24 \qquad (2\text{-}29)$$

式中　p_i——照明灯、风机等的功率，W；

　　　t_3——运输时照明灯和风机等每天使用的时间，h。

（7）冷藏车的热负荷 Q_0

$$Q_0 = Q_1 + Q_2 + Q_3 + Q_4 + Q_5 + Q_6 \qquad (2\text{-}30)$$

（二）冷藏火车

与汽车相比，火车的运输量要大得多，并且铁路运输的速度较快。冷藏火车同样要有良好的隔热性能，具备制冷、通风能力并且带有加热装置。它能保持车内食品必要的贮运条件，在要求的时间完成食品运送任务。冷藏火车是我国食品冷藏运输的主要承担者。冷藏火车分为冰制冷冷藏火车、机械制冷冷藏火车、冷冻板制冷冷藏火车、无冷源保温车、液氮制冷和干冰制冷冷藏火车，其中以机械制冷冷藏火车和冰制冷冷藏火车在我国使用最为广泛。

1. 冰制冷冷藏火车

冰制冷冷藏火车车体结构与铁路棚车相似，但车壁、车顶和地板设有隔热、防潮结构，车门气密性良好。我国典型加冰冷藏车有 B11、B8、B6b 型等，其车壁用厚 170mm、车顶用厚 196mm 的聚苯乙烯或聚氨酯泡沫塑料隔热防潮，地板采用玻璃棉及油毡复合结构防潮，还设有较强的承载地板和镀锌铁皮防水及离水格栅等设施。

冰或冰盐是这种冷藏火车的冷源，利用置于车厢两端的冰或冰盐混合物的融化热使车内温度降低。冰的融化温度为 0℃，所以，以纯冰作冷源的加冰冷藏车只能运送贮运温度在 0℃ 以上的食品，如蔬菜、水果、鲜蛋之类。冰盐作为冷源则不同，其冰点低于 0℃，使两相混合物中的冰也在低于 0℃ 以下融化，混合物的融化温度最低可降到 -8～-4℃，可以适应鱼、肉等的冷藏运输条件。虽然加冰冷藏火车结构简单、造价低、冰和盐的冷源价廉易购，但车内温度波动较大、温度调节困难，大大地限制其使用的范围，近年已被机械制冷冷藏火车等逐步取代。

2. 机械制冷冷藏火车

机械制冷冷藏火车是目前铁路冷藏运输中的主要工具之一，按供冷方式分为整列车厢集中供冷和每个车厢分散供冷两种类型。机械制冷冷藏火车制冷速度快、温度调节范围大、车内温度分布均匀并且运输速度快。

在运输果蔬食品时，可以在车厢内实现未预冷果蔬的预冷，能从 20～30℃ 冷却到 4～6℃。在 0～6℃ 的温度下运送冷却物；在 -12～-6℃ 的温度下运送冻结物；在 11～13℃ 的温度下运送香蕉等货物。机械制冷冷藏火车能实现制冷、加热、通风换气，以及自动化融霜。新型机械制冷冷藏火车还设有温度自动检测、记录和安全报警装置。

机械制冷冷藏火车以车组的形式运输，车厢的有效装载容积 70～90m³，载质量 30～40t。隔热层的材质一般选择聚苯乙烯或发泡聚氨酯，传热系数为 0.29～0.49W/（m² · ℃）。制冷机为双级氟利昂半封闭式压缩机，制冷量为 10.5～24.4kW。

采用强制通风的方式使车厢内的空气流通，这样冷空气才能分布均匀，冷却后的空气沿顶板与厢顶形成风道流动，并从顶板上开设的缝隙沿着车厢侧壁从上向下流动，流经食品堆的冷空气温度升高，又被通风机吸回重新冷却，循环往复。当然，当外界温度很低时，为维持恒定的车厢温度，还需要对环境温度进行加温处理，这时候要求冷藏火车配备有电加热装置。

3. 冷冻板制冷冷藏火车

冷冻板制冷冷藏火车与冷冻板制冷冷藏汽车原理相似，同样通过在冷冻板内充注一定量的低温共晶溶液实现制冷。不同的是，冷冻板制冷冷藏火车的冷冻板可装在车顶或车壁上。冷冻板制冷冷藏火车也可以通过地面充冷或者自带制冷机两种方式充冷。低温共晶溶液可以在冷冻板内反复冻结、融化，循环使用，制造成本低，运行费用低。

普通冷板式冷藏车要求车站设置充冷站，给实际设计和运输带来了不便，而机械冷板式冷藏车就要方便得多，它在车上设置制冷机组，靠车站地面电源供电驱动制冷机组为冷板充冷。制冷机组采用风冷式压缩冷凝机组，在冷板中装有蒸发器并与制冷机组相连。充冷时只需开启制冷机即可使冷板中的低共晶溶液冻结。

4. 干冰制冷冷藏火车

干冰制冷冷藏火车可将干冰悬挂在车厢顶部或直接将干冰放在食品上。但是，运输新鲜水果、蔬菜时，不要将干冰直接放在水果、蔬菜上，会造成果蔬食品出现冷害症状，两者要保持一定的间隙。而且，要在食品表面覆盖一层防水材料，因为空气中的水蒸气会在干冰容器表面上结霜，干冰升华完后，容器表面的霜会融化成水滴落到食品上。

5. 液氮制冷冷藏火车

液氮制冷冷藏火车车体内装有液氮贮罐，通过喷淋装置将罐中的液氮喷射出来，常温常压状态下，液氮汽化吸热，降低环境温度。液氮制冷过程吸收的汽化潜热和温度升高吸收的热量之和，即为液氮的制冷量，其值为 385.2～418.7kJ/kg。液氮制冷冷藏火车兼有制冷和气调的作用，能较好地保持易腐食品的品质。

(三) 冷藏船

在渔业，尤其是远洋渔业的作业中，冷藏船是水产品保鲜运输的主要装置。远洋渔业的作业时间长达半年以上，因此，冷藏船要将捕获物及时冷冻加工和冷藏。此外，水运运输易腐食品也必须用冷藏船。船舶冷藏包括渔业冷藏船、商业冷藏船、海上运输船的冷藏货舱和船舶伙食冷库，此外还包括海洋工程船舶的制冷及液化天然气的贮运槽船等。

渔业作业中用到的冷藏船不仅要对捕获物进行冷藏，还需要进行冷却、冷冻加工等前处理工作。商业冷藏船要完成各种水产品或其他冷藏食品的转运，保证运输期间食品必要的运送条件。海上运输船上的冷藏货舱主要担负进出口食品的贮运。船舶伙食冷库为船员提供各类冷藏食品，满足船舶航行期间船员生活的必需。

现在国际上将冷藏船分为冷冻母船、冷冻运输船、冷冻渔船 3 种。冷冻母船载货量在万吨以上，船体装有冷却、冻结装置，可进行冷藏运输。冷冻运输船包括集装箱船，其隔热保温要求很严格，温度波动控制在±5℃以内。冷冻渔船指远洋捕鱼船或船队中较大型的船。

船舶要实现冷藏，首先，必须具有隔热结构良好的冷藏舱，而且舱体气密性较好，传热系数一般为 0.4～0.7W/（m²·℃）；另外，还需要有足够的能力运行制冷装置与设备，达到运输的制冷量要求，冷藏舱应该满足货物堆放的要求，有舱高 2.0～2.5m 的冷舱 2～3 层。要求船舶的制冷系统可实现自动控制，为冷藏货物提供一定的温湿度和通风换气条件，同时要求其具有性能稳定性、使用可靠性、运行安全性、工作抗震性和抗倾斜性等。

冷藏船上一般都装有制冷装置，用船舱隔热保温。船用制冷设备及备用机的主要要求应以我国《钢制海船入级与建造规范》为依据，渔船应以我国《钢制海洋渔船建造规范》为依据，所有设备配套件均应经船舶检验部门检验并认可后方能装船。

（四）船舶冷藏货舱

海上冷藏运输任务主要由冷藏货舱承担。其冷却方式主要分为直接冷却和间接冷却两种。直接冷却时，制冷剂在冷却盘管内并直接吸收冷藏舱内的热量，热量依靠舱内空气的对流传递。直接冷却按照空气对流情况可分为直接盘管冷却和直接吹风冷却两种，前者舱内空气为自然对流，后者为强迫对流。强迫对流冷却的冷却效率高、舱内降温速度快、温湿度分布均匀、易于实现自动融霜，但能耗较大、运行费高、货物干耗大、结构也较复杂。间接冷却时，制冷剂先冷却在盐水冷却器中的盐水（即载冷剂），然后通过盐水循环泵把低温盐水送至冷藏舱内的冷却盘管，实现冷藏舱的降温。根据空气对流特点可把间接冷却分为间接吹风冷却和间接盘管冷却。

（五）冷藏集装箱

集装箱在我国的海陆空运输中都占有很重要的地位，同样对于冷藏运输来说，冷藏集装箱技术和冷藏集装箱运输更具有特殊的意义。冷藏集装箱是一种具有良好隔热性、气密性，且能维持一定低温要求，适用于各类易腐食品的运送、贮存的特殊集装箱。冷藏集装箱具有装卸灵活、货物运输温度稳定、货物污染和损失低、适用于多种运载工具等优点。此外，冷藏集装箱装卸速度很快，使整个运输时间明显缩短，降低了运输费用。

冷藏集装箱主要分为保温集装箱、外置式冷藏集装箱、内藏式冷藏集装箱、气调冷藏集装箱、液氮和干冰冷藏集装箱，箱体采用镀锌钢结构，箱内壁、底板、顶板和门由金属复合板、铝板、不锈钢板或聚酯胶合板制造，大多采用聚氨基甲酸酯泡沫作隔热材料。常用的隔热材料有玻璃棉、聚苯乙烯、发泡聚氨酯等。内藏式冷藏集装箱的制冷装置必须稳定可靠，通用性强，并配有实际温度自动检测记录和信号报警装置。

目前，国际上冷藏集装箱尺寸和性能都已标准化，标准冷藏集装箱基本上是三类：$20×8×8$、$20×8×8.6$、$40×8×8.6$（长×宽×高，单位 ft，1ft=0.3048m），使用温度范围为$-30℃$（用于运送冻结食品）$\sim12℃$（用于运送香蕉等果蔬），更通用的范围是$-30\sim20℃$。我国目前生产的冷藏集装箱主要有两种外形尺寸：$6058mm×2438mm×2438mm$ 和 $12192mm×2438mm×2896mm$。用冷藏集装箱运输的优点是：可与多种交通运输工具进行联运，中间无需货物换装，而且货物可不间断地保持在所要求的低温状态，从而避免了食品质量的下降；集装箱装卸速度很快，使整个运输时间明显缩短，降低了运输费用。

多数冷藏集装箱利用机械制冷方式冷却，少数利用其他方式（冰、干冰、液化气体等）。集装箱内要保证冷空气循环、温度分布均匀，内部应容易清洗，且不会因用水洗而降低隔热层的隔热性能。集装箱底面应设排水孔，能防止内外串气，保持气密性。

（六）航空冷藏运输

航空冷藏运输是现代冷藏链的组成部分，是市场贸易国际化的产物。航空运输是所有运输方式中速度最快的一种，但是运量小、运价高，往往只用于珍贵食品的运输。航空冷藏运输的特点：

1. 运输速度快

飞机是冷藏运输中的理想选择，特别适用于远距离的快速运输。但是飞机运输需要其他运输方式配合，不能独立进行冷藏运输，在食品运到机场前以及食品离开机场后均需要其他运输方式的配合。航空冷藏运输一般是综合性的，采用冷藏集装箱，通过汽车、火车、船舶、飞机等联合连续运输。

2. 多使用冷藏集装箱

航空冷藏运输多与冷藏集装箱配合，集装箱的尺寸也会有所调整，采用小尺寸集装箱和一些专门行业非国际标准的小型冷藏集装箱，这样既可以减少起重装卸的困难，又可以提高机舱的利用率，给空运的前后衔接都带来方便。并且机舱中的集装箱多采用液氮、干冰制冷，如果航程不远，可采用保冷运输的方式。

(七) 利用冷链运输设备的注意事项

① 冻结食品尽量密集码放，尽量多地集中运输食品，食品越多，热容量就越大，温度就越不容易变化。运输新鲜水果、蔬菜时，货垛内部应留有间隙，以利于冷空气流动，及时排出呼吸热。无论冻结食品还是新鲜食品，整个货堆与车厢或集装箱的围护结构之间都要留有间隙，供冷空气循环。

② 加强卫生管理，避免食品受到异味、异臭及微生物的污染。运输冷冻食品的冷藏车尽量不运其他货物。

③ 冷链运输设备的制冷能力不足以用来冻结或冷却食品，因此冷链运输设备只能用来运输已经冷冻加工过的食品，切忌用冷链运输设备运输未经冷冻加工的食品。

三、食品冷藏链销售设备

菜市场、副食品商场、超市等销售场所用到的主要食品冷藏链销售设备是冷冻陈列销售柜，是食品冷藏链建设重要环节。冷冻陈列销售柜不仅是陈列、展示产品的装置，也是方便销售的冷藏装置。

(一) 商业冷冻陈列销售柜

1. 冷冻陈列销售柜的优点

具有制冷功能，可以保证冷冻食品处于适宜的温度下；能很好地展示食品的外观，方便顾客选购；具有一定的贮藏容积；日常运转与维修方便；安全、卫生、无噪声；动力消耗少。

2. 冷冻陈列销售柜分类

按照用途可分为冻结食品用与冷却食品用两类。根据陈列销售柜的结构形式可分为卧式敞开式、立式多层敞开式、卧式封闭式、立式多层封闭式、半敞开式。

3. 各种冷冻陈列销售柜的结构与特性

（1）卧式敞开式冷冻陈列销售柜　卧式敞开式冷冻陈列销售柜的上部是开放的，开口处装空气幕，可进行冷空气循环，但也方便外界热量侵入柜内。卧式敞开式冷冻陈列柜对食品影响较大的是由开口部侵入的热空气及辐射热。当陈列食品为冻结食品时，辐射热流较大。当食品的外包装为塑料或纸盒时，黑度大约为0.9，辐射热流密度可达116W/m²，当辐射热被表层食品吸收后，会以对流方式传给循环的冷空气，此时，柜内最表层食品的表面温度高于空气幕温度。高出的度数与空气幕的空气流量及温度有关，一般为5～10℃。铝箔包装则不同，其黑度很小，辐射热流也很小，表层食品的温度接近空气幕的温度。当食品为冷却食品时，内外温差较小，所以辐射换热影响也较小。当室内空气流速大于0.3m/s时会影响销售柜的保冷性能。因此建议室内空气流速应小于0.08m/s。

（2）立式多层敞开式冷冻陈列销售柜　立式多层敞开式冷冻陈列销售柜的单位占地面积

的内容积比卧式冷冻柜大，商品放置高度更便于顾客购买。但立式多层敞开式冷冻销售柜中的冷空气比较容易逸出柜外。为此，在立式冷冻柜冷风幕的外侧，需要再设置一层或两层非冷却空气构成的空气幕，这样可以较好地防止冷空气与柜外空气混合。

从外界进入立式多层敞开式冷冻陈列销售柜中的空气量多，故要求其制冷机的制冷能力要大一些，空气幕的风量也要大一些。此外，还要控制空气幕的风速分布，以求达到较好的隔热效果。因为立式多层敞开式冷冻陈列销售柜的空气幕是垂直的，外界空气流动速度对侵入柜内的空气量有比较直接的影响，外界空气的温度、湿度直接影响到侵入柜内的热负荷。为了达到节能目的，柜外空气温度要最好控制在25℃以下，相对湿度在55%以下，空气流速在0.15m/s以下。

（3）卧式封闭式冷冻陈列销售柜　卧式封闭式冷冻陈列销售柜的开口处设有2层或3层玻璃构成的滑动盖，玻璃夹层中的空气可以起隔热作用；柜体内壁外侧（即靠隔热层一侧）装有冷却排管，可以吸收透过围护结构传入的热流，避免传入柜内。打开柜体滑动盖时会带入热量，还有部分辐射热，这些热量通过食品由上而下地传递至箱体内壁，被冷却管吸收，柜体自上而下温度逐渐降低。

（4）立式多层封闭式冷冻陈列销售柜　立式多层封闭式冷冻陈列销售柜柜体后壁有冷空气循环用风道，冷空气在风机作用下强制地在柜内循环；柜门为2层或3层玻璃，玻璃夹层中的空气同样具有隔热作用。由于玻璃对红外线的透过率低，所以传入的辐射热并不多，直接被食品吸收的辐射热就更少。

（5）半敞开式冷冻陈列销售柜　半敞开式冷冻陈列销售柜多为卧式小型销售柜，外部没有滑盖，外形很像卧式封闭式冷冻销售柜，在箱体内部的后壁上侧装有翅片冷却管束，用以吸收开口部传入柜内的热量。外部传入的热量同样由箱体内壁外埋设的冷却排管吸收，这与卧式封闭式是一样的。因此，整个箱体内的温度分布均匀，小包装食品的结霜情形都与卧式封闭式冷冻陈列销售柜相同。

4．各种冷冻陈列销售柜的比较

表2-18所示为各种冷冻陈列销售柜的比较。

（1）单位长度的有效内容积　就单位长度的有效内容积而言，立式是卧式的2倍以上，同为卧式，敞开式又稍大于封闭式。对于卧式封闭式，出于保冷性能上的要求，不能很宽。而卧式敞开式，由于开口处有空气幕，宽度可大一些。

表2-18中立式封闭式的制冷机是内藏的，制冷机占用了部分容积，所以立式封闭式单位长度的有效内容积比立式敞开式稍小一些。

表2-18　各种冷冻陈列销售柜的比较

类型特性	封闭式		敞开式	
	卧式	立式	卧式	立式
单位长度的有效内容积	100	230	110	240
单位占地面积的有效内容积	100	220	85	190
单位长度消耗的电力	100	200	145	330
单位有效容积消耗的电力	100	90	130	140

注：以卧式封闭式陈列柜为100进行比较。

（2）单位占地面积的有效内容积　该指标由大到小的顺序为：立式多层封闭式、立式多层敞开式、卧式封闭式、卧式敞开式。无论卧式还是立式，敞开式都比封闭式小15%左右。这是因为在敞开式中为了使冷空气循环，需要设置风道，在立式多层敞开式中，要设置2～3

层空气幕，占用了相当的容积。如果立式多层封闭式不采用内藏式制冷机的话，其单位占地面积的有效内容积会更大。

（3）单位长度消耗的电力　无论是卧式还是立式，敞开式单位长度消耗的电力都是封闭式的 1.5 倍左右。无论是敞开式还是封闭式，立式单位长度消耗的电力大约是卧式的 2 倍。这 4 种形式的冷冻陈列销售柜的单位长度耗电量与单位长度的有效内容积的大小顺序相同。

（4）单位有效内容积消耗的电力　该指标由小到大的顺序为：立式多层封闭式、卧式封闭式、卧式敞开式、立式多层敞开式。可见，封闭式比敞开式节省电力。同为敞开式，立式与卧式相差不大；同为封闭式，立式与卧式相差也不大。

冷冻陈列销售柜是食品冷藏链的重要组成部分，是使冷冻食品在销售环节处于适宜温度必不可少的设备，因此保冷应是它的基本性能。在影响冷冻陈列销售柜保冷性能的因素中，辐射换热与对流侵入热量是两个主要因素。一定要注意减少辐射换热量，不要距离热源太近，不要有过强的照明，夜间要罩上保护套，食品包装材料的黑度要尽量小。超市中往往设置空调系统，这不仅是为了使顾客舒适，也是为了减少侵入冷冻陈列销售柜中的热流量。

（二）家用冰箱

家用冰箱虽然不属于食品冷藏链销售设备，但它作为冷冻食品冷藏链的终端，是消费者食用前的最后一个贮藏环节。食品冷藏链作为一个整体，家用冰箱是一个不可缺少的环节。冷冻食品和冻结食品贮存于家用冰箱中，由于微生物繁殖受到抑制，可较长时间地保持食品原有的风味和营养成分，延长保鲜时间。

家用电冰箱通常有 2 个贮藏室：冷冻室和冷藏室。冷冻室用于食品的冻结贮藏，存放冷冻食品和需进行较长时间贮藏的食品。冷冻室温度，单门冰箱冻结器温度一般为二星级，即-12℃；双门冰箱为三星级，即-18℃。冻结食品在冷冻室中的贮藏期以 1 个月左右为宜，时间过长，会发生干燥和氧化等作用，使冻结食品的颜色、风味发生变化，造成食品的质量下降。

冷藏室用于冷却水产品的贮藏，温度为 0～10℃，在这样的温度范围内，微生物的繁殖已受到一定程度的抑制，但未能完全停止繁殖，因此冷藏室中的冷却水产品只能作短期贮藏，通常存放当天或最近几天内即要食用的蔬菜食品。冷藏室也可作为冻结食品食用前的低温解冻室，由于空气温度低，解冻食品的质量好。在一些新型的家用电冰箱中还有冰温室或微冻室，使食品的温度可保持在 0℃以下、冻结点以上的冰温范围，或-3～-2℃的微冻状态下贮藏，可延长冷却食品的贮藏时间，并可取得更好的保鲜效果。

 思考题

1. 简述食品低温保藏的原理。
2. 简述食品低温保藏过程中会发生哪些理化性质的改变？
3. 冷却的方法有哪些？特点是什么？
4. 冷藏的方法有哪些？特点是什么？
5. 冷却过程中冷耗量怎么计算？
6. 简述冻结的基本规律？
7. 简述冻结食品 T.T.T.的概念及计算。
8. 冻结食品物料常见的解冻方法有哪些？都有什么特点？
9. 解冻时影响汁液流失的因素有哪些？如何对其进行控制？

第三章 食品的热处理

第一节 食品热处理的原理

热处理是食品加工与保藏中用于改善食品品质、延长食品贮藏期的最重要的处理方法之一。食品热处理过程涉及的最重要环节是传热和传质。热量传递是热加工的主要目的，通过热传递使食品由生变熟、食品中蛋白质变性聚集、油脂赋予食物特殊的香气及碳水化合物如淀粉等发生糊化等，总体赋予食品特有的风味，杀灭食物中的微生物，更易于人们的消化吸收，同时也伴随着一些热不稳定营养素的破坏。传质在热加工中也是不可或缺、不可避免的，是造成营养损失的一个重要因素。食品工业中热处理的主要有：工业烹饪、热烫、热挤压和热杀菌等。

一、热处理反应动力学

要控制食品热处理的程度，必须了解热处理时食品中各成分（微生物、酶、营养成分和质量因素等）的变化规律，主要包括：在某一热处理条件下食品成分的热处理破坏速率；温度对这些反应的影响。

（一）热破坏反应的反应速率

食品中各成分的热破坏反应一般均遵循一级反应动力学，也就是说各成分的热破坏反应速率与反应物的浓度成正比关系，这一关系通常被称为"热灭活或热破坏的对数规律"。它意味着，在某一热处理温度（足以达到热灭活或热破坏的温度）下，单位时间内食品成分被灭活或被破坏的比例是恒定的。

微生物热致死反应的一级反应动力学方程如式（3-1）：

$$-\frac{\mathrm{d}c}{\mathrm{d}t} = kc \tag{3-1}$$

式中 $-\dfrac{\mathrm{d}c}{\mathrm{d}t}$ ——微生物浓度（数量）减少的速率；

c——活态微生物的浓度；

k——一级反应的速率常数。

对上式进行积分，设在反应时间 $t=0$ 时的微生物浓度为 c_1，则反应至 t 时的结果为：

$$-\int_{c_1}^{c} \frac{\mathrm{d}c}{c} = k\int_{t_1}^{t}\mathrm{d}t$$

即：$-\ln c + \ln c_1 = k(t-t_1)$

也可写成：

$$\lg c = \lg c_1 - \frac{kt}{2.303} \tag{3-2}$$

式（3-2）的方程式所反映的意义可用热力致死速率曲线表示，见图 3-1。假设初始的微生物浓度为 $c_1=10^5$，则在热反应开始后任一时间的微生物数量 c 可以直接从曲线中得到。在半对数坐标中微生物的热力致死速率曲线为一直线，该直线的斜率为 $-k/2.303$。从图 3-1 中还可以看出，热处理过程中微生物的数量每减少同样比例所需要的时间是相同的。如微生物的活菌数每减少90%，也就是在对数坐标中 c 的数值每跨过一个对数循环所对应的时间是相同的，这一时间被定义为 D 值，称为指数递减时间（decimal reduction time）。因此直线的斜率又可表示为：

$$-\frac{k}{2.303} = -\frac{1}{D}$$

因此：
$$D = \frac{2.303}{k} \tag{3-3}$$

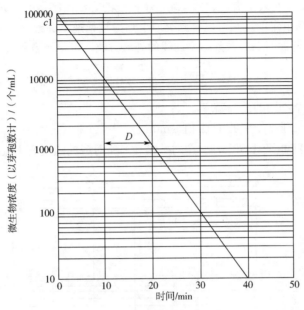

图 3-1　热力致死速率曲线

由于上述热力致死速率曲线是在一定的热处理（致死）温度下得出的，为了区分不同温度下微生物的 D 值，一般用热处理的温度 T 作为下标，标注在 D 值上，即为 D_T。很显然，D 值的大小可以反映微生物的耐热性。在同一温度下比较不同微生物的 D 值时，D 值愈大，表示在该温度下杀死90%微生物所需的时间愈长，即该微生物愈耐热。

从热力致死速率曲线中也可看出，在恒定的温度下经一定时间的热处理后食品中残存微生物的活菌数与食品中初始的微生物活菌数有关。为此人们提出热力致死时间（thermal death time，TDT）的概念。热力致死时间（TDT）是指在某一恒定温度条件下，将食品中的某种微生物活菌（细菌和芽孢）全部杀死所需要的时间（min）。试验以热处理后接种培养，无微生物生长作为全部活菌已被杀死的标准。

要使不同批次的食品经热处理后残存活菌数达到某一固定水平，食品热处理前的初始活菌数必须相同。很显然，实际情况中，不同批次的食品原料初始活菌数可能不同，要达到同样的热处理效果，不同批次的食品热处理的时间应不同，这在实际生产中是很难做到的。因此食品的实际生产中前处理的工序很重要，它可以将热处理前食品中的初始活菌数尽可能控制在一定的范围内。此外也可看出，对于遵循一级反应的热破坏曲线，从理论上讲，恒定温度下热处理一定的时间即可达到完全的破坏效果。因此，在热处理过程中，可通过良好的控制来达到要求的热处理效果。

（二）热破坏反应和温度的关系

上述的热力致死速率曲线是在某一特定的热处理（致死）温度下取得的，而食品在实际热处理过程中温度往往是变化的。因此，要了解在一变化温度的热处理过程中食品成分的破坏情况，必须了解不同（致死）温度下食品的热破坏规律；同时，掌握这一规律，也便于比较不同温度下的热处理效果。反映热破坏反应速率常数和温度关系的方法主要有三种：一种是热力致死时间曲线；另一种是阿伦尼乌斯（Arrhenius）方程；还有一种是温度系数。

1. 热力致死时间曲线

热力致死时间曲线是采用类似热力致死速率曲线的方法而制得的，它将 TDT 值与对应的温度 T 在半对数坐标中作图，则可以得到类似于热力致死速率曲线的热力致死时间曲线，见图 3-2。采用类似于前面对热力致死速率曲线的处理方法，可得到方程式（3-4）：

$$Lg（TDT_1/TDT）= -\frac{T_1-T}{Z} = \frac{T-T_1}{Z} \tag{3-4}$$

式中　T_1，T——两个不同的杀菌温度，℃；

　TDT$_1$，TDT——对应于 T_1、T 的 TDT 值，min；

　　　Z——TDT 值变化 90%（一个对数循环）所对应的温度变化值，℃。

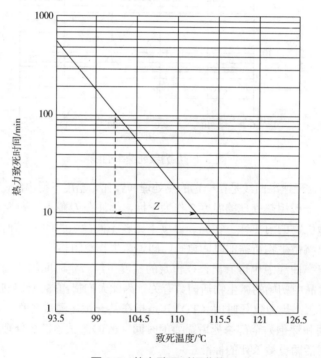

图 3-2　热力致死时间曲线

由于 TDT 值中包含着 D 值，而 TDT 值与初始活菌数有关，应用起来不方便，故采用 D 值代替 TDT 值作热力致死时间曲线，结果可以得到与以 TDT 值作的热力致死时间曲线很相似的曲线。为了区别，将其称为拟热力致死时间曲线。

从式（3-4）可以得到相应的 D 值和 Z 值关系的方程式：

$$Lg（D_1/D）= \frac{T-T_1}{Z} \tag{3-5}$$

式中　D_1，D——对应于温度 T_1 和 T 的 D 值，min；

　　　Z——D 值变化 90%（一个对数循环）所对应的温度变化值，℃。

由于 D 和 k 互为倒数关系，则有：

$$\mathrm{Lg}\ (k/k_1) = \frac{T - T_1}{Z} \tag{3-6}$$

式（3-6）说明，反应速率常数的对数与温度成正比，较高温度的热处理所取得的杀菌效果要高于较低温度热处理。不同微生物对温度的敏感程度可以从 Z 值反映，Z 值小的对温度的敏感程度高。要取得同样的热处理效果，在较高温度下所需的时间比在较低温度下的短，这也是高温短时杀菌（HTST）或超高温瞬时杀菌（UHT）的理论依据。不同的微生物对温度的敏感程度不同，所以提高温度所增加的破坏效果不一样。

上述的 D 值和 Z 值不仅能表示微生物的热力致死情况，也可用于反映食品中的酶、营养成分和食品感官指标的热破坏情况。

2. 阿伦尼乌斯方程

阿伦尼乌斯方程是反映热破坏反应速率常数和温度关系的另一方法，即反应动力学理论。阿伦尼乌斯方程为：

$$k = k_0 \mathrm{e}^{-\frac{E_\mathrm{a}}{RT}} \tag{3-7}$$

式中　k——反应速率常数，min^{-1}；

$\quad\quad k_0$——频率因子常数，min^{-1}；

$\quad\quad E_\mathrm{a}$——反应活化能，J/mol；

$\quad\quad R$——气体常数，8.314J/（mol·K）；

$\quad\quad T$——热力学温度，K。

反应活化能是指反应分子活化状态的能量与平均能量的差值，即使反应分子由一般分子变成活化分子所需的能量。对式（3-7）取对数，则得：

$$\ln k = \ln k_0 - \frac{E_\mathrm{a}}{RT} \tag{3-8}$$

设温度 T_1 时反应速率常数为 k_1，则可通过式（3-9）求得频率因子常数：

$$\ln k_0 = \ln k_1 + \frac{E_\mathrm{a}}{RT_1} \tag{3-9}$$

因此：

$$\lg \frac{k}{k_1} = \frac{E_\mathrm{a}}{2.303R}\left(\frac{1}{T_1} - \frac{1}{T}\right) = \frac{E_\mathrm{a}}{2.303R} \times \frac{T - T_1}{TT_1} \tag{3-10}$$

式（3-10）表明，对于某一活化能一定的反应，随着反应温度 T（K）的升高，反应速率常数 k 增大。

E_a 和 Z 的关系可根据式（3-6）和式（3-10）给出，将式（3-6）中的温度由℃转换成 K，可得：

$$E_\mathrm{a} = \frac{2.303RTT_1}{Z} \tag{3-11}$$

式中　T_1——参比温度，K；

$\quad\quad T$——杀菌温度，K。

值得注意的是尽管 Z 和 E_a 与 T_1 无关，但式（3-11）取决于参比温度 T_1，这是由于热力学温度的倒数（K^{-1}）和温度（℃）的关系是定义在一个小的参比温度范围内的。图 3-3 反映了参比温度在98.9℃和121.1℃时 E_a 和 Z 的关系，其中的温度 T 选择为较 T_1 小 Z℃的温度。

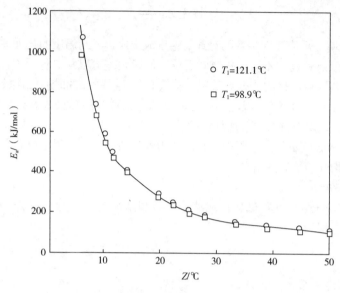

图3-3　E_a 和 Z 的关系

3. 温度系数 Q

温度系数 Q 也能描述温度对反应体系的影响，Q 表示反应在温度 T_2 下进行的速率比在较低温度 T_1 下快多少，若 Q 表示温度增加10℃时反应速率的增加情况，则一般称为 Q_{10}。Z 和 Q_{10} 之间的关系为：

$$Z=\frac{10}{\lg Q_{10}} \tag{3-12}$$

二、热处理对微生物的影响

（一）微生物和食品的腐败变质

食品中的微生物是食品不耐贮藏的主要原因。一般说来，食品原料都带有微生物。在食品原料的采收、运输，食品加工和贮运整个食品供应链中，也有可能被微生物污染。在一定的条件下，这些微生物会在食品中生长、繁殖，使食品失去原有的或应有的营养价值和感官品质，甚至产生有害和有毒的物质。

细菌、霉菌和酵母都可能引起食品的变质，其中细菌是引起食品腐败变质的主要微生物。细菌中非芽孢菌在自然界存在的种类最多，污染食品的可能性也最大，但其耐热性并不强，巴氏杀菌条件下可将其杀死。细菌中耐热性强的是芽孢菌，分需氧性的、厌氧性的和兼性厌氧。需氧和兼性厌氧的芽孢菌是罐头食品发生平盖酸败的原因，厌氧芽孢菌中的肉毒梭状芽孢杆菌常作为罐头杀菌的对象。酵母菌和霉菌引起的变质多发生在酸性较高的食品中，一些酵母菌和霉菌对渗透压的耐性也较高。

（二）微生物的生长温度和耐热性

大多微生物的最适生长温度为常温或稍高于常温，当温度高于微生物最适生长温度时，微生物生长会受到抑制；当温度高到足以使微生物体内的蛋白质发生变性时，微生物即会出现死亡现象。

影响微生物耐热性的因素主要有：微生物的种类、微生物生长和细胞（芽孢）形成的环境条件、热处理时的环境条件。

1. 微生物的种类

微生物的菌种不同，耐热的程度也不同，而且即使是同一菌种，其耐热性也因菌株而异。正处于生长繁殖的微生物营养细胞的耐热性较其芽孢弱。

各种芽孢菌的耐热性也不相同，一般厌氧性芽孢菌耐热性较需氧性芽孢菌强，嗜热菌的芽孢耐热性最强。同一菌种芽孢的耐热性也会因热处理前的培养条件、贮存环境和菌龄的不同而异。例如，菌体在其最高生长温度生长良好并形成芽孢时，其芽孢的耐热性通常较强；不同培养基所形成的芽孢对耐热性影响很大，实验室培养的芽孢都比在大自然条件下形成的芽孢耐热性要弱；培养基中的钙离子、锰离子或蛋白都会使芽孢耐热性增强；热处理后残存芽孢经培养繁殖和再次形成芽孢后，新形成芽孢的耐热性较原来的芽孢强；嗜热菌芽孢随贮藏时间增加耐热性可能减弱，但对厌氧性细菌影响较小，减弱的速率慢得多；也有很多人发现菌龄对耐热性也有影响，但缺乏规律性。

芽孢之所以具有很强的耐热性与其结构有关。芽孢的外皮很厚，约占芽孢直径的1/10，由网状构造的肽聚糖组成，其外皮膜一般为三层，依细菌种类不同外观有差异，它保护细胞不受伤，而对酶的抵抗力强，透过性不好并具有离子吸附性能；其原生质含有较高的钙和吡啶二羧酸（DPA），镁/钙质量比愈低则耐热性愈强；其含水量低也使其具有较强的耐热性。紧缩的原生质及特殊的外皮构造阻止芽膜吸收水分，并防止脆弱的蛋白质和DNA分子外露，以免因此而发生变化。

芽孢萌发时，其外皮由于溶酶的作用而分解，原生质阳离子消失，吸水膨胀。较低温度的热处理可促使芽孢萌发，使渗透性增加而降低对药物的抵抗力，易于染色，甚至改变其外观。当芽孢受致死的高温热处理时，其内容物消失而产生凹下去的现象，钙及DPA很快就消失，但一般在溶质消失前生命力已消失。芽孢生命力的消失表示芽孢的死亡，芽孢的死亡是由于其与DNA形成、细胞分裂和萌发等有关的酶系被钝化。

酵母菌和霉菌的耐热性都不是很强，酵母菌（包括酵母孢子）在100℃以下的温度容易被杀死。大多数的致病菌不耐热。

2. 微生物生长和细胞（芽孢）形成的环境条件

主要包括以下因素：温度、离子环境、非脂类有机化合物、脂类和微生物的菌龄。长期生长在较高温度环境下的微生物会被驯化，在较高温度下产生的芽孢比在较低温度下产生的耐热性强；尽管离子环境会影响芽孢的耐热性，但没有明显规律，Ca^{2+}、Mg^{2+}、Fe^{3+}、PO_4^{3-}、Mn^{2+}、Na^+、Cl^-等离子的存在均会影响（减弱）芽孢的耐热性；许多有机物会影响芽孢的耐热性，虽然在某些特殊的条件下能得到一些数据，但也很难下一般性的结论；有研究显示低浓度的饱和与不饱和脂肪酸对微生物有保护作用，它使肉毒杆菌芽孢的耐热性增强；关于菌龄对微生物耐热性的影响，芽孢和营养细胞不一样，幼芽孢较老芽孢耐热，而年幼的营养细胞对热更敏感，也有研究指出营养细胞的耐热性在最初的对数生长期会增强。

3. 热处理时的环境条件

热处理时影响微生物耐热性的环境条件有：pH值和缓冲介质、离子环境、水分活性、其他介质组分。

由于多数微生物生长于中性或偏碱性的环境中，过酸和过碱的环境均使微生物的耐热性减弱，故一般芽孢在极端的 pH 值环境下的耐热性较中性条件下的差。缓冲介质对微生物的耐热性也有影响，但缺乏一般性的规律。

大多数芽孢杆菌在中性范围内耐热性最强，pH 值低于 5.0 时芽孢就不耐热，此时耐热性的强弱常受其他因素的影响。某些酵母的芽孢的耐热性在 pH 4.0～5.0 时最强。

由于 pH 值与微生物的生长有密切的关系，它直接影响到食品的杀菌和安全。在罐头食品中，从公共卫生安全的角度将罐头食品按酸度（pH 值）进行分类，有 2 类、3 类、4 类分法。其中最常见的是分为酸性和低酸性两大类。美国食品加工者协会给出新的定义，pH≤4.6 为酸性食品，但番茄、梨、菠萝及其汁类 pH<4.7，无花果 pH≤4.9，也称为酸性食品；pH>4.6、A_w>0.85 为低酸性食品，包括酸化而降低 pH 值的低酸性水果、蔬菜制品，但不包括 pH<4.7 的番茄、梨、菠萝及其汁类和 pH≤4.9 的无花果。

在加工食品时，可以通过适当的加酸提高食品的酸度，以抑制微生物（通常以肉毒杆菌芽孢为主）的生长，降低或缩短杀菌的温度或时间，此即为酸化食品。

杀菌时的离子环境，如食品中低浓度的食盐（低于 4%）对芽孢的耐热性有一定的增强作用，但随着食盐浓度的提高（8%以上）芽孢的耐热性会减弱，如果浓度高于 14%，一般细菌将无法生长。盐浓度的这种保护和削弱作用的程度，常因腐败菌的种类而异。例如，在加盐的青豆汤中做芽孢菌的耐热性试验，当盐浓度为 3%～3.5%时，芽孢的耐热性有增强的趋势；盐浓度为 1%～2.5%时，芽孢的耐热性最强；而盐浓度增至 4%时，影响甚微。其中肉毒杆菌芽孢的耐热性在盐浓度为 0.5%～1.0%时，有增强的趋势，当盐浓度增至 6%时，耐热性不会减弱。通常 Ca^{2+}、Mg^{2+} 会减弱芽孢的耐热性，而苛性钠、碳酸钠或磷酸钠等对芽孢有一定的杀菌力，这种杀菌力常随温度的提高而增强，因此如果在含有一定量芽孢的食盐溶液中加入苛性钠、碳酸钠或磷酸钠时，杀死它们所需要的时间可大为缩短。

糖的存在也会影响细菌芽孢的耐热性，食品中糖浓度的提高会增强芽孢的耐热性。蔗糖浓度很低时对细菌芽孢的耐热性影响很小，高浓度的蔗糖对受热处理的细菌芽孢有保护作用，这是由于高浓度的糖液导致细菌细胞中的原生质脱水，从而影响了蛋白质的凝固速率以致增强了芽孢的耐热性。除蔗糖外，其他的糖如葡萄糖、果糖、乳糖、麦芽糖等的作用并不相同。

食品中的其他成分如淀粉、蛋白质、脂肪等也对芽孢的耐热性有直接或间接的影响。其中淀粉对芽孢耐热性没有直接的影响，但由于包括 C_8 不饱和脂肪酸在内的某些抑制剂很容易吸附在淀粉上，因此间接地增强了芽孢耐热性。蛋白质中如明胶、血清等能增强芽孢的耐热性。油脂、石蜡、甘油等对细菌芽孢也有一定的保护作用，一般细菌在较干燥状态下耐热性较强，油脂之所以有保护作用可能是其对细菌有隔离水或蒸汽的作用。食品中含有少量防腐或抑菌物质会大大减弱芽孢耐热性。

介质中的一些其他成分也会影响微生物的耐热性，如 SO_2、抗生素、杀菌剂和香辛料等抑制性物质的存在对杀菌会有促进和协同作用。

三、热处理对酶的影响

（一）酶和食品的质量

酶也会导致食品在加工和贮藏过程中的质量下降，主要反映在食品的感官和营养方面的质量降低。这些酶主要是氧化酶类和水解酶类，包括过氧化物酶、多酚氧化酶、脂氧合酶、抗坏血酸氧化酶等。

不同食品中所含的酶的种类不同，酶的活力和特性也可能不同。以过氧化物酶为例，在不同的水果和蔬菜中酶活力相差很大，其中辣根过氧化物酶的活力最高，其次是芦笋、土豆、萝卜、梨、苹果等，蘑菇过氧化物酶的活力最低。与大多数蔬菜相比，水果的过氧化物酶活力较低。又如大豆中的脂氧合酶活力最高，绿豆和豌豆的脂氧合酶活力相对较低。

过氧化物酶在果蔬加工和保藏中最受人关注，由于它的活力与果蔬产品的质量有关，还因为过氧化物酶是最耐热的酶类，它的钝化可作为热处理对酶破坏程度的指标，当食品中过氧化物酶在热处理中失活时，其他酶以活性形式存在的可能性很小。但最近的研究也提出，对于某些食品（蔬菜）的热处理灭酶而言，破坏导致这些食品质量降低的酶，如豆类中的脂氧合酶较过氧化物酶与豆类变味的关系更密切，对于这些食品的热处理以破坏脂氧合酶为灭酶指标更合理。

（二）酶的最适温度和热稳定性

温度对酶反应有明显的影响，任何一种酶都有其最适的作用温度。酶的稳定性还和其他一些因素有关：pH值、缓冲液的离子强度和性质、是否存在底物、酶和体系中蛋白质的浓度、保温时间及是否存在抑制剂和活化剂等。

应该明确区分酶活性-温度关系曲线和酶的耐热性曲线。酶活性-温度关系曲线是在除了温度变化以外，其他均为标准的条件下进行一系列酶反应而得到的。在酶活性-温度关系曲线中的温度范围内，酶是"稳定"的，这是因为实际上不可能测定瞬时的初始反应速率。酶的耐热性的测定则首先是将酶（通常不带有底物）在不同的温度下保温，其他条件保持相同，按一定的时间间隔取样，然后采用标准的方法测定酶的活性。热处理的时间通常远大于测定分析的时间。

虽然将酶的热失活反应看作是一级破坏反应，但实际上在一定的温度范围内，一些酶的破坏反应并不完全遵循这一模式，如甜玉米中的过氧化物酶在88℃下的失活具有明显的双相特征（图3-4）。可以看出，其中的每一相都遵循一级反应动力学。图中的前一线性部分（CA）代表酶的不耐热（热不稳定）部分的失活，而后一线性部分（BD）代表酶的耐热（热稳定）部分的失活。

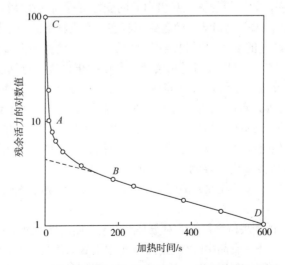

图3-4 甜玉米中的过氧化物酶在88℃下的失活曲线

（以邻苯二胺作为氢供体底物测定酶活力）

有些酶的失活可能是可逆的，如果蔬中的过氧化物酶和乳中的碱性磷酸酶等。在某一条件下热处理时被钝化的酶，在食品贮藏过程中会部分得到再生。但如果热处理的温度够高的话，所有的酶的变性将是不可逆的，这时热处理后酶也不会再生。影响酶的耐热性的因素主要有两大类：酶的种类和来源、热处理的条件。酶的种类及来源不同，耐热性相差也很大。酶对热的敏感性与酶分子的大小和结构复杂性有关，一般说来，酶的分子愈大和结构愈复杂，它对高温就愈敏感。

传统的耐热性酶是腺苷激酶，可在 100℃、pH 1.0 的条件下保留活性相当长的时间。通过适当的基因控制方法所生产的微生物酶，如细菌淀粉酶，耐热性可达到相当强的程度。食品中的过氧化物酶的耐热性也较强，通常被选作热烫的指示酶。与食品相关的酶类中有不少是耐热性中等的，这些酶在 40~80℃ 的温度范围内可起作用。这些酶包括果胶甲酯酶、植酸酶、叶绿素酶、胶原酶等；此外，还包括一些真菌酶类，如淀粉酶；作为牛乳和乳制品巴氏杀菌指示酶的碱性磷酸酶也属此类。

食品中绝大多数的酶是耐热性一般的酶，如脂酶和大蒜蒜素酶等，其作用的温度范围为 0~60℃，最适的温度为 37℃，通常对温度的耐性不超过 65℃。同一种酶，若来源不同，其耐热性也可能有很大的差异。植物中过氧化物酶的活力较高，它的耐热性也较强。

pH 值、水分含量、加热速率等热处理的条件参数也会影响酶的热失活。热处理时的 pH 值直接影响着酶的耐热性。一般食品的水分含量愈低，其中的酶对热的耐性愈高，谷类中过氧化物酶的耐热性最明显地体现了这一点。这意味着食品在干热的条件下灭酶的效果比较差。加热速率影响过氧化物酶的再生，加热速率愈快，热处理后酶活力再生得愈多。采用高温短时杀菌（HTST）的方法进行食品热处理时，应注意酶活力的再生。食品中的蛋白质、脂肪、糖类等都可能会影响酶的耐热性，如糖分能提高苹果和梨中过氧化物酶的热稳定性。

四、热处理对食品营养成分和感官品质的影响

加热对食品成分可以产生有益的结果，也会造成营养成分的损失。热处理可以破坏食品中不需要的成分，如禽类蛋白中的抗生物素蛋白、豆科植物中的胰蛋白酶抑制素。热处理可改善营养素的可利用率，如淀粉的糊化和蛋白质的变性可提高其在体内的可消化性。加热也可改善食品的感官品质，如美化口味、改善组织状态、产生鲜艳的颜色等。

加热对食品成分产生的不良后果也是很明显的，这主要体现在食品中热敏性营养成分的损失。过高温度烤（炸）和长时间受热会使食品中的蛋白质（包括肽、氨基酸）、油脂和糖类发生降解及复合反应，不仅造成营养成分的损失，还会产生一些有害物质，如杂环胺化合物、苯并 [a] 芘等。食品烘焙过程发生的羰氨反应（即美拉德反应），其中间产物再与氨基酸作用，产生醛、烯胺醇等物质，使烘焙食品具有独特的香味和表皮棕色，构成烘焙食品的品质特征。但美拉德反应可造成赖氨酸的损失，还可产生丙烯酰胺等。一些以淀粉为主成分的食品（马铃薯片、谷物和面包等）在 120℃ 以上高温下会产生丙烯酰胺。动物实验发现丙烯酰胺单体对神经系统具有毒性作用，已被世界卫生组织列为"人类可能的致癌物"。

热处理造成营养素的损失研究最多的对象是维生素。脂溶性的维生素一般比水溶性的维生素对热较稳定。通常情况下，食品中的维生素 C、维生素 B_1、维生素 D 和泛酸对热最不稳定。

对热处理后食品感官品质的变化，人们也尽可能采用量化的指标加以反映。食品营养成分和感官品质指标对热的耐性主要取决于营养素和感官指标的种类、食品的种类，以及 pH 值、水分、氧气含量和缓冲盐类等一些热处理时的条件。

第二节 食品热处理条件的选择与确定

一、食品热处理方法的选择

热处理的作用效果不仅与热处理的种类有关，而且与热处理的方法有关。也就是说，满足同一热处理目的的不同热处理方法所产生的处理效果可能会有差异。以液态食品杀菌为例，低温长时和高温短时杀菌可以达到同样的杀菌效果（巴氏杀菌），但两种杀菌方法对食品中的酶和食品成分的破坏效果可能不同。杀菌温度的提高虽然会加快微生物、酶和食品成分的破坏速率，但三者的破坏速率增加并不一样，其中微生物的破坏速率在高温下较大。因此采用高温短时的杀菌方法对食品成分的保存较为有利，尤其在超高温瞬时灭菌条件下更显著，但此时酶的破坏程度也会减小。此外，热处理过程还需考虑热的传递速率及其效果，合理选择实际行之有效的热处理温度及时间。

选择热杀菌方法和条件时应遵循下列基本原则。首先，热处理应达到相应的热处理目的，以加工为主的，热处理后食品应满足热加工的要求；以保藏为主的，热处理后的食品应达到相应的杀菌、钝化酶等目的。其次，应尽量减少热处理造成的食品营养成分的破坏和损失。然后，热处理过程不应产生有害物质，满足食品安全要求。热处理过程要重视热能在食品中的传递特征与实际效果。

二、热能在食品中的传递

在计算热处理的效果时必须知道两方面的信息：一是微生物等食品成分的耐热性参数，二是食品在热处理中的温度变化过程。对于热杀菌而言，具体的热处理过程可以通过两种方法完成：一种是先用热交换器将食品杀菌并达到商业无菌的要求，然后装入经过杀菌的容器并密封；另一种是先将食品装入容器，然后再进行密封和杀菌。前一种方法多用于流态食品，由于热处理是在热交换器中进行的，传热过程可以通过一定的方法进行强化，传热也呈稳态传热；后一种方法是传统的罐头食品加工方法，传热过程热能必须通过容器后才能传给食品，容器内各点的温度随热处理的时间而变，属非稳态传热，而且传热的方式与食品的状态有关，传热过程的控制较为复杂。下面主要以后一种情况为主，研究热能在食品中的传递。

(一) 罐头容器内食品的传热

影响容器内食品传热的因素包括：表面传热系数、食品和容器的物理性质、加热介质（蒸汽）的温度和食品初始温度之间的温度差、容器的大小。对于蒸汽加热的情况，通常认为其表面传热系数很大（相对于食品的导热性而言），此时传热的阻力主要来自包装及食品。对金属包装食品来说，传热时热穿透的速率取决于容器内食品的传热机制。对于黏度不高的液体或汤汁中含有小颗粒固体的食品，传热时食品会发生自然对流，热穿透的速率较快，而且此时的对流传热还可以通过旋转或搅拌罐头来加强，如旋转式杀菌设备。对于特别黏稠的液态食品或固态食品，食品中的传热主要以传导的方式进行，其热穿透的速率较慢。还有一些食品的传热可能是混合形式的，当食品的温度较低时，传热为热传导，而食品的温度升高后，传热可能以对流为主，这类食品的热穿透速率随传热形式的变化而变化。

要能准确地评价罐头食品在热处理中的受热程度，必须找出能代表罐头容器内食品温度变化的温度点，通常人们选罐内温度变化最慢的冷点温度，加热时该点的温度最低（此时又称最低加热温度点），冷却时该点的温度最高。热处理时，若处于冷点的食品达到热处理的要求，则罐内其他各处的食品也肯定达到或超过要求的热处理程度。罐头冷点的位置与罐内食品的传热情况有关。对于传导传热的罐头，由于传热的过程从罐壁传向罐头的中心处，因此罐头的冷点在罐内的几何中心。对于对流传热的罐头，由于罐内食品发生对流，热的食品上升，冷的食品下降，罐头的冷点将向下移，通常在罐内的中心轴上罐头几何中心之下的某一位置（见图3-5）。而对于传导和对流混合传热的罐头，其冷点在上述两者之间。每种罐头冷点的位置最好通过实际测定来确定，一般要测定6~8罐。一些参考书给出了一些常见罐头的冷点位置可供参考。

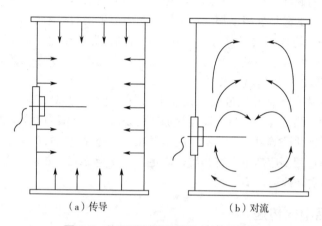

（a）传导　　　　　　　　　（b）对流

图 3-5　传导和对流时罐头的冷点位置

（二）评价热穿透的数据

测定热处理时传热的情况，应以冷点的温度变化为依据。通常测温仪用铜-康铜为热电偶，在其两点上出现温度差时测定其电位差，再换算成温度。测温头可以预先安装在罐内的两点位置上，然后装内容物并封罐，也可以先装罐封罐后再打孔将热电偶测温头插入罐内。前者的优点是完全可以达到所测定点的位置，特别是对各种块状的固体物，可使热电偶的测温头插入食品固体物内部的不同位置上；而后者则往往只能固定在罐内一定部位（如冷点处），不易插入固体物内，即使插入也很难控制在预定部位，这给获得正确和满意的数据带来困难。前者的另一优点是不会破坏罐头原有的真空度，使测得的传热情况基本上和实罐一致。

在评价热处理的效果时，需要应用热穿透的有关数据，这时应首先画出罐头内部的传热曲线（也称为热穿透曲线），求出其有关的传热特性值。

传热曲线是将测得的罐内冷点温度（T_p）随时间的变化画在半对数坐标上所得的曲线。作图时以传热推动力，即冷点温度与杀菌锅内加热温度（T_h）或冷却温度（T_c）之差（T_h-T_p 或 T_p-T_c）的对数值为纵坐标，以时间为横坐标，得到相应的加热曲线或冷却曲线。为了避免在坐标轴上用温差表示，可将用于标出传热曲线的坐标纸上下倒转180°，纵坐标标出相应的冷点温度值（T_p）。以加热曲线为例，纵坐标的起点为 $T_h-T_p=1$（理论上认为在加热结束时，T_p 可能非常接近 T_h，但 $T_h-T_p \neq 0$），相应的 T_p 值为 T_h-1，即纵坐标上最高线标出的温度应比杀菌温度低1℃，第一个对数周期坐标的坐标值间隔为1℃，第二个对数周期坐标的坐标值间隔为10℃，这样依次标出其余的温度值。典型的加热曲线和冷却曲线如图3-6~图3-8所示。

图 3-6 属于简单型加热曲线，当产品出现先对流传热后传导传热时，如淀粉溶液开始糊化变稠，就产生转折型加热曲线，如图 3-7 所示。图 3-8 为典型的冷却曲线。

传热曲线有两个重要的特点：首先，为了能用数学的方法计算热处理过程的杀菌效果，必须将罐头食品冷点温度随时间的变化作传热曲线，对于呈线性的传热曲线，可以用直线的斜率和截距等数据反映其传热特性；其次，理论上认为在整个传热过程中，罐头食品的冷点温度可能很接近杀菌温度，但实际上冷点温度难以等同杀菌锅内的杀菌温度，即 $T_h - T_p \neq 0$。

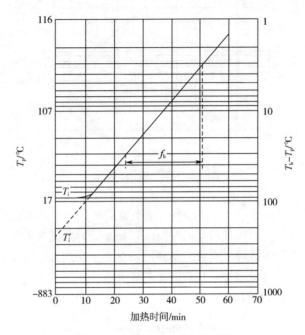

图 3-6 典型的简单型加热曲线

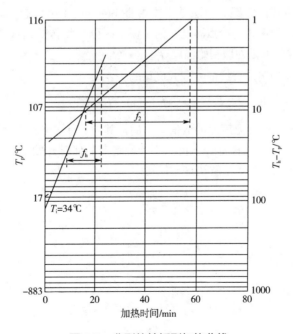

图 3-7 典型的转折型加热曲线

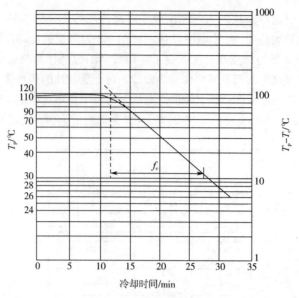

图 3-8　典型的冷却曲线

　　传热曲线的特性可以通过一些重要的特征参数来反映，其中最重要的是直线的斜率。将传热曲线的直线穿过一个对数周期所需的时间（以 min 计）定义为 f 值，对简单型加热曲线标记为 f_h，对转折型加热曲线转折点前的部分仍记为 f_h，转折点后的部分记为 f_2，对于冷却曲线则记为 f_c。可以看出，f 值愈小，传热的速率愈快。

　　直线的斜率与 f 值的关系为：

$$斜率 = \tan\theta = \frac{\Delta y}{\Delta x} = \frac{1}{f} \tag{3-13}$$

　　另一特征参数是直线的截距。做法是将传热曲线的直线部分向起点方向延长，使其与纵坐标相交，即传热时间为零时的冷点温度，为了便于区分，将传热曲线的真实初始温度记为 T_i，而将上述直线的截距点记为假初始温度 T_i'。

　　以简单型加热曲线为例，直线的方程式又可写为：

$$\lg(T_h - T_p) = (-t/f_h) + \lg(T_h - T_i') \tag{3-14}$$

　　式（3-14）是以纵坐标为温度差的数值写出的，其中 t 为整个加热时间。尽管式（3-14）可以完整地描述传热曲线的线性部分，但它不能确定产品何时开始对数加热期，即无法显示滞后时间。因此引入滞后因子 j 来解决这一问题：

$$j = \frac{T_h - T_i'}{T_h - T_i}$$

记：$I = T_h - T_i$
则：$T_h - T_i' = j(T_h - T_i) = jI$
式（3-14）写为：

$$\lg(T_h - T_p) = (-t/f_h) + \lg jI \tag{3-15}$$

三、食品热处理条件的确定

(一) 合理热处理条件的制定原则

食品热处理条件因热处理的目的、食品本身的热物性等多种因素而异，但其基本原则是一致的，那就是在达到热处理目的的基础上尽可能减少食品的热损伤。对于热杀菌而言，要遵循在保证食品安全性的基础上，尽可能地缩短加热杀菌的时间，以减少热力对食品品质影响的原则。所以说，正确合理的热杀菌条件应该是既能杀灭不符合要求的微生物，并使酶失活，又能最大限度地保持食品原有的品质。如预包装食品罐头的热杀菌，其热杀菌工艺条件的确定，也就是确定其必要的杀菌温度、杀菌时间。工艺条件制定的原则是在保证罐藏食品达到商业无菌的基础上，尽可能地缩短加热杀菌的时间，以减少热力对食品品质的影响。对于热烫等热处理，则须遵循在满足热加工要求的基础上尽可能减少食品的受热作用。

(二) 确定食品热杀菌条件的过程

1973 年 7 月 24 日美国食品及药品管理局（FDA）颁布了热加工罐头低酸性食品的法令，详细规定了所有关于低酸性食品罐头的安全事项，如原料卫生、处理操作、杀菌设备、杀菌操作及记录、卷封检查以及杀菌管理等，各罐头厂要严格遵守，外国向美国出口的罐头厂也同样必须执行。其中一项就是杀菌操作及记录，上报杀菌的 F 值（F 值表示在一定致死温度下杀灭一定浓度的微生物所需的时间）。从此，其他国家和地区也陆续制定了相关规定，如中国台湾地区于 1973 年制定并颁发了《低酸性食品罐头杀菌规范》。大陆出口厂家按规定向出口国或地区提供罐头的杀菌 F 值。用 F 值来说明其杀菌的程度，用 F 值来判定杀菌是否达到要求，用 F 值来确定热杀菌条件。确定杀菌条件要考虑各种因素，主要以杀菌和抑制酶活性为目的，一般来讲要基于微生物和酶的耐热性确定传热情况。确定杀菌条件的过程如图 3-9 所示，以供参考。

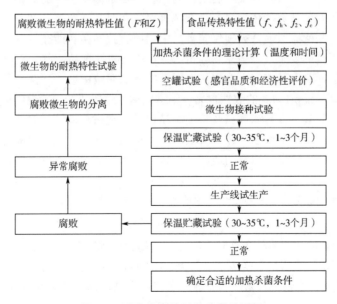

图 3-9　确定食品热杀菌条件的过程

1. 热杀菌条件合理性的判别

热杀菌条件的合理性通常是通过热杀菌 F 值的计算来判断。杀菌值（F 值）又称杀菌致死值、杀菌强度，它包括安全杀菌 F 值和实际杀菌条件下的 F 值两个内容。实际杀菌 F 值是指在某一实际杀菌条件下的总的杀菌效果（在实际杀菌过程中预包装食品罐头的冷点温度是变化的），简称杀菌值，常用 F_0 值表示，以区别于安全杀菌 F 值。安全杀菌 F 值是指在某一恒定的热杀菌温度下（通常以 121℃ 为标准温度），杀灭一定数量（浓度）的微生物或芽孢所需要的加热时间，常用 F_s 值表示。F_s 值又称标准 F 值，它被作为判别某一热杀菌条件合理性的标准值。通过这两个杀菌值的比较，来判定杀菌条件的合理性：若实际杀菌 F 值（F_0）小于安全杀菌 F 值（F_s），说明该热杀菌条件不合理，热杀菌不足或杀菌强度不够，在这一热处理条件下进行热处理，处理后的食品达不到预期的杀菌效果，仍存在着由微生物和酶引起的食品变败的危险，存在着不安全因素，热处理条件必须进行修正，应该适当地提高杀菌温度或延长杀菌时间。若实际杀菌 F 值（F_0）等于或略大于安全杀菌 F 值（F_s），说明该热杀菌条件合理，达到了预期的杀菌要求，对于预包装食品罐头来说就是达到了商业灭菌的要求，在规定的保存期内罐头不会出现由微生物或酶引起的变败，是安全的。若实际杀菌 F 值（F_0）比安全杀菌 F 值（F_s）大很多，说明该热杀菌条件也不合理，热杀菌过度或杀菌强度过大，使食品遭受了不必要的热损伤，热处理条件必须进行修正，应该适当地降低杀菌温度或缩短杀菌时间，使食品最大限度地减少热损伤，以提高和保证食品品质。要比较两个杀菌值，首先要计算出这两个 F 值。

2. 热杀菌值计算

（1）安全杀菌 F 值（F_s）计算

各种罐头食品的安全杀菌 F 值因其原料的种类、来源、加工方法、加工卫生条件的不同而异。因为罐头食品的种类、来源、加工方法及加工卫生条件等的不同，罐内食品在杀菌前的微生物污染情况不同，即所污染的微生物种类、数量不同。要进行安全杀菌 F 值的计算，首先必须弄清食品在热杀菌前的污染情况，以确定杀灭对象及其菌数。所以对杀菌前的食品要进行微生物检测，检测出食品中经常被污染的微生物种类及数量，然后从检验出的微生物中选择一种耐热性最强的腐败菌或致病菌作为该食品热杀菌要杀灭的对象，这一对象菌的耐热性就是安全杀菌 F 值计算的依据之一。在选择对象菌时，一定要注意其代表性，做到只要杀灭了这一对象菌，就能保证杀灭预包装食品中的所有致病菌和能在容器内环境中生长的腐败菌，达到商业灭菌的要求。一般来说，pH ≥4.6 的低酸性食品，首先应以肉毒梭状芽孢杆菌为主要杀菌对象，对于某些常出现耐热性更强的嗜热腐败菌或平酸菌的低酸性罐头食品则应以该菌为对象菌；而 pH<4.6 的酸性食品，则常以耐热性较弱的一般性细菌（如酵母）作为主要杀菌对象，某些酸性食品如番茄及番茄制品也常出现耐热性较强的平酸菌如凝结芽孢杆菌，此时应以该菌作为杀菌对象。计算安全杀菌 F 值的另一依据是对象菌的数量，所以在选择对象菌的同时，根据微生物检测的情况（数量）及工厂的实际卫生条件确定食品在热杀菌前对象菌的数量。

选定了对象菌，知道了对象菌在热杀菌前的数量就可以按式（3-16）计算安全杀菌 F 值。

$$F_T = D_T (\lg a - \lg b) \tag{3-16}$$

式中　F_T——在恒定的热杀菌温度 T 下，杀灭一定浓度的对象菌所需要的热杀菌时间，min；

D_T——在恒定的热杀菌温度 T 下，杀灭 90% 的对象菌所需要的热杀菌时间，min；

a——杀菌前对象菌的菌数（对于预包装罐头食品，也可以是每罐的菌数）；

b——杀菌后残存的活菌数（对于预包装罐头食品，也可以是罐头的允许变败率）。

[**例3-1**] 甲厂生产425g蘑菇罐头，根据工厂的卫生条件及原料的污染情况，通过微生物的检测，选择以嗜热脂肪芽孢杆菌为对象菌，并设每克内容物在热杀菌前含嗜热脂肪芽孢杆菌菌数不超过2个。经121℃杀菌、保温、贮藏后允许变败率为0.05%以下，问在此条件下蘑菇罐头的安全杀菌F值为多大？

解：查表得知，嗜热脂肪芽孢杆菌在蘑菇罐头中的耐热参数$D_{121}=4.0$min。

杀菌前对象菌的菌数：$a=425×2=850$（个／罐）

允许变败率：$b=0.05\%=5×10^{-4}$

$F_s=D_{121}(\lg a-\lg b)=4×(\lg 850-\lg 5×10^{-4})$

$\quad=4×(2.9294-0.699+4)=24.92$（min）

对于某些热敏性食品，其对热敏感却又必须高温杀菌，此时将通过控制对象菌的原始菌数来控制其受热的时间，以保证这类食品在热杀菌过程中既能达到杀菌的要求，又能将热损伤控制在可以接受的极限之内。此时的安全杀菌F值用式（3-17）进行计算。

$$F_T=\text{TRT}_T=nD \tag{3-17}$$

式中 TRT_T——在热杀菌温度T（℃）下，将对象菌数减少到原始菌数的10^{-n}时所需要的热杀菌时间，min；

$\quad\quad D$——在一定温度下，杀灭90%微生物所需的灭菌时间，min；

$\quad\quad n$——对象菌的递减指数。

对于某一种具体的对象菌来说，限定n值，也就意味着限定了热致死时间F_T值。当热致死时间F_T值被限定后，要保证安全达到预期的杀菌效果，只能控制对象菌的原始菌数。如n值限定为5，就意味着原始菌数必须控制在$10^7\sim10^8$的水平。

由上述F_s值的计算式可知，F_s值是指在恒定温度下的热杀菌时间，也就是说是在瞬间升温、瞬间降温冷却的理想条件下的杀菌时间。而在实际生产中，各种预包装食品罐头的热杀菌不可能做到瞬间升温、瞬间降温冷却，都必须有一个升温、恒温和降温的过程。预包装食品罐头温度是随热杀菌时间延续而变化的，而当食品的温度高于对象菌适宜生长的最高温度时，各温度对微生物都有一定的热致死作用，只是作用大小的差异，温度高致死作用强，温度低致死作用弱。通常从90℃开始计算致死作用，90℃以下的致死作用很小，忽略不计，作为安全系数。那么整个杀菌过程的总杀菌效果就是各个温度下的杀菌效果之总和。因此，只要将理论计算的F_s值合理地分配到实际杀菌的升温、恒温和降温三个阶段，就可以制定出合理的热杀菌条件；也可根据理论计算的F_s值和现拟用杀菌条件下的实际杀菌值及实际杀菌条件下总的杀菌效果F_0值的比较结果，来判断现用杀菌条件的合理性，以修正现用的热杀菌条件。

（2）实际杀菌F值（F_0）的计算

在实际生产中，整个热杀菌过程中预包装容器内的食品温度是在不断变化的。在热杀菌初期，食品的温度随杀菌釜温度的升高而上升。在恒温杀菌过程中食品的温度继续上升或恒定不变，这取决于食品的状态与传热方式。对于以对流方式传热的食品，如果汁温度与杀菌釜温度相近，其温度恒定不变；而对于以传导方式传热的食品，如午餐肉，其温度远远低于杀菌釜的温度，因而在恒温杀菌期间食品的温度仍在继续上升。在冷却阶段，食品的温度则随着冷却的进行而降低。正是由于在热杀菌过程中食品的温度不断变化，所以要计算实际杀菌条件下的F_0值，首先必须测定食品温度，掌握食品在整个热杀菌过程中的温度变化数据。一般用中心温度测定仪进行测定。根据所测得的食品中心温度计算实际杀菌 F 值（F_0）。

F_0 值的计算有求和法、图解法等多种，需要根据食品温度测定仪器的种类、所测得的中心温度数据等实际情况合理选用。

① 求和法　将所测得的整个杀菌过程的各个温度下的杀菌效果相加，得到整个杀菌过程的总杀菌效果。然而，正如前所述，温度不同对微生物的热致死作用不同，其杀菌效果不能比较，也不能求和。所以，对整个热杀菌过程的杀菌效果求和，需要与安全杀菌 F 值进行比较，首先要把各个温度下的杀菌效果换算成同一温度下的杀菌效果。换算式为：

$$L_T = \frac{1}{10^{\frac{121-T}{Z}}} \tag{3-18}$$

式中　L——致死率值（lethal rate），L_T 是换算系数，它表明在 T 温度下经单位时间杀菌相当于在 121℃下的杀菌效果，在数值上与通过 $F_{121}=1$ 这一点的 TDT 曲线上各温度下的致死时间 t 的倒数相当；

　　　　Z——对象菌的耐热性参数。

L_T 可以根据对象菌的耐热性参数 Z 值和热杀菌温度 T 用式（3-18）计算得到，也可以查表得到。表 3-1 是 $F_{121}=1$min 时各致死温度的致死率值，表 3-2 为 $F_{100}=1$min 时各致死温度的致死率值。

表 3-1　$F_{121}=1$min 时各致死温度的致死率值 $L_T\{L_T=\lg^{-1}[(T-121)/Z]\}$

T/℃	Z 值/℃										
	7.0	7.5	8.0	8.5	9.0	9.5	10.0	10.5	11.0	11.5	12.0
91.0	0.000	0.000	0.000	0.000	0.000	0.001	0.001	0.001	0.002	0.002	0.003
92.0	0.000	0.000	0.000	0.000	0.001	0.001	0.001	0.002	0.002	0.003	0.004
93.0	0.000	0.000	0.000	0.001	0.001	0.001	0.002	0.002	0.003	0.004	0.005
94.0	0.000	0.000	0.000	0.001	0.001	0.001	0.002	0.003	0.004	0.004	0.006
95.0	0.000	0.000	0.001	0.001	0.001	0.002	0.003	0.003	0.004	0.005	0.007
96.0	0.000	0.000	0.001	0.001	0.002	0.002	0.003	0.004	0.005	0.007	0.008
97.0	0.000	0.001	0.001	0.002	0.002	0.003	0.004	0.005	0.007	0.008	0.010
98.0	0.000	0.001	0.001	0.002	0.003	0.004	0.005	0.006	0.008	0.012	0.012
99.0	0.000	0.001	0.002	0.004	0.005	0.006	0.007	0.008	0.010	0.012	0.014
100.0	0.001	0.002	0.002	0.003	0.005	0.006	0.008	0.010	0.012	0.015	0.018
101.0	0.001	0.002	0.003	0.004	0.006	0.008	0.010	0.012	0.015	0.018	0.022
102.0	0.002	0.003	0.004	0.006	0.008	0.010	0.013	0.016	0.019	0.022	0.026
103.0	0.003	0.004	0.006	0.008	0.010	0.013	0.016	0.019	0.023	0.027	0.032
104.0	0.004	0.005	0.007	0.010	0.013	0.016	0.020	0.024	0.028	0.033	0.038
105.0	0.005	0.007	0.010	0.013	0.017	0.021	0.025	0.030	0.035	0.041	0.046
105.5	0.006	0.009	0.012	0.015	0.019	0.023	0.028	0.033	0.039	0.045	0.051
106.0	0.007	0.010	0.013	0.017	0.022	0.026	0.032	0.037	0.043	0.050	0.056
106.5	0.008	0.012	0.015	0.020	0.024	0.030	0.035	0.042	0.048	0.055	0.062
107.0	0.010	0.014	0.018	0.023	0.028	0.034	0.040	0.046	0.053	0.061	0.068
107.5	0.012	0.016	0.021	0.026	0.032	0.038	0.045	0.052	0.059	0.067	0.075

$T/{}^\circ\text{C}$	Z 值/℃										
	7.0	7.5	8.0	8.5	9.0	9.5	10.0	10.5	11.0	11.5	12.0
108.0	0.014	0.018	0.024	0.030	0.036	0.043	0.050	0.058	0.068	0.074	0.083
108.5	0.016	0.022	0.027	0.034	0.041	0.048	0.056	0.064	0.073	0.082	0.091
109.0	0.019	0.025	0.032	0.039	0.046	0.055	0.063	0.072	0.081	0.090	0.100
109.5	0.023	0.029	0.037	0.044	0.053	0.062	0.071	0.080	0.090	0.100	0.110
110.0	0.027	0.034	0.042	0.051	0.060	0.070	0.079	0.089	0.100	0.111	0.121
110.2	0.029	0.036	0.045	0.054	0.063	0.073	0.063	0.094	0.104	0.115	0.126
110.4	0.031	0.039	0.047	0.057	0.066	0.077	0.087	0.098	0.109	0.120	0.131
110.6	0.033	0.041	0.050	0.060	0.070	0.080	0.091	0.102	0.113	0.125	0.136
110.8	0.035	0.044	0.053	0.063	0.074	0.084	0.095	0.107	0.118	0.130	0.141
111.0	0.037	0.046	0.056	0.067	0.077	0.089	0.100	0.112	0.123	0.135	0.147
111.2	0.040	0.049	0.060	0.070	0.081	0.093	0.105	0.117	0.129	0.141	0.153
111.4	0.043	0.052	0.063	0.074	0.086	0.098	0.110	0.122	0.134	0.146	0.158
111.6	0.045	0.056	0.069	0.078	0.090	0.102	0.115	0.127	0.140	0.152	0.165
111.8	0.048	0.059	0.071	0.083	0.095	0.108	0.120	0.133	0.146	0.158	0.171
112.0	0.052	0.063	0.075	0.087	0.100	0.113	0.126	0.139	0.152	0.165	0.178
112.2	0.055	0.067	0.079	0.092	0.105	0.118	0.132	0.145	0.158	0.172	0.185
112.4	0.059	0.071	0.084	0.097	0.111	0.124	0.138	0.152	0.165	0.179	0.192
112.6	0.063	0.076	0.088	0.103	0.117	0.131	0.145	0.158	0.172	0.186	0.200
112.8	0.067	0.083	0.094	0.108	0.123	0.137	0.151	0.169	0.180	0.194	0.207
113.0	0.072	0.086	0.100	0.115	0.129	0.144	0.158	0.173	0.187	0.202	0.215
113.2	0.077	0.091	0.106	0.121	0.136	0.151	0.166	0.181	0.195	0.210	0.224
113.4	0.082	0.097	0.112	0.128	0.143	0.158	0.174	0.189	0.204	0.218	0.233
113.6	0.088	0.103	0.119	0.135	0.151	0.166	0.182	0.197	0.212	0.227	0.242
113.8	0.094	0.110	0.126	0.142	0.158	0.175	0.191	0.206	0.222	0.237	0.251
114.0	0.100	0.117	0.133	0.150	0.167	0.183	0.200	0.215	0.231	0.246	0.261
114.2	0.107	0.124	0.141	0.158	0.176	0.192	0.209	0.225	0.241	0.250	0.271
114.4	0.114	0.132	0.150	0.167	0.185	0.202	0.219	0.235	0.251	0.267	0.282
114.6	0.122	0.140	0.158	0.177	0.194	0.212	0.229	0.246	0.262	0.278	0.293
114.8	0.130	0.149	0.168	0.186	0.205	0.223	0.240	0.257	0.273	0.289	0.304
115.0	0.139	0.158	0.179	0.197	0.215	0.234	0.251	0.268	0.285	0.301	0.316
115.2	0.148	0.169	0.188	0.208	0.227	0.245	0.263	0.280	0.297	0.313	0.329
115.4	0.158	0.179	0.200	0.219	0.239	0.257	0.275	0.293	0.310	0.326	0.341
115.6	0.169	0.191	0.211	0.232	0.251	0.270	0.288	0.306	0.323	0.339	0.355
115.8	0.181	0.203	0.224	0.244	0.264	0.284	0.302	0.320	0.337	0.353	0.369
116.0	0.193	0.215	0.237	0.258	0.278	0.298	0.316	0.334	0.351	0.367	0.383
116.2	0.206	0.229	0.251	0.272	0.292	0.312	0.331	0.349	0.366	0.382	0.393
116.4	0.220	0.244	0.266	0.288	0.208	0.328	0.347	0.365	0.382	0.398	0.414
116.6	0.235	0.259	0.282	0.304	0.324	0.344	0.363	0.381	0.398	0.414	0.430
116.8	0.261	0.275	0.299	0.320	0.341	0.361	0.380	0.393	0.415	0.431	0.447

$T/℃$	Z值$/℃$										
	7.0	7.5	8.0	8.5	9.0	9.5	10.0	10.5	11.0	11.5	12.0
117.0	0.268	0.293	0.316	0.338	0.359	0.379	0.398	0.416	0.433	0.449	0.464
117.2	0.287	0.311	0.335	0.357	0.378	0.398	0.417	0.435	0.451	0.467	0.482
117.4	0.306	0.331	0.355	0.377	0.398	0.418	0.437	0.454	0.471	0.486	0.501
117.6	0.327	0.352	0.376	0.398	0.419	0.439	0.457	0.474	0.491	0.506	0.521
117.8	0.349	0.374	0.398	0.420	0.441	0.460	0.479	0.496	0.512	0.527	0.541
118.0	0.372	0.398	0.422	0.444	0.464	0.483	0.501	0.518	0.534	0.548	0.562
118.2	0.398	0.423	0.447	0.468	0.489	0.507	0.525	0.541	0.556	0.571	0.584
118.4	0.425	0.450	0.473	0.494	0.514	0.532	0.550	0.565	0.580	0.594	0.607
118.6	0.454	0.479	0.501	0.522	0.541	0.559	0.575	0.591	0.605	0.618	0.631
118.8	0.485	0.509	0.531	0.561	0.570	0.587	0.603	0.617	0.631	0.644	0.656
119.0	0.518	0.541	0.562	0.582	0.599	0.616	0.631	0.645	0.658	0.670	0.681
119.2	0.553	0.575	0.596	0.615	0.631	0.646	0.661	0.674	0.686	0.697	0.708
119.4	0.591	0.612	0.631	0.648	0.664	0.679	0.692	0.704	0.715	0.726	0.736
119.6	0.637	0.651	0.668	0.684	0.699	0.712	0.724	0.736	0.746	0.756	0.764
119.8	0.674	0.692	0.708	0.722	0.736	0.748	0.759	0.769	0.778	0.786	0.794
120.0	0.720	0.736	0.750	0.762	0.774	0.785	0.794	0.803	0.811	0.819	0.825
120.2	0.769	0.782	0.794	0.805	0.815	0.824	0.832	0.839	0.846	0.852	0.858
120.4	0.827	0.832	0.841	0.850	0.858	0.865	0.871	0.877	0.882	0.887	0.891
120.6	0.877	0.884	0.891	0.897	0.902	0.908	0.902	0.916	0.920	0.923	0.926
120.8	0.936	0.940	0.944	0.947	0.950	0.953	0.955	0.957	0.959	0.961	0.962
121.0	1.000	1.000	1.000	1.000	1.000	1.000	1.000	1.000	1.000	1.000	1.000
121.2	1.068	1.063	1.059	1.056	1.053	1.050	1.047	1.045	1.043	1.041	1.039
121.4	1.141	1.131	1.122	1.114	1.108	1.102	1.096	1.092	1.087	1.083	1.080
121.6	1.218	1.202	1.189	1.176	1.166	1.157	1.148	1.141	1.134	1.127	1.122
121.8	1.301	1.278	1.259	1.141	1.227	1.214	1.202	1.192	1.484	1.174	1.166
122.0	1.389	1.359	1.334	1.299	1.292	1.274	1.259	1.245	1.232	1.222	1.212
122.2	1.484	1.445	1.413	1.384	1.359	1.338	1.318	1.101	1.286	1.272	1.259
122.4	1.585	1.537	1.496	1.461	1.436	1.404	1.380	1.359	1.341	1.324	1.308
122.6	1.693	1.634	1.585	1.542	1.506	1.473	1.445	1.420	1.398	1.378	1.359
122.8	1.808	1.738	1.679	1.628	1.584	1.547	1.541	1.484	1.458	1.434	1.413
123.0	1.931	1.848	1.773	1.719	1.668	1.624	1.585	1.551	1.520	1.492	1.468
123.2	2.062	1.965	1.884	1.815	1.756	1.704	1.660	1.620	1.585	1.553	1.525
123.4	2.202	2.089	1.955	1.916	1.848	1.789	1.738	1.693	1.652	1.617	1.585
123.6	2.352	2.222	2.113	2.022	1.945	1.878	1.820	1.769	1.723	1.683	1.647
123.8	2.512	2.362	2.239	2.135	2.046	1.971	1.905	1.848	1.777	1.752	1.711
124.0	2.683	2.512	2.371	2.245	2.154	2.069	1.995	1.931	1.874	1.823	1.778
124.2	2.865	2.671	2.512	2.379	2.268	2.172	2.189	2.017	1.954	1.898	1.848
124.4	3.060	2.840	2.661	2.512	2.387	2.280	2.219	2.108	2.037	1.975	1.920
124.6	3.268	3.020	2.818	2.652	2.512	2.393	2.291	2.202	2.125	2.056	1.995

T/℃	Z 值/℃										
	7.0	7.5	8.0	8.5	9.0	9.5	10.0	10.5	11.0	11.5	12.0
124.8	3.490	3.211	2.985	2.799	2.644	2.512	2.399	2.301	2.215	2.140	2.073
125.0	3.728	3.415	2.162	2.955	2.783	2.637	2.512	2.404	2.310	2.228	2.154
125.2	3.981	3.631	3.350	3.120	2.929	2.768	2.630	2.512	2.401	2.318	2.239
125.4	4.252	3.861	3.548	3.293	3.082	2.905	2.754	2.625	2.512	2.413	2.326
125.6	4.541	4.105	3.785	3.477	3.244	3.049	2.884	2.742	2.619	2.512	2.417
125.8	4.850	4.365	3.981	3.670	3.414	3.201	3.020	2.865	2.731	2.615	2.512
126.0	5.179	4.462	4.217	3.875	3.594	3.359	3.162	2.994	2.848	2.721	2.610

表 3-2 $F_{100}=1$ min 时各致死温度的致死率值 L_T { $L_T = \lg^{-1}[(T-100)/Z]$ }

T/℃	Z 值/℃										
	4.0	5.0	6.0	6.5	7.0	7.5	8.0	8.5	9.0	9.5	10.0
74	0.000	0.000	0.000	0.000	0.000	0.000	0.001	0.001	0.001	0.002	0.003
75	0.000	0.000	0.000	0.000	0.000	0.000	0.001	0.001	0.002	0.002	0.003
76	0.000	0.000	0.000	0.000	0.000	0.001	0.001	0.002	0.002	0.003	0.004
77	0.000	0.000	0.000	0.000	0.001	0.001	0.001	0.002	0.003	0.004	0.005
78	0.000	0.000	0.000	0.000	0.001	0.001	0.002	0.003	0.004	0.005	0.006
79	0.000	0.000	0.000	0.001	0.001	0.002	0.002	0.003	0.005	0.006	0.008
80	0.000	0.000	0.000	0.001	0.001	0.002	0.003	0.004	0.006	0.008	0.010
81	0.000	0.000	0.001	0.001	0.002	0.003	0.004	0.006	0.008	0.010	0.013
82	0.000	0.000	0.001	0.002	0.003	0.004	0.006	0.008	0.010	0.013	0.016
83	0.000	0.000	0.001	0.002	0.004	0.005	0.007	0.010	0.013	0.016	0.020
84	0.000	0.001	0.002	0.003	0.005	0.007	0.010	0.013	0.017	0.021	0.025
85	0.000	0.001	0.003	0.005	0.007	0.010	0.013	0.017	0.022	0.026	0.032
86	0.000	0.002	0.005	0.007	0.010	0.014	0.018	0.023	0.028	0.034	0.040
87	0.001	0.003	0.007	0.010	0.014	0.018	0.024	0.030	0.036	0.043	0.050
88	0.001	0.004	0.010	0.014	0.019	0.025	0.032	0.039	0.046	0.055	0.063
89	0.002	0.006	0.015	0.020	0.027	0.034	0.042	0.051	0.060	0.070	0.079
90	0.003	0.010	0.022	0.029	0.037	0.046	0.056	0.067	0.077	0.089	0.100
91	0.006	0.016	0.032	0.041	0.052	0.063	0.075	0.087	0.100	0.113	0.126
92	0.010	0.025	0.046	0.059	0.072	0.086	0.100	0.115	0.129	0.144	0.158
93	0.018	0.040	0.068	0.084	0.100	0.117	0.133	0.150	0.167	0.183	0.200
94	0.032	0.063	0.100	0.119	0.139	0.158	0.178	0.197	0.215	0.234	0.251
95	0.056	0.100	0.147	0.170	0.193	0.215	0.237	0.258	0.278	0.298	0.316
96	0.100	0.158	0.215	0.242	0.268	0.293	0.316	0.338	0.359	0.379	0.398
97	0.178	0.251	0.316	0.346	0.373	0.398	0.422	0.444	0.464	0.483	0.501
98	0.316	0.398	0.464	0.492	0.518	0.541	0.562	0.582	0.599	0.616	0.631
99	0.562	0.631	0.681	0.702	0.720	0.736	0.750	0.763	0.774	0.785	0.794
100	1.000	1.000	1.000	1.000	1.000	1.000	1.000	1.000	1.000	1.000	1.000
101	1.778	1.585	1.468	1.425	1.389	1.359	1.334	1.311	1.292	1.274	1.259
102	3.162	2.512	2.154	2.031	1.931	1.848	1.778	1.719	1.668	1.624	1.585
103	5.623	3.981	3.162	2.894	2.683	2.512	2.371	2.254	2.154	2.069	1.995
104	10.00	6.310	4.642	4.125	3.728	3.415	3.162	2.955	2.783	2.637	2.512

T/℃	Z值/℃										
	4.0	5.0	6.0	6.5	7.0	7.5	8.0	8.5	9.0	9.5	10.0
105	17.78	10.00	6.813	5.878	5.179	4.642	4.217	3.875	3.594	3.360	3.162
106	31.62	15.85	10.00	8.377	7.197	6.310	5.623	5.080	4.642	4.281	3.981
107	56.23	25.12	14.68	11.94	10.00	8.577	7.499	6.661	5.995	5.456	5.012
108	100.0	39.81	21.54	17.01	13.89	11.66	10.00	8.733	7.743	6.952	6.310
109	177.8	63.10	31.62	24.24	19.31	15.85	13.34	11.45	10.00	8.859	7.943
110	316.2	100.0	46.42	34.55	26.83	21.54	17.78	15.01	12.92	11.29	10.00
111	562.3	158.5	68.13	49.24	37.28	29.29	23.71	19.68	16.68	14.38	12.59
112	1000	251.2	100.0	70.17	51.79	39.81	31.62	25.81	21.54	18.33	15.85
113	1778	398.1	146.8	100.0	71.97	54.12	42.17	33.84	27.83	23.36	19.95
114	3162	631.0	215.4	142.5	100.0	73.56	56.23	44.37	35.94	29.76	25.12
115	5623	1000	316.2	203.1	138.9	100.0	74.99	58.17	46.42	37.93	31.62

整个杀菌过程中总的杀菌 F_0 值：

$$F_0 = t_p \sum_{n=1}^{n} L_T \tag{3-19}$$

式中　F_0——实际杀菌条件下的总杀菌强度；

t_p——各温度下持续的时间间隔，即食品中心温度测定仪测定时各测量点间的时间间隔；

n——测定点数；

L_T——致死率值。

注意：若用某一温度下的 D 值计算的 F_s 值，则在计算 F_0 值时也应该用同一温度下的致死率值表。如用 100℃时的 D 值计算的 F_s 值，在计算 F_0 值时就用 F_{100} 的致死率值表查得各温度下的 L_T 值，或用公式计算 $L_T = \lg^{-1}[(T-100)/Z]$。

② 图解法　从上述求和公式不难看出计算得到的是一个近似值，因为在实际杀菌过程中温度的变化是连续的，而不可能在某个温度下停留 t 分钟。要求精确值就要用定积分计算，当停留时间 $t \rightarrow 0$ 时，对整个杀菌时间求定积分才能得到精确值。其公式为：

$$F_0 = \int_1^0 L_T \mathrm{d}t \tag{3-20}$$

用定积分计算就需要知道函数关系，L_T 是时间 t 的复合函数，但还没有建立具体的函数关系式，所以不能用式（3-20）计算精确的杀菌值 F_0，但可以用图解法求得精确的杀菌值 F_0。即根据中心温度测定数据，用式（3-18）计算出不同热杀菌时间 t 时的 T 相应的 L_T 值，通过作杀菌值曲线（L_T-t 曲线），用称重法或数格法计算出精确的 F_0 值。

目前，采用的中心温度测定仪不管是有线测温系统还是无线测温系统，都能在测定温度的同时计算出相应的 F_0 值。

[例 3-2] 某厂生产 425g 蘑菇罐头，根据计算的 F_s 值制定的两个杀菌式为 10min/121℃—23min/121℃—10min/121℃ 和 10min/121℃—25min/121℃—10min/121℃，分别进行热杀菌试验，并测得食品中心温度的变化数据如表 3-3 所示。试问所拟杀菌条件是否合理？

表3-3　两个杀菌式下测得的食品中心温度变化数据

杀菌式1：10min/121℃—23min/121℃—10min/121℃		杀菌式2：10min/121℃—25min/121℃—10min/121℃	
时间/min	食品中心温度/℃	时间/min	食品中心温度/℃
0	47.9	0	50
3	84.5	3	80
6	104.7	6	104
9	119	9	118.5
12	120	12	120
15	121	15	121
18	121	18	121
21	121.2	21	120.5
24	121	24	121
27	120	27	120.7
30	120.5	30	120.7
33	121	33	121
36	115	36	120.5
39	108	39	115
42	99	42	109
45	80	45	101
—	—	48	85

解：已知对象菌的特征参数$Z=10℃$，$D_{121}=4.0min$，时间间隔$t_p=3min$，$F_s=24.92min$。

（1）求和法计算F_0值　根据两种杀菌式测得的食品中心温度，查表3-1得各中心温度所对应的L_T值，并将其代入式（3-19）：

$$F_0 = t_p \sum_{n=1}^{n} L_T$$

$F_{01}=t_p(L_{T_1}+L_{T_2}+L_{T_3}+L_{T_4}+\cdots+L_{T_n})$

$=3×(0+0+0.0230+0.6309+0.7943+1+1+1.0470+1+0.7943+0.8913+1+0.2512+$

$\quad 0.0501+0.0063+0)$

$=25.5$（min）

$F_{02}=t_p(L_{T_1}+L_{T_2}+L_{T_3}+L_{T_4}+\cdots+L_{T_n})$

$=3×(0+0+0.0200+0.5624+0.7943+1+1+0.8913+1+0.9328$

$\quad +0.9328+1+0.8913+0.2512+0.0631+0.0100+0)$

$=28.1$（min）

（2）图解法计算F_0值　将各温度下的L_T值与时间t在坐标纸上作杀菌值曲线，纵坐标为致死率值L_T，横坐标为杀菌时间t，曲线与横轴所围的面积即为预包装食品罐头整个杀菌过程中总的杀菌值F_0。两个杀菌式的杀菌值曲线如图3-10所示。

用称重法称得$F_0=1min$时的面积重10.64mg，两杀菌式曲线与横轴所围的面积分别为273.39mg和308.31mg，它们所代表的F_0值为：

$$F_{01}=273.39/10.64=25.69（min）$$

$$F_{02}=308.31/10.64=28.97（min）$$

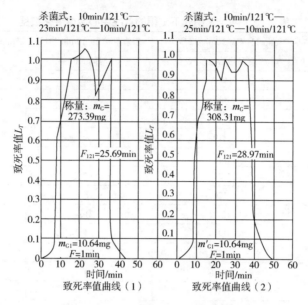

图 3-10　425g 蘑菇罐头的杀菌值曲线

（3）合理性判别

$F_{01}=25.5$（25.69）$>F_s=24.92$，所以杀菌式1合理。

$F_{02}=29.1$（28.97）$\gg F_s=24.92$，所以杀菌式2不合理，杀菌过度。

从以上计算结果判定，根据甲厂的卫生条件，微生物污染等情况计算的安全杀菌值 $F_s=$ 24.92min，又根据蘑菇罐头的传热情况等初步制定两个杀菌式并测得中心温度，计算出实际杀菌条件下的 F_0 值分别为25.5（25.69）min 和29.1（28.97）min。按照实际杀菌值 F_0 略大于安全杀菌值为合理的原则，杀菌式1为合理的杀菌工艺条件。确定甲厂生产425g蘑菇罐头的热杀菌条件为：10min／121℃ — 23min／121℃ — 10min／121℃。

在制定杀菌工艺条件时必须注意工厂所在地区的海拔高度，这对于沸水浴杀菌尤为重要。

第三节　典型的热处理方法和条件

一、工业烹饪

（一）焙烤

焙和烤是两个基本相同的单元操作，都是利用热空气来改变食品的口感等。但其应用的领域不同，烘烤主要是面制品如面包等；而焙烤主要应用于肉类、坚果等。除了提供食品的风味外，烘烤和焙烤可以通过杀灭微生物和降低水分活度起到防腐的作用。

焙烤过程中的传热存在着传导、对流和热辐射等多种形式。烤炉的炉壁通过热辐射向食品提供反射热能，远红外线辐射则通过食品对远红外线吸收以及远红外线与食品的相互作用产生热能。传导通常通过装载食品的模盘将热传给食品，模盘一般与烤炉的炉底或传送带接触，增加模盘与食品间的温度差可加快焙烤的速度。烤炉内自然或强制循环的热空气、水蒸气或其他气体则起到对流传热的作用。

食品在烤炉中焙烤时，水分从食品表面蒸发逸出并被空气带走，食品表面与食品内部的湿度梯度导致食品内部的水分向食品表面转移，当食品表面的水分蒸发速率大于食品内部的水分向食品表面转移速率时，蒸发的区域会移向食品内部，食品表面会干化，食品表面的温度会迅速升高到热空气的温度（110~240℃），形成硬壳。由于焙烤通常在常压下进行，水分自由地从食品内部逸出，食品内部的温度一般不超过100℃，这一过程与干燥相似。但当食品水分较低、焙烤温度较高时，食品的温度急升接近干球温度。食品表面的高温会导致食品成分发生复杂的变化，这一变化往往可以提高食品的食用特性。传热在食品表面是以对流方式进行，当蒸发面向内移动，热量通过表层传导到食品内部。而热在托盘中的传导提高了食品底部接触面的温度，因此与食品表面焦皮相比接触面焙烤速率提高。

焙烤温度和时间是影响焙烤制品质量的主要工艺因素，它一般随食品的品种、形状和大小而变化，温度高、时间长，食品表面的脱水快，容易烧焦；温度低、时间短，食品不易烤熟或上色不够。食品块形小，水分蒸发快，容易烤熟；而块形大时，食品内部水分不易蒸发，烘烤温度应略高、时间略长。对于同品种同块形的食品，如果焙烤的温度较高，则时间可以适当缩短；而温度偏低则时间可适当延长。

(二) 油炸

油炸的主要目的是改变食品的风味和口感及外观，以及通过高温处理破坏微生物和酶，同时降低食品表面的水分活度从而达到防腐的效果。一般家庭饮食中，油炸食品可以存放得更久。而油炸食品的货架期主要取决于食品内部的水分，内部水分含量高的食品，贮存过程中水分会在油分和食品内部之间发生迁移，货架期较短；而内部水分含量低的食品，如炸薯条等在正常包装的贮存条件下货架期可达到一年。

油炸过程中，食品置于热油里，其表面的温度迅速升高，同时水分蒸发失去，食品表面逐渐干透，蒸发层逐渐向食品内部移动，逐渐形成焦皮。随着食品表面温度升高，食品内部的温度也逐渐升高，这个过程受到食品热传导的控制，而传热速率受到热油和食品间的温差和表面传热系数控制。食品表皮之间形成的焦皮是具有多孔结构的，内含不同的毛细管，油炸过程中，水分和蒸汽先从比较大的毛细管中失去，并且逐渐被热油取代。水分穿过一层油形成的边界膜，离开食品的表面，膜的厚度控制着热量和质量的传递，食品内部的水分和含水极少的热油之间的水蒸气压梯度是食品水分散失的主要推动力。将食品完全炸透所需的时间取决于食品的种类、油的温度及油炸方式等。而对于内部湿润的食品被油炸至其热中心吸收足够的热量，以杀灭污染性微生物和达到干燥食品的感官特性，使其达到要求的程度。

油炸温度是控制油炸过程的关键因素，其选择要综合考虑成本和产品的要求。高温（180~200℃）下油炸，可以缩短生产周期、提高生产率。但是高温会加速油脂劣变和游离脂肪酸的产生，因而在油炸后油脂会出现黏度提高、颜色加深以及产生不良味道等现象。油炸的温度取决于对食品本身的要求及食品应该有的口感。根据传热方式的不同，可以分为两种油炸方式，即浅层油煎和深层油炸。

(1) 浅层油煎　浅层油煎常用于比表面积大的食品，常需要食品具有外焦里嫩的口感，这种一般是高温热油油炸出来的。高温能使焦皮迅速形成，把水分密封在食品内部，同时限制了热量向食品内部传递，因此能在食品内部形成湿润的质地，并保留原料的风味，外边形成焦皮。煎锅的热表面传来的热量通过一薄层油，主要以传导的方式传递给食品。由于食品表面不规则，油层厚度也不一样，再加上形成的气泡使食品脱离加热表面，油煎过程中食品温度不断变化，产生不规则的褐变。虽然油煎食品表面的传热系数变化不一样，但传热系数很高。

（2）深层油炸　深层油炸时，传热通过热油的对流和向食品内部的热传导完成。食品沉没在油脂里边，其表面受到的热效果相近，会产生相同的颜色和外观。传热系数随着蒸发面从表面移动到食品内部，传热阻力逐渐增大，传热系数降低。当食品失去水分，就开始吸收油分，所以油炸食品在出锅时吸收和夹带的油量较大。而利用热油进行干燥的食品就需要在低温的油里进行，使蒸发层在焦皮形成前到达食品内部，食品在风味和味道过度变化前已经被干燥。

油炸过程伴随着油脂品质下降、颜色逐渐加深、黏度增大，而长时间加热会引起油脂氧化，产生游离脂肪酸、氢过氧化物并产生小分子醛、酮等挥发性物质，使油产生哈喇味等一些不愉快的气味和味道，油中脂溶性维生素的氧化等会造成营养价值的损失。视黄醇、类胡萝卜素和生育酚在油炸过程中容易受到破坏，改变食品原有的风味和色泽。现在国内所用的油炸用油主要是棕榈油，其价格便宜，且有很好的油炸特性。高温油炸能使焦皮迅速形成，将食品表面密封起来，减少食品内部的变化，因此保留了大部分的营养物质。

近年来还兴起了真空油炸技术，该技术是指在真空条件中进行油炸。这种在相对缺氧的状况下进行的食品加工，可以减轻甚至避免氧化作用所带来的危害，例如脂肪酸败、色素褐变或其他氧化变质等。在真空度为0.093MPa的真空系统中（即绝对压力为0.008MPa），纯水的沸点大约为40℃，在负压状态中，以油作为传热媒介，食品内部的水分（自由水和部分结合水）会急剧蒸发而喷出，使组织形成疏松多孔的结构。在含水食品的汽化分离操作中，真空是与低温密切相连的，从而可有效地避免食品高温处理所带来的一系列问题。

二、热烫

热烫又称烫漂、杀青、预煮，具有杀菌作用，热烫最大的用途是在其他加工之前破坏食品中的酶和抗营养因子，同时，热烫可以排出食品物料中的气体，软化食品物料，便于装罐等。蔬菜和水果的热烫还可结合去皮、清洗和增硬等处理形式同时进行。

根据其加热介质的种类和加热方式的情况，目前使用的热烫方法可分为：热水热烫、蒸汽热烫、热空气热烫和微波热烫等。其中又以热水热烫和蒸汽热烫较为常用。

热烫处理的时间和温度关系是建立在使产品内部酶失活的基础上，由于不同的食品原料及产品内酶系的多样性，热烫处理量及温度要根据需要而变化。例如，过氧化物酶，$D_{12}=3min$，$Z=37.2℃$，根据这些耐热特性，在121℃使酶的活力减少到0.01%需要12min。这个热处理温度在常压下难以实现，要在加压下实现。而在多数情况下，热烫是采用100℃的热水或者热蒸汽，因此为了实现对过氧化物酶的钝化，需要超过12 min的热处理时间。

热烫处理会造成产品质量或多或少的损失。对于水果和蔬菜，热烫处理对于其营养素的影响取决于各种因素，如产品的成熟度及产品热烫处理前的预处理。一般来说，会造成营养素的损失、产品颜色及品质下降，以及造成产品质构的变化使水果等变软。在降低这些影响的基础上，应尽量钝化酶，避免引起食品变质或者抗营养因子的产生，从而降低热烫对水果的质构和营养素的影响。

三、热挤压

食品挤压加工技术是集混合、搅拌、破碎、加热、蒸煮、杀菌、膨化及成型等为一体的高新技术，这一技术在我国应用时间不长，但由于它所具有的显著特点而迅速得到推广应用。随着对挤压机理研究的不断深入和新型挤压设备的研制开发，用挤压法加工高效节能、富含营养、风味多样化和美味化、食用方便的新型食品，已成为我国食品工业在今后相当长一段时期内的发展重点。

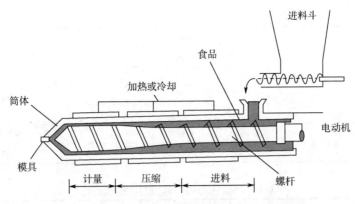

图 3-11 物料在单螺杆挤压机内的运动过程示意图

图 3-11 显示了普通单螺杆挤压机的基本结构以及物料在通过挤压机后的运动过程。物料通过挤压机一般分为 4 个过程，输送混合、压缩剪切、热熔均压与成型膨化。食品挤压加工概括地说就是将食品物料置于挤压机的高温高压状态下，然后突然释放至常温常压，使物料内部结构和性质发生变化的过程。含有一定水分的食品物料在挤压机中受到螺杆推力的作用，套筒内壁、反向螺旋、成型模具的阻滞作用，套筒外壁的加热作用以及螺杆与物料和物料与套筒之间的摩擦热的加热作用，使物料与螺杆套筒的内部产生大量的摩擦热和传导热。在这些综合因素的作用下，机筒内的物料处于 3～8MPa 的高压和 200℃以上的高温状态，此时的压力超过了挤压温度下水的饱和蒸气压，这就使挤压机套筒内物料中的水不会沸腾蒸发，物料呈现出熔融状态。一旦物料从模头挤出，压力骤降为常压，物料中水分瞬间闪蒸而散发，温度降至 80℃左右，导致物料成为具有一定形状的多孔结构的膨胀食品。

食品挤压机可以按照剪切力的大小分为高剪切力和低剪切力挤压机，也可以按照加热方式的不同分为自然式和加热式挤压机两种，另外还可以根据螺杆的数量分为单螺杆和双螺杆挤压机。表 3-4～表 3-6 中列出了各式挤压机的性能，以供参考。

表 3-4 自然式和加热式挤压机的性能

项目	自然式	加热式
进料水分/%	13～18	13～35
产品水分/%	8～10	8～25
筒体温度/℃	180～200	120～350（可调）
螺杆转速/(r/min)	500～800	可调
剪切力	高	可调
适合产品类型	窄（小食品）	广
条件控制	难	易

表 3-5 单螺杆和双螺杆挤压机的性能

项目	单螺杆	双螺杆
输送原理	物料与螺杆、套筒之间的摩擦力	依靠"C"形小室的轴向移动
输送效率	小	大
热分布	温差较大	温差较小
混合作用	小	大

续表

项目	单螺杆	双螺杆
自洁作用	无	有
压延作用	小	大
制造成本	低	高
磨损情况	不易	较易
转速	可较高	一般小于300r/min
排气	难	易

表3-6 高剪切力和低剪切力挤压机的性能

项目	低剪切力	高剪切力
进料水分/%	20～35	13～20
产品水分/%	13～15	4～10
挤压温度/℃	150左右	200左右
螺杆转速/（r/min）	60～200	250～500
螺杆剪切率/s^{-1}	20～100	120～180
输入机械能/（10^6J/kg）	0.072～0.18	0.504
适合产品类型	湿软产品	植物组织蛋白、膨化食品、饲料
产品形状	较复杂	较简单
成型率	高	低

　　食品的挤压蒸煮加工是将含一定水分的淀粉或蛋白质等原料放在一个加热机的筒内，由与其良好配合的转动螺杆进行输送挤压，借助于挤压、加热和机械剪切力的联合作用，加速淀粉的糊化或蛋白质变性，进行增塑和蒸煮的工艺方法。物料在各种形状的模具中成型，继之膨胀并被旋转的刀片切割成所需要的长度。这种挤压蒸煮的温度一般在120℃以上，而受热的时间却很短（一般在1min内），属于高温短时加工工艺，对于保持食品的营养成分、良好的质构、口感、风味非常有益，是目前食品蒸煮加工系统中最新、用途最多、较经济有效的一种方法。

　　挤压蒸煮技术主要用于谷物加工方面，同时也应用于饮料、糖果、油料作物等的加工以及饲料工业中。原料经挤压蒸煮后，膨化成型为疏松多孔状产品，再经烘烤脱水或油炸后，在表面喷涂一层美味可口的调味料即可，玉米果、膨化虾条等即属这一类。

　　共挤压加工是两种性质不同的物料在挤压模板处结合的一种技术，加工时，谷物类物料在挤压后形成中空的管状物，由奶酪、巧克力、糖等制成的有较好流动性的夹心料通过夹心泵及共挤出模具，在膨化物挤出的同时将夹心料注入管状物中间，形成膨化夹心小食品。间接膨化型休闲食品被称为"第3代休闲食品"，采用挤压膨化法加工大豆蛋白，可以改善大豆蛋白的风味，保留大豆本身所含的各种营养成分，并去除大豆中的豆腥味，钝化大豆中的抗营养因子，如抗胰蛋白酶、脲酶等，提高大豆蛋白在人体中的消化性能，从而大大地提高大豆蛋白的利用率。

四、杀菌

　　杀菌的方法通常以压力、温度、时间、加热介质和设备以及杀菌和装罐密封的关系等来划分，以压力划分可分为常压杀菌和高压杀菌；杀菌的加热介质可以是热水、水蒸气、水蒸气和空气的混合物以及火焰等。常见的热杀菌方式有以下几种：

（1）常压杀菌　主要以水（也有用水蒸气）为加热介质，杀菌温度在100℃或100℃以下，用于酸性食品或杀菌程度要求不高的低酸性食品的杀菌。杀菌时罐头处于常压下，适合于以金属罐、玻璃瓶和软性包装材料为容器的罐头。杀菌设备有间歇式和连续式的。

（2）加压杀菌　通常用水蒸气，也可以用加压水作为杀菌介质。高压蒸汽杀菌利用饱和水蒸气作为加热介质，杀菌时罐头处于饱和蒸汽中，杀菌温度高于100℃，用于低酸性食品的杀菌。杀菌时杀菌设备中的空气被排尽，有利于温度保持一致。在采用较高杀菌温度（罐直径102mm以上，或罐直径102mm以下，温度高于121.1℃）时，冷却时一般采用空气反压冷却。杀菌设备有间歇式和连续式的，罐头在杀菌设备中有静止的也有回转的，回转式杀菌设备可以缩短杀菌时间。

（3）巴氏杀菌　巴氏杀菌是热杀菌技术中最常用的一种，属于杀菌强度较高的一种热杀菌技术，可以根据杀菌对象的特点以及耐热性的不同进行分类处理，该技术具有不同的热处理能力，几乎可以把食品中的病原菌杀死。比如在乳制品加工环节进行杀菌处理时，经常采用巴氏杀菌技术作为主要的杀菌方式，可以使糠氨酸蛋白变性率降低；利用冷藏技术和巴氏杀菌技术两种方法，乳制品的保质期可以达到10d左右，同时不会改变乳制品的口感和营养价值。表3-7列出了不同食品进行巴氏杀菌的目的和条件。

表3-7　不同食品巴氏杀菌的目的和条件

食品		主要目的	次要目的	条件
pH≤4.6	果汁	杀灭酶（果胶甲酯酶和多聚半乳糖醛酸酶）	杀死腐败菌（酵母菌和霉菌）	65℃，30min；77℃，1min
	啤酒	杀死腐败菌（野生酵母、乳杆菌和残存酵母）		
pH≥4.6	牛乳	杀死致病菌（流产布鲁氏杆菌、结核分枝杆菌）	杀死腐败菌及灭酶	63℃，30min；71.5℃，15s
	液态蛋	杀死致病菌（沙门氏杆菌）	杀死腐败菌	64.4℃，2.5min；60℃，3.5min
	冰淇淋	杀死致病菌	杀死腐败菌	65℃，30min；71℃，10min；80℃，15s

（4）超高温杀菌　超高温杀菌技术需要利用高温设备，温度控制在130～150℃左右，在这个温度范围内对加工食品进行2～8s的加热杀菌才能达到很好的杀菌效果，被杀菌后的产品才可以进行售卖，满足商业生产的无菌需求。由于超高温杀菌技术对温度的要求很高，更加适合在不含有颗粒物料的食品内部使用。另外，在常规情况下，食品中的微生物对于温度的感应比较灵敏，采用超高温杀菌技术可以在短时间内快速消灭有害微生物，延长食品的保质期。目前，超高温杀菌技术已被广泛用于饮品、乳制品和发酵品等食品加工领域。

五、新型热加工技术

随着各个学科的发展以及交叉学科的不断延伸扩展，食品热加工技术迅速发展，同时关于食品热加工的科学知识呈指数规律增长，重大科研成果等快速增加，为食品热加工的发展提供强大的科技动力。食品热加工技术不仅仅局限于传统的热处理方式，与多学科交叉形成的新的热加工技术越来越多。食品热加工涉及各类原料和产品，特别是现代食品工业为了满足人们营养、功能等消费需要，食品热加工将朝着安全、营养、美味及方便、多样化的方向发展，这要求食品热加工方式的不断突破和创新。当今食品热加工技术的创新，以传热学、热力学等为理论支撑，围绕微波学、红外辐射科学等领域的新技术的科学研究及技术开发进一步发展，同时食品热加工的过程也越来越趋于自动化、数字化控制，更多的加工过程模型研究为新的热加工技术提供了理论支撑。

（一）欧姆加热

欧姆加热又称焦耳加热，其原理是利用食品物料自身的导电特性来加工食品，其导电方式是依靠食品物料中电解质溶液离子或熔融电解质的定向移动。绝大多数食品物料含有可电离的酸或盐，并表现出一定的电阻或电阻抗特性，当食品物料的两端施加电场时，食品物料自身的阻抗可在流进其内部的电流作用下产生热量，使物料得以加热。

欧姆加热有许多优点：物料直接将电能转化为热能，不需要物体表面和内部存在的温度差作为传热的推动力，而是在物料的整个体积内自身产生热量，加热速度快、容易控制。通过对液态食品（液体食品、亲水性胶体食品和含颗粒液态食品）加热速度与电导率的试验研究，得出食品物料的电导率是影响加热速度的主要因素，电导率越大，加热速度越快；食品的 pH 值对加热速度也有一定的影响，pH 值越小，酸性越强，电导率越大，加热速度越快。食品加热处理的时间不宜过长，否则会造成蛋白质类食品营养成分破坏而变性，欧姆加热大大提高了加热速度，因此生产的食品质量更好。欧姆加热是导电溶液中电流的通过而使物料在整个体积内自身产生热量，特别是对于含有较大颗粒的液态物料或含有细小颗粒的固液混合物，由于食物块加热不经受从容器外层到中心的温度梯度，可实现固体和液体的同时升温，与传统加热相比，可避免液体部分的过热。传统加热方式要通过加热介质对物料进行加热，所以在加热的过程中有大量热量损失；而欧姆加热方式通过自身的电导特性直接把电能转化成热能，能量利用率高。

欧姆加热在食品领域的应用主要包括杀菌、解冻、漂烫及淀粉糊化。欧姆加热解冻是利用冷冻食品的导电特性，电流通过冷冻食品物料内部，自身产生热量达到解冻效果；欧姆加热技术用于食品漂烫主要是可缩短漂烫时间。

（二）红外加热

红外线辐射出的热能是通过电磁波的形式产生的。红外波长的范围在可见光和微波之间，可归纳为 3 个波段，即近红外（NIR）、中红外（MIR）和远红外（FIR）。3 个红外波段相对应的光谱范围为 0.75～1.40μm、14～3.0μm 和 3～1000μm。一般来说，红外加热技术在食品加工行业中的应用主要以远红外辐射为主，因为大部分食品的组分其吸收红外辐射的红外线反射范围主要集中在远红外波段上。

红外加热实质是红外线的辐射传热过程，吸收红外线作为一种电磁波，有一定的穿透性，能够通过辐射传递能量。当穿透物体受到红外线照射时，会发生反射、吸收、穿透的现象。而判断红外加热是否有效，主要是通过红外线被物体所吸收的程度，红外线的吸收量越大，其加热的效果越好。当红外放射源所辐射出的红外线波长和被加热物体的波长一致时，被加热的物体吸收了大量的红外线能量，使得物体内部的原子和分子产生共振，相互之间发生摩擦并产生热量，从而使被加热物体的温度升高，达到快速有效地加热物体的目的。

每种食品的红外吸收范围主要是其内部组分的红外吸收范围互相叠加的结果。由于食品所含的各种组分对不同波长的红外线吸收程度不同，但各组分所吸收的红外线的波段并不互补，而是相互重叠，所以整体来说，食品对各波段的红外线吸收程度不同，即食品组分对红外射线的吸收强度具有选择性。通过水的吸收光谱与主要食品组分的红外吸收波段相比较，可以得出食品组分的吸收光谱，其中一部分在光谱区内存在重叠。水对红外入射光线吸收状况的影响在所有波长中占据主导地位，其红外辐射吸收范围在 2～11μm；氨基酸、多肽和蛋白质的红外辐射吸收范围在 3～4μm 和 6～9μm，且该范围的吸收量最大；脂类在整个红外辐射范围中的 3～4μm、6μm 和 9～10μm 的 3 个吸收波段出现强吸收现象；而碳水化合物的吸收波段在 3μm 和 7～10μm。红外辐照时食品表面迅速加热将水分和风味或香气成分封在食品内部，食品表面各成分的变化与焙烤过程中发生的变化类似。

由于红外辐射穿透能力较弱（通常只能加热到食品表面几个毫米），当固态食品置于红外辐照下时，表面先迅速升温，然后热量通过热传导传入食品的内部。由于许多固态食品导热性很差，当增加物料的厚度时，热传导会变弱，这样传递到食品内部的热量会很少，造成红外辐射的灭菌效果随样品厚度增加而减弱。然而许多固态食品细菌污染大部分发生在食品表面，所以红外辐照能够很好地杀灭表面细菌而尽量少地破坏食品内部品质。因此，红外加热杀菌是一种合适的表面杀菌技术。红外辐照可广泛应用于即食食品、果蔬、种子、粉末食品等的杀菌。例如，对采摘后的草莓进行红外处理，可有效地防止草莓在贮藏的过程中发生霉变。红外辐照还广泛应用于果蔬加工、谷物干燥、贮粮杀虫及谷物表面杀菌等。

（三）微波加热

微波是一种频率在 300MHz～300GHz 的电磁波，在电磁波谱中，它们介于低频的无线电波和高频的红外线及可见光之间，因而微波属于非电离辐射。微波透入物料内，与物料中的极性分子相互作用产生热能，使物料内各部分都在同一瞬间获得热量而升温。当微波作用于电介质材料时，一部分能量透射出去，一部分能量被食品反射出去，另一部分则被食品吸收，于是食品因吸收能量而温度升高，即食品被加热。

微波加热在热加工的应用很广泛，包括微波烘焙、微波干燥、微波漂烫等。特别是微波真空干燥技术，在食品加工和保藏中是一项非常有优势的技术。

 思考题

1. 试述食品热处理的种类和特点。
2. 试述微生物的热致死反应的特点和规律。
3. 试述食品热处理对酶的影响。
4. 试述食品热烫常用的方法及其特点。
5. 试述食品热挤压的作用及其特点。

第四章 | 食品的干燥与浓缩

第一节 食品干燥的原理

一、食品中的水分

（一）食品中水分的状态

食品中的水分状态与食品干燥密切相关，根据食品中水分与亲水物质结合的程度，水在食品中存在的形式可分为自由水和结合水两种类型。

1. 自由水

自由水也称作体相水或游离水。在食品中自由水没有与亲水物质化合，是一种被物理截留的水。自由水可以分为：滞化水、毛细管水和自由流动水三类。

（1）滞化水　滞化水也称不可移动水、截留水，是指被组织中的显微和亚显微结构与膜所阻留住的水，不能自由流动。猪肉或牛肉中，大部分水分为滞化水，使得猪肉水分不易流出，也不易被挤出，但可以通过加热干燥脱除。

（2）毛细管水　毛细管水也称细胞间水，是指在生物组织的细胞间隙、加工食品的结构组织中存在着一种由毛细管力所截留的水。毛细管水跟一般水没有区别。

（3）自由流动水　自由流动水是指动物的血浆、尿液，植物的导管和细胞内液泡中的水，可自由流动。自由水的性质与纯水相同，即在干燥时易被除去，冷冻时易结成冰，可以作为溶剂。食品保持这部分水的能力，通常称为"持水力"。破坏食品持水力对食品质量会产生严重的影响，如导致凝胶脱水收缩、冷冻食品解冻时渗水等。

2. 结合水

结合水通过范德华力和氢键吸附于大分子胶体的表面。根据被结合的牢固程度不同，结合水可分为化合水、单层水和多层水。

（1）化合水　化合水也称"构成水"，是指结合牢固的构成非水物质的那部分水，在高水分含量食品中仅占很小的一部分。

（2）单层水　也称"单分子层结合水"或"邻近水"，是指与食品中非水成分亲水性最强的基团（如羧基、氨基、羟基等）直接以氢键结合的第一层水，结合牢固，呈单分子层。

（3）多层水　也称"多分子层结合水"，由水与非水成分小的弱极性基团以氢键结合及水分子之间的氢键结合形成，且呈多分子层。其与亲水物质的结合强度低于单层水，但性质仍然不同于自由水。

结合水与亲水物质的结合程度较强，表现出与纯水完全不同的性质。结合水不易结冰（冰点约-40℃），不能作为溶剂，也不能被微生物所利用。结合水不易结冰的这一性质具有很重要的生物学意义，这一性质使得几乎不含有自由水的植物种子和微生物孢子得以在很低的温度下保持生命活力。在食品中，无机离子在总量中所占比例很小，大部分的结合水是与蛋白质、糖类等以相对固定的比例相结合。据测定，每100g蛋白质可结合50g水，每100g淀粉平均可结合30～40g水。

3. 结合水与自由水的性质差异

结合水与自由水的区别在于二者与食品中的亲水物质的结合程度不同，结合水与亲水物质的结合较为紧密。食品中水的分类与特征见表4-1。

表4-1　食品中水的分类与特征

分类		特征	典型食品中的比例/%
结合水	化合水	食品非水成分的组成部分	<0.03
	单层水	与非水成分的亲水基团强烈作用形成单分子层；水-离子以及水-偶极结合	0.1～0.9
	多层水	在亲水基团外形成另外的分子层；水-水以及水-溶质结合	1～5
游离水	自由流动水	自由流动，性质同稀盐溶液，水-水结合为主	5～96
	滞化水、毛细管水	容纳于溶液或基质中，不能流动，性质同自由流动水	5～96

从位置上看，结合水存在于非水组分如蛋白质、淀粉酶附近，而自由水远离非水组分；在高水分食品的总水分中，结合水小于5%，其余为自由水。结合水和自由水之间的界限很难定量地作划分，只能作定性的区别。

与纯水相比，结合水的冰点大为降低，甚至在-40℃不结冰；自由水易结冰，冰点略微比纯水低，食品中糖类、盐类等具有降低冰点的作用。多汁的组织如新鲜水果、蔬菜、瘦肉等含有大量的自由水，冻结过程中，自由水容易结冰，形成数量少、个体大的尖锐冰晶，使得细胞结构被冰晶破坏，解冻后组织有不同程度的崩溃。例如，冷冻猪肉在解冻中会出现血水即汁液流失现象，就是上述原因造成的。而结合水不易结冰的性质，使得植物的种子、微生物的孢子得以在很低的温度下保持其生命力，提高了抗逆性。食品中水的特性见表4-2。

表4-2　食品中水的特性

性质	结合水	自由水
冰点（与纯水相比）	不易结冰	易结冰
溶剂能力	无	大
微生物利用性	不能	能
蒸发难易	难	易

结合水不能作为溶剂，而自由水可以作为溶剂。一般来说，自由水含量高，食品中各种化学反应容易发生。例如，稻谷的水分含量超过14.5%时，呼吸强度会骤然增加，释放出热量和水分，导致粮食霉变。

结合水不能被微生物利用，而自由水易被微生物利用。食品干制是对食品进行加热干燥处理，将食品中的自由水或束缚度低的多分子层结合水除去，以抑制微生物生长繁殖。例如，粮食收获后，应及时晾晒；新鲜香菇晒干或烘干后才能长期保存等。结合水比自由水难蒸发去除。结合水的蒸气压比自由水的低很多，在100℃以下，结合水不能从食品中分离出来，而自由水容易加热蒸发去除。

（二）平衡水分

食品贮藏过程中，水分含量会随着空气中温度、湿度的变化而变化。当物料从周围环境中吸收水分的速率等于物料向周围环境中散失水分的速率时，食品与环境处于平衡状态，这种处于平衡状态时的水分叫作平衡水分或湿度平衡。即平衡水分指食品与周围空气处于平衡状态的水分含量。

湿物料与周围空气的相互作用可沿不同方向进行：

① 如果物料的表面蒸汽分压 p_w 大于空气中的蒸汽分压 p_k（$p_w > p_k$），那么将发生蒸发过程，物料脱水干燥，称为解吸作用。

② 如果 $p_w < p_k$，则物料将从周围空气中吸收蒸汽而吸湿，称为吸附作用。

③ 当 $p_w = p_k$ 时，出现动力学平衡状态。相当于平衡状态的物料水分，叫平衡水分（W_p）。平衡水分值取决于空气中的蒸汽分压 p_w 或者取决于空气的相对湿度 $\phi = p_k/p_B$（p_B 为该温度下的饱和蒸气压）。即在平衡状态下，物料表面的相对蒸气压为 p_w/p_B，也即水分活度 A_w 等于空气的相对湿度。

在固定空气相对湿度下，食品的平衡水分主要取决于它的化学组成以及其所处的状态（温度、压力等）。对于大多数物料，随着温度的提高，平衡水分降低；当物料水分很大，相当于 ϕ 为 0.8～1.0 时，空气的温度对平衡水分影响最大。表 4-3 为一些食品物料在不同空气相对湿度下的平衡含水量。

表 4-3　某些食品物料在不同空气相对湿度下的平衡水分

物料	相对湿度/%								
	10	20	30	40	50	60	70	80	90
面粉	2.20	3.90	5.05	6.90	8.50	10.08	12.60	15.80	20.00
白面包	1.00	2.00	3.10	4.60	6.50	8.50	11.40	13.90	18.90
淀粉	2.20	3.80	5.20	6.40	7.40	8.30	9.20	10.60	12.70
黑面包干	4.90	—	7.10	—	9.75	10.40	11.75	16.85	—
粗饼干	1.50	2.55	3.50	4.00	5.05	6.90	8.70	11.10	13.00
通心粉	5.00	7.10	8.75	10.60	12.30	13.75	16.60	18.85	22.40
烟叶	7.40	10.80	13.90	16.35	19.80	23.00	27.1	33.40	—
饼干	2.10	2.80	3.30	3.5	5.00	6.50	8.30	10.90	14.90
1～3mm 茶叶	—	6.90	8.00	8.5	8.70	9.00	15.00	21.00	28.00
5mm 茶叶	—	6.50	8.00	8.90	9.80	10.50	16.00	22.00	32.00
白明胶	—	1.60	2.80	3.80	4.90	6.10	7.60	9.30	11.40
苹果	—	—	5.00	—	11.00	18.00	25.00	40.00	60.00
硬粒小麦	—	—	9.30	—	13.00	—	—	—	24.00
黑麦	6.00	8.40	9.50	12.00	—	14.00	16.00	19.50	26.00
燕麦	4.60	7.00	8.60	10.00	11.60	13.60	15.00	18.00	22.50
大麦	6.00	8.50	9.60	10.60	12.00	14.00	16.00	20.00	—
稻米	5.50	8.00	10.00	11.40	12.50	14.50	16.00	18.50	22.00
荞麦	5.00	8.00	10.00	11.20	12.50	14.50	16.50	19.50	23.50
向日葵	—	—	—	5.30	6.30	7.40	8.50	10.00	12.00
亚麻	—	—	—	5.40	6.30	7.40	8.50	10.20	13.80
大豆	—	—	—	—	8.40	10.00	12.60	19.50	

测定平衡水分常常有两种方法：一种是静态法，即物料在密闭空间内不用空气或机械振动，与环境自然达到平衡状态的方法；一种是动态法，即物料用空气或机械振动达到平衡状态。其中动态法测定速度快，通常物料达到平衡状态仅需两天或更少的时间，但该方法需要专用的测定设备。而静态法不需要专用设备，应用更加广泛，但物料达到平衡状态需要长达几周。根据提供环境水分的溶液不同，静态法又分为饱和盐溶液法和酸溶液法。

平衡水分含量、温度、相对湿度三者之间的关系十分密切，在生产实际上具有重要意义。通过日晒、烘干方法来干燥，运用自然通风与人工通风来降温除湿，化学成分不同的物料在相同贮藏条件下对于环境水分的要求，都是遵循吸湿平衡的原理来实现的。

例如，多管自然通风法就是利用冬春季节自然通风引入冷空气，使含水量在25%以下的玉米和18%的高粱降低温度和水分至安全标准进行长期贮藏的方法。这种方法具有减轻劳动强度、节省人力物力、降低保管费用、避免物料污染等优点。它的依据就是冬春季节空气干冷，相对湿度很低，根据平衡水分理论，高水分粮食就会在干冷空气条件下，通过通风管道和物料堆孔隙逐步向空气中放出水分并降低温度，从而在较长时间内把粮食水分降低到相对安全标准，并保持物料处于低温状态。

（三）水分吸附等温线

食品平衡水分因食品种类、空气温度和相对湿度而异。干燥或吸湿过程中食品水分状态的变化可以在恒温空气中食品平衡水分（W_p）和相对湿度（ϕ）的关系中有所反映。如果 p_w 和 p_k 间的平衡状态是通过湿物料中水分蒸发达到的，这种 ϕ 与 W_p 的关系曲线称为解吸等温线（脱水等温线）；如果曲线是由物料吸湿形成的，称为吸附等温线，如图4-1所示。吸附等温线是把完全干燥的食品放置在相对湿度不断增加的环境里，根据食品质量的增加绘制而成（回吸）；解吸等温线是把潮湿食品放置在同一相对湿度下，根据食品质量的减少绘制而成。

图4-2是鸡肉在不同温度下的吸附与解吸等温线。许多食品的吸附等温线与解吸等温线不能完全重叠，解吸曲线在吸附曲线之上，此不重叠性可称为"滞后现象"，滞后所形成的环状区域一般称为"滞后环"。滞后环因食品品种、温度而异，但总的趋势是在相同的水分活度值下，解吸过程中水含量

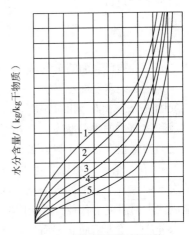

图4-1　马铃薯吸附等温线

1—温度20℃；2—温度40℃；3—温度60℃；
4—温度80℃；5—温度100℃

大于吸附过程中水含量。对于吸湿过程，需要用吸附等温线来研究；对于干燥过程，就需用解吸等温线来研究。

目前，食品解吸与吸附过程中出现滞后现象的原因，可能包括以下几个方面：a. 解吸过程中一些水分与非水溶液成分作用而无法放出水分；b. 不规则形状产生毛细管现象的部位，欲填满或抽空水分需不同蒸气压（要抽空需 $p_内 > p_外$，要填满即吸附时则需 $p_外 > p_内$）；c. 解吸作用时，因组织改变，当再吸水时无法紧密结合水分，由此可导致回吸相同水分含量时处于较高的水分活度。由于滞后现象的存在，由解吸制得的食品必须保持更低的水分活度值才能与由回吸制得的食品保持相同的稳定性。

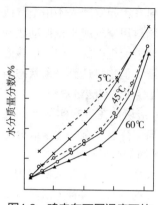

图4-2 鸡肉在不同温度下的
吸附与解吸等温线

－－－解吸等温线；——吸附等温线

（四）水分活度

不同的食品即使水分含量相同，其腐败变质的难易程度也明显不同，这是因为食品中的水分可以分为结合水和自由水，只有自由水才能被微生物利用。这说明水分含量作为判断食品稳定性的指标是不够准确的，用水分活度来表示更为准确。

1. 水分活度的定义

食品中的水分含量和它的保藏性之间存在着密切关系。但是，不同食品中的水分含量相同时，它们的保藏性却可能存在差异。因此，水分含量并不是一个衡量保藏性的可靠量度，这是因为食品中的水分存在的形式有差别。湿物料中含有水分时，有一部分水分由于受溶质的束缚，不能参加各类化学反应，也不能被微生物利用，这部分水分为无效水分；只有和溶质结合力小或处于游离状态的水分才能参加各类化学反应，而且能被微生物利用。食品中有效水分的多少，可用水分活度 A_w 表示，并可作为表征食品保藏性的指标。

水分活度可以用蒸气压的关系来表示：

$$A_w = \frac{p_w}{p_0}$$

式中　p_w——物料表面的蒸气压，Pa；

　　　p_0——纯水表面蒸气压，Pa。

又因为 $A_w \times 100 =$ 相对湿度，故 A_w 在数值上和用百分率表示的相对湿度值相等。A_w 表示溶液和物质中的水分状态，而相对湿度表示溶液和物质周围的空气状态，两者处于平衡状态时它们的数值存在着可以互换的关系。因此，任何食品和周围环境处于水分平衡状态时，食品的 A_w 在数值上为相对湿度被 100 除后得的商值。因而若将食品放置在温度和相对湿度恒定的空气中，直至它们的水分相互间扩散达到平衡一致，而物料本身的水分又稳定不变时，就能确定不同温度下各种食品相应的水分活度。

水分活度还因溶质状态而异。溶液中的溶质为非电解质且其浓度也极稀时，溶液的水分活度和理想溶液差别不大；如果溶液中溶质为电解质，它的水分活度和理想溶液就有差距。例如，25℃时，1g 蔗糖溶液的水分活度为 0.9806，而食盐溶液的水分活度则为 0.9669。

水分活度与微生物、酶等生物、化学、物理反应的关系也被微生物学家、食品科学家所接受，广泛应用于食品干燥、冻结过程的控制以及食品法规标准。美国对低酸罐头的划分，除定出 pH＞4.6 外，还定出其水分活度的界限 A_w＞0.85。水分活度已成为指导腌菜、发酵食品和酸化食品品质控制的基础数据，也成为影响食品贮藏稳定性的重要因素。

2. 水分活度的测定

实际上食品中的溶液很复杂，不是所有的水都作为溶剂，一些将与可溶性成分结合，也可能与不溶性成分结合。因此，食品中的水分含量、溶质的量和性质尚不能用于准确计算食品中的水分活度。水分活度的测定是食品保藏性能研究中经常采用的一个方法，目前对食品水分活度测定一般采用各种物理和化学方法。

（1）水分活度计法　利用经过氯化钡饱和溶液校正相对湿度的传感器，通过测定一定温度下的样品蒸气压的变化，可以测定样品中的水分活度。氯化钡饱和溶液在 20℃时的水分活度为 0.900。利用水分活度仪测定是一种准确快速的测定方法。

（2）恒定相对湿度平衡室法　将样品放置于一个恒定密闭的小容器中，用一定种类的饱和盐溶液使容器内样品的环境空气的相对湿度恒定，待平衡后测定样品的含水量。通常情况下，温度是恒定在 25℃，扩散时间为 20min，样品量为 1g，并且是在一种水分活度较高和另一种水分活度较低的饱和盐溶液下，分别测定样品的吸收或散失水分的重量，然后测定水分活度。

（3）化学法　用化学法直接测定样品的水分活度时，利用与水不相溶的有机溶液，一般采用高纯度的苯，萃取样品中的水分，此时在苯中水的萃取量与样品的水分活度成正比；通过卡尔-费休滴定法测定样品萃取液中水分含量，再通过与纯水萃取液滴定结果比较，可以计算出样品中水分活度。

3. 水分活度对微生物生命活动的影响

食品的稳定性与水分活度之间有着密切的联系。因为食品中的微生物生长、脂类自动氧化、非酶褐变、酶促反应等都与水分活度有关。食品中的多种化学反应的反应速率以及曲线的位置与形状是随食品的组成、物理状态及其结构（毛细管现象）而改变，也随大气组成（特别是氧）、温度以及滞后效应而改变。

每种微生物的生长繁殖都要求有最低限度的水分活度，即如果食品的水分活度低于这一数值，微生物的生长繁殖就会受到抑制。影响食品稳定性的微生物主要是细菌、酵母和霉菌。其中，细菌对水分活度敏感性最强，酵母菌次之，霉菌敏感性较差。一般地，各种微生物生长繁殖的最低水分活度范围：大多数细菌为 0.94～0.99，大多数霉菌为 0.80～0.94，大多数耐盐细菌为 0.75，耐干燥霉菌和耐高渗透压酵母为 0.60～0.65。在水分活度低于 0.60 时，绝大多数微生物无法生长。

另外，在微生物的不同生长阶段，其所需的水分活度阈值也不一样，细菌形成芽孢时比繁殖生长时要高。如沈氏芽孢杆菌繁殖生长时的水分活度阈值为 0.96，而芽孢形成的最适宜水分活度值为 0.993，水分活度值若低于 0.97，就几乎看不到有芽孢形成。有些微生物在繁殖中还会产生毒素，微生物产生毒素时所需的水分活度阈值高于生长时所需的水分活度阈值，如黄曲霉生长时所需的水分活度阈值为 0.78～0.80，而产生毒素时要求的水分活度阈值达 0.83。

4. 水分活度对食品化学变化的影响

食品中的化学变化是影响食品稳定性的另一个重要因素。食品中的化学变化可以分为酶促反应和非酶促反应，包括脂肪氧化酸败、非酶褐变、淀粉老化、蛋白质变性、色素分解等反应。水分活度对食品化学变化的影响主要包括：

（1）脂肪氧化酸败　水分活度值很低（$A_w < 0.1$）时，脂肪氧化速率很大；随着水分活度值的增加（A_w 在 0～0.35 范围内），脂肪氧化速率逐步降低；进一步加水（A_w 增加到 0.35～0.80）就会使脂肪氧化速率增加，而后再进一步加水（$A_w > 0.80$）又会引起脂肪氧化速率降低。脂肪氧化速率随着水分活度值忽高忽低变化的原因在于，食品水分活度很低时，向食品中加入水分，这部分水能与脂肪氧化反应中的氢过氧化物形成氢键，此氢键可以保护过氧化物的分解，从而明显地干扰氧化过程，因此可降低过氧化物分解的初速率，最终阻碍氧化反应的进行。另外，食品中存在的微量金属离子也可催化氧化作用的初期反应，但当这些金属离子与水缔合以后，具有的催化活性就会降低。当水加到超过一定边界时，氧化速率增加，因为在这个区域内所加入的水增加了氧的溶解度并使脂肪大分子肿胀，暴露更多催化部位，从而加速了氧化反应过程。当 A_w 值较大（>0.8）时，进一步加入的水可以降低氧化速率，这可能是由于水对催化剂的稀释降低了它们的催化效力，并降低了反应物的浓度（见图 4-3）。

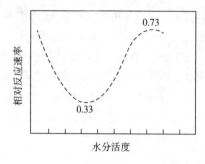

图4-3　水分活度与氧化反应速率的关系

（2）蛋白质变性　蛋白质变性是改变了蛋白质分子多肽链特有的有规律的高级结构，而使蛋白质的许多性质发生改变。因为水能使多孔蛋白质膨润，暴露出长链中可能被氧化的基团，氧就很容易转移到反应位置。所以，水分活度增加会加速蛋白质的氧化作用，破坏保持蛋白质高级结构的次级键，导致蛋白质变性。据测定，当水分含量达4%时，蛋白质变性仍能缓慢进行；若水分含量在25%以下，则不发生变性。

（3）非酶褐变　当食品水分活度在0.2以下时，难以发生美拉德反应和焦糖化反应等非酶褐变；当食品的水分活度大于0.2时，非酶褐变随着水分活度的增大而加速；当食品水分活度值在0.6～0.7之间时，非酶褐变最为严重；此后，随着水分活度的上升，当超过褐变高峰的水分活度值时，则由于溶质的浓度下降而非酶褐变速率减慢。在一般情况下，浓缩的液态食品和中湿食品位于非酶褐变的最适水分含量的范围内。

（4）色素分解　若水分活度增大，色素分解的速率就会加快，例如，葡萄、杏、草莓等水果的色素是水溶性花青素，花青素溶于水时是很不稳定的，1～2周后其特有的色泽就会消失。但花青素在这些水果的干制品中则十分稳定，经过数年贮藏也仅仅是轻微的分解。叶绿素是脂溶性色素，也表现为随着水分活度增大而不稳定。

（5）淀粉老化　在含水量达30%～60%时，淀粉老化的速率最快；如果降低含水量则淀粉老化速率减慢，若含水量降至10%～15%时，水分基本上以结合水的状态存在，淀粉不会发生老化。

5. 水分活度与化学反应速率关系的机理

食品化学反应的最大反应速率一般发生在具有中等水分含量的食品中（水分活度为0.7～0.9），而最小反应速率一般首先出现在水分活度为0.2～0.3附近；当进一步降低水分活度时，除了氧化反应外，其他反应的速率全都保持在最小值。由于这时的水分含量是单层水分含量，所以用食品的单层水的值就可以准确地预测干燥产品最大稳定性时的含水量。

随着水分活度降低，大部分食品中的化学反应（除脂肪氧化反应外）速率降低。在单层水含量处，所有的化学反应速率均处于最低值，总体而言，水分活度降低可以提高食品的稳定性，其机理主要有：

① 大多数化学反应都必须在水溶液中才能进行。如果降低食品水分活度，意味着食品中可用作溶剂的自由水的比例减少，食品中许多可能发生的化学反应、酶促反应受到抑制。

② 很多化学反应属于离子反应。离子反应发生的条件是反应物首先必须进行离子化或水化作用，而发生离子化或水化作用的条件必须有足够的自由水。

③ 很多化学反应和生物化学反应都必须有水分子参加才能进行，如水解反应。若降低水分活度，就减少了参加反应的自由水的数量，反应物（水）的浓度下降，化学反应的速率也就变慢。

④ 许多以酶为催化剂的酶促反应，水除了起着一种反应物的作用外，还能作为底物向酶扩散的输送介质，并且通过水化促使酶和底物活化。当A_w值低于0.8时，大多数酶的活力就受到抑制；若A_w值降到0.25～0.30的范围，则食品中的淀粉酶、多酚氧化酶和过氧化物酶就会受到强烈的抑制甚至丧失其活力。但脂肪酶在水分活度0.1～0.3时仍能保持其活性。

二、食品干燥机制

在物料干燥过程中，大部分自由水被脱除，而果蔬干制品中水分主要以结合水存在，从而降低物料干制品的水分活度。通过增加内容物浓度方式提高渗透压，能有效地抑制微生物活动和物料本身酶的活性，使物料干制品保存期大大延长。

物料在干燥过程中，水分的干燥蒸发主要是依赖两种作用，即水分的外扩散作用和内扩散作用。当原料受热时，首先是原料表面水分的蒸发，称为外扩散；随着表面水分的蒸发，原料内部的较多水分向表面较少水分处移动，称为内扩散。干燥过程所需选用的工艺条件必须使外扩散和内扩散的速度协调，否则原料表面会出现过度干燥而形成硬壳，阻碍水分继续蒸发，甚至出现表面焦化和干裂，降低产品质量。干燥速度的快慢，对物料干制品的好坏起着决定性作用。一般原料切分越小，装载量越小，气压越低，空气流动速度越快。干燥温度越高，相对湿度越小，则水分蒸发的速度越快，干制速度越快。

食品的干燥过程实际上是食品从外界吸收足够的热量使其所含水分不断向环境中转移，从而导致其含水量不断降低的过程。该过程包括了两个基本方面，即热量交换和质量交换（水分及其他挥发性物质的逃逸），因而也称作湿热传递过程。湿热传递过程的特性和规律就是食品干燥的机理。

1. 导湿性

当待干燥食品从外界吸收热量使其温度升高到蒸发温度后，其表层水分将由液态变成气态并向外界转移，结果造成食品表面与内部之间出现水分梯度。在水分梯度的作用下，食品内部的水分不断向表面扩散和向外界转移，从而使食品的含水量逐渐降低。因此，整个湿热传递过程实际上包括了水分从食品表面向外界蒸发转移和内部水分向表面扩散转移两个过程，前者称作给湿过程，后者称作导湿过程。

导湿性就是指在干燥过程中，潮湿食品表面先受热有水分蒸发，而食品里面会慢一点，形成水分梯度，水分梯度使得食品水分从高水分向低水分处转移或扩散的现象。导湿过程的速率由导湿系数 K 决定，而导湿系数 K 在干燥过程中并非稳定不变，它随着物料水分含量和温度而变化。

2. 导湿温性

在加热干燥条件下，当食品中不仅存在水分梯度，而且还存在温度梯度时，水分不仅会在水分梯度的作用下移动，也会在温度梯度的作用下扩散，这种水分从高温端向低温端扩散的现象称作热湿传导现象或导湿温性。导湿温性是在多种因素作用下产生的复杂现象，受到热梯度系数和食品的结构、水分迁移方式等多个因素影响。

目前认为水分在温度梯度下，沿热流方向扩散的机制包括：

① 食品中的冷热层水分子具有不同的运动速度，高温处的运动速度大于低温处；

② 水分子沿食品内的毛细管结构流动，流动方向取决于毛细管势，而毛细管势与表面张力有关，表面张力随温度的升高而降低，从而使毛细管势增加，水分就以液体形式由较热层进到较冷层；

③ 水分在毛细管内夹持空气的作用下发生迁移，温度升高使得毛细管内部夹持空气的体积膨胀，把水分挤向温度较低处。

通常在实际干燥时，温度梯度和水分梯度的方向相反，而且温度梯度起着阻碍水分由内部向表层扩散的作用。但是在对流干燥的降率干燥阶段，往往会出现导湿温性占主导地位的情形。此时食品表面的水分就会向它的内部迁移，其表面蒸发作用仍在进行，导致其表面迅速干燥，温度上升；只有当食品内部因水分蒸发而建立起足够高的压力时，才能改变水分传递的方向，使水分重新扩散到表面蒸发。这种情形不仅延长了干燥时间，而且会导致食品表面硬化。

三、食品干燥特性

食品干燥过程的特性可以用干燥曲线、干燥速率曲线及温度曲线来进行分析和描述。

1. 干燥特性曲线

干燥特性曲线包括干燥曲线、干燥速率曲线及温度曲线。其中干燥曲线是食品含水量随干燥时间而变化的关系曲线，干燥速率曲线是表示干燥过程中任何时间的干燥速率与该时间的食品绝对水分之间关系的曲线，温度曲线是表示干燥过程中食品温度与其含水量之间关系的曲线。

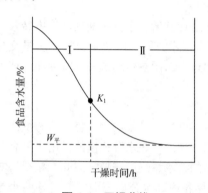

图 4-4　干燥曲线

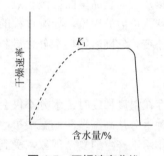

图 4-5　干燥速率曲线

（1）干燥曲线　干燥曲线是说明食品含水量随干燥时间而变化的关系曲线，如图 4-4 所示。从图中曲线可以看出，在干燥开始后的很短时间内，食品的含水量几乎不变。这个阶段持续的时间取决于食品的厚度。随后，食品的含水量直线下降。在某个含水量（第 I 临界含水量）以下时，食品含水量的下降速度将放慢，最后达到其平衡含水量，干燥过程即停止。

（2）干燥速率曲线　干燥速率曲线是表示干燥过程中任何时间的干燥速率与该时间的食品绝对水分之间关系的曲线，典型的干燥速率曲线如图 4-5 所示。它实际上是根据干燥曲线用图线微分法画成的，因为干燥曲线上任何一点的切线倾角的正切即为该含水量时的食品干燥速率。该曲线表明，在食品含水量仅有较小变化时，干燥速率即由零增加到最大值，并在随后的干燥过程中保持不变，这个阶段称作恒率干燥期。当食品含水量降低到第 I 临界点时，干燥速率开始下降，进入所谓的降率干燥期。由于在降率干燥期内干燥速率的变化与食品的结构、食品的大小、水分与食品的结合形式及水分迁移的机理等因素有关，因此，不同的食品具有不同的干燥速率曲线，在图中以虚线表示。

（3）温度曲线　温度曲线是表示干燥过程中食品温度与其含水量之间关系的曲线，典型的温度曲线如图 4-6 所示。由图中可以看出，在干燥的起始阶段，食品的表面温度很快达到湿球温度。在整个恒率干燥期内，食品的表面均保持该温度不变，此时食品吸收的全部热量都消耗于水分的蒸发。从第 I 临界点开始，由于水分扩散的速度低于水分蒸发速度，食品吸收的热量不仅用于水分蒸发，而且使食品的温度升高。当食品含水量达到平衡含水量时，食品的温度等于加热空气的温度（干球温度）。

2. 干燥阶段

根据干燥特性曲线可以把干燥过程分为三个阶段，分别是初期加热阶段、恒速干燥阶段和降速干燥阶段。

（1）初期加热阶段　干燥开始，物料湿度稍有下降，此时是物料加热阶段，物料表面温度提高并达到湿球温度，干燥速率由零增到最高值。这段曲线的持续时间和速率取决于物料厚度与受热状态。

（2）恒速干燥阶段　物料湿度呈直线下降，干燥速率稳定不变。在这个阶段内向物料提供的热量全消耗于水分的蒸发，物料表面温度基本不变。由于是恒速干燥，空气状态不

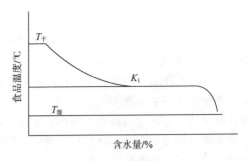

图4-6　温度曲线

变，只要表面有足够的水分，则表面汽化速率不变。因此，恒速干燥阶段实际上是表面汽化控制的干燥阶段。在此阶段中，物料表面水分饱和，空气传给物料的热量等于水分汽化所需的潜热。对流干燥时物料表面温度等于空气的湿球温度，真空干燥时物料表面温度接近于操作真空度下水的沸腾温度。

恒速干燥阶段由于食品所吸收的热量全部用于水分的蒸发，表面水分蒸发速率与内部水分扩散的速率相当，因此，可以采用适当高些的空气温度，以加快干燥过程。一般情况下，除了含淀粉或胶质较多的食品外，生鲜食品在干燥初期时，均可以采用较高的空气温度；含淀粉或胶质较多的食品，如果采用较高的空气温度，干燥时其表面极易形成不透水薄层干膜，阻碍水分的蒸发，因此只能使用较低空气温度。

（3）降速干燥阶段　在降速干燥阶段，物料湿度下降速率减慢，干燥进入末期，物料湿度逐渐向平衡湿度靠拢，干燥速率下降。因食品表面水分蒸发速率大于内部水分扩散速率，从内部扩散到表面的水分不足以润湿表面，物料表面出现已干的局部区域，同时表面温度逐渐上升，并达到空气的干球温度。随着干燥的进行，局部干燥区逐渐扩大，水分汽化的前沿平面由物料表面向内部移动，水分从物料内层汽化，直至物料含水量达到平衡含水量，干燥即停止。

降速干燥阶段与恒速干燥阶段的情况相反，属于内部扩散控制。此时应降低空气温度和流速，以控制食品表面水分蒸发的速率和避免食品表面过热，对于热敏性食品尤其重要。在食品工业中，物料的降速干燥最为常见。如新鲜水果、蔬菜、畜肉、鱼肉等加工制品以及果胶、明胶、酪蛋白等胶体物质的干燥均以降速干燥阶段为主，有时甚至无恒速干燥阶段，此时干燥操作的强化需从改善内部扩散着手。

恒速干燥阶段和降速干燥阶段的转折点称为临界点，它代表了表面汽化控制和内部扩散控制的转折点。临界点处物料的含水量称为临界含水量或临界湿含量。临界含水量因物料的性质、厚度和干燥速率而异。同一物料，如干燥速率增加，则临界含水量增大；在一定的干燥速率下，物料愈厚，则临界含水量愈高，临界含水量通常由实验测定。

四、干燥过程中食品品质的变化

干燥过程中，由于受热和失水，食品物料的物理和化学特性发生较大变化，对这些变化的把握是选择适当干燥方法和贮藏条件的基础。

(一) 干燥过程中物料的物理变化

食品干燥时出现的物理变化主要有干缩、干裂、表面硬化、孔隙形成热塑性出现、质构变化、溶质迁移等。

1. 干缩和干裂

细胞失去活力后仍能不同程度地保持原有的弹性，但受力过大，超过弹性极限，即使外力消失，它再也难以恢复原来状态。干缩正是物料失去弹性时出现的一种变化，也是不论有无细胞结构的食品干燥时最常见的、最显著的变化之一。

弹性完好并呈现饱满状态的物料全面均匀地失水时，物料将随着水分消失均衡地线性收缩，即物体大小均匀地按比例缩小。实际上，物料的弹性并非绝对的，干燥时食品块片内的水分也难以均匀地排出，故物料干燥时均匀干缩极为少见。因此，食品物料不同，干燥过程中它们的干缩也各有差异。干燥时，蔬菜丁的典型形态变化如图4-7所示。

图4-7（a）为干燥前蔬菜的原始形态，图4-7（b）为干燥初期食品表面的干缩形态，蔬菜丁的边和角渐变圆滑。继续脱水干燥时水分排出向深层发展，最后至中心处，干缩也不断向物料中心进展，遂形成凹面状的蔬菜丁，如图4-7（c）所示。

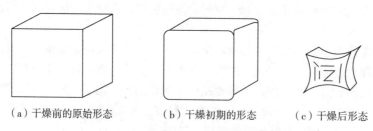

（a）干燥前的原始形态　　　（b）干燥初期的形态　　　（c）干燥后形态

图4-7　脱水干燥过程中蔬菜丁形态的变化

完全干燥的胡萝卜丁的剖面就是极度干缩的表现，如图4-8所示。该图显示它的内部呈均匀稠密状，这只有从表面向内缓慢而均匀地干燥收缩时才能形成。高温快速干燥食品表面层早在物料中心干燥前已干硬，之后中心干燥和收缩就会脱离干硬膜而出现内裂、孔隙和蜂窝状结构，此时，表面干硬并不会出现类似图4-8那样凹面状态。快速干燥的马铃薯丁具有轻度内凹的干硬表面、为数较多的内裂纹和气孔，而缓慢干燥的马铃薯丁则有深度内凹的表面层和较高的密度。

上述两种干制品各有优缺点。密度低（即质地疏松）的干制品容易吸水，复原迅速，复原后和物料原状相似；但它的包装材料和贮运费用较大，内部多孔易于氧化，贮藏期较短。高密度干制品复水缓慢，但包装材料和贮运费用较为节省。

图4-8　完全干燥胡萝卜丁横断面

2. 表面硬化

表面硬化是食品物料表面收缩和封闭的一种特殊现象。如物料表面温度很高，就会因为内部水分未能及时转移至物料表面，表面迅速形成一层干燥薄膜或干硬膜。它的渗透性极差，以致将大部分残留水分封闭在食品内，同时还使干燥速率急剧下降。

一些含有高浓度糖分和可溶性物质的食品干燥时最易出现表面硬化。在由细胞构成的食品内有些水分常以分子扩散方式流经细胞膜或细胞壁，到达表面后以蒸汽分子向外扩散，让溶质残留下来；块片状和浆质态食品内常存在大小不一的气孔、裂缝和微孔，小的可细到和毛细管相同，食品内的水分也会经微孔、裂缝或毛细管扩散，其中有不少能上升到物料表面蒸发掉，以致它的溶质残留在表面上；干燥初期某些水果表面堆积有含糖的黏质渗出物。通过以上几种方式堆积在物料表面的这些物质会将干燥时正在收缩的微孔和裂缝加以封闭，在微孔收缩和被溶质堵塞的双重作用下最终出现表面硬化。此时若降低食品表面温度使物料缓慢干燥，一般就能延缓表面硬化。

3. 孔隙的形成

干燥过程中食品物料中孔隙的形成分以下几种情况：a. 快速干燥时物料表面硬化使物料外部不能收缩，内部失去水分干缩形成裂缝和孔隙；b. 物料内部蒸气压的迅速建立支持物料维持原有形状，当内部蒸汽释放后，物料已经干燥，形成孔隙，膨化马铃薯正是利用外逸的蒸汽促使其膨化；c. 加发泡剂并经搅打发泡而形成稳定泡沫状的液体或浆质体食品干燥后，也能成为多孔性制品；d. 真空干燥时的高度真空也会促使水蒸气迅速蒸发并向外扩散，从而制成多孔性制品；e. 冷冻干燥时，物料被冻结，干燥后物料维持原有形状，内部形成孔隙。

4. 热塑性的出现

不少食品为热塑性物料，即加热时会软化的物料，糖分及其他物质含量高的果蔬汁就属于这类食品。例如，橙汁或糖浆在平盘或输送带上干燥时，水分虽已全部蒸发掉，但残留固体物质却仍像保持水分那样呈热塑性黏质状态，黏结在设备上难以取下，然而冷却时它会硬化成结晶体或无定形玻璃状而脆化，此时就便于取下。因此，大多数输送带式干燥设备内常设有冷却区。

5. 质构的变化

由于食品成分的差异以及它们在干燥过程中受热程度、干燥速率不同，发生的物理、化学作用不同，干制品的质构也发生了不同程度的变化。干燥时水分被去除，热及盐分的浓缩作用很容易引起蛋白质变性，变性的蛋白质不能完全吸收水分，淀粉及多数胶体也发生变化而使其亲水性下降。

6. 溶质迁移现象

食品在干燥过程中，其内部除了水分会向表层迁移外，溶解在水中的溶质也会迁移。溶质的迁移有两种趋势：一种是食品干燥时表层收缩使内层受到压缩，导致组织中的溶液穿过孔穴、裂缝和毛细管向外流动，迁移到表层的溶液蒸发后，浓度将逐渐增大；另一种是在表层与内层溶液浓度差的作用下出现的溶质由表层向内层迁移。上述两种方向相反的溶质迁移的结果是不同的，前者使食品内部的溶质分布不均匀，后者则使溶质分布均匀化。干制品内部溶质的分布是否均匀，最终取决于干燥速率，也即取决于干燥的工艺条件。只要采用适当的干制工艺条件，就可以使干制品内部溶质的分布基本均匀化。

(二) 干燥过程中物料的化学变化

食品干燥过程中，除物理变化外，同时还会有一系列化学变化发生，这些变化对干制品及其复水后的品质如色泽、风味、质地、黏度、复水率、营养价值和贮藏期会产生影响。

1. 酶活性的变化

干燥过程中随着物料水分降低，一方面酶的活性下降，但只有干制品水分降低到10%以下时，酶的活性才会完全消失；另一方面酶和基质即酶作用的对象同时增浓。在这两方面的作用下，干燥初期，酶促化学反应可能会加剧，只有在干燥后期，酶的活性降低到一定程度，酶促化学反应才会显著降低。但在低水分干制品贮藏过程中，特别在它吸湿后，酶仍会缓慢地活动，从而有造成食品品质恶化或变质的可能。

影响食品中酶稳定性的因素有水分、温度、pH 值、离子浓度、食品成分、贮藏时间及酶抑制或激活剂等。水分活度只是影响其稳定性的因素之一，许多干制品的最终水分含量难以达到 1% 以下，因此靠减小水分活度值来抑制酶对干制品品质的影响并不十分有效。

酶在湿热条件下处理时易钝化，如于 100℃时瞬间即能破坏它的活性；但在干热条件下难以钝化，如在干燥状态下，即使用 204℃热处理，钝化效果亦极其微小。因此，为了控制干制品中酶的活动，就有必要在干制前对食品进行湿热或化学钝化处理，使酶失去活性。

2. 食品主要营养成分的变化

干燥后食品失去水分，残留物中营养成分浓度增加，每单位质量干制食品中蛋白质、脂肪和碳水化合物的含量就大于新鲜食品，如表 4-4 所示。但比较复水干制品和新鲜食品则发现，和其他食品保藏方法一样，它的品质总是低于新鲜食品的。

表 4-4　新鲜和脱水干制食品的营养成分的比较　　　　　　　　单位：%

营养成分	牛肉		青豆	
	新鲜	干制品	新鲜	干制品
水分	68	10	80	5
蛋白质	20	55	7	25
脂肪	10	30	1	3
碳水化合物	1	1	11	65
灰分	1	4	1	2

水果和蔬菜含有较丰富的碳水化合物，而蛋白质和脂肪的含量却极少。果糖和葡萄糖不是很稳定，易于分解，高温长时间的干燥会导致糖分损耗；加热时碳水化合物含量较高的食品极易焦化；缓慢晒干过程中初期的呼吸作用也会导致糖分分解，还原糖还会和有机酸反应而出现褐变，要用二氧化硫处理果蔬组织才能有效地加以控制。因此，碳水化合物的变化会引起果蔬变质和成分损耗。动物组织内碳水化合物含量低，除乳蛋制品外，碳水化合物的变化不是干燥过程中的主要问题。

脂类的氧化酸败是含脂干燥食品变质的主要因素，它产生臭味，使得脂肪酸降解和某些维生素破坏，成为维护干制品品质的重要问题。干燥阶段，虽然高温脱水时脂肪氧化比低温时严重得多，但由于时间短，不易被察觉。但在贮藏阶段，虽然水分和温度都低，但时间长，脂肪氧化酸败对食品品质的影响较大。

水分对食品氧化酸败的影响与其他微生物活动如非酶褐变、酶反应和组织变化明显不同。水分活度低，含有不饱和脂肪酸的食品放在空气中极容易遭受氧化酸败，即使水分活度低于单分子层水分也很容易酸败。

谷类食品虽然被认为不是脂肪性食品，但由于其含有一定量的脂肪，因此这类食品贮藏品质主要取决于其对自动氧化的耐性，且直接与谷类的水分有关。脂肪氧化问题常靠添加抗氧化剂来减缓，如酚型抗氧化剂丁基羟基茴香醚（BHA）、二丁基羟基甲苯（BHT）和没食子酸丙酯（PG）。金属螯合剂如柠檬酸和抗坏血酸的添加，有复合增强抗氧化作用。水的存在状态将会影响抗氧化剂的作用，如 EDTA 和柠檬酸在水分活度增加时抗氧化作用加强。

干制品中也常出现维生素损耗，部分水溶性维生素常会被氧化掉，预煮和酶钝化处理也会使其含量下降。维生素损耗程度取决于干燥前物料预处理工艺的合理程度、干燥方法和干燥操作的合理程度，以及干制食品贮藏条件。如胡萝卜素在日晒时损耗极大，喷雾干燥时则损耗极少；水果晒干时维生素 C 损耗极大，但升华干燥就能将维生素 C 和其他营养素大量地保存下来。从各方面来说，维生素 C 在迅速干燥时的保存量大于缓慢干燥。

乳制品中维生素含量取决于原料乳内的维生素含量及其在加工中可能保存的量，滚筒或喷雾干燥时有较好的维生素 A 保存量。虽然滚筒或喷雾干燥时会出现硫胺素（维生素 B_1）损耗，但与普通热风干燥相比，它的耗损量仍然较低。核黄素（维生素 B_2）的损耗与之相似。牛乳干燥时抗坏血酸（维生素 C）也有损耗，抗坏血酸对热并不稳定又易氧化，故它在普通的干燥过程中会全部损耗掉。若选用合理的干燥方法如升华和真空干燥，制品内抗坏血酸保留量将和原料乳大致相同。干燥也会导致维生素 D 大量损耗，而其他维生素如吡哆醇（维生素 B_6）和烟碱酸（维生素 B_3）实质上损耗很少，故干燥前牛乳中常需加维生素 D 强化。

肉类制品中维生素含量略低于鲜肉，加工中硫胺素会遭受损耗，高温干燥时损耗量比较大，核黄素和烟碱酸的损耗量则比较小。

（1）色泽的变化 食品的色泽常因观察食品的环境和食品反射、散射、吸收或传递可见光的能力而异。食品原来的色泽一般都比较鲜艳，干燥时改变了它们的物理和化学性质，使食品反射、散射、吸收和传递可见光的能力发生变化，从而改变了食品的色泽。

干燥过程中类胡萝卜素也会发生变化，温度越高，处理时间越长，色泽变化量也就越多。花青素同样会受到干燥的影响，硫处理会促使花青素褪色。所有呈天然绿色的高等植物中存在叶绿素 a 和叶绿素 b 的混合物，叶绿素呈现绿色的能力和色素分子中镁的保存量成正比。湿热条件下叶绿素将失去一部分镁原子而转化成脱镁叶绿素，呈橄榄色，不再呈草绿色。虽然利用微碱条件能控制镁的流失，但很少能改善食品的色泽。

（2）食品风味的变化 很多呈味物质的沸点都很低，干燥高温极易引起呈味物质的挥发。如果牛乳失去极微量的低级脂肪酸，特别是硫化甲基，虽然它的含量实际上仅为亿分之一，但其制品却已失去鲜乳风味。在喷雾干燥制成的全脂乳粉中，挥发性的硫经热处理后含量极少，甚至没有。不过一般处理牛乳时所用的温度即使比通常的低，蛋白质仍然会发生变化并有挥发硫放出。

迄今为止，要完全阻止干制食品中风味物质损耗几乎并不可能，为此常从干燥设备中回收或冷凝外逸的蒸气，再加回到干制食品中，以便尽可能保存它的原有风味。此外，也可从其他来源取得香精或风味制剂以补充干制品中的损耗，或干燥前在某些液态食品中添加树胶和其他物质以阻止可能出现的风味损耗。这些物质中的某些成分有固定风味的能力，而另一些物质能包住干粒，形成物理性障碍，以阻止风味物质外逸。

第二节 食品干燥条件的选择

一、影响干燥的因素

物料干燥本质就是将物料中的水分除掉，而影响到水分去除的因素很多，主要包括温度、风速（循环风量）、表面积、相对湿度、物料自身散湿速度、物料形态等。

（一）物料自身的性质

物料的性质包括物料本身的结构、形态和大小以及水分的结合方式等，是决定干燥速率的主要因素。

1. 水分的存在状态

物料的干燥与物料中水分存在的状态有关。水分在物料中的存在状态有三种：表面水、毛细管中的水和细胞内的水。除有细胞组织的药材外，多数物料中的水分以前二者状态存在。物料表面水，较易通过一般的加热汽化而除去；毛细管中的水，较在同温同压下的表面水需要消耗更多的能量才能汽化；细胞内的水由于被细胞膜包围和封闭，需经缓慢的扩散作用，扩散至膜外后方能汽化除去，所以较难干燥。

2. 物料的形状

一般颗粒状物料比粉末状物料干燥快，结晶性物料比粉末干燥快，且结晶愈大，干燥愈快。因为粉末之间空隙少，内部水分扩散慢，故干燥效率低。

3. 物料暴露面积

被干燥物料暴露面积的大小直接影响到干燥的效率。在静态下进行干燥，由于气流只在物料层表面掠过，所以干燥的暴露面积小，干燥效率差。可在干燥过程中将物料体积变小，铺成均匀薄层，并及时翻动。在动态下进行干燥，应使物料处于跳动状态或悬浮在气流中，粉粒彼此分开，能快速增大被干燥物料的暴露面，如沸腾干燥技术、喷雾干燥技术等。

4. 物料的厚度

物料堆积愈厚，暴露面积愈小，干燥也就愈慢，反之则快。

一般说来，颗粒状物料比粉末状物料干燥快；结晶性物料和有组织细胞的药材比浸出液浓缩后的膏状物料干燥快。膏状物料中的水分主要以溶解的形式与溶质结合，由于内部水分不易扩散出来，故蒸发只能在表面徐徐进行；同时这些溶解成分具有较强的吸湿性，若没有特殊适合条件是很难达到干燥目的的；过厚的膏状物层在干燥时还易导致过热现象，对此类物料通常选用涂膜干燥技术。

（二）干燥介质的温度、湿度、流速与压力

1. 干燥介质的温度

温度主要作用是将物料内部的水蒸发出来，物料干燥时温度越高，干燥介质与湿物料间温度差越大，分子运动速率加快，无疑会加快蒸发速率，加大蒸发量，干燥速率加快。但过高的干燥温度会致不耐热药物成分破坏，所以应根据物料的性质选择适宜的干燥温度，以防止某些成分被破坏。干燥时若用静态干燥法则温度宜由低到高缓缓升温，而流化操作则需较高温度方可达到干燥目的。

2. 干燥介质的湿度

干燥介质湿度对干燥的影响包括两个方面：a. 被干燥物料的相对湿度；b. 面上空间的相对湿度。物料本身湿度大，水汽量大，则干燥空间的相对湿度也大，物料干燥时间需长，干燥效率低。因此在静态干燥（如密闭的烘房、烘箱内）时，为避免相对湿度饱和而停止蒸发，常采用加吸湿剂（如石灰、硅胶等）将空间水分吸除，或采用排风、鼓风装置使空间气体流动更新，及时将汽化了的湿气带走。流化操作由于采用热气流干燥，因此常先将气流本身进行干燥或预热，以达降低相对湿度的目的。

3. 干燥介质的流速

流速主要影响对流传热的干燥过程。一般情况下，介质流速越大，干燥也越快，特别在干燥的初期。干燥介质的流动方向与物料表面平行时，干燥最快，垂直时最慢。此外高流速还可以将热量带给物料并将物料表面的水分带走，足够的风量才能保证库体内部空气的完全循环，要根据物料特性和机组的参数来设计。

4. 干燥空气的压力

压力与干燥的速率成反比，压力越大，干燥速率越慢。因此减压是加快干燥的有效手段，如真空干燥技术既能加快干燥速率，又能降低干燥温度，并使物料干燥后疏松易碎，有

利于保证食品物料质量。

(三) 干燥速率及干燥方法

　　干燥应控制在一定速率下缓缓进行。干燥过程中首先表面水分很快被蒸发除去，然后内部水分扩散至表面继续蒸发。当干燥速率过快时，物体表面的蒸发速率大大超过内部液体扩散到液体表面的速率，促使表面的粉粒彼此黏着，甚至熔化结壳，阻碍内部液体的扩散和蒸发，形成假干燥现象。假干燥的物质不能很好地保存，也不利于继续制备操作。因而应根据干燥方法的特点，适当地控制干燥速率。

　　干燥方法与干燥速率也有较大关系。静态干燥如烘房、烘箱等因物料处于静态，物料暴露面小，水蒸气散失慢，干燥效率差。沸腾干燥、喷雾干燥属流化操作，被干燥物料在动态情况下，粉粒彼此分开，不停地跳动，与干燥介质接触面大，干燥效率高。

二、干燥条件对干燥的影响

　　尽管影响干燥的因素很多，但与干燥技术相结合，在工艺过程中对干燥效果产生显著影响的干燥操作条件主要包括：干燥温度、空气流速、空气相对湿度、大气压和真空度。

(一) 干燥温度

　　温度在干燥过程中是一个重要影响因素。若空气的相对湿度不变，温度愈高，达到饱和所需的水蒸气愈多，水分蒸发就愈容易，干燥速率也就愈快；反之，温度愈低，干燥速率也就愈慢，产品容易发生氧化褐变，甚至生霉变质。传热介质和物料间温差越大，热量向物料传递的速率也越大，水分的外逸速率将因此而增大。若以空气为加热介质，则温度就降为次要因素，原因是物料中的水分以水蒸气状态从它表面逸散时，将在其周围形成饱和水蒸气层。若不及时排出，将阻碍物料内部水分进一步逸散，从而降低其蒸发速率，因温度而引起的对干燥过程的影响也将因此而有所降低。

　　不过温度与空气相对湿度密切相关，空气温度愈高，它在饱和前所能容纳的蒸汽量愈多，其携湿能力增加，还有利于干燥进行。但温度提高将使相对湿度下降，因此改变其相对应的平衡湿度，这在干燥控制时极为重要。因此在干燥时，一般采用高温是有限度的，这是由于：a. 柔软多汁的原料会因为温度过高汁液膨胀而引起组织破裂；b. 高温低湿易发生结壳现象；c. 高温易引起糖的焦化。适宜的干燥温度一般是干燥初期 $75 \sim 90 \, ^{\circ}\text{C}$，干燥后期或接近终点时，温度控制在 $50 \sim 60 \, ^{\circ}\text{C}$。

(二) 空气流速

　　在环境温度恒定、空气稳定不流动的情况下，由于物料中水分的蒸散空气的湿度逐渐达到饱和状态，干燥过程减慢，最后甚至停止。因此加快干燥表面空气流速，不仅有利于发挥热空气的高效带湿能力，能容纳更多的蒸发水分；还能及时将积累在物料表面附近的饱和湿空气带走，以免阻止物料内水分的进一步蒸发。此时，干燥空气流动速度愈快，与物料表面接触的热空气越多，有利于进一步传热，加速物料内部水分的蒸发，干燥的时间愈短。但空气的流速对降速阶段几乎无影响。这是因为提高空气的流速，可以减小气膜厚度，降低表面气化的阻力，从而提高等速阶段的干燥速率。而空气流速对内部扩散无影响，故与降速阶段的干燥速率无关。

一般在人工干燥设备中采用排风扇、鼓风机等加速空气流动。应注意的是，若空气流动速率过快，热空气消耗就较多，增加了动力的支出，也就相应地提高了成本。此外由于物料脱水干燥过程有恒速与降速阶段，为了保证干燥品的品质，空气流速与空气温度在干燥过程要互相调节控制，才能发挥更大的作用。

(三) 空气相对湿度

干燥的成功与否，不仅决定于温度，而且决定于周围空气的湿度。空气常用作干燥介质，依据物料解吸等温线，物料水分能下降的程度是由空气相对湿度所决定的，干燥的物料易吸湿，最终物料中的水分始终要与其周围空气相对湿度处于平衡状态。干燥过程是物料中的水分以蒸汽状从物料转移到干燥介质中的过程。空气的相对湿度反映出空气的干燥程度，即空气在干燥过程中所能携带水蒸气的能力，以及空气中水蒸气的分压。干燥过程水分由内部向表面转移、经从表面外逸都以物料的水蒸气分压与空气中水蒸气分压差为推动力。当物料表面水蒸气分压大于空气水蒸气分压，表面进行干燥，内部由于水分迁移势，水分不断向表面转移，完成整个干燥过程。反之，当空气的水蒸气分压高于物料表面水蒸气分压，则物料吸湿。当干燥介质尚未为水蒸气饱和时，它仍能吸收水分，并能把这一未饱和状态的空气当作干燥剂；当干燥介质为水蒸气所饱和时，即使在 100℃ 下也不能产生任何干燥作用。当空气的水蒸气分压与物料表面水蒸气分压达到平衡时，物料既不吸湿也不解湿（脱水）。

因此，在干燥过程中控制空气的相对湿度对控制干燥质量和速率很有意义。当环境中温度一定时，降低湿度也可加快物料的干燥速率。在无限空间进行干燥时，如晾晒新鲜蔬菜，由于空气易于流动，所以相对湿度能经常保持低限，干燥能顺利进行；在有限空间进行干燥时，如密闭的房间、烘箱或烘房内，降低内部空间的相对湿度是必不可少的措施，否则干燥无法进行。在使用烘箱干燥时，常发生接近加热面的物料易干，而远离加热面的不易干，甚至出现变湿的现象，这是由于在远离加热面的空间相对湿度因温度降低而急剧升高。降低有限空间相对湿度的有效办法有：利用吸湿剂吸除空气中的蒸汽，例如用生石灰吸水；更新气流；升温或防止温度下降。更新气流和升温或防止温度下降常常结合用于一般烘箱设计中。在更新气流时，补充的空气应先预热，以防引起相对湿度急剧升高。对空气的预热，也相当地降低其本身的相对湿度。但要注意，在干燥初期若湿度过低会使蔬菜表面水分蒸散过快而产生结壳。生产中，通常在干燥初期保持较高的相对湿度，待接近后期再降低相对湿度。

(四) 大气压和真空度

当大气压力达 101.3kPa 时，水的沸点为 100℃；当大气压力达 19.9kPa 时，水的沸点为 60℃。可见干燥温度不变时，压力与蒸发量成反比，气压越低，则沸腾越易加速，因而减压是改善蒸发，加快干燥的有效措施。真空干燥是一常用实例，在真空室内加热，干燥就可以在较低的温度条件下进行，并能加快蒸发速率，使产品疏松易碎，有利于提高物料有效成分的稳定性，使产品质量得到保证。麦乳精的干燥工艺就是在真空室内用较高温度（加热板加热）将其干燥成质地疏松的成品。对于热敏性食品物料的脱水干燥，低温加热与缩短干燥时间对制品的品质也极为重要。但应注意的是，在真空室内由于缺乏对流传热介质，只能依靠间壁传热，因此应注意物料与加热板的接触面积。

三、食品性质对干燥的影响

构成食品物料的成分以及干燥过程变化的复杂性，如食品的不同成分在物料中的位置、溶质浓度、结合水的状态、食品的细胞结构及物料的表面积等都会极大地影响热与水分的传递，结果影响干燥速率及最终产品的质量。

（一）食品的不同成分在物料中的位置

从分子组成角度来看，真正具有均一组成成分结构的食品物料并不多。一块肉有肥有瘦，许多纤维性食物也都具有方向性，因此正在干燥的一片肉，肥瘦组成不同部位将有不同的干燥速率，特别是水分的迁移需通过脂肪层时，对速率影响更大。故肉类干燥时，将肉层与热源相对平行，避免水分透过脂肪层，就可获得较快的干燥速率。同样该原理也可用到肌肉纤维层。食品成分在物料中的位置对干燥速率的影响也发生于乳状食品中，油包水乳浊液的脱水速率慢于水包油型乳浊液。

（二）溶质浓度

食品中溶质的存在，尤其是高糖分食品物料或低分子量溶质的存在，会提高溶液的沸点，影响水分的汽化。因此溶质浓度愈高，维持水分的能力愈大，相同条件下干燥速率下降。

（三）结合水的状态

与食品物料结合力较低的游离水分首先蒸发，最易去除；靠物理化学结合力吸附在食品物料固形物中的水分相对较难去除，如进入胶质内部（淀粉胶、果胶和其他胶体）的水分去除更缓慢；最难去除的是由化学键形成水化物形式的水分，如葡萄糖单水化物或无机盐水合物。

（四）食品的细胞结构

天然动植物组织具有细胞结构的活性组织，在其细胞内及细胞间维持着一定的水分，具有一定的膨胀压，以保持其组织的饱满与新鲜状态。当动植物死亡时，其细胞膜对水分的可造性加强。尤其受热（如漂烫或烹调）时，细胞蛋白质发生变性，失去对水分的保护作用。因此，经热处理的果蔬与肉、鱼类的干燥速率要比其新鲜状态快得多。

（五）物料的表面积

为了加速湿热交换，被干燥湿物料常被分制成薄片或小条（粒状），再进行干燥。物料切成薄片或小颗粒后，缩短了热量向物料中心传递和水分从物料中心外移的距离，增加了物料与加热介质相互接触的表面积，为物料内水分外逸提供了更多途径及表面，加速了水分蒸发和物料的干燥过程。物料表面积愈大，干燥效率愈高。因此，湿物料的表面积也是影响干燥速率的主要因素。例如，当物料呈结晶状、颗粒状、堆积薄者等较粉末状、膏状、堆积厚者干燥速率快。而一些胶体（无孔）物料，如草药浸膏在干燥时不像晶体物质能形成粒状并在颗粒之间有裂隙，也不同于有组织细胞的药材具有多量毛细管，而且细胞膜也有微孔使其中液体能扩散出来。膏状物的蒸发只能在表面徐徐进行，内部水分不易扩散出来，加之这些溶解成分具有较强的吸湿性，没有特殊适应条件，很难干燥。对于这类物料也可将其浓缩到一定浓度后在加热面上涂成薄层进行干燥。

四、食品干燥条件的优化

干燥的目的在于除去物料中的水分，而物料中的水分首先需要通过物料内部扩散移至物料表面，然后再由物料表面汽化脱除，所以表面汽化与内部扩散的速率共同决定了干燥速率。一般来说，在升高温度的同时降低相对湿度是提高干燥速率的最有效方法。例如果蔬干制的初期，可以适当提高温度，因为初期原料水分多，但也不应过高，否则，会引发胀裂、流汤乃至结壳现象，进而影响水分的蒸发和扩散，最终延误了干燥。因此，干燥过程的控制就是要合理地处理好物料内外部传热与传质的关系，使得表面汽化与内部扩散的速率相适应，从而有效地控制干燥过程的进行。

干燥过程中，当表面汽化速率小于内部扩散速率时，因物料表面有足够的水分，物料表面的温度就可近似认为是干燥介质的湿球温度，水分的汽化也可认为是近于纯水表面的汽化，这时改善介质与物料之间的传热和传质状况都有利于提高干燥速率。

提高传热效率可采取的措施包括：

① 提高干燥介质的温度，以增大干燥介质与物料表面之间的温差，强化传热速率。但这易使制品表面温度迅速升高，表面水分与内部水分浓度差太大，表面受压，内部受拉，易使坯体变形甚至开裂。另外，对高温敏感的物料，干燥时干燥介质的温度不宜过高。

② 提高对流换热系数。对流换热的热阻主要表现在物料表面的边界层上，边界层越厚，对流换热系数越小，传热越慢。对流换热系数与流体的流动速度成正比，加快干燥介质的流动速度，可提高对流换热系数，提高传热速率。

③ 增大传热面积，使物料均匀分散于干燥介质中，或变单面干燥为双面干燥，可以增加传热。

提高传质效率常用的方法包括：

① 降低干燥介质的湿度，增加传质的推动力。

② 提高对流传质系数，即加快干燥介质的流动速度。增加空气流速，可提高对流传质系数，从而提高外扩散速率，大大加快干燥速率。风力可促进空气的流动，把已达饱和的高湿空气吹走，把湿度小的空气换进来，使物料所含水分不断散失。

而当表面汽化速率大于内部扩散速率时，物料的干燥受内部扩散速率的限制，水分无法及时到达表面，造成汽化界面逐渐向内部移动，产生干燥层，使干燥的进行较表面汽化控制更为困难。要强化干燥速率就必须改善内部扩散因素。水分的内扩散速率是由湿扩散和热扩散共同决定的。湿扩散是物料中由湿度梯度引起的水分移动，热扩散是物料中存在温度梯度而引起的水分移动。湿扩散与热扩散的方向与加热方式有关，采用外部加热时，物料表面的温度高于物料内部，物料表面水分蒸发，内部水分浓度大于表面水分浓度，水分由内部向表面迁移，湿扩散方向由内而外，有利于干燥；而热扩散是由于表面温度高于内部温度，与传热方向一致，热扩散是由外而内，不利于干燥。如果采用内热源加热时，热扩散方向与湿扩散方向一致，加快了干燥过程。因此，提高内扩散速率可采取以下措施：

① 设法使物料中心温度高于表面温度，使热扩散与湿扩散方向一致，如远红外加热、微波加热方式。

② 当热扩散与湿扩散方向一致时，强化传热，提高物料中的温度梯度；当两者相反时，加强温度梯度虽然扩大了热扩散的阻力，但可以增强传热并使物料温度上升，湿扩散从而得以增加，故能加快干燥。

③ 减薄坯体厚度，变单面干燥为双面干燥。在烘盘上，原料的厚度对干燥有直接影响，

装得过厚不利于水分内部扩散。因此在生产初期，可摊薄些，后期再合并盘，加厚料层，这样既有利于烘干，也可加大产量。

④ 降低介质的总压力，有利于提高湿扩散系数，从而提高湿扩散速率。

⑤ 考虑其他坯体性质和形状等方面的因素。切分越薄，表面积越大，干燥速率就越快。

第三节　典型的食品干燥技术及应用

一、对流干燥技术

对流干燥技术就是利用干热空气为介质，实现干燥过程中的物质和能量转化的干燥方法，是食品工业生产采用最为广泛的一种干燥方法，适用于各种食品物料的干燥。

(一) 自然干燥

自然干燥是一种最为简便易行的对流干燥方法，它是利用自然条件，把食品物料平铺或悬挂在晒席、晒架上，直接暴露于阳光和空气中，食品物料获得辐射能，自身温度随之上升，其内部水分因受热而向表面的周围空气蒸发，因而形成水蒸气分压差和温度差，促使食品水分在空气自然对流中向空气中扩散，直到它的水分含量降低到和空气温度及相对湿度相适应的平衡水分为止。显然，炎热和通风是自然干燥最适宜的气候条件。

自然干燥方法简单、费用低廉、不受场地局限，我国广大农户多用于粮食谷物的晒干和菜干、果干的制作。这种干制品长时间在自然状态下受到干燥和其他各种因素的作用，物理化学性质发生了变化，以致生成了具有特殊风味的制品。我国许多有名的传统土特产品都是用这种方法制成的，例如干枣、柿饼、腊肉、火腿等。

自然干燥的缺点是干燥时间长，制品容易变色，维生素类破坏较大，易受气候条件限制（如阴雨天气益于微生物繁殖），容易被灰尘、蝇、鼠等污染，难以规模生产。

(二) 厢式干燥设备

厢式干燥设备由框架结构组成，四壁及顶底部都封有绝热材料以防止热量散失，厢内有多层框架，其上放置料盘，也有将湿物料放在框架小车上推入厢内的。厢式干燥根据传热形式不同又可分为真空厢式干燥和对流厢式干燥。真空厢式干燥多为间接加热或辐射加热，适用于干燥热敏性物料、易氧化物料或大气压下水分难以蒸发的物料，以及需要回收溶剂的物料。而对流厢式干燥，主要是以热风通过湿物料表面达到干燥的目的。热风沿湿物料表面平行通过的称为并流厢式干燥，热风垂直通过湿物料表面的称为穿流厢式干燥。

厢式干燥器的排风口上可以安装调节风门，用以控制一部分废气排出，而另一部分废气经与新鲜空气混合后，进行再循环，以节约热能消耗。为了使物料干燥均匀，还可采用气流换向措施，以提高干品质量。

1. 并流厢式干燥

图 4-9 所示为典型并流厢式干燥器结构示意图。新鲜空气从鼓风机吸入干燥室内，经排管加热和滤筛清除灰尘后，流经载有食品的料盘，直接和食品接触，再由排气孔道向外排出。

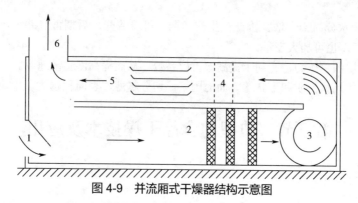

图 4-9　并流厢式干燥器结构示意图

1—新鲜空气进口；2—排管加热器；3—鼓风机；4—滤筛；5—料盘；6—排气口

2. 穿流厢式干燥

如图 4-10 所示，穿流厢式干燥器的整体结构和主要组成部分与并流式相同，区别在于这种干燥器的底部由金属网或多孔板构成，每层物料盘之间插入斜放的挡风板，引导热风自下而上（或自上而下）均匀地通过物料层。这种干燥器，热空气与湿物料的接触面积大，内部水分扩散距离短，因此干燥效果较并流式好，其干燥速率通常为并流式的 3～10 倍。

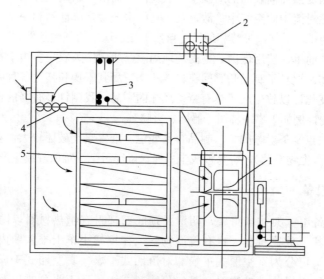

图 4-10　穿流厢式干燥器结构示意图

1—风机；2—排风口；3—空气加热器；4—整流板；5—料盘

（三）隧道式干燥设备

厢式干燥器只能间歇操作，生产能力受到一定限制。隧道式干燥器是把厢式干燥器的厢体扩展为长方形通道，其他结构基本不变，这样就增大了物料处理量，生产成本降低，小车可以连续或间歇地进出通道，实现了连续的或半连续的操作。

被干燥物料装入带网眼的料盘，有序地摆放在小车的架子上，然后进入干燥室沿通道向前运动，并只经过通道一次。物料在小车上处于静止状态，加热空气均匀地通过物料表面。高温低湿空气进入的一端称为热端，低温高湿空气离开的一端称为冷端；湿物料进入的一端称为湿端，而干制品离开的一端称为干端。

按物流与气流运动的方向，隧道式干燥器可分为顺流式、逆流式、顺逆流组合式和横流式。

1. 顺流式隧道干燥器

顺流式隧道干燥器如图 4-11 所示，物流与气流方向一致，它的热端是湿端，冷端为干端。其湿端处，湿物料与高温低湿空气相遇，此时物料水分蒸发迅速，空气温度也会急剧降低，因此入口处即使使用较高温度的空气（如 80～90℃），物料也不至于产生过热焦化。但此时物料水分汽化过快，物料内部湿度梯度增大，物料外层会出现轻微收缩现象，进一步干燥时，物料内部容易开裂，并形成多孔性。干端处，干物料与低温高湿空气相遇，水分蒸发极其缓慢，干制品的平衡水分也将相应增加，即使延长干燥通道，也难以使干制品水分降到10%以下。因此，吸湿性较强的食品不宜选用顺流式干燥方法。

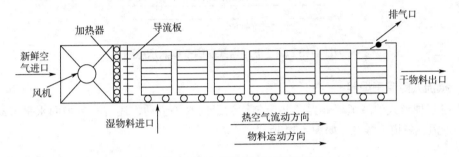

图 4-11　顺流式隧道干燥器示意图

2. 逆流式隧道干燥器

逆流式隧道干燥器如图 4-12 所示，物流与气流方向恰好相反，它的湿端为冷端，而干端则为热端。湿端处，湿物料与低温高湿空气相遇，水分蒸发速度比较缓慢，但此时物料含有最高水分，尚能大量蒸发；物料内部湿度梯度也比较小，因此不易出现表面硬化和收缩现象，而中心又能保持湿润状态，这对干制软质水果非常适宜，不会产生干裂流汁。干端处，物料与高温低湿空气相遇，可加速水分蒸发，此时热空气温度下降不大，而干物料的温度则将上升到和高温热空气相近的程度。因此，干端处进口空气温度不宜过高，一般为 60～77℃，否则停留时间过长，物料容易产生焦化。在高温低湿的空气条件下，干制品的平衡水分也将相应降低，可低于 5%。

3. 顺逆流组合式隧道干燥器

这种方式吸取了顺流式湿端水分蒸发速率快和逆流式后期干燥能力强的两个优点，组成了湿端顺流和干端逆流的两段组合式隧道干燥器，如图 4-13 所示。

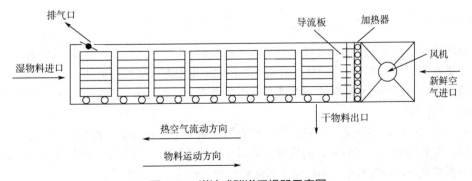

图 4-12　逆流式隧道干燥器示意图

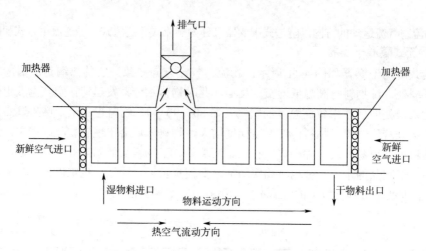

图 4-13　顺逆流组合式隧道干燥器示意图

4. 横流式隧道干燥器

上述三种形式的隧道干燥器，热空气均为纵向水平流动，还有一种横向水平流动的方式，即横流式隧道干燥器，如图 4-14 所示。

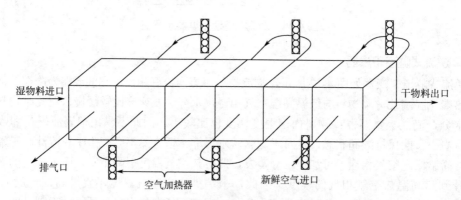

图 4-14　横流式隧道干燥器示意图

干燥器每一端的隔板都是活动的，在料车进出的时候隔板打开让料车通过，而在干燥时，隔板切断纵向通路，靠换向装置构成各段之间曲折的气流通路。在马蹄形的换向处设加热器，可以独立控制该处气流温度。

(四) 输送带式干燥设备

输送带式干燥设备除载料系统由输送环带取代装有料盘的小车外，其余部分基本上和隧道式干燥设备相同。操作可连续化、自动化，特别适用于单一品种规模化工业生产。

输送带常用不锈钢材料制成网带或多孔板铰链带。设备可分为单带式、双带式和多带式（图 4-15～图 4-17）。

输送带式干燥的特点是，有较大的物料表面暴露于干燥介质中，物料内部水分移出的路径较短，并且物料与空气有紧密的接触，所以干燥速率很快。但是被干燥的湿物料必须事先制成分散的状态，以便减小阻力，使空气能顺利穿过输送带上的物料层。

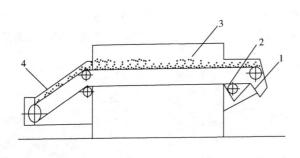
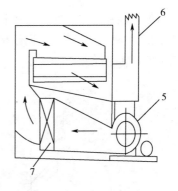

图 4-15　单带式干燥器示意图

1—排料口；2—网带水洗装置；3—输送带；4—加料口；5—风机；6—排气管；7—加热器

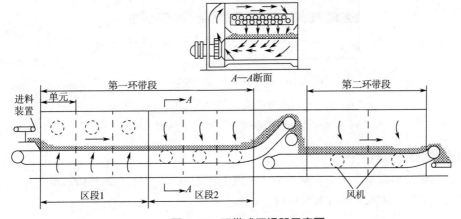

图 4-16　双带式干燥器示意图

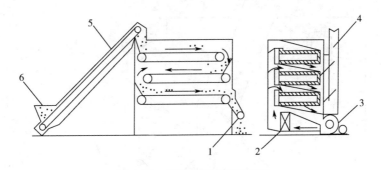

图 4-17　多带式干燥器示意图

1—卸料装置；2—热空气加热器；3—风机；4—排气管；5—输送带；6—加料口

（五）流化床干燥设备

流化床干燥又称沸腾床干燥，是流态化原理在干燥器中的应用。图 4-18 所示为流化床干燥器示意图。

流化床干燥器结构简单、便于制造、活动部件少、操作维修方便，与气流干燥器相比，气速低、阻力小、气固较易分离、物料及设备磨损轻；与厢式干燥器和回转圆筒干燥器相比，具有物料停留时间短、干燥速率快的特点。但由于颗粒在床层中高度混合，可能会引起

129

物料的返混和短路，对操作控制要求较高。为了保证干燥均匀，要降低气流压力降，此时就要根据物料特性，选择不同结构的流化床干燥器。常见的有单层、多层、卧式多室、振动及喷动流化床干燥器。

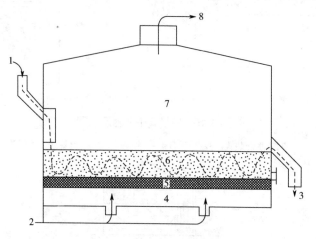

图 4-18　流化床干燥器示意图

1—湿物料进口；2—热空气进口；3—干物料出口；4—通风室；

5—多孔板；6—流化床；7—绝热风罩；8—排气口

1. 单层流化床干燥器

单层流化床结构简单，床层内颗粒静止高度不能太高，一般在 300～400mm，否则气流压力将增大。单层流化床干燥器见图 4-19。

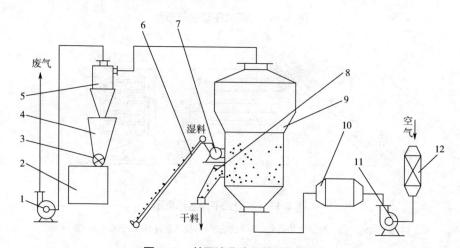

图 4-19　单层流化床干燥器示意图

1—风机；2—制品仓；3—星形下料器；4—集料斗；5—旋风分离器；6—带式输送机；7—加料器；

8—卸料管；9—流化床；10—空气加热器；11—风机；12—空气过滤器

2. 多层流化床干燥器

溢流管式多层流化床干燥器如图 4-20 所示，由两层构成，物料由上部加入第一层，经溢流管到第二层；热气体由底部送入，经第二层及第一层与物料接触后从干燥器顶部排出。物料在每层内可以自由混合，但层与层之间没有混合。

3. 卧式多室流化床干燥器

卧式多室流化床干燥器（图4-21）对物料的适应性较大，食品工业常用来干燥汤粉、果汁颗粒、干酪素、人造肉等。另外，还可调节物料在不同室内的停留时间。与多层干燥器相比干燥比较均匀、操作稳定可靠、流体阻力较低，但热效率不高。

4. 喷动流化床干燥器

水分含量高的粗颗粒和易黏结的物料，其流动性能差，可采用喷动流化床干燥法。图4-22为喷动流化床干燥器的示意图。干燥器底部为圆锥形，上部为圆筒形，热气体以70m/s的高速从锥底进入，夹带一部分固体颗粒向上运动，形成中心通道。在床层顶部的颗粒好似喷泉一样，从中心向四周散落，落到锥底又被上升的气流喷射上去。如此循环以达到干燥要求为止。

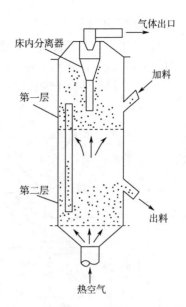

图 4-20　溢流管式多层流化床干燥器示意图

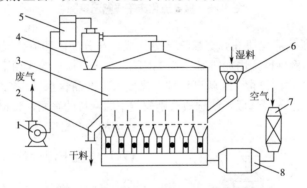

图 4-21　卧式多室流化床干燥器示意图

1—风机；2—卸料管；3—干燥器；4—旋风分离器；5—袋滤器；6—加料器；7—空气过滤器；8—空气加热器

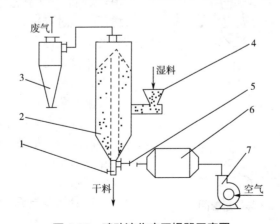

图 4-22　喷动流化床干燥器示意图

1—卸料阀；2—喷动床；3—旋风分离器；4—加料器；5—蝶阀；6—加热器；7—风机

5. 振动流化床干燥器

振动流化床干燥器是一种新型的流化床干燥器，适合于干燥颗粒太大或太小、易黏结、不易流化的物料。此外，还用于有特殊要求的物料，如砂糖干燥要求晶形完整、晶体光亮、颗粒大小均匀等。用于砂糖干燥的振动流化床干燥器如图4-23所示。

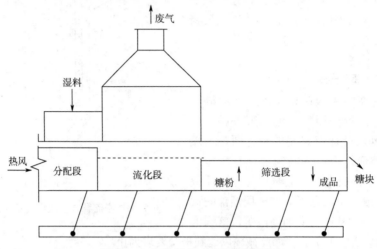

图4-23　振动流化床干燥器示意图

干燥器由分配段、流化段和筛选段三部分组成，在分配段和流化段下面都有热空气进入。含水4%~6%的湿砂糖，由加料器送入分配段，在平板振动的作用下，物料均匀地进入流化段，湿砂糖在流化段停留12s就可达到干燥要求，产品含水量为0.02%~0.04%。干燥后，物料离开流化段进入筛选段，筛选段分别安装不同网目的筛网，将糖粉和糖块筛选掉，中间的为合格产品。

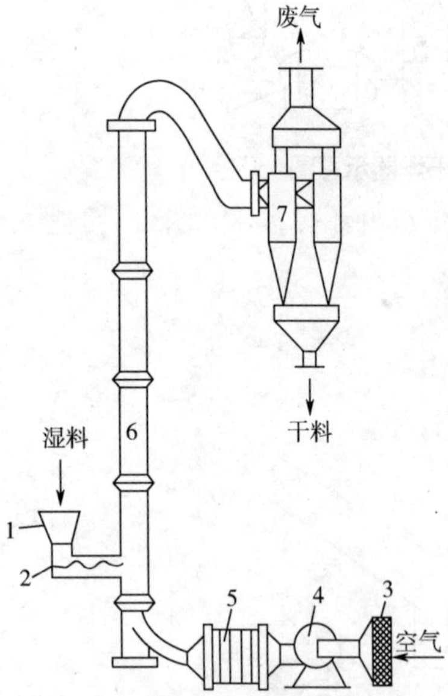

（六）气流干燥设备

气流干燥是一种连续高效的固体流态化干燥方法，它是把湿物料送入热气流中，物料一边呈悬浮状态与气流并流输送，一边进行干燥。显然，这种干燥方法只适用于潮湿状态下仍能在气体中自由流动的颗粒、粉状、片状或块状物料，如葡萄糖、味精、鱼粉、肉丁等。图4-24所示为气流干燥器示意图。

气流干燥有以下特点：干燥强度大、干燥时间短、散热面积小、适用范围广。强化气流干燥有如下几种新型设备，如图4-25所示。

1. 倒锥式气流干燥器

干燥管呈倒锥形，上大下小，气流速度由下而上逐渐降低，不同粒度的颗粒分

图4-24　气流干燥器示意图

1—料斗；2—螺旋加料器；3—空气过滤器；4—风机；

5—加热器；6—干燥管；7—旋风分离器

别在管内不同的高度悬浮，互相撞击直至干燥程度达到要求时被气流带出干燥器。若颗粒在管内停留时间较长，可降低干燥管的高度。

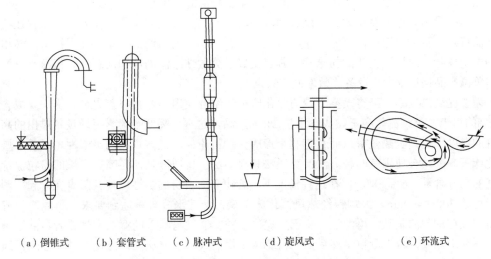

（a）倒锥式　（b）套管式　（c）脉冲式　（d）旋风式　（e）环流式

图 4-25　不同进料方式的气流干燥器示意图

2. 套管式气流干燥器

干燥管分内管和外管，物料和气流一起由内管下部进入，颗粒在内管加速运动至终了时，由顶部导入内外管的环隙内，然后物料颗粒以较小的速度下降而排出。这种形式可以节约热量。

3. 脉冲式气流干燥器

采用直径交替缩小和扩大的脉冲管代替直管，物料首先进入管径小的干燥管中，气流速度较高，颗粒产生加速运动；当加速运动终了时，干燥管直径突然扩大，由于颗粒运动的惯性作用，此时的颗粒速度大于气流速度。

4. 旋风式气流干燥器

这种干燥器的特点是气流夹带物料从切线方向进入干燥器内，在干燥器的内管和外管之间进行旋转运动，使颗粒处于悬浮和旋转运动状态。

5. 环流式气流干燥器

根据气流干燥混相流动中传热、传质的机理对干燥设备进行了很多改进，出现了形状复杂的气流干燥器。环流式气流干燥器就是其中的一种，干燥管设计成环状（或螺旋状），主要目的是延长颗粒在干燥管内的停留时间。

（七）喷雾干燥设备

将溶液、浆液或微粒的悬浮液在热风中喷雾成细小的液滴，在其下落的过程中，水分迅速汽化而物料成为粉末状或颗粒状的产品，这一过程称为喷雾干燥。如图 4-26 所示，料液由供料系统送至干燥塔顶，并同时导入热风，料液经雾化

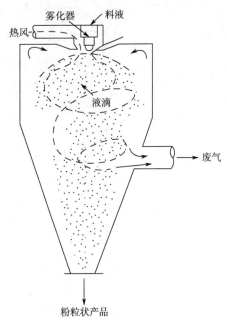

图 4-26　喷雾干燥原理示意图

133

装置喷成液滴与高温热风在干燥室内迅速进行热量交换和质量传递。最终干制品从塔底卸料，热风降温增湿后成为废气排出，废气中夹带的细微粉粒用分离装置回收。喷雾干燥装置由雾化器、干燥室、产品回收系统、供料及热风系统等部分组成。

喷雾干燥具有蒸发面积大、干燥过程液滴的温度低、过程简单、操作方便、适宜连续化生产的特点。整个干燥过程十分迅速，一般只需 5～40s，所得产品基本上能保持与液滴相近似的中空球状或疏松团粒状的粉末状，具有良好的分散性、流动性和溶解性。但喷雾干燥也存在单位产品耗热量大、设备热效率低的缺点。

为了提高热效率，可将喷雾干燥与流化床干燥结合使用，即物料首先被喷雾干燥成含水量 6%的粉末，再经流化床干燥成含水量 2%的产品，这不仅降低了喷雾干燥设备排出的高温废气的温度，提高了热效率，而且有利于形成大颗粒粉粒，提高制品的可溶性。喷雾干燥与流化床干燥的结合使用有两种方法：直通法和再湿法。直通法是使经喷雾干燥的粉粒保持相对高的水分含量（6%～8%），在这种情况下，细粉表面自身的黏性促使其附聚在一起，颗粒直径可达 300～400μm，大颗粒经热风流化床干燥，使其水分含量达到要求，再经冷却流化床得到颗粒均匀的制品。再湿法是将已干燥的粉粒，通过与喷入的湿热空气或者料液雾滴接触，逐渐附聚成为较大颗粒，然后再由流化床干燥而成。该方法操作方便、容易控制，因而得到广泛应用。

按气流方向可将喷雾干燥设备分为并流式、逆流式和混流式，其工作原理如图 4-27、图 4-28 所示。

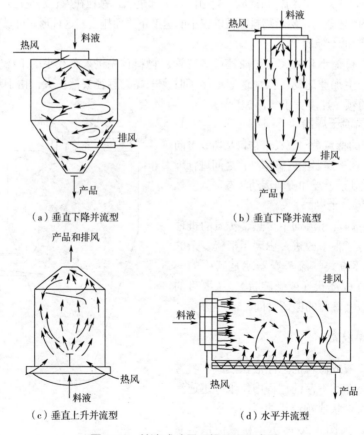

（a）垂直下降并流型　　　　　　　　　　（b）垂直下降并流型

（c）垂直上升并流型　　　　　　　　　　（d）水平并流型

图 4-27　并流式喷雾干燥原理示意图

1. 并流式喷雾干燥器

在干燥器内，液滴与热风呈同方向流动。由于热风进入干燥室内立即与喷雾液滴接触，室内温度急剧下降，不会使干燥物料受热过度，因此适宜于热敏性物料的干燥。目前，乳粉、蛋粉、果汁粉的生产，绝大多数都采用并流式喷雾干燥。

图4-27（a）、图4-27（b）为垂直下降并流型，这种形式塔壁黏粉比较少。图4-27（c）为垂直上升并流型，这种形式要求干燥塔截面风速大于干燥物料的悬浮速度，以保证干料能被带走。由于在干燥室内细粒停留时间短，粗粒停留时间长，因此干燥比较均匀，但动力消耗较大。图4-27（d）为水平并流型，热风在干燥室内运动的轨迹呈螺旋状，以便与液滴均匀混合，并延长干燥时间。

2. 逆流式喷雾干燥器

在干燥器内，液滴与热风呈反方向流动（图4-28）。其特点是高温热风进入干燥室内首先与将要完成干燥的粒子接触，使其内部水分含量降到较低程度，物料在干燥室内悬浮时间长，适用于含水量高的物料的干燥。应用这类干燥设备时，应注意塔内气流速度必须小于成品粉粒的悬浮速度，以防粉粒被废气夹带。这种干燥器常用于压力喷雾场合。

3. 混流式喷雾干燥器

在干燥器内，液滴与热风呈混合交错流动，其干燥特性介于并流和逆流之间。它的特点是液滴运动轨迹较长，适用于不易干燥的物料，食品工业中也有应用。但容易造成气流分布不均匀及内壁局部黏粉严重的现象。

如按生产流程又可将喷雾干燥设备分为多种形式。其中最基本的为开放式喷雾干燥系统，其应用也最为普遍。此外，为了满足物料性质、制品品质以及防止公害等要求，还有封闭循环式喷雾干燥系统、自惰循环式喷雾干燥系统、喷雾沸腾干燥系统和喷雾干燥与附聚造粒系统等形式。

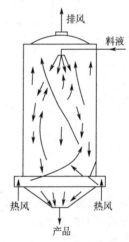

图4-28　逆流式喷雾干燥原理示意图

① 开放式喷雾干燥系统是指干燥介质在这个系统中只使用一次就排入大气，不再循环使用，如图4-29所示。开放式喷雾干燥系统的特点是设

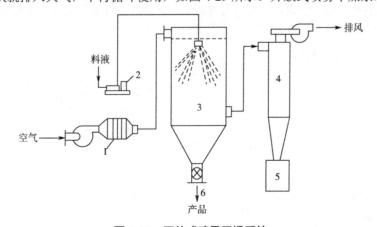

图4-29　开放式喷雾干燥系统

1—加热器；2—供料泵；3—干燥塔；4—旋风分离器；5—收集装置；6—出料口

135

备结构简单、适用性强，不论压力喷雾、离心喷雾、气流喷雾都能使用。主要缺点是干燥介质消耗量比较大。

② 封闭循环式喷雾干燥系统如图 4-30 所示。它的特点是干燥介质在这个系统中组成一个封闭的循环回路，有利于节约干燥介质，可回收有机溶剂，防止毒性物质污染大气。被干燥的料液往往是含有机溶剂的物料或者是易氧化、易燃、易爆的物料，也适用于有毒物料的干燥。因此，干燥介质大多使用惰性气体，如氮、二氧化碳等。从干燥塔排出的废气，经旋风分离器除去细微粒子后进入冷凝器。冷凝器的作用是将废气中的溶剂（或水分）冷凝下来。冷凝温度必须在溶剂最高允许浓度的露点以下，以保证冷凝效果。除去溶剂的气体经风机升压后，进入间接加热器加热后又变为热风，如此反复循环使用。

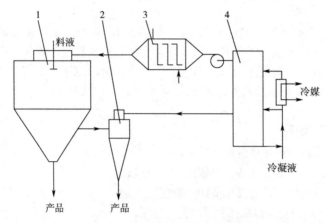

图 4-30　封闭循环式喷雾干燥系统

1—干燥塔；2—旋风分离器；3—加热器；4—冷凝器

③ 自惰循环式喷雾干燥系统如图 4-31 所示。该系统是封闭系统改进后的变形，也就是在这个系统中有一个自制惰性气体的装置。通过这个装置使可燃气体燃烧，除去空气中的氧气，将余下的氮和二氧化碳气体作为干燥介质，其中残留的氧量很少，一般不超过 4%。从干燥室出来的废气送入冷凝器，除去其中的大部分水分。由于具有自惰过程，系统中必然产生过多气体，导致系统的压力升高。为了使系统中的压力能够平衡，在风机的出口风道处必须安装一个放气减压缓冲装置，以便压力增高到一定值时，将部分气体排入大气。

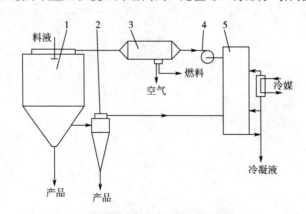

图 4-31　自惰循环式喷雾干燥系统

1—干燥塔；2—旋风分离器；3—燃烧器；4—旁通出口；5—冷凝器

该系统适用于干燥制品只能与含氧低的空气接触，以免引起氧化或粉尘爆炸的物料。从干燥系统出来的废气量要尽可能少，且必须净化以防止空气污染。

④ 喷雾沸腾干燥系统如图 4-32 所示。它是喷雾干燥与流化床干燥的结合，利用雾化器将溶液雾化，喷入颗粒做剧烈运动的流化床内，借助干燥介质和流化介质的热量，使水分蒸发、溶质结晶和干燥等工序一次完成。溶液雾化以后，尚未碰到流化床内原有颗粒以前，已部分蒸发结晶，形成了新的晶种，而另一部分在雾化过程中尚未蒸发的溶液，便与流化床中原有结晶颗粒接触而涂布于其表面，使颗粒长大，并进一步得到干燥，形成粒状制品。这种干燥方法适用于能够喷雾的浓溶液或稀薄溶液。

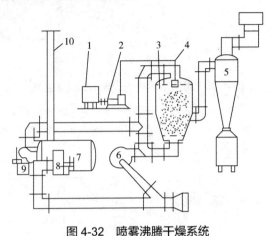

图 4-32 喷雾沸腾干燥系统

1—保温缸；2—高压泵；3—干燥塔；4—雾化器；5—旋风分离器；6—辅助风机；

7—热风炉；8—风机；9—燃料供给装置；10—烟囱

⑤ 喷雾干燥与附聚造粒系统是制备具有快速溶解性能、分散且不均匀的粉粒物料的一种喷雾干燥系统。通常是通过附聚作用，制成组织疏松的大颗粒速溶制品，如速溶咖啡。附聚的方法有两种：直通法和再湿法。

再湿法是使已干燥的粉粒（基粉），通过与喷入的湿热空气（或蒸汽）或料液雾滴接触，逐渐附聚成为较大的颗粒，然后再度干燥而成为干制品，如图 4-33 所示。把要附聚的细粉送入干燥器上方的附聚管内，用湿空气沿切线方向进入附聚管旋转冷凝，使细粉表面润湿发黏而附聚，称为"表面附聚"再湿法。如用离心式雾化器所产生料液雾滴与附聚管内的细粉接触，使细粉与雾滴黏结而附聚，称为"液滴附聚"再湿法。附聚后的颗粒进入干燥室进行热风干燥，然后进入振动流化床冷却成为制品。流化床中和干燥器内达不到要求的细粉需汇入基粉重新附聚。再湿法是目前改善干燥粉粒复水性能最为有效、使用最为广泛的一种方法。

直通法的工艺流程见图 4-34。直通法不需要使用已干燥粉粒作为基粉进行附聚，而是调整操作条件，使经过喷雾干燥的粉粒保持相对高的湿含量 6%～8%（湿基），在这种情况下，细粉表面自身的热黏性，促使其发生附聚作用。用直通法附聚的颗粒直径可达 300～400mm。附聚后的颗粒进入下方的两段振动流化床：第一段为热风流化床干燥，使其水分达到所要求的含量；第二段为冷却流化床，将颗粒冷却成为附聚良好、颗粒均匀的制品。在输送过程中，细的粉末以及附聚物破裂后产生的细粉，与干燥器主旋风分离器收集的细颗粒一起，返回到干燥室，重新进行湿润、附聚、造粒，使其有机会再次成为符合要求的大颗粒。

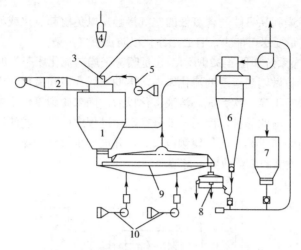

图 4-33　再湿法喷雾干燥与附聚造粒系统

1—干燥塔；2—空气加热器；3—附聚管；4—离心式雾化器；5—湿热空气；6—旋风分离器；

7—基粉缸；8—成品收集器；9—振动流化床；10—冷空气

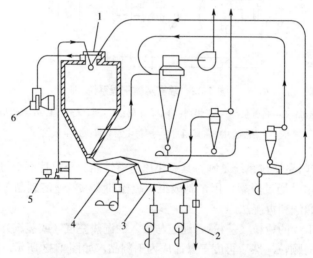

图 4-34　直通法喷雾干燥与附聚造粒系统

1—雾化器；2—成品；3—冷却流化床；4—热风流化床；5—进料装置；6—空气加热器

二、接触干燥技术

　　被干燥物料与加热面处于密切接触状态，蒸发水分的能量主要以热传导方式进行的干燥称为接触干燥。接触干燥设备多为间壁传热，干燥介质可以用蒸汽、热油或其他载热体，不像对流干燥那样必须加热大量空气，故热能的利用比较经济，但是被干燥物料的热导率一般很低。如果被干燥物料与加热面接触不良，热导率还会进一步降低。接触干燥的传热特性决定了它仅适用于液状、胶状、膏状和糊状食品物料的干燥。

　　典型的接触干燥器是滚筒干燥器，按操作压力又可分为常压滚筒干燥和真空滚筒干燥。

(一)常压滚筒干燥设备

　　滚筒干燥器一般由一个或两个中空的金属圆筒组成，圆筒随水平轴转动，其内部由蒸汽或热水或其他载热体加热。当滚筒部分浸没在料浆中，或将料浆喷洒到滚筒表面时，滚筒的缓慢旋转使物料呈薄膜状附在滚筒的外表面。筒体与料膜间壁传热的热阻，使其形成一定的温度梯度，筒内的热量传导至料膜，使料膜内的水分向外转移，当料膜表面的蒸汽压力超过环境空气中的蒸汽分压时，即产生蒸发和扩散作用。滚筒在连续转动过程中，其传热传质作用，始终由里至外，向同一方向进行。物料干燥到预期程度后用刮刀将其刮下。

图 4-35 所示为常压双滚筒干燥生产流程示意图。料膜干燥的全过程可分为预热、等速和降速三个阶段。料液成膜时为预热段，蒸发作用尚不明显；料膜脱离料液主体后，干燥作用开始，膜表面维持恒定的汽化速度；当膜内扩散速度小于表面汽化速度时，即进入降速干燥阶段，随着料膜内水分含量的降低，汽化速度大幅度下降。降速段的干燥时间占总时间的80%～98%。

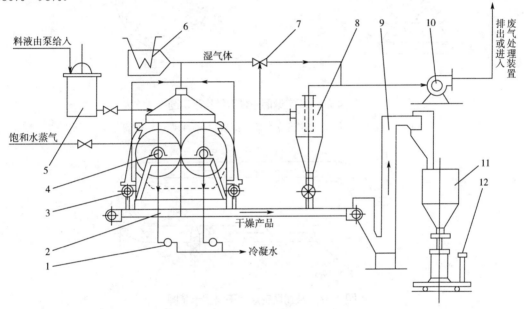

图 4-35 常压双滚筒干燥生产流程示意图

1—疏水器；2—皮带输送机；3—螺旋输送机；4—滚筒；5—料液高位槽；6—湿空气加热器；7—切换阀；
8—捕集器；9—提升机；10—风机；11—成品贮斗；12—包装计量

常压滚筒干燥器设备结构简单、热能利用经济，但要实现快速干燥，只能提高滚筒表面温度，因此要求被干燥物料在短时间内能够承受高温。滚筒干燥器与喷雾干燥器相比，具有动力消耗低、投资少、维修费用省、干燥温度和时间容易调节（通过改变蒸汽温度和滚筒转速）等优点，但在生产能力、劳动强度和操作环境等方面则不如喷雾干燥器。

（二）真空滚筒干燥设备

为了处理热敏性较强的物料，可将滚筒密闭在真空室内，使干燥过程处在真空条件下，即构成真空滚筒干燥器，如图 4-36 所示。

真空滚筒干燥器也有单滚筒和双滚筒之分。真空滚筒干燥器的进料、卸料和刮料等操作都必须在干燥室外部来控制，因此这类干燥成本比较高。对于在高温下会熔化发黏，干燥后很难刮下，即使刮下也难以粉碎的物料，可使用刮料前先行冷却，使之成为较脆薄层的带式真空滚筒干燥器，如图 4-37 所示。

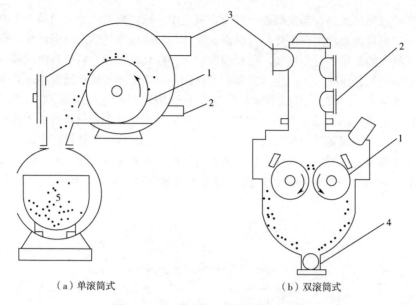

（a）单滚筒式　　　　　　　　　　　（b）双滚筒式

图 4-36　真空滚筒干燥器结构示意图

1—滚筒；2—加料口；3—通冷凝真空系统；4—卸料阀；5—贮藏槽

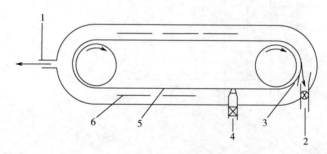

图 4-37　带式真空滚筒干燥器示意图

1—通冷凝真空系统；2—成品出口；3—刮刀；4—进料装置；5—输送带；6—辐射加热单元

　　干燥器的左端与真空系统相连接，器内的不锈钢输送带由两个空心滚筒支撑着并按顺时针方向转动。位于左边的滚筒为加热滚筒，有蒸汽通入内部，并以传导方式将与该滚筒接触的输送带加热。位于右边的滚筒为冷却滚筒，有流动水通入内部进行循环，将与该滚筒接触的输送带冷却。上下层输送带的侧部都装有红外线热源。供料装置连续不断地将料液涂布在下层输送带的底表面上，形成薄膜层。输送带从红外线接收辐射热后，以传导方式与料膜层进行热交换，使料膜内部产生水蒸气，汽化成多孔性状态后，由输送带移动至加热滚筒传导加热，然后由红外线进一步辐射加热而迅速干燥。当输送带移动至冷却滚筒时，干料则因冷却而脆化，容易用刮刀刮下卸料。这种干燥器非常适用于果汁、番茄汁浓缩液、咖啡浸出液等具有热黏结性，干燥后不易卸料、粉碎的食品。

三、辐射干燥技术

　　电磁辐射干燥是指利用不同物理场给食品物料和它周围的介质施加振动，使食品物料的加热和干燥过程加速，干燥过程得到大大的强化。目前的技术是利用相应的场能，特别是交变（脉冲）的场能，对食品物料进行辐射，使食品物料产生分子运动，如利用电磁感应加热

（高频、微波）或红外线辐射效应来干燥食品。这种感应或辐射效应是使食品物料中的有机分子和水分子在剧烈的运动中产生摩擦而发热，物料的加热和干燥过程是以整体地从外到内同时均匀发热的方式进行（又称为"内热加热"）。

（一）微波干燥设备

微波辐射干燥法是最常用的电磁辐射干燥技术之一。微波是指波长在 1mm～1m 范围的电磁波，其相应的频率范围为 300MHz～300GHz。微波是一种能量而不是一种热量，它可以在电介质中转化为热量。这种能量转化的机理有多种，如离子传导、偶极子转动、界面极化、磁滞、压电现象、电致伸缩、核磁共振、铁磁共振等，其中广泛认为离子传导和偶极子转动是电磁辐射加热的主要原因。

利用微波能量场加热、干燥食品有别于以热风、蒸汽为热源（从外到内的传热）的外热加热方法，食品物料在干燥过程中具有选择性，不会过热而焦化，外部形状的保持也比其他干燥方法好。为了防止民用微波技术对微波雷达和通信、广播的干扰，国际上规定供工农业、科学、医学等民用的微波有 4 个波段，见表 4-5。目前，广泛使用的是 915MHz 和 2450MHz 两个频率，其他两个波段的频率由于还没有相应的大功率发生器而没有普及。

表 4-5　国际规定民用的微波频段

频率/MHz	波段	中心频率/MHz	中心波长/m
890～940	L	915	0.330
2400～2500	S	2450	0.122
5725～5875	C	5850	0.052
22000～22250	K	22125	0.008

1. 微波干燥设备的组成和形式

微波干燥设备组成见图 4-38。它由直流电源、微波发生器、波导管、微波干燥器及冷却系统等组成。微波发生器由直流电源提供高压电并转换成微波能量，微波能量通过波导管输送到微波干燥器对被干燥物料进行加热。冷却系统用于对微波发生器的腔体及阴极部分进行冷却，冷却方式可为风冷或水冷。微波干燥器按被加热物料和微波场的作用形式，可分为驻波场谐振腔干燥器、行波场波导干燥器、辐射型干燥器和慢波型干燥器等几大类。驻波场谐振腔干燥器是食品生产中较为常用的。

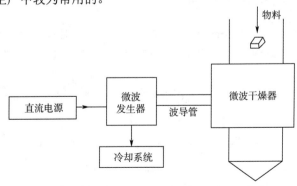

图 4-38　微波干燥设备组成示意图

图 4-39 为连续式谐振腔干燥器示意图，被干燥物料通过传输带连续输入，经微波干燥后连续输出。腔体的两侧有入口和出口，将造成微波能的泄漏，因此，在传输带上安装了金属挡板 [图 4-39（a）]。在腔体两侧开口处的波导里安上了许多金属链条 [图 4-39（b）]，形成局部短路，以防止微波能的辐射。由于加热会有水分蒸发，因此也安装了排湿装置。

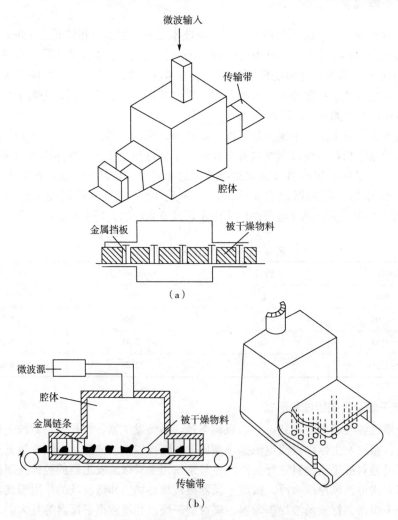

图 4-39　连续式谐振腔干燥器示意图

图 4-40 所示为多管并联的谐振腔连续干燥器，其功率容量较大，在工业生产上应用比较普遍。为了防止微波能的辐射，在设备的出口和入口处加上了吸收功率的水负载。

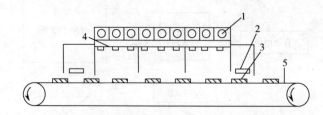

图 4-40　多管并联的谐振腔连续干燥器示意图

1—磁控管振荡源；2—吸收水负载；3—被加热物料；4—辐射器；5—传送带

图 4-41 所示为马铃薯片微波干燥装置示意图。从微波发生器产生的微波由两根 25kW 的磁控管分配成两条平行的微波隧道，形成微波场干燥区。要干燥的物料由输送带送入微波场，同时加热至 87.7～104.4℃ 的热空气从载满物料的输送带（干燥区）下部往上吹送，将干燥时蒸发出来的水分带走。两端吸收装置用来防止微波外泄。

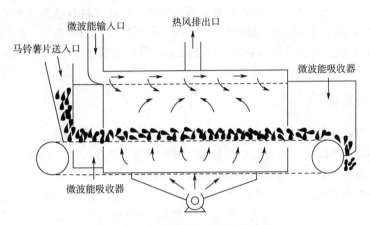

图 4-41　马铃薯片微波干燥示意图

该装置用于干燥马铃薯片，物料停留时间为 2.5～4.0min，产量可达 9kg/h。

2. 微波干燥过程的特点

一般干燥方法的干燥过程是食品首先外部受热，表面干燥，然后是次外层受热，次外层干燥。由于热量传递与水分扩散方向相反，在次外层干燥时，其水分必须通过最外层，这样就对已干燥的最外层起了再复水的作用。随着干燥过程的进行，里外各层就干燥—再复水—再干燥依次反复向内层推进。干燥过程的特点是热量向内层传递越来越慢，水分向外层传递也越来越慢，因而食品内部特别是中心部位的加热和干燥成为干燥过程的关键。微波加热是内部加热，微波干燥时，食品的最内层首先干燥，最内层的水分蒸发迁移至次内层或次内层的外层，这样就使得外层的水分含量越来越高，随着干燥过程的进行，其外层的传热阻力下降，推动力反而有所提高。因此，在微波干燥过程中，水分由内层向外层的迁移速度很快，特别是在物料的后续干燥阶段，微波干燥显示出极大的优势。

与一般干燥方法相比，微波干燥有以下特点：

① 干燥速度快。微波能深入物料内部加热，而不只靠物料本身的热传导，因此物料内部升温快，所需加热时间短，只需一般干燥方法的 1/100～1/10 的时间就能完成全部干燥过程。

② 加热比较均匀，制品质量好。物料内部加热，往往可以避免一般外部加热时出现的表面硬化和内外干燥不均现象，而且加热时间短，可以保留食品原有的色、香、味，维生素的损失大大减少。

③ 加热易于调节和控制。常规的加热方法，无论是电加热，还是蒸汽加热或热风加热，如要达到一定的温度，往往需要一段时间。但微波加热的惯性小，可立即发热和升温，而且微波输出功率调整和加热温度变化的反应都很灵敏，故便于自动控制。

④ 加热过程具有自动平衡性。当频率和电场强度一定时，物料在干燥过程中对微波的吸收，主要取决于介质损耗因数。水的损耗因数比干物质大，水分吸收微波能量自然也多，水分蒸发就快。因此，微波能量不会集中在已干部分，避免了干物质的过热现象，具有自动平衡的性能。

⑤ 加热效率高。微波加热设备虽然在电源部分及微波管本身要消耗一部分热量，但由于加热作用始自加工物料本身，基本上不辐射散热，所以热效率高，可达到80%。同时，避免了环境高温，改善了劳动条件，也缩小了设备的占地面积。

微波干燥的主要缺点是电能消耗大。若从干燥的成本方面考虑，采用微波干燥与其他干燥方法相结合的方法是可取的。例如，如果采用热风干燥法，将食品的含水量从80%干燥到2%，则所需的加热时间为微波干燥时间的10倍。若两种方法结合使用，先用热风干燥把食品的水分降低到20%左右，再用微波干燥到2%，那么既缩短了全部采用热风干燥时间的3/4，又节约了全部采用微波干燥能耗的3/4。

（二）红外干燥设备

工业上一般把波长为0.72～2.50μm的红外线辐射称为近红外辐射，2.5～1000.0μm的红外线辐射称为远红外辐射。由于辐射线穿透物料的深度（透热深度）约等于波长，而远红外线的波长比近红外线长，故远红外线干燥比近红外线干燥好。远红外干燥是20世纪70年代在红外技术基础上发展起来的一项技术，它利用远红外辐射元件所发出的远红外线被加热物质所吸收，直接转化为热能，使物体升温而达到加热干燥的目的。远红外线干燥具有干燥速度快、干燥质量好、生产效率高等优点，适用于大面积、薄层物料加热，在食品行业中广泛用于面包、饼干的烘烤操作。

1. 远红外辐射加热原理

远红外线是波长在5.6μm以上的红外线。其加热干燥原理是当被加热物体的固有振动频率和射入该物体的远红外线频率一致时，就会产生强烈的共振，使物体中的分子运动加剧，因而温度迅速升高，即物体内部分子吸收红外辐射能而直接转变为热能，得以实现干燥。

物质并非对所有波长的红外线都可以吸收，而是在某几个波长范围内吸收比较强烈，通常称为物质的选择性吸收；对辐射体来说，也并不是对所有的波长都具有很高的辐射强度，其辐射强度也是按波长不同而变化的，辐射体的这种特性称为选择性辐射。当选择性吸收和选择性辐射一致时，称为匹配辐射加热。在远红外加热技术中，达到完全匹配是不可能的，只能做到接近于匹配辐射。从原理上看，辐射波长与物料的吸收波长匹配越好，辐射能被物料吸收得就越快，则穿透就越浅，这种性质对于比较薄的物料干燥有利，如对蛋卷类食品的烘烤就比较适合。而对导热性差又要求中心部需要加热、形状厚大的食品物料（如面包），则宜使用一部分辐射能匹配较差、穿透性较深的波长，以增加物料内部的吸收。因此，在应用远红外加热技术过程中，应考虑波长与物料两者间的"最佳匹配"。对于只要求表面层吸收的物料，应使辐射峰带正相对应，使入射辐射在刚进入物料浅表层时就引起强烈的共振而被吸收、转变为热量，这种匹配叫作"正匹配"；对于要求表里同时吸收、均匀升温的物料，应根据物料的不同厚度，使入射的波长不同程度地偏离吸收峰带所在的波长范围，一般说来，偏离越远，透射越深，这种匹配方法称为"偏匹配"。

2. 红外干燥设备的组成和形式

红外辐射加热元件加上定向辐射等装置称作红外辐射干燥器，它是将电能或热能（煤气、蒸汽、燃气等）转变成红外辐射能，实现高效加热与干燥的装置。从供热方式来分有直热式和旁热式红外辐射干燥器两种。直热式是指电热辐射元件既是发热元件又是热辐射体，如电阻带式、碳硅棒等均属此种红外辐射干燥器。直热式器件升温快、质量轻，多用于快速或大面积供热。旁热式是指由外部供热给辐射体而产生红外辐射，其能源可借助电、煤气、蒸汽、燃气等。旁热式辐射干燥器升温慢、体积大，但由于生产工艺成熟，使用尚属方便，可借助各种能源，做成各种形状，且寿命长，故仍广泛应用。

图 4-42 所示为输送带式远红外干燥器。干燥器的壳体和输送装置与一般干燥设备差别不大，主要区别是加热元件不同。

远红外加热元件是辐射干燥器的关键部件，虽然种类很多，但一般都由三部分组成，即金属或陶瓷的基体、基体表面发射远红外线的涂层以及使基体涂层发热的热源。由热源产生的热量通过基体传导到表面涂层，然后由表面涂层发射出远红外线。热源可以是电加热器，也可以是煤气加热器或其他热源。远红外加热元件按形状可分为灯状、管状和板状，如图 4-43 所示。食品行业主要采用金属管和碳化硅板加热元件。

（1）金属管加热元件　如图 4-43（a）所示，管中央为一根绕线的电阻丝，管中间填有绝缘的氧化镁粉，管表面涂有发射远红外线的物质，电阻丝通电后，管表面温度升高，即发射远红外线。管内也可以不用电阻丝而用煤气加热。

（2）碳化硅板加热元件　如图 4-43（b）所示，碳化硅是一种很好的远红外线辐射材料，故可直接制作辐射源，无需表面涂覆。但纯碳化硅材料不易加工，往往需要掺入助黏剂，而这样又影响碳化硅的性能。如果再在其表面涂一层高辐射材料，则加热效果就更好。

远红外线加热具有加热迅速、吸收均一、加热效率高、化学分解作用小、食品原料不易变性等优点。远红外线加热已用于蔬菜、水产品、面食制品的干燥，产品的营养成分保存率比一般的干燥方法有显著提高，并且干燥时间大大缩短。另外，远红外加热还兼有杀菌和降低酶活性的作用，产品的货架期明显延长。

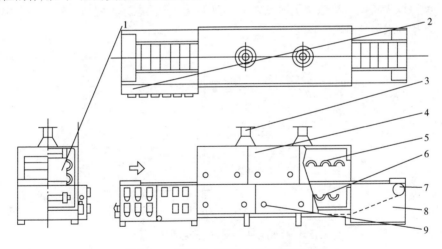

图 4-42　输送带式远红外干燥器示意图

1—侧面加热器；2—控制箱；3—排气口；4—铰链式上侧板；5—顶部加热器；
6—底部加热器；7—链式输送带；8—驱动变速装置；9—插入式下侧板

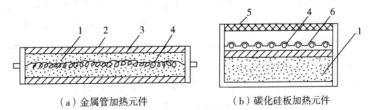

（a）金属管加热元件　　　　　（b）碳化硅板加热元件

图 4-43　远红外加热元件示意图

1—绝缘填充料；2—表面涂层；3—金属管；4—电阻丝；5—高辐射材料；6—低辐射材料

四、冷冻干燥技术

冷冻干燥又称为真空冷冻干燥、冷冻升华干燥、分子干燥等，其产品俗称"冻干"产品。由于整个干燥过程都在低温下进行，故冷冻干燥特别适合于热敏性及易氧化食品的干燥，可保留食品原有的色、香、味及维生素营养物质，也适用于对热非常敏感而有较高价值的酶的干燥。干燥后的产品不失原有的结构、生物活性基本不变、物料中的易挥发性成分和受热易变性成分损失少，保持原有的形状，并具有良好的复水性，极易恢复原有的形状、性质和色泽。同时热量利用经济，可用常温或稍高温度的液体、气体为加热介质。但是由于冷冻干燥是在高真空和低温下进行，需要一整套真空及制冷设备，设备投资大，应用成本高。

目前，冷冻干燥技术在食品和医药领域已被广泛应用。冷冻干燥后的食品可长期保藏，便于携带运输，特别是能保持产品的生物活性，并具有良好的即时复水性，使其具有良好的发展前景。

（一）冷冻干燥的原理

冷冻干燥就是利用冰晶升华的原理，将含水物料先行冻结，然后在高真空的环境下，使已冻结了的食品物料中的水分不经过冰的融化直接从冰态升华为水蒸气，从而使食品干燥的方法，所以又称为升华干燥。由水的相平衡图（见图4-44）可知，O 点为三相点，OA 为升华线。只要压力在三相点压力之下，物料中的冰则可不经过液态而直接升华为水汽。根据这个原理，就可以先将湿原料冻结至冰点之下，使水分变为固态冰，然后在较高的真空度下，使冰直接升华为水蒸气而除去。

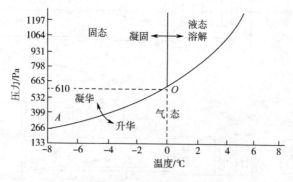

图 4-44　水的三相图

冷冻干燥过程有三个阶段：第一阶段是表面升华干燥阶段，此阶段干燥速度快，升华量大，食品表面易产生变化；第二阶段是物料深层迁移升华干燥阶段，物料深层的冰结晶升华为水蒸气，通过近表层和表层的已干层形成的微孔逸出，使物料内部得到干燥，此阶段由于水蒸气迁移阻力在物料内部逐渐加大，干燥速度逐渐减缓，此时应严格控制温度，防止因温度过高产生物料"崩解"现象；第三阶段是解吸附干燥阶段，又称为二次干燥，这是冷冻干燥的最后阶段，主要是排出物料中的残余水分，这时既要提高物料温度，又要进一步提高真空度，使水分蒸发成水蒸气在物料中排出，达到最后干燥的目的。

冷冻干燥过程中，物料在低压下干燥，能灭菌或抑菌，防止氧化变质；同时可以最大限度地保留食品原有成分、味道、色泽和芳香；干制品能保持着原有形状；多孔结构的制品具有理想的速溶性和快速复水性；避免了一般干燥方法中物料内部水分向表面移动导致的表面沉积盐类；同时成品保质期长。

（二）冷冻干燥设备

冷冻干燥设备主要由干燥室、制冷系统、真空系统、加热系统及控制系统等组成。

1. 干燥室

冷冻干燥室有圆筒形和矩形两种，为作业时盛装物料的空间。矩形干燥室有效使用空间大，但在真空状态下，箱体受外压较大，为了防止受压变形，需采用槽钢、角钢或工字钢在箱体外加固。小型冷冻干燥设备常采用矩形干燥室，大中型食品冷冻干燥设备的干燥室以圆筒形居多，圆筒形干燥室在直径比较小的情况下能承受较大的外压，周边可不使用加强肋，因而所用材料少。干燥室要求既能制冷到-40℃或更低温度，又能加热到50℃左右，也能被抽成真空。一般在室内设置数层搁板，干燥室的门及视镜等要求制作得十分严密，以保证室内达到需要的真空度。

2. 制冷系统及冷凝器

制冷系统由冷冻机组与冷冻干燥箱、冷凝器内部的管道等组成，承担食品预冻和冷冻干燥过程中凝结水蒸气这两部分冷负荷。冷冻机可以是互相独立的两套，即一套制冷冷冻干燥室，一套制冷冷凝器，也可合用一套冷冻机。冷冻机可根据所需要的不同低温，采用单级压缩、双级压缩或者复叠式制冷机。制冷压缩机可采用氨或氟利昂制冷剂，在小型冷冻干燥系统中也有采用干冰和乙醇的混合物作制冷剂的。

冷凝器可设在冷冻干燥室内与干燥室制成一体，也可设置在干燥室与真空泵之间。冷凝器用于冷凝从干燥室内排出的水蒸气，降低干燥室内水蒸气压力。其结构为密封的真空容器，内有与制冷机相通、表面积很大的蒸发器，可制冷到-40～-80℃。冷凝器的结构有螺旋盘管式和平板式，其放置方式应保证盘管或平板表面结霜均匀且对不凝结气体的流动阻力要小，具有除霜装置和排出阀、热空气吹入装置等，用来排出内部水分并吹干内部。

3. 真空系统

真空系统由冷冻干燥室、冷凝器、真空阀门和管道、真空设备和真空仪表构成，其任务是在一定时间内抽出水蒸气和不凝气体，维持干燥室内食品水分升华和解吸所需的真空度。目前在冷冻干燥设备中使用的真空设备有两种，包括多级蒸汽喷射泵和组合式真空系统。

多级蒸汽喷射泵工作原理是利用高压蒸汽通过喷嘴时形成的低压高速气流，将干燥室中的水蒸气和不凝气体吸走，水蒸气进入冷凝器被冷凝成水，不凝气体经过多级蒸汽喷射泵抽出。蒸汽喷射泵一般在5级以上，采用性能先进的蒸汽喷射泵二级即能达到生产要求。

组合式真空系统在真空泵前设置一个冷凝器，将水蒸气重新冷凝成冰，这样可以保护真空泵且减少所需真空泵台数。组合的形式有干燥室+冷凝器+油封式机械真空泵；干燥室+冷凝器+罗茨泵+油封式机械真空泵；干燥室+冷凝器+罗茨泵+双级水环泵等。

4. 加热系统

加热系统的作用是加热冷冻干燥箱内的搁板，促使物料内的冰晶升华。有直接加热和间接加热两种方式。直接加热是指用电直接在箱内加热搁板，间接加热则利用电或其他热源加热传热介质，再将其通入搁板。

直接法是采用外包绝缘材料和金属保护套的电热丝直接对搁板加热，为了获得均匀的搁板温度和防止搁板向后发生翘曲，这种加热方式要求搁板有一定的厚度；间接法是利用电或其他热源加热传热介质，再将其通入搁板的栅格或流动通道间，加热热源有电、煤、气等，传热介质有水蒸气、水、矿物油、乙二醇和水的混合液等。

根据操作方式，冷冻干燥装置又分为间歇式冷冻干燥装置和连续式冷冻干燥装置。

（1）间歇式冷冻干燥设备　箱式冷冻干燥设备是典型的间歇式冷冻干燥设备，其结构如图4-45所示。其特点是干燥箱内的多层搁板不但可以用来搁置被干燥的食品，而且在食品冻结时可提供冷量，在随后的干燥中可提供升华热量和解吸热量。

如果食品是在干燥箱外预冻结，在食品托盘移入干燥箱之前，必须对冷凝器和干燥箱进行空箱降温，以保证冻结食品移入干燥箱后能迅速启动真空系统，避免已冻结食品融化。如果食品是在干燥箱内预冻结，当食品温度达到共熔点温度以下，冷凝器温度达到约40℃时，开启真空泵使干燥箱真空度达到工艺要求值。随着食品表面升华，搁板开始对食品加热，直至冷冻干燥结束。

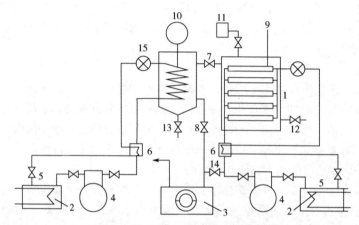

图4-45　箱式冷冻干燥设备组成示意图

1—冷冻干燥箱；2—冷凝器；3—真空泵；4—制冷压缩机；5—水冷却器；6—热交换器；7—冷凝器阀门；

8—真空泵阀门；9—板温指示；10—冷凝温度指示；11—真空计；12—放气阀；13—冷凝器放气出口；

14—真空泵放气阀；15—膨胀阀

（2）连续式冷冻干燥机　连续式冷冻干燥机从进料到出料为连续进行，相对间歇式的箱式干燥器，其处理量大、设备利用率高，适宜于对单品种大批量的浆状或颗粒状食品物料冷冻干燥，便于实现生产的自动化。但是这类型的设备不适宜多品种、小批量的生产。在连续生产中，能根据干燥过程实现干燥的不同阶段控制不同的温度区域，但不能控制不同的真空度。用于食品干燥的连续式冷冻干燥机典型的形式包括隧道式连续冷冻干燥机和螺旋式连续冷冻干燥机。

隧道式连续冷冻干燥机构造如图4-46所示，该机一般为水平放置。干燥机由可隔离的前后级真空抽气室、冷冻干燥隧道、干燥加热板、冷凝室等组成。其冻干过程为：在机外预冻间冻结后的食品物料用料盘送入前级真空锁气室，当前级真空锁气室的真空度达到隧道干燥室的真空度时，打开隔离闸阀，使料盘进入干燥室。这时，关闭隔离闸阀，破坏锁气室的真空度，另一批物料进入。进入干燥室后的物料被加热干燥，干燥后从干燥机的另一端进入后级真空锁气室，这时，后级真空锁气室已被抽真空到隧道干燥室的真空度，当关闭隔离闸阀后，后级真空锁气室的真空度被破坏，移出物料到下一工序。如此反复，在机器正常操作后，每一次真空锁气室隔离闸阀的开启，将有一批物料进出，形成连续操作。

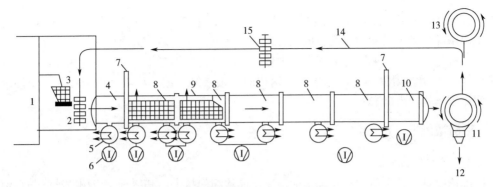

图 4-46　隧道式连续冷冻干燥机示意图

1—冷冻室；2—装料室；3—装盘；4—装料隔离室；5—冷阱；6—抽气系统；7—闸阀；8—冷冻干燥隧道；
9—带有吊装和运输装置的加热板；10—卸料隔离室；11—卸料室；12—产品出口；13—清洗装置；
14—传送运输器的吊车轨道；15—吊车运输器

螺旋式连续冷冻干燥机（图 4-47）一般为垂直放置，特别适合用于冷冻颗粒状的食品物料。其中心干燥室上部设有两个密封的、交替开启的进料口，下部同样设有两个交替开启的出料口，两侧各有一个相互独立的冷阱，通过大型的开关阀门与干燥室连通，交替进行融霜，干燥室中央立式放置的主轴上装有带铲的搅拌器。其冻干过程为：预冻后的颗粒物料，从顶部的两个交替开启的进料口交替地进入顶部圆形的加热盘上，位于干燥室中央主轴上带铲的搅拌器转动，使物料在铲子的铲动下向加热盘外缘移动，从边缘落到直径较大的下一块加热盘上，在这块加热盘上，物料在铲子的作用下向干燥室中央移动，从加热盘的内边缘落入其下的一块直径与第一块板直径相同的加热板上。物料如此逐盘移动，在移动中逐渐干燥，直到最后从底板落下，从交替开启的出料口中卸出，完成这个螺旋运动的干燥过程。

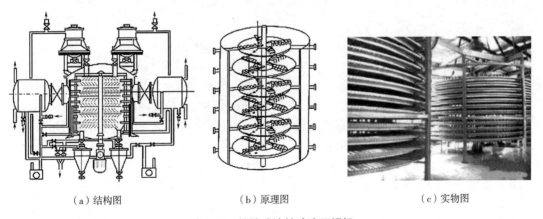

（a）结构图　　　　　　　（b）原理图　　　　　　　（c）实物图

图 4-47　螺旋式连续冷冻干燥机

第四节　食品的浓缩

一、食品浓缩原理

浓缩是食品工业中的一种重要加工方式，是从溶液中去除部分溶剂，使溶液中可溶性固形物占比增加，最终获得浓度更高的溶液。按照原理可分为平衡浓缩和非平衡浓缩两种方式。平衡浓缩是指利用两相分配上的某种差异而达到溶质与溶剂分离的方法，两相均直接接触，因此称平衡浓缩。如冷冻浓缩与蒸发浓缩。非平衡浓缩是指运用半透膜来使溶质和溶剂分离的过程，两相用膜隔开，分离不靠两相的直接接触，因此称非平衡浓缩。如反渗透浓缩、超滤浓缩和电渗析浓缩。

（一）平衡浓缩

1. 冷冻浓缩

冷冻浓缩是一种可用于食品加工业液体产品浓缩的技术，其原理是应用了冰晶与水溶液的固-液相平衡，先将溶剂（水分）冻结，然后将形成的晶体（冰晶）从食品系统中去除，直到溶液中溶质浓度大大提高。浓缩程度可用浓缩液的可溶性固形物含量（°Brix）表示。图 4-48 为冷冻浓缩液-固系统相平衡图。

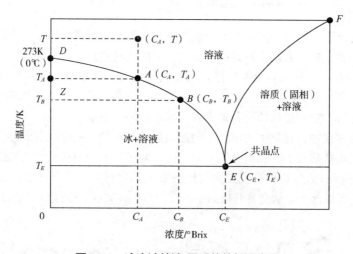

图 4-48　冷冻浓缩液-固系统的相平衡图

纵坐标是物系的温度，横坐标是溶质的浓度（以 °Brix 表示），图上的任一点均表示物系的某一种状态。DE 线叫冰点曲线或者冻结曲线，FE 线称为溶解度曲线，E 点叫低共溶点或者低共晶点。DEF 线上方的区域是溶液区域也叫液相区，DE 线以下是冰与溶液两相共存的区域，而 EF 线以下是固体溶质和溶液两相共存的区域。对于浓度为 C_A、温度为 T 的溶液，其温度下降到 T_A 温度下某一点，由（C_A，T_A）表示，这时就有冰晶出现，称 T_A 为冰点。当温度再继续下降，直至 T_B 时，温差（$T_A - T_B$）被叫作溶液的过冷度。其中过冷溶液可分为两部分，一部分是冰晶 Z（0，T_A），而另一部分是溶液 B（C_B，T_B），此时 $C_B > C_A$。当温度继续降至 T_E 时，与冰晶呈平衡的溶液为 E 点表示的溶液，叫作低共溶溶液，或者低共晶溶液，其对应的浓度叫作低共溶浓度或者低共晶浓度。由此可知，当溶液浓度小于低共溶浓度时，冷却会导致溶液中的水分以冰晶的形式析出，当水分以冰晶的形式析出时，剩下的溶液浓度就会提高，使得溶液得到浓缩，这就是冷冻浓缩的原理。如果对溶液进行冷却，析出的晶体是溶质，而溶液变稀，这便是结晶操作。

理论上，冷冻浓缩能够进行至低共溶点，浓缩液的最高浓度能够达到低共溶浓度。然而实际中，多半液体食品无明显低共溶点，在远未到达此点前，浓缩液的黏度就会很高，晶核形成、晶体成长以及冰晶浓缩液的分离就非常不易，甚至是不可能，因此冷冻浓缩在实际运用中具有很大限制。图 4-49 是几种液体食品的冻结曲线，冻结曲线是冷冻浓缩过程中确定操作条件以及进行物料衡算的依据。

2. 蒸发浓缩

蒸发浓缩是发展最完善、应用最广泛的一种浓缩方法。其原理是使含有不挥发性溶质的溶液沸腾汽化并移出蒸汽，从而使溶液中溶质浓度提高的操作，蒸发是挥发性溶剂和不挥发性溶质的分离过程。

（1）按照操作室压力，蒸发浓缩可分为常压蒸发浓缩、加压蒸发浓缩和减压（真空）蒸发浓缩。

① 常压蒸发浓缩 常压蒸发浓缩通常指在大气压力条件下进行的蒸发浓缩操作，蒸发器中产生的水蒸气与大气直接相通，压力是常压。因为常压下溶液的沸点高于纯水，加热蒸汽与二次蒸汽之间的有效传热温差较小，所以生产强度比较低。

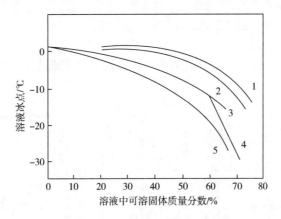

图 4-49 若干液体食品的冻结曲线

1—咖啡；2—蔗糖；3—苹果汁；4—葡萄糖；5—果糖

② 加压蒸发浓缩 加压蒸发浓缩通常是指在高于大气压力下进行蒸发浓缩操作的方法。当蒸发器中的二次蒸汽用作下一个热处理过程的加热蒸汽时，必须使得二次蒸汽压力高于大气压。通常是密闭的加热设备，生产效率较高，操作条件比较好。

③ 减压蒸发浓缩 减压蒸发浓缩又被称为真空蒸发浓缩或负压蒸发浓缩，是蒸发器在负压情况下进行操作的过程。在密闭的设备中，二次蒸汽通过冷凝器冷却后排出，使得蒸发器中的二次蒸汽变为负压。此刻，溶液沸点相较常压减小，加热蒸汽和二次蒸汽间的有效传热温差可以提高，使得蒸发器生产强度增大。

减压蒸发浓缩过程的加热蒸汽能够利用低压蒸汽以及废气作为热源，并且热损失也较小，因此应用广泛。

（2）根据二次蒸汽的利用情况，分为单效蒸发以及多效蒸发。单效蒸发是将二次蒸汽不再利用，直接送到冷凝器冷凝后排出的操作；多效蒸发是将二次蒸汽通到另一压力较低的蒸发器作为加热蒸汽，进而提高加热蒸汽利用率的串联蒸发操作。

根据加料和蒸汽流动方向的差异，多效蒸发又可分为顺流法、逆流法、平流法以及混流法。

① 单效蒸发——单效蒸发中溶液沸点的升高 在一定压强条件下，溶液的沸点比纯水高，两者之差叫作溶液的沸点升高。其计算公式如下：

$$\Delta = t - T'$$

式中　Δ——溶液的沸点升高，℃；

　　　t——溶液的沸点，℃；

　　　T'——与溶液压强相等时水的沸点，即二次蒸汽的饱和温度，℃。

② 单效蒸发——单效蒸发中传热温度差损失　在一定操作压强条件下溶液沸点升高，其计算公式如下：

$$\Delta = \Delta t_T - \Delta t$$

$$\Delta t = T_s - t$$

$$\Delta t_T = T_s - T$$

式中　Δt——传热的有效温度差，℃；

　　　Δt_T——理论上的传热温度差，℃；

　　　t——溶液的沸点，℃；

　　　T——纯水在操作压强下的沸点，℃；

　　　T_s——加热蒸气的温度，℃。

③ 多效蒸发——顺流法　如图4-50所示，蒸汽与料液流动方向相同，都是从第一效到末效。

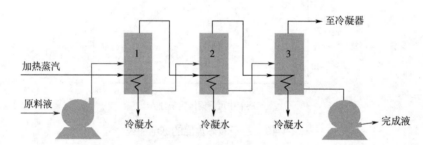

图4-50　顺流加料法的三效蒸发装置流程示意图

④ 多效蒸发——逆流法　如图4-51所示，料液和蒸汽流动的方向相反。原料从末效进入，通过泵依次输送到前效，完成液通过第一效底部取出，加热蒸汽的流向通过第一效顺序到末效。

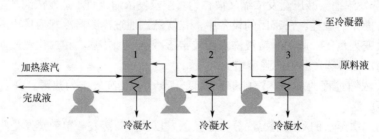

图4-51　逆流加料法的三效蒸发装置流程示意图

⑤ 多效蒸发——平流法　如图4-52所示，原料液分别加入各效，完成液也从各效底部取出，蒸汽的流向也是从第一效流至末效。

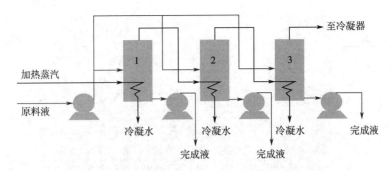

图 4-52　平流加料法的三效蒸发装置流程示意图

⑥ 多效蒸发——混流法　当效数较多时，可采用顺流以及逆流并用的方式，叫作混流法，这种方式可综合两种流程的优缺点，适合黏度较高料液的浓缩。

（二）非平衡浓缩

非平衡浓缩一般也叫膜浓缩，它根据有效成分和液体分子量的差异实现定向分离，达到浓缩的目的。以下是几种常见的膜浓缩方法。

1. 反渗透浓缩

反渗透浓缩作为膜浓缩的一种，是利用有机高分子膜具有的选择透过性，克服渗透压差，使溶质和溶剂尽可能分离，进而实现浓缩的目的。

反渗透膜的孔径通常在 0.5～10nm。当物料通过反渗透膜时，若溶质粒径大于 10nm，那么就会被截留在一侧。随着时间延长，溶质在被截留侧的浓度就会增加，而另一侧浓度会减小，造成膜两侧溶液浓度出现差值，进而达到浓缩或淡化目的。因为待浓缩物料成分的粒径大小以及化学性质不一样，在反渗透浓缩过程中往往会发生膜堵塞以及污染的情况，因此在反渗透前通常需要对样品进行预过滤。例如反渗透之前需要对物料进行超滤，进而除去粒径较大的成分，减少膜的堵塞，提高浓缩效率。

2. 超滤浓缩

超滤是依靠压力差作为推动力而进行液相分离的过程。在一定压力条件下，颗粒较小或分子量较小的物质渗透通过超滤膜，称为透过液；而颗粒较大或分子量较大的物质被截留，最终以浓缩液的形式排出。

超滤膜的工作原理是在一定外力条件下，溶液中分子量较小的物质从膜的高压侧转入低压侧，以滤液形式排出；分子量较大的物质被超滤膜截留，最终以浓缩液形式排出，进而根据分子大小达到分离、浓缩以及净化的目的，如图 4-53 所示。

超滤膜常用的膜组件包括平板式、卷式、管式以及中空纤维式，其运行模式包括内压式及外压式两种。内压式运行方式：通常在管式或中空纤维膜组件中进行，料液投入膜的内部，采用内部加压，致使渗出液经膜内向膜外透过。外压式运行方式：常常通过管式、卷式、板式或中空纤维膜组件进行，通过对膜外侧加压，致使透过液经膜外向膜内渗透。

3. 电渗析浓缩

电渗析是指在外加电场作用下，利用离子交换膜的选择透过性，促使溶液中的离子产生迁移，使得电解质离子从溶液中分离，进而达到浓缩或者淡化的操作。

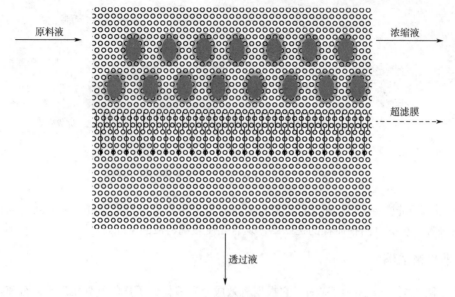

原料液

浓缩液

超滤膜

透过液

图 4-53　超滤原理示意图

　　电渗析原理如图 4-54 所示。电渗析装置通常由膜堆、电极、隔板以及直流电源构成，还包括循环泵等一些辅助设备。作为电渗析系统重要的部分，膜堆具有关键作用，其主要是由阴、阳离子交换膜组合而成。阴、阳离子交换膜交替排列形成浓缩室以及淡化室，促使阴、阳离子经过阴、阳离子交换膜而发生定向迁移，从而达到浓缩以及淡化的目的。如图 4-54 所示，以 NaCl 溶液为例，如果进料都是相同浓度的 NaCl 溶液，因为 Na^+ 带正电荷，Cl^- 带负电荷，所以 Na^+ 在直流电场作用下会通过阳离子交换膜，而 Cl^- 会通过阴离子交换膜，当 Na^+ 以及 Cl^- 迁移后，隔室中余下的溶液就是淡化液，而 Na^+ 以及 Cl^- 迁移到隔室中的溶液就是浓缩液。

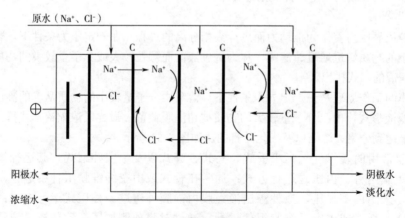

图 4-54　电渗析原理示意图

　　因为电渗析过程是在直流电场下进行的，所以极室中的电极板与溶液接触的表面会产生电解反应。如果极液为 NaCl，发生的反应如下：

$$阳极: 2Cl^- - 2e^- \Longrightarrow Cl_2 \uparrow$$

$$阴极: 2H^+ + 2e^- \Longrightarrow H_2 \uparrow$$

$$总反应式:2NaCl+2H_2O \!\!=\!\!\!=\!\! 2NaOH+Cl_2\uparrow+H_2\uparrow$$

如果极液是无水 Na_2SO_4，发生的反应如下：

$$阳极:2H_2O-4e^- \!\!=\!\!\!=\!\! 4H^++O_2\uparrow$$

$$阴极:2H_2O+2e^- \!\!=\!\!\!=\!\! H_2\uparrow+2OH^-$$

$$总反应式:2H_2O \!\!=\!\!\!=\!\! 2H_2\uparrow+O_2\uparrow$$

二、典型的食品浓缩技术优缺点及应用

为了便于贮藏运输以及作为其他工序的预处理，又要使食品溶液的色、香、味尽可能地保存下来，所以浓缩技术得到广泛应用。我国在食品生产加工过程中常用的浓缩技术包括冷冻浓缩、常压蒸发浓缩、加压蒸发浓缩、真空蒸发浓缩、多效蒸发浓缩、反渗透浓缩、超滤浓缩和电渗析浓缩等。

(一) 冷冻浓缩

1. 优缺点

（1）优点　浓缩过程无加热处理，适用于热敏性物料的浓缩，能够避免芳香物质因为加热处理而挥发损失。

（2）缺点　微生物以及酶的活性不能被抑制，制品还需要热处理或者冷冻保藏。溶质的浓度具有一定限制，并且取决于冰晶和浓缩液的分离程度。存在溶质损失的情况，成本较高。

2. 冷冻浓缩的应用

因为冷冻浓缩不会使物料受热，所以制品中的热敏性物质会得到较好的保留，生物活性也很少受影响，在色、香、味等方面都可以最大限度地保留，明显提高产品的品质。但因为浓缩极限以及操作成本较高，其应用受到较大的限制。目前主要在生物制品、高档饮品、高档果汁以及调味品等方面进行应用。

有研究者对比了冷冻浓缩和真空蒸发浓缩，发现三级冷冻浓缩苹果汁的维生素 C 及芳香物乙酸丁酯的保留率大于 90%，并且对还原糖和果汁颜色的影响较小，就营养和风味保存而言，冷冻浓缩优于真空蒸发浓缩。张炫等研究发现冷冻浓缩对桑果汁品质影响较小，冷冻浓缩桑果汁复原后，其 pH 值、可溶性固形物、含氮物和总酸含量无明显变化，维生素 C 及花青素含量损失率小于 10%，能够较好地保存桑果汁的营养品质。

(二) 常压蒸发浓缩

1. 优缺点

（1）优点　设备比较简单、操作比较方便，操作时可采用敞口设备，产生的二次蒸汽可排放到大气中，适合临时性以及小批量的生产。

（2）缺点　占地面积较大、效果较差，受到气象条件以及其他诸多因素的影响。

2. 常压蒸发浓缩的应用

常压蒸发浓缩适用于有效成分热敏性较低的料液，并且溶剂无毒无害、不具燃烧性、没有经济价值且无需回收。

（三）加压蒸发浓缩

1. 优缺点

（1）优点　能够提高二次蒸汽的温度，提高二次蒸汽的利用率，生产效率高，操作条件好。

（2）缺点　需要用到加压设备，设备投资比较高。

2. 加压蒸发浓缩的应用

加压蒸发通常用于黏性较大溶液的蒸发浓缩。

（四）真空蒸发浓缩

1. 优缺点

（1）优点　加热蒸汽和沸腾液体间的温差能够增加，可采用压强较小的蒸汽作加热蒸汽。因为是低温浓缩，因此可减小食品溶液的体积和重量，利于贮存和运输。因为在较低温度下操作，可节省能源。此外，因为温度较低，避免了热不稳定成分的损失及破坏。设备热损失较小，能够对溶液进行杀菌，便于食品的保藏。

（2）缺点　在相对较低的温度下浓缩时，操作时间过长也会造成物料的挥发性物质、维生素 C 以及色素等热敏成分损失，使得营养价值及品质下降。大规模生产时，真空浓缩蒸发受物料特性以及浓度的影响，会导致传热参数不稳定，一部分热量损失，导致能源浪费。在浓缩过程中，物料的沸点降低，蒸发潜热也会丢失。此外，需要抽真空系统，增加了相应设备的花费。

2. 真空蒸发浓缩的应用

真空浓缩在果蔬汁以及制药行业应用较为普遍，产品有浓缩果蔬汁和口服液等。有学者比较了常压蒸发浓缩和真空蒸发浓缩对羊骨汤品质的影响，研究发现当真空度、转速和温度分别为-0.09MPa、80r/min、70℃时，羊骨汤的总体蒸发速率较快，损失率较低，并且浓缩羊骨汤料的收率得到了提升。还有研究发现，当真空蒸发浓缩的温度和真空度分别为 70℃ 和 -0.09MPa 时，橄榄浓缩汁的品质最好。

（五）多效蒸发浓缩

1. 优缺点

（1）优点　多效蒸发传热系数较高，动力消耗较少，可降低废水处理成本。多效蒸发操作弹性较大，负荷范围从 40%～110%，都可以正常操作。多效蒸发操作温度较低，并且在真空状态下运行，可避免或者延缓设备的损耗。此外，多效蒸发显著降低了含盐废水进料要求，进而简化了含盐废水的预处理过程。

（2）缺点　工艺流程比较长，设备的投资也较大。

2. 多效蒸发浓缩的应用

多效蒸发浓缩在溶液浓缩、食品工业（牛奶和果蔬汁等蒸发浓缩）、废水处理以及海水淡化等方面起着重要作用，是一种比较成熟的浓缩处理方法。

有研究者通过调整多效蒸发带蒸汽压缩机系统的操作条件，发现优化的时变约束全周期操作不仅能维持淡水产量，还能减少全周期蒸汽消耗量。还有学者探究了三种多效蒸发海水淡化装置（并流、串流以及并叉流）对蒸发效果的影响，发现并叉流是较好的装置流程。

（六）反渗透浓缩

1. 优缺点

（1）优点　反渗透膜的分离过程在常温下进行，没有相变，并且能耗较低，能够用于热敏感性物质的浓缩和分离。能够有效去除无机盐以及小分子杂质，具有较高脱盐率以及较高水回收率。此外，膜分离装置比较简单，操作很方便，利于实现自动化。

（2）缺点　分离过程需要在高压下进行，需要配备高压泵以及耐高压的管路。反渗透膜的分离装置对水的指标要求较高，需提前进行预处理。此外，在分离过程中，容易导致膜的污染，为延长膜的使用寿命以及提高分离效果，需要定期对膜进行清洗。

2. 反渗透浓缩的应用

随着反渗透技术的不断发展，其应用领域也不断扩展，包括海水以及苦咸水的淡化、纯水制备、果蔬汁浓缩、生物制剂浓缩和废水处理等方面的应用。

有研究者在使用反渗透膜处理磷酸铁生产废水模拟实验中发现，采用适当的操作工艺（进水压力、进水浓度、温度和 pH 值分别为 0.6MPa、0.01～0.02mol/L、25～30℃、6～8）可提高截留率，增加膜通量以及产水率。还有学者利用反渗透、电去离子法以及混床工艺制备超纯水，发现出水水质满足洗涤水以及生产用水的要求。

（七）超滤浓缩

1. 优缺点

（1）优点　超滤浓缩在常温下进行，对成分破坏较小，适合对热敏感物质进行浓缩，包括药物、酶以及果汁等的分离、分级和浓缩富集。超滤浓缩过程没有相变发生，能耗较低，无污染，环保节能。此外，分离效率较高，仅采用压力作为膜分离的动力，装置比较简单、流程较短、操作方便、便于控制及维护。

（2）缺点　不能直接得到干粉制剂，对于蛋白质溶液，通常只能得到 10%～50% 的浓度。

2. 超滤浓缩的应用

超滤浓缩在反渗透预处理、饮用水处理以及中水回用等方面应用越来越广泛。此外在酒类及饮料的除菌除浊、药品除热原和食品及制药浓缩的过程中都起到重要作用。

有学者指出超滤浓缩工艺生产的超滤奶酪比传统奶酪质地更均匀、更细腻，营养价值更高，乳清蛋白、钙以及维生素的含量更高。还有研究者指出在超滤过程中，在料液流量、过滤压力、料液 pH 值分别为 104L/h、0.23MPa 和 5.3 的条件下，对蛋白酶的发酵液进行超滤浓缩，使用平行四边形结构的湍流促进器能够得到较高的稳态渗透通量。

（八）电渗析浓缩

1. 优缺点

（1）优点　电渗析技术无需化学药品的添加，具有设备和组装比较简单、操作比较方便等优点。

（2）缺点　原水需要进行预处理，并且电耗较大，容易结垢，浓缩分离膜的使用时间较短。电渗析本体是由塑料件组合而成，因为老化会增加维修费用。此外操作的电流、电压受水质和水量的影响，使得过程稳定性较差。

2. 电渗析浓缩的应用

电渗析作为膜分离过程中比较成熟的技术，在各行业得到了广泛的应用，包括食品、医药和化学工业等方面。如处理工业废水、牛奶脱盐以及在医学中当作人工肾使用等。

有学者探究了电渗析技术在二甲基砜脱盐提纯中的应用，研究发现，在电渗析的过程中，电流效率为74.0%，能耗约为12.3W·h/L，回收率高达97.4%，脱盐率高达98.5%，工作效率较高，经济效益较好。还有研究者探究了电渗析技术对海水淡化除硼的作用，发现四段法浓水分段外排电渗析耗能较少，平均效率较高，可将模拟海水中硼的浓度在180min内由5mg/L降到0.461mg/L，达到《生活饮用水卫生标准》（GB 5749—2022）要求。

 思考题

1. 简述食品干燥保藏方法原理。
2. 分析干燥对食品的不利影响，怎样减轻这种不利影响？
3. 影响物料干燥速率的因素有哪些？
4. 说明干燥过程中食品物料的主要变化。
5. 常用的食品干燥方法有哪些？
6. 说明冷冻干燥的原理及其优点。
7. 简述食品浓缩的原理。
8. 简述冷冻浓缩的优缺点及应用。
9. 典型的食品浓缩技术有哪些？

第五章 | 食品的辐照保藏

第一节 食品辐照概述

一、食品辐照保藏的概念

辐射是一种能量传输的过程，通常是指从某种物质中发射出来的波或粒子，以其所带有的能量在空间或介质中向各个方向传播的过程，主要包括无线电波、微波、红外可见光、紫外线、X射线、γ射线和宇宙射线。根据辐射对物质产生的不同效应，辐射可分为电离辐射和非电离辐射，其中在食品辐照中采用的是电离辐射。电离辐射，一般也称辐射，是指辐射源放出射线，释放能量，使受辐射物质的原子发生电离的一种物理过程。天然辐射是无时无刻不在发生的自然现象。随着辐射生物效应研究的不断深入，人们发现高能辐射可以杀灭危害食品的微生物和害虫，由此引发了利用辐射保藏食品的研究。

由于对辐射食品安全、卫生的高度要求，食品辐射有别于其他工业和医疗辐射，因而常采用"辐照食品"的称谓以示差别。食品辐照保藏是在安全辐照剂量下由辐射源对食品进行照射，通过对食品进行灭菌、杀虫或抑制鲜活食品的生命活动，达到防霉、防腐、延长食品货架期目的的保藏方法。

二、食品辐照技术的发展历程

1895年德国物理学家W. K. Roentgen发现X射线，1896年法国科学家H. Beeguerel发现铀的天然放射性，揭开了人类利用核能的序幕。1898年P. U. Vllard发现γ射线，1904年英国公开第一项γ射线杀菌专利。英国人J. Appleby和A. J. Banks提出应用α射线、β射线和γ射线处理食品，并于1905年获得英国专利。自1943年美国麻省理工学院B. E. Proctor首先应用射线处理汉堡包食品后，1947年A. Brasch和W. Huber开始用脉冲电子加速器辐照食品，1958年苏联卫生部首次批准了用 ^{60}Co-γ射线辐照源抑制马铃薯发芽，成为世界上第一个批准辐照食品供人食用的国家。加拿大、德国、美国、意大利等国从20世纪20年代中后期均开始进行辐照食品的研究，20世纪60年代后期许多发展中国家也开始对食品辐照进行研究，如东南亚国家对鱼类及其制品的保藏，印度对水果、马铃薯、洋葱的保鲜，伊拉克对枣类辐照杀虫等进行了深入研究。到1974年为止，已有15个国家通过了22种许可用射线照射食品的认证。

食品辐照技术可以减少农产品和食品的损失、提高食品质量、控制食源性疾病，因此越来越受到世界各国的重视，表现出技术应用的美好前景。据国际原子能机构（IAEA）统计，目前世界上有52个国家至少批准了一种辐照食品，其中有33个国家进行了食品辐照的商业化应用，已批准的辐照食品包括新鲜水果和蔬菜、香辛料和脱水蔬菜、肉类和禽类产品、水产品、谷物和豆类产品，以及一些保健产品。以我国辐照食品发展进程为例，已先后开展了辐照马铃薯、大蒜、蔬菜、水果、鸡鸭肉、水产、中草药等有关试验研究，也取得了巨大进步。1984年，我国正式加入IAEA，1994年加入国际食品辐照咨询组（ICGFI），先后承担IAEA食品辐照研究合同（协议）和技术援助项目10多项，扩大了我国在国际上的影响力。到1994年国家卫生部已批准了18种食品的辐照工艺标准，1996年颁布了《辐照食品管理办法》，1997 年又公布了熟畜禽肉类，干果果脯类，香辛料类，新鲜水果、蔬菜类，冷冻包装畜禽肉类，豆类、谷类及其制品等 6 大食品的辐照工艺标准，2011 年颁布了涉及脱水蔬菜、豆类、冷却包装分割猪肉等食品的 16 个辐照工艺标准。2006～2016 年，国家农业部批准制定了涉及冷冻水产品、茶叶、大豆蛋白粉、泡椒类食品、香辛料等食品的 5 个辐照工艺农业行业标准。食品辐照工艺标准的制定，使我国辐照食品的标准化体系逐步形成，辐照食品的加工处理也走上了法治化管理的轨道，为我国辐照食品的标准化和商业化发展创造了良好条件。

相对于庞大的食品消费市场而言，辐照食品的品种、产量还非常低，食品辐照的规模还很小，发展的潜力还很大，辐照食品的商业化需求和国际贸易前景广阔。今后应加强对辐照食品加工技术特点、卫生安全性和经济可行性方面的宣传，以推动食品辐照技术应用的商业化和辐照食品国际贸易的开展。

三、食品辐照保藏的特点

食品辐照保藏技术较其他保藏手段而言，具有对食品原有特性影响小、安全、无化学物质残留、能耗少、效率高及多功效等优点。

(一) 对食品原有特性影响小

食品辐照过程中升温甚微，经每小时 10kGy（10^4J/kg）吸收剂量的辐照处理所引起的升温不到 3℃，辐照食品一般在常温下进行，辐照时几乎不引起食品内部温度的升高，故能保持食品的外观形态和食用风味。食品辐照能很好地保持食品的色、香、味、形等新鲜状态和食用品质，如辐照马铃薯、大蒜、鲜蘑菇、新鲜水果等由于保持新鲜饱满、硬度好等优点，在市场上具有较强的竞争力。另外，射线穿透性强，能瞬间均匀地到达处理对象内部，杀灭病菌和害虫，因此，辐照能够透过包装而对包装内的食品深处的作用对象（如病菌、虫）等产生作用，不仅能保证食品的食用卫生与安全，而且还能大大减少食品交叉污染，辐照杀虫灭菌常作为进出口贸易的一种有效检疫手段。总之，在一定的辐照剂量范围内，食品受辐照后仍能很好地保持食物原有的特性与形态，起到化学保藏剂和其他方法所不能及的作用。

(二) 安全、无化学物质残留

食品辐照是利用射线的能量对食品进行的放射性同位素辐照处理，并非与放射性同位素直接接触，因而，不会有放射性物质的残留，是物理加工过程。而传统的化学防腐技术则面临残留物以及对环境危害等问题。

(三) 能耗低

据 IAEA 报告，单位食品冷藏时需要消耗的最低能量为 324.4kJ/kg，巴氏杀菌为 829.14kJ/kg，热杀菌为 1081.5kJ/kg，脱水处理为 2533.5kJ/kg，而辐照杀菌只需要 22.7kJ/kg。因此，辐照处理能大大降低能耗。

(四) 加工效率高，操作适应范围广

辐照装置安装好后可以日夜不停地连续工作，在同一射线处理场所可以处理多种体积、状态、类型的食品，而且辐照剂量可以根据需要很方便地进行调节控制。目前，辐照可应用于豆类、谷物及其制品、干果果脯类、熟畜禽肉类、冷冻包装畜禽肉类、香辛料类、新鲜水

果和蔬菜类等食品中，还可以对一些食品包装材料进行杀菌处理。

（五）多功效

辐照处理对食品的作用是多方面的。实际应用中，可通过不同的辐照剂量和处理方式抑制不同的腐败变质因子，如抑制食物自身生命活动（成熟、后熟、衰老、发芽等）、杀灭微生物和昆虫等。辐照可以提高食品的品质，比如，薯干酒和白兰地可以通过辐照的方式加速陈化，减轻其对喉咙的刺激感，增加酒的醇香。对于特殊人群，比如地质勘测人员、登山探险人员、戍边战士、宇航员以及病人，可以利用辐照技术提供给他们无菌食品。

食品辐照保藏也有其不足之处，主要表现在：在杀菌剂量的照射下，食品中的酶不能完全被钝化；敏感性强的食品和经高剂量辐照的食品可能发生不适宜的感官性质变化，超过一定剂量或过高剂量的辐照处理会导致食品发生质地和色泽的损失；另外，一些香料、调味料也容易因辐照而产生异味，尤其是高蛋白质和高脂肪的食品特别突出地存在"辐照味"；辐照保藏方法不适用于所有食品，要选择性地应用；要对辐照源进行充分遮蔽，必须经常连续对辐照区和工作人员进行监测检查。

四、食品辐照的辐射源及基本单位

（一）食品辐照的辐射源

食品辐照技术在应用中需根据照射目的、临界剂量、食品种类、杀菌程度等确定照射食品的装置及设施。目前，用于食品辐照处理的辐射源主要有放射性燃料、电子加速器等。

1. 放射性燃料

在核反应堆中产生的天然放射性元素和人工感应放射性同位素，会在衰变过程中发射各种放射物和能量粒子，其中有α粒子、β粒子或射线、γ光子或射线以及中子，这些放射物具有不同的特性。

在食品辐照处理时，一方面，希望使用具有良好穿透力的放射物，目的是不仅能够抑制食品表面的微生物和酶，而且产生的这种作用能够深入食品内部；另一方面，又不希望使用如中子那样的高能放射物，因为中子会使食品中的原子结构破坏和使食品产生放射性。所以，对食品进行辐照处理主要用γ射线和β粒子。

用于食品辐照处理的γ射线和β粒子可采用经过核反应堆使用后的废铀燃料元素，这些废燃料仍具有强的放射性，可经合适屏蔽和封闭来使用。食品进入其辐照通道，在那里保持足够时间以吸收适当剂量的放射物达到辐照之目的。

食品辐照处理上用得最多的是 ^{60}Co-γ射线源，也有采用 ^{137}Cs-γ射线源。图 5-1 为 ^{60}Co 放射线源的构造，放射线源为棒状，将数十根棒状放射线源汇集在一起，组成平板状线源。γ射线不具有方向性和集束性，因此要求被辐照的食品要进行适当的移动才可以达到辐照杀菌处理的目的。

2. 电子加速器

电子加速器（简称加速器）是利用电磁场使电子获得较高能量，将电能转变成射线（高能电子射线、X 射线）的装置。电子加速器可以作为电子射线和 X 射线的两用辐射源，主要由高压发生器、电场、磁场、电子枪和真空管构成。

（1）电子射线　电子射线又称电子流、电子束，其能量越高，穿透能力就越强。电子加速器的电子密度大，电子束（射线）射程短，穿透能力差，一般适用于食品表层的辐照处理。

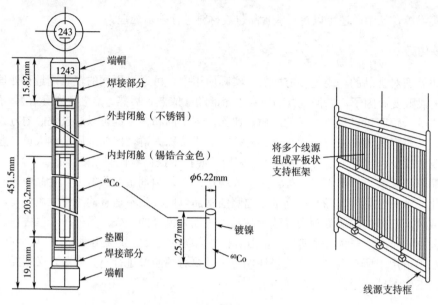

图 5-1 ^{60}Co 放射线源的构造

目前用于食品辐照处理的加速器主要为静电加速器或范德格拉夫（Van de Graft）加速器，β粒子或电子可在其中产生，如图 5-2 所示。在此装置中，直流高压电源 6 通过针尖电晕放电将负电荷喷到高速运行的非导电材料做的输电带 4 上，电荷被带至球形高压电极 1 内，电刷 7 收集电荷而获得高电压，电子枪 5（阴极热金属丝）发射的电子在高压电场作用下，沿着真空加速管 3 被加速，即得到电子射线。当待处理的食品通过时，可以接受合适的辐照剂量。辐射照剂量可以通过提高电压使电子流发出不同程度的光束动力来调节。

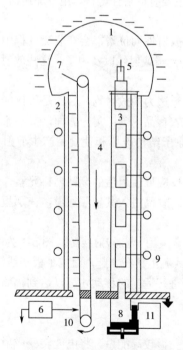

图 5-2 静电加速器结构原理图

1—球形高压电极；2—支架；3—真空加速管；4—输电带；
5—电子枪；6—直流高压电源；7—电刷；8—金属靶；
9—均压环；10—转轴；11—真空泵

除此之外用于食品辐照处理的加速器还包括高频高压加速器（地那米加速器）、绝缘磁芯变压器、微波电子直线加速器、高压倍加器、脉冲电子加速器等。

（2）X 射线 采用高能电子束轰击高质量的金属靶（如金靶）时，电子被吸收，其能量的一小部分转变为短波长的电磁射线（X 射线），剩余部分的能量在靶内被消耗掉。电子束的能量越高，转换为 X 射线的效率就越高。这样所产生的 X 射线，其波长由电压、电子束对靶的入射角度、靶的材料性质及窗孔的性质来决定。波长较长的软 X 射线是在 100kV 以下的电压下产生的，其穿透能力比较弱；

而波长较短的硬 X 射线是在更高的电压下产生的，具有较强的穿透能力，有利于辐射食品。

在特殊类型的可利用电离射线中，人们已普遍认为，电子束（类似物：阴极射线和β粒子）和γ射线以及 X 射线最适用于食品辐照保藏。

（二）食品辐照的基本计量单位

1. 放射性强度

放射性强度又称放射性活度，是衡量放射性强弱程度的一个物理量，指单位时间内发生核衰变的次数。放射性强度曾用"居里"表示（Curie，简写 Ci）。若放射性同位素每秒有 3.7×10^{10} 个原子核衰变，则它的放射性强度为 1 Ci。放射性强度国际单位为贝克勒尔（Becqurel，简写 Bq），1Bq 表示放射性同位素每秒有一个原子核衰变，即：

$$1Bq = 1s^{-1} = 2.073\times10^{-11}Ci \tag{5-1}$$

2. 照射量

照射量是用来度量 X 射线或γ射线在空气中电离能力的物理量，单位为伦琴（Roentgen，简写 R），国际单位为库仑/千克（C/kg）。在标准状况下（0℃，101.325kPa），每 $1cm^3$ 干燥空气（0.00129g）能形成一个正电或负电静电单位的 X 射线或γ射线照射量为 1 R。

$$1R = 2.58\times10^{-4}C/kg \tag{5-2}$$

3. 辐射能量

普遍用电子伏特（eV）表示辐射能量单位，即相当于 1 个电子在真空中通过电位差为 1 伏特（V）的电场被加速所获得的动能。

$$1eV = 1.602\times10^{-12}erg（尔格），1MeV = 10^6 eV，1keV = 10^3 eV$$

4. 吸收剂量

吸收剂量是指被照射的物质所吸收的辐射线的能量，国际单位是戈瑞（Gy）。1kg 任何物质若吸收的射线能量为 1J，则吸收剂量为 1Gy，即 1Gy=1J/kg。

吸收剂量的另一个单位是拉德（rad），即 1g 被辐射物质吸收 100erg 射线能量为 1rad，1rad=100erg/g=6.24×10^{13}eV/g。它们之间的换算关系为：1Gy=100rad=1J/kg。

吸收剂量是描述电离辐射能量的量。当电离辐射与物质作用时，其部分或全部能量可沉淀于受照介质中。与辐射能量的情况不同，吸收剂量是一个适用于任何类型电离辐射和任何类型受辐照物质的辐射量。必须注意的是，在应用此量度时，要指明具体涉及的受照物质，诸如空气、肌肉或其他特定材料。

第二节　辐照对食品变质腐败的抑制作用

一、辐照对微生物的作用

辐照一方面直接破坏微生物遗传因子（DNA 和 RNA）的代谢，导致微生物死亡；另一方面通过离子化作用产生自由基，影响微生物的细胞结构，从而抑制微生物的生长繁殖。电离辐射杀灭微生物一般以杀灭 90%微生物所需的剂量（Gy）来表示，即残存微生物数下降到原菌数 10%时所需的剂量，并用 D_{10} 值来表示，不同微生物的 D_{10} 值差异较大。一般可以通过式（5-3）来计算辐照灭菌的剂量（D 值）。

$$\lg \frac{N}{N_0} = -\frac{D}{D_{10}} \qquad (5\text{-}3)$$

式中　N_0——最初微生物数；

　　　N——使用 D 剂量后残留微生物数；

　　　D——辐照的剂量，Gy；

　　　D_{10}——微生物残存数减少到原数 10% 时的剂量，Gy。

（一）细菌

细菌一般存在于所有的食品中，除非在食品加工中采用灭菌措施除去食品中的细菌。细菌对食品的影响主要表现在以下几个方面：细菌在食品中能够繁殖，导致食品发生感官和其他方面的变化，一般都与腐败相关联；食品中生长的某些细菌会产生出对人体有害的毒素；食品中某些细菌能够感染人和动物，引起疾病。因此，采用有效措施控制或杀灭食品中的微生物是食品保藏的重要措施。

辐照对细菌的作用与受辐照的细菌种类和菌株、细菌浓度或数量、介质的化学组成、介质的物理状况和辐照后的贮存环境有关。细菌种类不同，对辐照敏感性也各不相同，辐照剂量越高，对细菌的杀灭率越强。常见一些重要食品致病细菌的 D_{10} 值见表 5-1。

表 5-1　一些重要食品致病细菌的 D_{10} 值

致病菌	D_{10} 值/kGy	悬浮介质	辐照温度/℃
嗜水气单胞菌（A.hydrophila）	0.14～0.19	牛肉	2
大肠杆菌 O157：H7（E.coli O157：H7）	0.24	牛肉	2～4
单核细胞杆菌（L.monocytogenes）	0.45	鸡肉	2～4
沙门氏菌（Salmonella.spp）	0.38～0.77	鸡肉	2
金色链霉菌（S.aureus）	0.36	鸡肉	0
小肠结肠炎耶尔森氏菌（Y.enterocolitica）	0.11	牛肉	25
肉毒梭状芽孢杆菌（C.botulinum）	3.56	鸡肉	−30

从表 5-1 中可见，沙门氏菌是非芽孢菌中最耐辐照的致病微生物，平均 D_{10} 值 0.6kGy。对禽肉辐照 1.5～3.0kGy，可杀灭 99.9%～99.99% 微生物。除了肉毒梭状芽孢杆菌，在这个剂量下，其他致病菌都可获得控制。沙门氏菌是最常见污染食品的致病菌，工业上常用热处理杀灭该菌，但热处理会使食品的形状和组织发生变化。例如，对鲜蛋的杀菌，热处理会受到限制，用 4.5～5.0kGy 剂量辐照冻蛋，既可杀灭污染的沙门氏菌，又可使其风味和制成的蛋制品不发生改变。常见的污染鱼贝类的假单胞菌，其对辐照抵抗力也较弱，低剂量辐照即可保持产品的鲜度。

（二）病毒

病毒是最小的生物活体，它没有完整的细胞结构，但可以通过侵染植物、动物获取营养得以繁殖，从而使食物变质。热处理是使病毒失活非常有效的手段，所以经高温烹调后的食品，通常都没有病毒的潜在风险。但烹调后的食品接触的切割或盛放的工具以及其放置的环境等均存在病毒污染的可能，因此需要重视病毒对食品的潜在危害。

脊髓灰质炎病毒与传染性肝炎病毒会通过食品传播给人类。这些病毒可能因带菌人员操作而污染食品，也可能因食品与污水接触，尤其是水生贝壳类动物，而导致食品污染。口蹄疫是在偶蹄动物中发生的一种烈性传染病，是一种由口蹄疫病毒引起的世界性的检疫病害。口蹄疫病毒一般情况下不会传染给人，但能够使多种动物受害，使生肉受到口蹄疫病毒的污染。这种病毒只有使用高剂量辐照（水溶液状态 30kGy，干燥状态 40kGy）才能使其失活，但使用高剂量辐照时会对食品产生一些不良效应，因此常采用辐照与热处理相结合的方式，以降低辐照剂量。

(三) 酵母和霉菌

酵母和霉菌相较于一些芽孢细菌对辐照更为敏感，不同品系之间也存在较大差异。对控制酵母引起的腐败所需的辐照剂量为 4.65～20kGy，对霉菌所需辐照剂量为 2.0～6.0kGy。大多数情况下，杀死霉菌所需的辐照剂量高于水果能耐受的剂量。水果组织常由于水果胶质降解而发生软化，这种软化有可能使水果损伤和腐烂。酵母虽很少引起新鲜水果腐败，但它可引起果汁和其他水果制品腐败。由于辐照保鲜所需的辐照剂量太高，因此有可能引起气味的变化。为了有效控制酵母和霉菌对食品的危害，同时减少高剂量辐照的不利影响，可应用辐照与温热处理相结合的方法降低所需的辐照剂量。

二、辐照对果蔬的作用

新鲜的水果和蔬菜在室温和通气良好的情况下，细胞呼吸代谢机能比较旺盛，呼吸作用和蒸腾作用依然保持较高的水平，所以很难长期保鲜。对于有呼吸跃变的果实，在高峰出现前对果实进行辐照处理，能改变体内乙烯的生产率，从而影响其生理活动，延长果实的贮藏期。

辐照处理能够调节果实的生理代谢，延缓成熟和衰老，并对水果的品质产生影响。对于有呼吸高峰的水果来说，呼吸高峰前的最低呼吸是对辐照反应的一个关键点。水果呼吸跃变阶段前的辐照比呼吸跃变阶段开始后进行辐照处理产生更大的效应，如巴梨在呼吸跃变峰值期间进行辐照会使乙烯量下降，而在呼吸跃变前用相对高的剂量（3～4kGy）辐照则成熟受阻，甚至置于乙烯环境中也不能成熟。无转跃期的水果对辐照的反应多少类似于有呼吸高峰期的水果，例如桃和蜜桃采用剂量高达 6kGy 进行辐照时呼吸速率和乙烯产量都在增加，可刺激成熟。水果品种的差异可能对辐照反应有重要作用。例如，*Grox michel* 香蕉在辐照后成熟延迟，而 *Basri* 品种则不然。辐照能使水果化学成分发生变化，并影响果实的品质。水果经辐照后，原果胶转化成果胶和果胶酸，纤维素和淀粉发生降解，果实组织变软；果实色素发生变化，果实鲜红的颜色会变为淡红色或粉红色。一些香蕉在辐照后果皮变为棕色，这可能是辐照导致细胞损伤引起表皮和果肉中多酚氧化酶活性的增加所致。关于辐照对维生素含量变化的影响，一般认为水果中含有多种维生素和化学成分，辐照对维生素的破坏很小，水果辐照过程中维生素的减少并不是一个明显的问题。

鲜菜与鲜果一样具有缓慢的代谢活动，辐射能够影响蔬菜的代谢速率，其具体效应与辐照剂量有关。新鲜蔬菜的辐照效应包括呼吸速率的变化、细胞分裂受到抑制、正常生长和衰老受阻，以及化学成分的变化。作物收获后的发芽是食品变坏的一种现象，因此可以采用辐照对其进行抑制，以延长产品的货架期。抑制发芽所需的剂量因作物种类和所期望的效应不同而异，用 0.15kGy 甚至更低的辐照剂量就可以抑制马铃薯、甘薯、洋葱、大蒜和板栗的发芽，而且这个效应是不可逆的。在光照条件下白马铃薯表皮变绿可受到抑制。白薯对辐照的反应存在着品种间的差异，过多的辐照会加速腐烂。2～3kGy 的辐照能够抑制蘑菇延迟打开菌盖，辐照过的莴笋嫩茎并不会随时间的延长而加长。

三、辐照对酶的影响

辐照可以破坏蛋白质的构象，因而能使酶失活。但是，使酶完全失活所需的辐照剂量比杀死微生物所需剂量要大得多。酶的抗辐照力可用 D_E 值表示。绝大多数食品酶类的抗辐照力比肉毒杆菌的孢子强，其 D_E 值一般在 5Mrad（50kGy）左右。一般 $4D_E$ 值的辐照剂量可使酶几乎被完全破坏，已发现多数食品酶对辐照的阻力甚至大于肉毒芽孢杆菌孢子，这给食品的辐照灭酶保藏带来一定限制，近 20Mrad（200kGy）的辐照剂量将严重破坏食品成分并可能产生不安全因素。因此，在以破坏酶的活性为主的食品保藏中，单独使用辐照处理是不合适的，此时可采用加热与辐照、辐照与冻结等相结合的处理方法。

四、辐照对其他变质因素的影响

电离辐照除对微生物和酶产生辐照效应外，还可对其他变质因素产生影响，最常见的就是电离辐照可引发间接作用，使食品发生化学变化。一般认为由电离辐照引发食品成分产生变化的基本过程有两种，即初级辐照和次级辐照。初级辐照是指辐照使物质形成了离子、激发态分子或分子碎片，也称为直接效应。例如食品色泽的变化或组织的变化可能是由γ射线或高能β粒子与特殊的色素或蛋白质分子发生直接效应引起的。次级辐照是指由初级辐照的产物相互作用，形成与原物质成分不同的化合物，故将这种次级辐照引起的化学效果称为间接效应。初级辐照一般无特殊条件，而次级辐照与温度、水分、含氧等条件有关。氧气经辐照能产生臭氧；氮气和氧气混合后经辐照能形成氮的氧化物，溶于水可生成硝酸等化合物。可见，在空气和氧气中辐照食品时臭氧和氮的氧化物的影响也足以使食品产生化学变化。

第三节 辐照在食品保藏中的应用

一、放射线应用概述

常用于食品杀菌的放射线有高速电子流、γ射线及 X 射线。放射线可用于杀菌、杀虫、防止发芽、调整成熟度等。如表 5-2 所示，按目的不同可选择合适的照射剂量范围。

（一）低剂量辐照

低剂量辐照的平均辐照剂量在 1kGy 以下，主要用于抑制马铃薯和洋葱等的发芽、杀死昆虫和肉类的病原寄生虫、延迟鲜活食品的后熟。

（二）中等剂量辐照

中等剂量辐照的平均辐照剂量范围为 $1\sim10$kGy，主要目的是减少食品中微生物的负荷量（microbial load）、减少非芽孢致病微生物的数量和改进食品的工艺特性。

表 5-2 放射线照射的应用

照射物及其照射目的	所需剂量/kGy
高剂量辐照（10kGy 以上）	
培根的完全杀菌及其室温贮藏	$40\sim60$
食品特殊材料（香辛料、芹菜种子等）的完全杀菌	$10\sim30$

续表

照射物及其照射目的	所需剂量/kGy
高剂量辐照（10kGy 以上）	
冻结温度下的肉类、鱼贝类的完全杀菌	30～60
医疗用具（缝合线、塑料注射器、绷带、纱布、手术刀等）及医疗品的完全杀菌	25
杀灭原料羊毛的病原菌	25
中等剂量辐照（1～10kGy）	
延长分割肉和包装鱼、贝类在 0～4℃下的贮藏期	2～5
杀灭果实、蔬菜中的微生物，延长贮藏期	1～5
与加热杀菌搭配使用的照射杀菌	1～10
防止冷冻蛋、肉类、畜产加工品等沙门氏菌属的食物中毒	5～10
杀灭家畜饲料中的沙门氏菌、腐败菌及害虫	1～10
缩短干燥蔬菜的返潮时间	2.5～25
低剂量辐照（1kGy 以下）	
防除肉类的病原寄生虫	0.1～1
防治各类虫害	0.7～0.5
抑制马铃薯、洋葱等根菜类的发芽	0.06～0.1

（三）高剂量辐照

高剂量辐照的平均辐射剂量为 10～50kGy，主要用于商业目的的灭菌和杀灭病毒。

二、辐照在食品上的应用

根据《食品安全国家标准　食品辐照加工卫生规范》（GB 18524—2016）的规定，辐照食品种类应在 GB 14891 规定的范围内，不允许对其他食品进行辐照处理，我国允许辐照食品种类见表 5-3。辐照的工作对象多是具有生命活力的，包括农产品本身、微生物和昆虫，要达到保藏、保鲜、保持食品质量的目的，就必须明确农产品对射线的最大耐受剂量和灭菌杀虫的有效剂量，然后才能选定最佳的辐照剂量。

农产品辐照保藏采用的辐照剂量必须以中华人民共和国卫生部颁布的有关规定作为依据，我国有关食品辐照的法规同国际惯例基本一致。根据不同的辐照保藏目的以及拟达到辐照目的的平均辐照剂量，联合国粮食与农业组织（FAO）、国际原子能机构（IAEA）和世界卫生组织（WHO）联合专家委员会把食品辐照分为 3 类。

表 5-3　我国允许辐照食品种类、辐照剂量及标准

辐照食品种类	辐照剂量（平均吸收剂量）/kGy	辐照目的	执行标准
脱水蔬菜	4.0～10	杀菌、防霉	GB/T 18526.3—2001
香料和调味品	4.0～10	杀菌	GB/T 18526.4—2001
冷却包装分割猪肉	1.0～4.0	杀灭致病微生物和寄生虫、延长保质期	GB 18526.7—2001
豆类	0.3～2.5	杀虫	GB/T 18525.1—2001
谷类制品	0.3～1.0	杀虫	GB/T 18525.2—2001
红枣	0.3～1.0	杀虫	GB/T 18525.3—2001

辐照食品种类	辐照剂量（平均吸收剂量）/kGy	辐照目的	执行标准
枸杞干、葡萄干	0.75～2.0	杀虫	GB/T 18525.4—2001
干香菇	0.7～5.0	杀虫、防霉	GB/T 18525.5—2001
桂圆干	0.7～6.0	杀虫、防霉	GB/T 18525.6—2001
空心莲	0.4～2.0	防霉、杀菌	GB/T 18525.7—2001
速溶茶	4.0～9.0	杀菌	GB/T 18526.1—2001
花粉	4.0～8.0	杀菌	GB/T 18526.2—2001
熟畜禽肉类	4.0～8.0	杀菌、延长保质期	GB/T 18526.5—2001
糟制肉食品	4.0～8.0	杀菌	GB/T 18526.6—2001
苹果	0.25～0.80	抑制呼吸作用和延缓后熟过程，减少轮纹病和虎皮病的发生	GB/T 18527.1—2001
大蒜	0.05～0.2	抑制发芽	GB/T 18527.2—2001
熟食畜禽肉类（熟猪肉、熟牛肉、熟羊肉、熟兔肉、盐水鸭、烤鸭、烧鸡、扒鸡等）	≤8	延长保质期	GB 14891.1—1997
花粉（玉米、荞麦、高粱、芝麻、油菜、向日葵、紫云英的蜜源纯花粉及混合花粉）	8	保鲜、防霉、延长贮存期	GB 14891.2—1994
干果果脯类（花生仁、桂圆、空心莲、核桃、生杏仁、红枣、桃脯、杏脯、山楂脯及其他蜜饯类食品）	0.4～1.0	控制生虫、减少损失，延长贮藏期	GB 14891.3—1997
香辛料类	≤10	杀菌、防霉、提高卫生质量	GB 14891.4—1997
新鲜水果、蔬菜类	≤1.5	抑止发芽、贮藏保鲜或推迟后熟延长货架期	GB 14891.5—1997
猪肉	0.65	灭活猪肉旋毛虫	GB 14891.6—1994
冷冻包装畜禽肉类（猪、牛、羊、鸡、鸭等）	≤2.5	杀灭家畜、家禽肉中沙门氏菌	GB 14891.7—1997
豆类、谷类及其制品	豆类≤0.2 谷类0.4～0.6	杀虫	GB 14891.8—1997

（一）肉禽类

畜禽被屠宰后，若不及时加工处理，就很容易造成腐败变质。我国与其他许多国家一样，对肉类产品的辐照保藏进行了大量的研究。

用高剂量辐照处理肉类产品之后不需要冷冻保藏。所用辐照剂量要能破坏抗辐照性强的肉毒梭状芽孢杆菌菌株，对低盐、无酸的肉类需用剂量约45kGy。产品必须密封包装（金属罐最好），防止辐照后再受微生物的污染。为了抑制酶的活性，在辐照处理之前，先加热至

70℃，并保持 30min，使其蛋白酶完全钝化后再进行照射，效果最好。否则，虽然辐照杀死了有害微生物，但酶的活动仍然可使食品质量不断下降。高剂量辐照处理会使产品产生异味，此异味随肉类的品种不同而异，牛肉产生的异味最强。对牛肉中异味化合物的鉴定已有研究，其辐照分解的产物以蛋氨醛、1-壬醛及苯乙醛为主。由于肉的组成是蛋白质、脂肪等，它的辐照分解产物有正烷类、正烯类、异烷类、硫化物、硫醇等。对异味的抑制，还没有比较好的解决方法，目前，防止异味的最好方法是在冷冻温度−80～−30℃下辐照。因为异味的形成大多是间接的化学效应，在冰冻时水中的自由基流动性减小了，这样就防止或减少了自由基与肉类间的相互反应。

使用低剂量辐照处理肉类，只杀灭其中的腐败微生物，可保持短期运输中的产品质量，并可延长其市售期。若要进行更长期的贮藏，则应存放在低温条件下。

（二）水产类

高剂量辐照时，水产类与肉类相同，但产品产生的异味不如肉类明显，使用的最高剂量为 3kGy 左右。低剂量辐照的目的是延长新鲜品的贮藏期，与 3℃左右的冷藏方式相结合会取得更好的效果。3℃左右可以防止带芽孢的菌株产生毒素。对水产品进行低剂量辐照处理可达到两个目的：第一，在贮藏和市场出售期间防止干鱼被昆虫侵害；第二，减少包装的和未包装的鱼类和鱼类产品的微生物负荷量及某些致病微生物的数量。

FAO、IAEA 和 WHO 联合批准用于第一个目的时辐照剂量须在 1kGy 以下；用于第二个目的时辐照剂量需在 2.2kGy 以下，并且辐照时和贮藏期间的温度应保持在融冰的温度下。当平均辐照剂量低于 2.2kGy 时，预测在由存活的肉毒梭状芽孢杆菌产生足量的毒素危害食品之前，食品早已腐败而不能食。产品被指定在融冰的温度下贮藏，这是防止肉毒杆菌产毒的附加措施，如果不能维持这一低温，就必须采用其他有效的措施来代替，如干燥或盐腌等贮藏方法。

有研究表明，鱼类产品经 3kGy 剂量辐照后，维生素 B_1 损失约为 15%，维生素 B_6 损失约为 25%，而维生素 B_2、烟酸和维生素 B_{12} 却保持不变。辐照后氨基酸含量恒定，辐照剂量达 5kGy 时青花鱼和鳕鱼类蛋白质的性质仍无改变。

（三）蛋类

蛋类的辐照主要是为了杀灭其中的沙门氏菌。蛋白质受到辐照降解而使蛋液黏度降低。一般蛋液及冰冻蛋液可用β射线及γ射线辐照，灭菌效果良好；对带壳鲜蛋可用β射线辐照，剂量在 10kGy 左右，高剂量的γ射线辐照会使其带有 H_2S 等异味。

（四）果蔬类

果蔬含水量大，富含营养物质，容易遭受微生物污染和昆虫寄生，在流通中容易腐烂变质。果蔬辐照的目的是防止微生物的腐败作用，控制害虫的感染和蔓延以及延缓后熟和衰老。

水果蔬菜是有生命的活体，辐照的剂量控制尤为重要。贮藏寿命较短的水果如草莓用较小的剂量即可有效抑制其生理作用；贮藏期较长的水果如柑橘就需要完全控制霉菌的危害，剂量一般为 0.3～0.5kGy。柑橘在剂量高达 2.8kGy 时，皮上会产生锈斑。若加热至 53℃，保持5min，与辐照同时处理，剂量可降至 1.0kGy，同时也可控制住霉菌及防止果皮上锈斑的形成。辐照后的水果组织有时会变软，这主要是由于果胶质的降解，可通过 $CaCl_2$ 水溶液的浸渍来抑制组织硬度的下降。辐照是水果抑虫最有效的方法之一，辐照还可延迟水果的后熟期，对香蕉等热带水果十分有效。对绿色香蕉的辐照剂量低于 0.5kGy 即可，但对有机械伤的香蕉一般无效。

蔬菜中辐照效果最明显的是对土豆、洋葱、大蒜、萝卜等的抑制发芽作用，同时也有延缓这些蔬菜新陈代谢的作用。辐照后，在常温下贮藏时，贮藏期可延长至 1 年以上。蘑菇经辐照后贮藏期延长期限较短，一般十几天，辐照的目的是防止其开伞。土豆使用剂量在 80kGy 即可，洋葱可用 40～80kGy，辐照效果随蔬菜的种类和品种而异。干制品经辐照后则可提高其复水速度和复水后的品质。

表 5-4 列出了近期关于辐照技术在果蔬类食品保鲜中的应用以及其对食品品质影响的研究，以供参考。

表 5-4　γ射线辐照对不同果蔬营养和理化性质的影响

序号	果蔬种类	处理	辐照量	对品质的影响
1	草莓	γ射线	0/300/600/900 Gy	果蔬中的 TPC 和 AA 含量升高；600Gy 处理组 TPC 和 AA 含量最高；pH 值和 TA 无显著变化
2	用于烘焙的蔬菜原料（白洋葱、绿辣椒、番茄）	γ射线	0.5/1/2/5kGy	脂肪、蛋白质、碳水化合物的含量无显著变化；对气味无影响；2Gy 以内的处理量，对可溶性纤维含量无显著影响；对水分含量无影响；2Gy 为最佳辐照剂量
3	大蒜	包装材料+γ射线	PP，穿孔 PP，真空，0.5/1.5/2.5kGy	抗坏血酸含量最高和最低组分别是（1.5kGy+PP）与2.5kGy+PP；贮存期对TSS、硬度及失重影响更大；辐照量的增加导致大蒜素含量的增加；（1.5kGy+PP）组为最佳组合组
4	柚子果实	γ射线	0/0.25/0.5/0.75/1kGy	除对照样品外，所有处理样品的果皮均发生褐变，贮藏15d 后，随着剂量的增加，果皮褐变程度增加；1kGy 射线处理的果实轻度褐变，而5kGy 射线处理的果实则完全褐变，因此，认为1kGy 以下的剂量是适宜的治疗剂量；1kGy 时失重率最高，0.25kGy 和 0.5kGy 时最低；与所有其他处理和对照相比，0.5kGy 处理的样品在贮藏过程中保留了最高 TSS（10.5%）和维生素 C 含量（17.5mg/100g），TA 的下降（0.68%）最低
5	竹笋	γ射线	1/3/5kGy	在贮藏期间，所有样品（对照和处理）的总可溶性蛋白质和可溶性糖含量都有所下降，但非辐照样品的降幅大于辐照样品；经3kGy 射线处理的样品可溶性糖的含量变化最小；与对照相比，处理降低了 PPO、PAL 和 POD 活性；当辐照剂量为 5kGy 时，PAL 活性在贮藏过程中迅速下降，而在 1～3kGy 时，PAL 活性在贮藏的前 5d 先升高后下降；5kGy 射线照射可完全抑制 PPO 活性

序号	果蔬种类	处理	辐照量	对品质的影响
6	秋葵	γ射线	100/200/300/400/500 Gy	蛋白质含量在100Gy剂量和对照样品中最高（19.2%），在200Gy时最低（16.88%）；对照样品（12d）和对照样品（13d）对发芽天数有显著影响，其中100Gy和300Gy 8d和400Gy 8d对发芽有显著影响；对照样品的MC为7.6%，100Gy时最高（10.25%），200Gy时最低（9.78%）
7	石榴	γ射线	0/1/3/5kGy	TPC、抗坏血酸、花色苷含量和AA在所有辐照处理中均有下降，且随着剂量的增加，下降幅度增大；与对照相比，所有处理样品中的PPO活性都有所降低；在对照和1kGy处理的样品中没有观察到显著的差异
8	蓝莓	γ射线	0/0.5/1.0/1.5/2/2.5kGy	冷藏35d后，2.5kGy射线处理的果实中，过氧化氢含量最低（4.92cmol/g），氧气含量最低（5.92cmol/g），腐烂率最低（3.35%），硬度最高（1.08g/μ）；在贮藏过程中，随着超氧化物歧化酶、过氧化物酶和过氧化氢酶活性的升高，处理样品的氨基酸含量也随之下降，但下降的速度较慢
9	葡萄汁	γ射线	0/1/1.5/2kGy	在贮藏期结束时，处理样品（60d）和对照样品（30d）的pH值都有所增加，对照样品的pH值最高；随着贮藏时间的延长，TA降低，而经2kGy射线处理的样品TA增加；在所有处理的样品中，SSC在长达60d的时间内下降，然后在贮藏结束时增加，这种增加在1kGy射线处理中最高，但在对照样品中持续下降
0	芒果汁	γ射线	0/0.5/1/3kGy	除Totapuri和Raspui品种在所有剂量下保持不变外，在1kGy剂量以下处理的样品的pH值没有变化，但在3kGy剂量下处理的样品的pH值增加；除Totapuri和Raspui外，1kGy和3kGy组TA略有下降，而0.5kGy组则无变化，Totapuri和Raspui品种所有处理组TA均未受影响；对照样品TSS在20.7~25.4°Bx范围内，毛果最小，Banganapalli品种最大；辐照对所有样品的TSS均无显著影响

注：TA—可滴定酸；TPC—总酚含量；AA—抗氧化活性；TSS—总可溶性固形物；MC—水分含量；PP—多元酚；PPO—多酚氧化酶；POD—过氧化物酶；PAL—苯丙氨酸解氨酶；SSC—可溶性固形物含量°BX—白利糖度。

（五）谷类及其制品

粮食耗损的一个重要原因是其中昆虫的危害和霉菌活动所导致的霉烂变质。对谷类辐照应以控制虫害及其蔓延为主。昆虫分为蛾、螨虫及甲虫等。如立即致死需3.0~5.0kGy，若几天内死亡需 1.0kGy，若使之不育用 0.1～0.2kGy 即可。

用辐照控制谷类霉菌的剂量为 2.0～4.0kGy。用 1.75kGy 剂量辐照面粉，能在 24℃保存一年以上，且质量保持很好。大米辐照可用 5.0kGy 灭霉，高于此剂量时，大米的颜色会变暗，煮沸时黏性增加。对焙烤的食物如面包、点心、饼干及通心粉等，使用剂量为 1.0kGy 左右即可防虫并延长贮存期。

对谷类及其制品进行辐照不仅可以达到杀虫灭菌的目的，而且没有残毒，营养价值也没有明显地下降。

（六）香料和调味品

在未经处理的香料中，霉菌污染的数量平均为 10⁴cfu/g，还可能存在某些影响人体健康的微生物。由于香料和调味品对热的耐受性差，加热消毒易引起香气和鲜味的丧失，添加化学药品进行杀虫、灭菌则会残留药物，对人体有害。而进行辐照处理可避免产生上述的不良效果，既能控制昆虫侵害，又能减少微生物负荷量和致病微生物的数量。

一般来说，辐照剂量与原料最初微生物负荷量有关，剂量为 4～5kGy 就能使细菌总数减少到 10⁴cfu/g 以下，剂量为 15～20kGy 时可达到商业灭菌的要求。

为了防止香料和调味品辐照处理后产生变味现象，进行了许多研究工作，初步确定了辐照引起一些调味品味道变化的剂量阈值。比如：芫荽（香菜）为 7.5kGy；黑胡椒为 12.5kGy；白胡椒为 12.5kGy；桂皮为 8.0kGy；丁香为 7.0kGy；辣椒粉为 8.0kGy；辣椒为 4.5～5.0kGy。

三、影响辐照保藏的因素

影响食品辐照保藏的因素很多，包括放射线种类、微生物的状态、温度、氧气、水分含量等。

（一）放射线种类

目前，γ射线和电子束辐照是我国以及全球辐照杀菌市场中的主流技术，与之相比，X 射线辐照技术应用比例低，相关布局企业数量少。很多研究表明，γ射线、电子束和 X 射线在相同剂量条件下，对微生物具有类似的杀菌效果。γ射线辐照穿透能力强，可透过包装杀灭内容物上的微生物，但对辐照把握力度要求高，否则应用在食品杀菌领域会对食品口感造成影响，并且γ射线是由放射性元素⁶⁰Co 产生，在部分场景中应用受到限制。电子束辐照无放射性，穿透能力较弱，在包装产品灭菌方面，仅会对外包装进行消毒，不会影响内容物，若要对内容物进行杀菌，需要拆开包装，杀菌完成后再进行二次包装，降低了工作效率。利用电子加速器产生的电子束来轰击重金属靶，可将电子束转换为高能 X 射线，这种 X 射线辐照技术不仅具有电子束辐照技术的随时启停、速度高、无放射性等优点，还具有穿透能力强的特点，综合了电子束辐照与γ射线辐照二者的优点，适用范围更为广泛，未来市场潜力大。

（二）微生物的状态

微生物的菌种对放射线的敏感度不同，即使同一菌株，处于不同生长时期，敏感度也不同，处于稳定期和衰亡期的微生物对放射线具有较强的抵抗性，而处于对数增长期的细菌则敏感性很强。另外，培养条件也会影响微生物对辐照处理的反应，厌氧培养或者低温培养的细菌对放射线抵抗性比较大。

（三）温度

研究结果表明，在接近常温的状态下，例如 X 射线辐照 *E.coil*，温度为 0～30℃，γ射线辐照 *Staph.aureus*、*B.mesentericus*，温度为 0～50℃，γ射线辐照 *C.botulinum*，温度为 0～65℃时，温度对不同射线处理的杀菌效果几乎无影响。

在远离常温的低温下，*Staph.aureus* 在 -78℃ 处理后，D 值为常温的 5 倍。X 射线在 -196～0℃ 的条件下辐射 *E.coil*，微生物对放射线的抵抗性随着温度的降低而增强。γ射线在 -196～0℃ 的条件下辐射 *C.botulinum* 菌，温度越低，D 值越大，-196℃ 的 D 值是 25℃ 的 2 倍。放射线杀菌温度高于室温时，D 值就会出现降低的倾向。如图 5-3 所示，温度升高 D 值降低，在 25℃ 时，D 值为 0.34Mrad，当温度升高至 95℃ 时，D 值降低至 0.17Mrad。

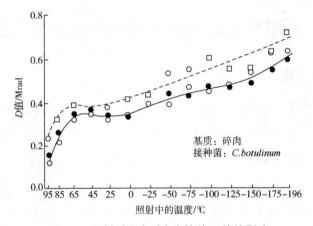

图 5-3　照射时温度对肉毒梭菌 D 值的影响

（四）氧气

一般情况，氧的存在会增强杀菌效果，研究表明当用γ射线或电子流在空气、真空以及氮气介质中照射细菌芽孢时，空气介质中的细菌敏感性最高。究其原理，在放射线的作用下，溶解在水中的氧生成游离的 $\cdot OH$、$HO_2\cdot$ 和 H_2O_2 的分子数增加，并与有机分子自由基反应，生成有机氧自由基，导致细菌的敏感性增大。

（五）水分含量

水分对辐照效果的影响表现在，水分的存在会有 H^+、OH^- 等的产生，而且放射产生的游离基可以通过水实现自由移动，这些均是水分对辐照的影响。芽孢与营养细胞对辐照所表现出的抵抗性差异就是由水分含量与水分状态的不同所导致的。在干燥的情况下，芽孢抵抗性增强。表 5-5 展示了不同 A_w 下，芽孢杆菌属以及地芽孢杆菌属耐放射线的情况。

表 5-5　A_w 对 *Bacillus* 菌耐放射性的影响

试验溶液（质量分数）/%	A_w	枯草芽孢杆菌（*B.subtilis*）的 D_{10}/Mrad	嗜热脂肪芽孢杆菌（*B.stearothermophilus*）的 $D_{0.01}$/Mrad
蒸馏水	1.00	0.23	1.9
0.1 mmol 的磷酸缓冲液	1.00	0.24	1.7
15.3 葡萄糖	0.99	0.27	2.2

试验溶液（质量分数）/%	A_w	枯草芽孢杆菌（*B.subtilis*）的 D_{10}/Mrad	嗜热脂肪芽孢杆菌（*B.stearothermophilus*）的 $D_{0.01}$/Mrad
26.5 葡萄糖	0.96	0.29	2.2
15.6 甘油	0.96	0.28	2.6
31.5 甘油	0.91	0.33	2.6
47.9 甘油	0.83	0.34	2.5
64.8 甘油	0.70	0.35	2.5
88.0 甘油	0.32	0.38	2.8
100.0 甘油	0.00	0.42	3.0

第四节　辐照对食品品质的影响及辐照食品的安全性

一、营养成分的变化

辐照化学研究表明，辐照能引起农产品成分发生一定变化。这种变化对营养成分的生理价值有无改变，会不会导致有害的结果，各国的研究者做了大量的研究论证工作。

（一）辐照对蛋白质的影响

常规辐照处理对食品中蛋白质结构的影响可忽略，即使采用 60kGy 极高剂量辐照处理的分解生成物只达 1mg/kg 以下。蛋白质经辐照处理后发生的变化对农产品的品质不存在有害影响。有学者研究了辐照对蛋清蛋白质量特性的影响，用 0、1.08kGy、3.24kGy 和 5.40kGy 剂量的电子束对蛋清蛋白进行辐照，发现电子束辐照可使蛋清蛋白的水解度增加，降低结合水的含量。通过电子显微镜和低场核磁共振的分析发现，电子束辐照处理不会损伤蛋清蛋白的二级结构，但会导致蛋清蛋白颗粒微孔表面穿孔，有利于蛋清蛋白的水解。

酶在农产品中对放射线有一定的稳定性，如蛋白酶不易被放射线所破坏。有研究发现，采用照射量为 4.13×10^2 C/kg 的 ^{60}Co-γ 射线仅破坏蛋白酶活性的 50%，用 1.29×10^2C/kg 的 ^{60}Co-γ 射线不能减弱其活性。因此，经辐照处理的农产品在贮藏过程中由于蛋白酶的活性未被抑制而游离出氨基酸，影响其贮藏效果。

热处理极易使酶钝化，所以酶制剂的灭菌采用辐照处理优于其他灭菌方法，辐照处理在农产品工业中的酶制剂灭菌方面有着广阔前景。

（二）辐照对碳水化合物的影响

糖、淀粉、纤维素和果胶都属于农产品中的碳水化合物。一般来说，它们对辐照处理是相当稳定的，只有在大剂量辐照处理下，才可能引起氧化和分解。有研究结果指出，小麦经照射量 2.58～50.6C/kg 辐照，其还原糖、非还原糖、淀粉都很稳定；当照射量提高到 774C/kg 时，其还原糖稍有降低，而非还原糖稍有增加。稻米经辐照后，其黏度降低，还原糖增加，非还原糖减少，消化率提高，米汤黏度降低，但是米饭质量、出饭率和适口性没有明显差异。说明糖对辐照是不敏感的，一般采用灭菌剂量辐照，对糖的消化率和营养价值没有影响，即使辐照剂量提高至 20～50kGy 也不会使含碳水化合物的农产品质量和营养价值发生明显变化。

（三）辐照对脂肪的影响

辐照时脂肪的变化，取决于脂肪的类型、剂量、温度和氧化速度以及环境条件等诸多因素。用辐照处理与热加工引起的脂类降解产物都很相似。一般情况下，辐照农产品的脂类成分变化不大。从辐照生成的羰基化合物或脂肪的变质，以及引起消化速度下降来看，在实际采用的辐照剂量下它们很少发生变化，加上其他成分的保护作用，变化程度更小，更不会影响营养价值。

（四）辐照对维生素的影响

维生素是农产品中重要的微量营养物质，许多农产品的贮藏方法均能引起若干维生素的破坏和损失，应用辐照保藏农产品影响最大的也是维生素。辐照造成食物维生素的损失主要受到辐照剂量、温度、氧气存在与否和食物类型等几个因素的影响。一般来说，在没有氧气的情况下，低温辐照可以减少食物中任何维生素的损失，在低温下将辐照过的食物贮存在密封包装中也有助于防止未来维生素的损失。然而，并不是所有的维生素都具有相同的辐照敏感性（表5-6）。

表 5-6　维生素对辐照的相对敏感性

高敏感性	低敏感性
维生素 C	胡萝卜素
维生素 B_1（硫胺素）	维生素 D
维生素 E	维生素 K
维生素 A	维生素 B_6（吡哆醇）
	维生素 B_2（核黄素）
	维生素 B_{12}（钴胺素）
	维生素 B_3（烟酸）
	维生素 B_9（叶酸）
	泛酸

辐照处理对维生素 C 的破坏性是随其溶液浓度大小而变的，浓度小破坏性大，它容易同水辐解产物自由基发生作用，可用来减轻由这些自由基引起的间接效应（如风味的改变），从而使农产品质量不会降低。农产品中的维生素 C 容易被氧化而破坏。^{60}Co-γ射线对各种农产品中维生素 C 含量影响的研究结果表明，在低于 5kGy ^{60}Co-γ射线辐照后，维生素 C 的含量损失很少，一般在 20%～30%。全脂奶粉中维生素 B_1 用 0.45kGy 的辐照处理几乎没有变化，而用 0.5～10kGy 辐照处理其含量可损失 5%～17%，若将辐照剂量提高到 20kGy 可使加糖炼乳中的维生素 B_1 损失 85%；但是用 20kGy 辐照处理小麦和用 10kGy 辐处理大米对其维生素 B_1 均无影响。维生素 B_2 在农产品中比在水溶液中更抗辐照，这是因为它和蛋白质结合在一起，蛋白质起了保护作用。

用 4kGy 的 ^{60}Co-γ射线辐照牛奶，发现其中的胡萝卜素有 40% 被破坏，维生素 A 有 70% 被破坏，维生素 E 有 60% 被破坏。用 30kGy 辐照鱼时，星鲨中维生素 A 有 45% 受损失。维生素 D 对辐照不敏感，用 10kGy 的 ^{60}Co-γ射线辐照处理鲑鱼油后，没有发现维生素 D 被破坏。农产品蔬菜类中的维生素 K 对辐照处理不敏感。

二、色香味形的变化

蛋白质经辐照处理后发生的变化对食品的色、香、味有较大影响。如瘦肉和某些鱼的颜色主要取决于肌红蛋白，辐照可引起肌红蛋白发生氧化还原反应，并改变其颜色。在有氧情况下辐照处理肉，会产生似醛的气味；在氮气中则产生硫醇样的气味。脂肪和油容易自氧化腐败而产生臭味。辐照处理和热处理会加速农产品及其制品中脂肪的自氧化过程，尤其在有氧情况下更是如此。当肉的脂肪被单独辐照处理后，会产生一种典型的"辐照脂肪"气味。

三、过敏原的变化

近年来，关于γ射线辐照降低食品中过敏原蛋白活性的研究备受关注。有研究者使用1～10kGy的γ射线辐照来减弱牛肉中α-乳清蛋白（α-La）的活性，该蛋白因存在4个二硫键和钙离子而具有很高的构象稳定性。研究发现牛肉中α-La与免疫球蛋白G（IgG）和免疫球蛋白E（IgE）的结合能力会随着辐照剂量的增大而降低，这表明随着辐照剂量的增加，更多的疏水基团被暴露，导致蛋白质结构的展开，同时分子表面上IgG和IgE表位容易暴露，从而导致更加严重的破坏，降低了α-La与IgG和IgE的结合能力。还有学者采用10kGy的辐照剂量的γ射线辐照纯化后的花生过敏原基因Ara h 6和花生蛋白提取物，发现经过辐照处理后仅残留5%的IgG结合能力。

但并不是所有的辐照处理都会导致过敏原活性降低。采用10kGy剂量的γ射线处理由小麦以及鸡蛋蛋白（卵清蛋白和卵类黏蛋白）制成的面包面团和面制品，研究发现其抗原性没有显著降低。与此同时，有研究将乳清和液态奶经γ辐照处理后，发现β-La的抗原性没有减弱，而是出现抗原性增加。当然，加工食品中蛋白质的抗原性可能会受到加工技术、食物基质、过敏原类型和提取程序的影响出现不同的结果。

因此，辐照对过敏原活性影响的研究还需要进一步地开展，明确其影响机理及调控机制有利于拓宽辐照技术在食品行业的应用。表5-7总结了有关γ射线辐照对食物过敏原影响的最新研究。

表5-7 γ射线辐照对食物过敏原影响的最新研究

过敏原食物的类型	照射剂量/kGy	对IgE结合能力和蛋白质结构的影响
纯化的α-乳清蛋白	1～10	减少并引起广泛的蛋白质变性和聚集
纯化的Ara h 6和整个花生蛋白提取物	10	减少并引起二级和三级结构的重大变化
大豆（β-伴大豆球蛋白、Gly m Bd 30K蛋白和Gly m 4蛋白）	30	没有影响

 思考题

1. 食品辐照杀菌有哪些特点？在食品保藏中有哪些应用？
2. 放射线有哪些种类？性质如何？
3. 用于食品杀菌的放射线有哪些？如何产生？
4. 影响食品辐照效果的因素有哪些？
5. 表示物质被辐照的剂量单位是什么？
6. 什么是辐照的化学效应和生物学效应？影响因素有哪些？
7. 辐照能引起食品成分和品质发生什么样的变化？如何控制？

第六章 | 食品的非热加工

第一节 食品的非热加工概述

食品非热加工是指在食品行业中通过非传统加热的方法来主要进行杀菌与钝化酶的技术。常见的食品非热加工包括超高压、辐照、紫外光、脉冲电场、超声波、低温等离子体、高压 CO_2 以及振荡磁场等。食品非热加工可以有效地避免使用高温来杀灭微生物，进而减少热能对食品风味、色泽、新鲜度和营养价值的破坏作用。对这些技术的深入研究，有利于获得保持新鲜特色的高品质食品以及功能得到改善的食品。

近年来，以超高压处理和高强度脉冲电场处理为代表的新兴食品非热加工技术已经获得广泛认可，经起高压处理的食品遍布全球，经脉冲电场处理的食品也即将商业化。除了有对营养与活性成分等有益的影响外，绝大多数新型的物理加工技术在有助于获得优质食品的同时，还更有成本效益且对环境友好。然而，这些新技术还需要为克服完全工业化应用的障碍而被不断完善。随着消费者对安全、最低加工程度的具有高质量属性食品，即"最少加工食品"的需求不断增长，新兴的非热加工技术受到了越来越多的关注。

第二节 超高压技术

一、超高压技术概述

超高压技术（ultra high pressure，UHP），是在室温或温和（<60℃）的加热条件下，利用 100MPa 以上的压力处理食品，以达到杀菌、灭酶和食品加工目的的技术，也称为超高静压处理技术（ultrahigh hydrostatic pressure，UHHP）、高静压处理技术（high hydrostatic pressure，HHP）或高压处理技术（high pressure processing，HPP）。超高压技术可处理包装的或未包装的食品物料，通常采用能传递压力的柔性材料密封包装，处理过程一般在常温下进行，处理的时间可以从几秒到几十分钟。

超高压处理过程压力传递遵循帕斯卡定理（Pascals law），即液体压力可以瞬间均匀地传递到整个物料，压力传递与物料的尺寸和体积无关。也就是说整个样品将受到均一化处理，传压速率快，不存在压力梯度。而压力对化学反应的影响遵循勒夏特列原理（又名平衡移动原理），其反应平衡将朝着减小施加于系统的外部作用力（如热、产品或反应物的添加）影响的方向移动。这意味着高压处理将促使物料的化学反应以及分子构象的变化朝着体积减小的方向进行。

早在 1899 年，Hite 等以牛乳及肉类为对象首次进行了高压保藏食品的实验，科学工作者相继研究了高压对微生物的影响，开发了高压技术用于食品加工的工艺和设备。该技术对于设备和能源有较高要求，使生产成本有所提高。把高压处理与其他加工因素如温度、酸度、添加剂结合起来，将促进高压技术的商业化。

二、超高压技术原理及应用

在食品加工过程中，超高压处理不仅能使微生物死亡、蛋白质凝固，同时对液态食品的保藏、肉类的嫩化等也有效果。

（一）超高压杀菌

1. 超高压杀菌原理

超高压杀菌属于冷杀菌技术，主要分为动态杀菌和静态杀菌，主要作用方式就是破坏氢键等弱结合键，破坏食品的基本物性，使蛋白质发生压力凝固以及酶失活。

将食品物料置于高压（100～600MPa）装置中进行加压处理，以达到杀菌要求。高压能导致微生物形态结构、生物化学反应、基因机制以及细胞膜壁发生多方面的变化，从而影响微生物原有的生理活动，甚至使原有功能破坏或发生不可逆变化。在食品工业上，高压杀菌技术利用这一原理，使高压处理后的食品得以安全长期保存。

（1）超高压对微生物形态结构的影响　超高压对微生物形态结构的影响表现在，在压力作用下，微生物细胞的形态会发生比较大的改变，球菌会变形成杆菌状。比如大肠杆菌在 40MPa 的压力下长度会由原来的 $1～2\mu m$ 变长至 $10～100\mu m$。假单胞菌在 $30～45MPa$ 下会变长，而且会出现细胞壁脱离细胞质膜等现象。当然，压力对微生物形态的影响也不完全是不可逆的，这取决于压力的大小，比如当微生物受到 250MPa 的压力时，细胞表现出 25% 的压缩率，其中 10% 是可逆的。当压力过大，这种变性就会变成不可逆的状态。

（2）超高压对微生物细胞生物化学反应的影响　超高压对微生物细胞生物化学反应的影响表现在，生物化学反应伴随着细胞体积的改变，因此，加压处理通过改变细胞体积而影响生物化学反应过程，在加压条件下，放热反应会受到阻碍。反应物与反应产物之间的电离基团数目比较大时，比较容易受到外界压力变化的影响。压力还会影响氢键的形成、疏水交互作用等。加压有利于氢键的形成，因为氢键的形成伴随着容积的减小。压力还会影响疏水的交互反应，压力低于 100MPa 时，疏水交互反应导致容积增大，以致反应中断；但是超过 100MPa 后，疏水交互反应将伴随容积减小，而且压力将驱使反应稳定。由于超高压还能使蛋白质变性，因此超高压将直接影响到微生物及其酶系的活力。

（3）超高压对微生物细胞膜壁的影响　超高压对微生物细胞膜壁的影响表现在，高压作用会使细胞膜双层结构的容积收缩，改变细胞膜通透性。此外，对于真菌微生物来讲，高压作用会破坏细胞壁，使细胞松懈，从这个层面上来讲，真核微生物比原核微生物更易受到压力的影响。

（4）超高压对微生物基因机制的影响　核酸相比于蛋白质，耐压能力更强，其DNA螺旋结构大部分来自氢键形成，而压力有利于氢键形成，这也许是核酸相比于蛋白质更耐压的原因。不过由于 DNA 复制和转录的过程中需要酶的参与，而高压作用会使酶失活从而中断 DNA 的复制。有研究表明，大肠杆菌在27MPa下的诱导作用停止，在 45MPa 下 β-半乳糖苷酶的合成停止，在 68MPa 下其翻译完全受到抑制，在 90MPa 下多核糖体受到损伤。

食品超高压杀菌技术是利用加在液体中的压力，通过介质，以压力作为能量因子，将放在专门密封超高压容器内的食品，在常温或较低温度（低于 100℃）下，以液体作为压力传递介质对食品进行加压处理，压力高达数百兆帕以达到杀菌目的。高压会影响细胞的形态，如使液泡破裂、使形态发生变化，因而这种变化是不可逆的。一般情况下，影响超高压杀菌的主要因素有：压力大小、加压时间、加压温度、pH值、A_w、食品成分、微生物生长阶段和微生物种类等。表 6-1 显示了超高压对一些微生物的杀灭作用。

表6-1 超高压对微生物的杀灭作用

微生物种类	加压条件			结果
	压力/MPa	时间/min	温度/℃	
大肠杆菌	290	10	25	大部分杀灭
	600	840	—	杀菌
	300	30	40	杀菌
金黄色葡萄球菌	290	10	25	大部分杀灭
	400	45	—	大部分杀灭
链球菌	194	10	25	杀菌
	600	840	—	杀菌
炭疽杆菌（营养体）	97	10	25	杀灭
芽孢杆菌（牛乳中）	680	10	—	大部分杀灭
	500	30	35	大部分杀灭
铜绿假单胞菌	194	720	—	杀菌
	600	840	—	杀菌
	200	60	40	杀菌
霍乱弧菌	194	720	—	杀菌
黏质沙雷菌	578～680	5	20～25	杀菌
	400	45	—	大部分杀灭
乳链球菌	340～408	10	20～25	杀菌
荧光假单胞菌	204～306	60	20～25	杀菌
产气杆菌	204～306	60	20～25	杀菌
枯草杆菌（营养体）	578～680	10	20～25	杀灭
枯草杆菌（芽孢）	1200	840	—	大部分杀灭
	200	720	40	杀菌
	200	360	60	杀菌
伤寒沙门菌	408～544	10	—	杀灭
	600	840	—	杀菌
白喉棒状杆菌	408～544	10	—	杀灭
低发酵度酿酒酵母	574	5	—	杀灭
	374～408	10	—	杀灭
	550	8	20	大部分杀灭
	200	90	40	杀菌
	400	10	室温	杀菌
白酵母	204～238	60	—	杀灭
结核分枝杆菌	600	840	—	杀菌

微生物种类	加压条件			结果
	压力/MPa	时间/min	温度/℃	
葡萄球菌	600	840	—	杀菌
枯草芽孢杆菌（芽孢）	176	45	—	大部分杀灭
	168	140	—	大部分杀灭
土壤中自然菌丛	200	180	40	杀菌
白假丝酵母米曲霉	200	60	40	杀菌
嗜热脂肪芽孢杆菌（芽孢）	200	440	40	大部分杀灭
	200	360	60	杀菌
鼠伤寒沙门菌	340	30	23	大部分杀灭
桑夫顿堡沙门氏菌	272	40	23	大部分杀灭
贝母菌	300	10	室温	杀菌
泡盛曲霉	400	10	室温	杀菌
毛霉菌	300	10	室温	杀菌
红酵母	250	3	室温	杀菌
异常汉逊酵母	250	5	室温	杀菌

2. 超高压杀菌特点

（1）UHP 作为一种新型技术应用于食品保藏，主要具有以下优点：

① 在不加热或不添加化学防腐剂的条件下杀死致病菌或腐败菌，从而保障食品的安全，延长食品的货架期；

② 在杀菌过程中无剧烈的温度变化，只对食品中的离子键、氢键和疏水键等非共价键产生作用，而共价键不受影响，对小分子物质的影响较小，能较好地保持食品原有的色、香、味及功能和营养成分；

③ 不同微生物对超高压处理的敏感性不同，酵母菌和霉菌易在较低的压力下被杀死，杀死细菌营养体需要较高的压力，细菌的芽孢则很难被杀死；

④ 该技术主要应用于高酸性食品的杀菌；

⑤ 不仅能够杀灭微生物，还能使淀粉糊化、蛋白质形成凝胶，获得与加热处理不一样的食品风味；

⑥ 采用液态介质进行处理，容易实现杀菌均匀、瞬时、高效。

（2）超高压技术同时具有以下缺点：

① 对杀灭细菌芽孢效果不理想；

② 由于糖和盐对微生物的保护作用，在黏度非常大的高浓度糖溶液中灭菌效果不明显；

③ 由于处理过程压力很大，食品中压敏性成分会受到不同程度的破坏。

（二）UHP在食品加工中的应用

1. 在果蔬产品加工中的应用

UHP 在国内外已经得到了广泛的应用，在很多食品的生产中均有应用，包括肉类、蛋类、奶类、矿泉水、水果、果汁、果酱以及水产品等含有液体成分的食物等。高压处理的草莓酱和果汁货架期可长达 49d，并且其花青素、维生素 C 和色泽均得到了较好的保持。将 pH 2.5～3.7 的柑橘类果汁在 100～600MPa 超高压下处理 5～10min，会发现其中的细菌、酵母菌和霉菌数量随着压力的增加而逐渐减少，酵母菌和霉菌甚至被完全杀死，但仍有部分耐热性极强的芽孢杆菌孢子残留。UHP 对草莓汁的杀菌效果显示，经 300MPa 处理 15min 和 400MPa 处理 5min 后，草莓汁中菌落总数和霉菌、酵母菌数均符合商业无菌条件。300MPa 处理后，草莓汁中霉菌、酵母菌数从 2.3×10^4cfu/mL 减少到 1cfu/mL，菌落总数从 3.17×10^4cfu/mL 减少到 35cfu/mL。草莓汁经室温下 500MPa 高压处理 15min 以上和 400MPa 高压处理 20min 以上，可将其中的霉菌和酵母菌全部杀灭。经 300MPa 处理的草莓汁在 25℃贮藏时微生物数量显著增加，其余处理的草莓汁中菌落总数和霉菌、酵母菌数均符合果汁的商业无菌条件。苹果酱经过 300MPa、20min 的高压处理后，微生物指标可以达到商业无菌的要求标准。哈密瓜汁的最佳超高压工艺参数为 500MPa、20min。

2. 在粮食加工中的应用

有学者研究了超高压黑米饭贮藏过程中品质变化及回生特性。400MPa 和 500MPa 超高压处理的样品中总酚、黄酮、花青素等抗氧化物质含量高于其他样品，在 37℃下贮藏的样品中抗氧化物质含量的总体变化趋势与 4℃贮藏时类似，但下降幅度更大。超高压处理提高了黑米饭快消化淀粉和慢消化淀粉的含量，且随压力水平增加而显著增加，抗性淀粉的含量则有所降低。贮藏 7d 后，不同处理间在风味成分上无明显区别，只有含量上的差异，与对照组（0.1MPa）相比，超高压处理组中的风味物质含量有所增加，可见超高压处理有利于提高米饭的风味。

3. 在水果加工中的应用

同热处理相比，超高压处理对蓝莓汁的色泽影响程度显著降低，压力为 200～500MPa 处理 5～15 min 对蓝莓汁的理化性质影响较小。超高压处理后，蓝莓汁中还原糖、总酸、可溶性固形物含量与对照基本一致。压力和时间的增加会使抗坏血酸、花青素、总酚含量略有损失，500MPa 超高压处理 15min 的条件下其保留率分别为 94.20%、98.58%、92.55%。经超高压处理后的蓝莓汁有较好的贮藏稳定性，超高压处理（400MPa，25℃，10min）对样品贮藏期间还原糖、总酸、可溶性固形物含量影响很小；抗坏血酸、花青素和总酚的含量会随着贮藏时间的延长而下降，4℃条件下贮藏 40d 后，超高压对其保留率分别为 73.39%、78.14% 和56.07%，明显高于热处理。

4. 在蔬菜加工中的应用

有研究者研究 100～600MPa、0～2min 高压处理对胡萝卜硬度的影响，并探究其在 14d 贮藏期内的硬度变化。从细胞膜透性、细胞显微结构、细胞壁果胶的酶促降解与组分变化方面，探究硬度变化的机理。结果显示，压力大于 200MPa 会引起胡萝卜硬度下降，300MPa 时硬度仅剩 37.7%；保压阶段和贮藏过程中硬度变化不明显；相对电导率随着压力的升高而增加，表明细胞膜透性增加。用透射电镜观察胡萝卜的微观结构，发现高压处理能引起细胞形变，400MPa 导致膜裂解，600MPa 导致部分细胞溃散，由此认为超高压引起的胡萝卜硬度损失主要由高压对细胞膜的机械损伤引起。

5. 在水产品加工中的应用

UHP 已应用于鱼糜的工业生产。有公司将狭鳕鱼糜装入乙烯袋内，放入水中，从四周均匀地加压到 400MPa，保持 10min，就能制成鱼糕。采用超高压技术生产的鱼糕透明、咀嚼感坚实，杀菌后其口感、风味都比较理想。还有公司将 UHP 应用于制作鱼酱，利用了高压能促进蛋白质水解及抑制微生物生长，其产品的感官评价优于普通鱼酱。

6. 在肉制品加工中的应用

屠宰后牛肉需要在低温下进行 10d 以上的成熟，而采用 UHP 处理牛肉，只需 10min。与常规加工方法相比，经过 UHP 处理后肉制品改善了嫩度、色泽和成熟度，增加了保藏性。对廉价、质粗的牛肉进行常温 250MPa 的处理，可以使肉得到一定程度的嫩化。蛋白质空间结构的变化是组织结构变化的主要原因，超高压不仅使肌肉纤维内部结构变化，而且还导致肌内周膜和肌外周膜剥离及肌原纤维间隙增大，促进肌肉嫩化。

（三）UHP 在其他加工过程中的辅助作用

1. 超高压辅助烫漂

由于腌菜向低盐化发展，使用盐类防腐剂也不受欢迎，因此，对于低盐、无盐类防腐剂的蔬菜沙拉和腌菜，高压杀菌更显示出其优越性。UHP 处理（300～400MPa）可使酵母菌和霉菌致死，既延长了蔬菜沙拉和腌菜的保质期，又保持了其原有的生鲜特色。

2. 超高压辅助干燥和复水

高压破坏植物的细胞结构，增强了细胞的通透性，提高了干燥和渗透脱水的传质速率。据报道，干燥前使用 600MPa、70℃、15min 高压处理，提高了马铃薯的干燥速率。还有研究发现，在渗透脱水中，应用 100～800MPa 高压处理菠萝，促进了水分迁移和溶剂的吸收。溶质流失是食品复水的主要问题之一，高压辅助干燥的样品在复水过程中可以有效地保持营养素和色素等溶质。

3. 超高压辅助加热

超高压辅助加热是最近出现的低酸食品加工中具有发展前景的技术，该技术包括同时提高压力（500～600MPa）和温度（90～120℃）处理经预热的食品。压缩加热和解压过程的冷却有助于减轻传统加热过程对食品品质的损害。有研究报道，经过钙盐硬化、加热和加压处理的胡萝卜，其质地、色泽等质量参数变化不显著。在超高压加热与传统加热豆角的对比研究中发现，前者呈深绿色，硬度是后者的 2 倍。

（四）超高压对食品成分的作用机制

1. 超高压处理对蛋白质的影响

高压使蛋白质变性。压力使蛋白质原始结构伸展，导致蛋白质体积的改变。例如，如果把鸡蛋放在常温的水中加压，蛋壳破裂，蛋液呈略微黏稠的状态，它和煮鸡蛋的蛋白质（热变性）一样不溶于水，这种凝固变性现象可称为蛋白质的压致凝固。无论是热凝凝固还是压致凝固，其蛋白质的消化性都很好。加压鸡蛋的颜色和未加压前一样鲜艳，仍具生鸡蛋味，且维生素含量无损失。

（1）对蛋白质结构的影响　超高压处理不仅可以改变蛋白质的功能性质，而且还可以影响蛋白质的结构，压力会造成蛋白质的二级、三级和四级结构的改变。目前大多数超高压对蛋白质改性的压力范围在 0.1～900MPa，该压力范围不足以改变蛋白质的一级结构。通过聚丙烯酰胺凝胶电泳（SDS-PAGE）实验发现，面筋蛋白、麦醇溶蛋白和麦谷蛋白经 200MPa、400MPa 和 600MPa 的超高压处理并没有产生新的多肽或蛋白质发生降解。超高压会引起α-螺旋、β-转角、β-折叠和无规则卷曲蛋白质二级结构之间互相转变，蛋白质的三级结构则通过侧链的氨基酸残基间的非共价键来维持。虽然二硫键是共价键，但是也是三级结构的组成要素。卵清蛋白——蛋清的主要成分在小于 400MPa 压力下处理 30min，不会形成凝胶。这种相对较高的耐高压稳定性，可能是由于 4 个二硫键和较强的非共价键作用共同维持蛋白质的三级结构。单肽通过非共价键相互作用而形成蛋白质的四级结构。疏水作用力在蛋白质四级结构中起主要作用，静电力通常比较微弱。适度的压力（＜150MPa）可使一些低聚肽解离，并伴随着肽的体积减小。

（2）对蛋白质溶解性的影响　蛋白质溶解性的变化主要与二硫键、氢键和疏水键有关。一般认为蛋白质溶解性的下降会伴随蛋白质表面疏水性的升高。然而，当蛋白质的疏水性升高时，其溶解性也有可能增加。溶解性并不直接由疏水区域的暴露程度决定。大豆分离蛋白（大豆球蛋白、伴大豆球蛋白）、马铃薯蛋白受到相对较低的压力（≤400MPa）处理后，溶解性下降，而随着压力的进一步增加（达到600MPa），蛋白的溶解性反而会增加。用相对较低的压力处理大豆分离蛋白、金线鱼鱼糜蛋白，会形成不溶性蛋白聚合物；而用相对较高的压力处理时，一些不溶性蛋白转变成可溶性的。由超高压引起的蛋白质变性，形成聚合物，大多是因为分子间二硫键的形成，而这种二硫键是通过两个S-H脱氢形成的。当压力较高时，蛋白可能会解聚产生可溶性组分。红外光谱分析表明，超高压处理会引起蛋白质分子逐步伸展，然而，这种伸展开的蛋白会在压力消除后重建其二级和三级结构，这也会影响到其溶解性。

（3）对蛋白质起泡性的影响　通常条件下，蛋清蛋白溶液的泡沫易碎，并且在长时间放置后泡沫易崩溃。经超高压处理后，蛋清蛋白溶液的泡沫比较湿润，泡沫尺寸较小，泡沫间不易合并成更大的泡沫。经超高压处理后，蛋白的起泡性变化不一。有研究表明蛋清蛋白的起泡性和泡沫稳定性均会随着压力的升高而升高。另有研究发现，马铃薯蛋白经超高压处理后起泡性没有显著的变化，而起泡稳定性有所改善。经超高压处理后，蛋白质分子伸展，蛋白分子之间的相互作用增加。有学者利用激光纳米粒度测定仪测定蛋白质溶液颗粒粒度，发现超高压使大分子的蛋白聚合物解聚，形成粒径更小的分子，使蛋白分子更容易吸附在空气-水界面上，减小了界面张力，提高了蛋白质分子的灵活性，从而改善了蛋白质的起泡性。还有研究认为是疏水基团大量暴露导致起泡性增强。超高压对蛋白质起泡性及泡沫稳定性的影响结果不一致，影响机理需进一步深入研究。

（4）对蛋白质乳化性的影响　由于食品的乳化性主要源于蛋白质，因此蛋白质的乳化性和乳化稳定性对于食品品质非常重要。经超高压处理的液体豆奶表现出更好的乳化性和乳化稳定性，巯基含量也在500MPa超高压处理后增加。在一些研究中，经超高压处理后，大豆分离蛋白、核桃分离蛋白的乳化性增加，乳化稳定性随着压力的升高而降低。而有些研究表明，乳化性与乳化稳定性均随着压力的升高而上升。超高压处理后，大豆分离蛋白、红薯蛋白的乳化液滴尺寸和絮凝指数显著降低，致使蛋白质乳化性增加；而乳化稳定性增高，是因为经超高压处理，蛋白质分子伸展，疏水基团暴露。蛋白经超高压处理后，一方面蛋白质分子伸展，与水作用的极性基团或离子基团增多，亲水性增加；另一方面，超高压也使蛋白分子内部的疏水基团暴露出来，亲油性增加，两者达到较好的平衡，乳化性能得到提高。

（5）对蛋白质凝胶性的影响　肌纤维蛋白在超高压处理后，其凝胶比较精细、致密、均匀、分子排列整齐、韧性和黏性都较好、有很高的持水性和凝胶强度。而热处理得到的凝胶较为粗糙，有很多孔洞。超高压处理促进大豆蛋白发生凝胶化，凝胶强度随着压力的升高而升高，当达到最佳压力时，凝胶强度达到最大值，此后压力的上升反而会引起凝胶强度的下降。在超高压处理过程中，疏水性和二硫键的变化同凝胶强度的变化成正比，自由巯基的变化与其成反比。这种变化是由于较低高压处理致使蛋白质部分结构伸展，大量的疏水基团暴露，然而随着压力的进一步升高，暴露的疏水基团又随着蛋白分子的重折叠埋进分子内部。超高压处理会引起S-H基团和S-S基团之间的转换，在压力较低时，大量的S-H形成S-S，导致蛋白质分子内和分子间形成交联，提高凝胶强度；压力继续升高会将S-S打断，形成S-H，减弱了凝胶强度。

2. 超高压处理对淀粉的影响

（1）对淀粉凝胶化的影响　经超高压处理后，淀粉颗粒形貌发生不同程度的变化。有研究表明，经超高压处理后的淀粉会发生凝胶化，在扫描电子显微镜下呈现凝胶状，尤其是蜡质淀粉。也有研究表明超高压处理后发生凝胶化的淀粉也可能保持淀粉颗粒的形状，但其内部结构已发生完全破坏。推测原因可能是淀粉颗粒的表面结构更致密、更耐高压，而内部则相对不稳定。

（2）对淀粉溶胀力与溶解度的影响　超高压会影响淀粉的溶胀力与溶解度，超高压处理后淀粉溶胀力与溶解度的变化受到溶胀力与溶解度测定温度、超高压处理压力等因素的影响。经超高压处理的淀粉在较低温度下的溶胀力上升，在较高温度下的溶胀力下降，溶解度的变化趋势一样。淀粉溶胀力与溶解度的改变可能是因为超高压使淀粉中的直链淀粉重排，这种重排会抑制淀粉在加热过程中的溶胀。超高压改性也会使淀粉发生不同程度的溶胀。

（3）对淀粉糊化的影响　常温下加压到 400～600MPa，淀粉会糊化而呈不透明黏稠的糊状，且吸水量改变。如图 6-1 所示，压力使淀粉分子的长链断裂，分子结构发生变化，因此导致吸水量的变化。

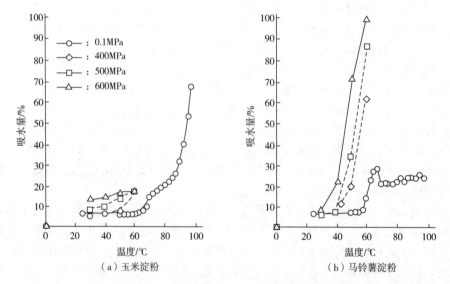

（a）玉米淀粉　　　　　　　　　　（b）马铃薯淀粉

图 6-1　超高压处理对淀粉吸水量的影响

（4）对淀粉回生的影响　有研究表明与热引起的凝胶化相比，超高压凝胶化的淀粉具有较低的回生性，这可能与高压凝胶化的淀粉中存在少量的结晶水有关。

3. 超高压处理对油脂的影响

油脂类耐压程度低，常温下加压到 100～200MPa 基本上变成固体，但解除压力后固体仍能恢复到原状。另外，高压处理对油脂的氧化有一定的促进作用。可可脂在适当的压力下可以变成稳定的晶型，这样有助于巧克力的调温。也有研究表明脂类在超高压条件下，对多肽链具有稳定作用。另外，超高压同样会对脂类的氧化产生影响，在水分活度 0.44、19℃ 以及 800MPa、处理 20min 的条件下，处理组的氧化速度快于对照组。

4. 超高压处理对食品中其他成分的影响

超高压处理只会引发分子空间结构的变化，而对食品中的风味物质、维生素、色素及各种小分子物质的天然结构几乎没有影响。经过高压处理的草莓等果酱可保持原果的特有风味、色泽及营养；在 100～600MPa 下加压处理 10min 的柑橘类果汁，其成分、可溶性固形物（糖度）、氨基酸的含量都未发现变化，果汁中的维生素 C 和蛋白质含量也没减少，色泽和香味与未经超高压处理的新鲜果汁几乎无差别，而且可以避免加热异味的产生，同时还可以抑制榨汁后果汁中苦味物质的生成，使果汁具有原果风味。另外，超高压处理还有较好的保色保味作用，超高压处理对蒜粒的护色效果良好。在绿茶饮料杀菌处理时，为避免加热（100℃以上）而引发的绿茶产生褐色的问题，可采用超高压处理并适当提高温度（700MPa，70℃）就能杀死芽孢，并能保持绿茶原有的色泽，防止褐色的产生。

第三节　脉冲电场技术

一、脉冲电场技术发展现状

人类将电能应用于食品杀菌已经有近两个世纪的历史，但是脉冲电场（pulsed electric fields，PEF）技术应用于食品行业始于 20 世纪 20 年代末，Fetteman（1928）第一次尝试用 PEF 技术处理奶制品。20 世纪 60 年代，有学者对脉冲电场杀菌技术进行研究发现，PEF 技术可以将电能转化为脉冲形式作用于微生物使之失活，同时还发现 PEF 技术在常温下就可以有效地杀灭食品中的微生物，且对食品的营养成分和各种特性影响很小。1986 年，PEF 技术被应用到分子生物学领域，当脉冲电场参数、温度、溶液离子强度等条件合适时，PEF 可以使细胞膜瞬间产生可逆的通透性变化，利用微生物的细胞膜发生可逆穿孔可以促进外源基因进入细胞中。随着脉冲电场技术在分子生物学领域的研究发展，有些研究者认为当电场强度增大到一定值时就会造成细胞膜电位差超过临界值，细胞就会发生损伤和死亡。基于该理论，很多研究者开始研究 PEF 技术在杀灭微生物、钝化酶活性方面的应用，以期利用 PEF 技术杀灭食品中的微生物、钝化酶的活性以此来提高食品质量。大量研究表明，PEF 技术可以作用于细菌和酶，并使它们发生变化。到 20 世纪末，随着 PEF 技术研究理论的深入，PEF 技术在食品行业中的应用受到关注。

二、脉冲电场技术原理

（一）用于食品杀菌

1. 脉冲电场杀菌机理

目前，关于 PEF 的杀菌机理尚不明确，但 PEF 作用能够破坏微生物的细胞膜，剧烈处理条件下这种破坏具有不可逆性。目前关于 PEF 致死机理假说有很多种，各种假说都有一定的研究。

介电击穿理论认为，跨膜电位差 U_d 是微生物细胞膜受损的主要因素，当外加电场增大时，跨膜电位提高，膜内外相反电荷相互吸引使膜的厚度减小，当电位差达到临界崩解电位差 U_c 时，膜就开始崩解，进而瞬间放电使膜分解（图6-2）。当微生物的细胞膜长时间地经受高于临界场强的电场作用，就会大面积崩解，细胞膜上形成的孔洞不可逆，微生物就会死亡。

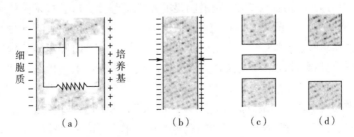

图 6-2　细胞膜介电击穿过程

（a）初始电场作用于细胞；（b）细胞膜变薄；（c）细胞膜产生孔洞（可逆/不可逆）；（d）细胞膜大面积崩解

电穿孔理论认为在外加电场的作用下细胞膜的磷脂双分子层结构发生变化，细胞膜上原有的孔洞发生变化，随着电场强度的增大，膜孔逐渐由疏水性变为亲水性。亲水性膜在焦耳热（由加电压产生）的作用下再变为液晶结构，细胞膜上原有的蛋白通道、膜孔和离子泵都打开使细胞膜的通透性增加，各种小分子物质通过打开的孔洞渗入细胞内，随着小分子物质的增多细胞体积膨胀，膨胀至一定状态细胞膜就会破裂，细胞内的物质就会外漏，致使细胞死亡（图6-3）。

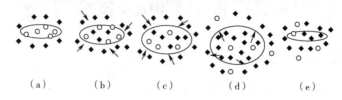

图6-3　细胞膜电穿孔过程

（a）初始电场作用于细胞；（b）细胞膜通透性改变，外界分子进入；（c）大量细胞外液进入细胞；
（d）细胞膨胀至破裂，内容物外漏；（e）细胞死亡

此外，磁场机制认为脉冲电场杀菌主要依靠的是磁场的作用，电场能量可以反复转化为磁场能量，在此过程中磁场破坏了微生物的新陈代谢导致其死亡。黏弹性假说则认为是微生物的细胞膜受到电场作用发生强烈的振动致使细胞死亡；介质中的等离子体在强烈的电场作用下发生膨胀、震荡而产生冲击波，冲击波也可造成微生物的死亡。

2. 脉冲电场的杀菌应用

PEF杀菌利用强电场脉冲的介电阻断原理对食品微生物产生抑制作用，可在室温下有效杀灭许多食品中的微生物，而不损害感官和营养质量，已成功应用于液态食品（如酒类、乳品、液态蛋、果蔬饮料、茶饮料、调味品等）的杀菌。目前研究者们对PEF杀菌机理以及应用已经进行了比较深入的研究。有研究发现，PEF对大肠杆菌和酿酒酵母菌具有显著的灭活作用，PEF（35kV/cm，90s）处理可分别使酿酒酵母菌和大肠杆菌减少5.30和5.15个数量级，随着电场强度和处理时间的增加，灭活效果增强。在相同条件下，PEF处理酿酒酵母菌的杀菌率高于大肠杆菌。此外，PEF处理后，酿酒酵母菌细胞表面有凹陷、孔洞，胞内原生质体变形、聚集、缺失和胞质溶解，酿酒酵母菌细胞表现出胞内大分子（即蛋白质和核酸）外渗、细胞膜通透性改变和DNA变性。PEF处理可以提高酵母菌细胞活性和发酵能力且酵母菌死亡比例较低；高强度脉冲电场处理对酿酒酵母菌具有灭活效果，对酿酒酵母菌的工业应用具有指导意义。

3. 影响脉冲电场杀菌效果的因素

影响脉冲电场杀菌效果的主要因素有电场处理因素、微生物因素、产品因素三个方面。

（1）电场处理因素　电场处理因素包括：电场强度、有效处理时间、脉冲波形、电极形状等。在所有因素中对微生物钝化效果影响最明显的是电场强度。PEF技术中的脉冲波形一般有方波波形、指数衰减波形、振荡波形和双极性波形，具体见图6-4。在所有波形中，衰减波的脉宽等于电压从最高峰值降到37%所需的时间；而方波的处理时间更容易精确计算，方波对微生物作用的效率比指数波高；振荡波杀灭微生物的效率最低；双极性脉冲波形对大肠杆菌的致死率比单极性波形高。脉冲电场处理室的电极形状通常有三种：平板式、同轴式和共场式（图6-5），其中平板式电场分布最均匀、电极设计最简单，有利于实验的进行。

（2）产品因素　PEF杀菌效果受产品的温度、pH值、电导率、颗粒或特殊成分以及水分活度等因素的影响。PEF处理介质时，随着电场强度和频率的增加，物料温度会有所上升，温度会影响PEF的杀菌效果，因此研究时要将物料冰浴，将PEF处理产生的热效应控制到最

小。不同处理介质的电导率是不同的，介质电导率直接干扰 PEF 设备的频率和脉宽，电导率增大会造成频率上升、脉宽下降，若脉冲数目不变可能会造成杀菌效果的下降。很多研究表明，pH 值对脉冲电场技术杀灭微生物的效果影响较大，pH 值越低杀菌效果越好，在酸性环境中微生物更容易被钝化。另外，介质的水分活度、颗粒以及一些特殊成分都会对 PEF 的杀菌效果产生影响，但影响效果较小。

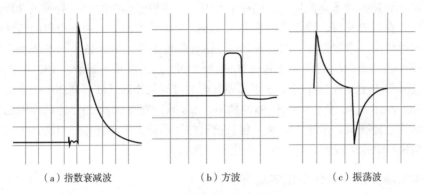

（a）指数衰减波　　　　　　（b）方波　　　　　　（c）振荡波

图 6-4　最常用的脉冲波形

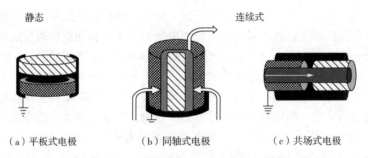

（a）平板式电极　　　　　（b）同轴式电极　　　　　（c）共场式电极

图 6-5　常用的 PEF 处理室的电极结构图

（3）微生物因素　脉冲电场技术对微生物的杀灭效果与微生物自身有着紧密的联系，钝化效果与微生物的种类、细胞的大小、微生物的生长阶段密不可分。一般情况下，真菌细胞对电场的敏感性比细菌要高；在细菌中，革兰氏阴性菌对电场的敏感性要高于革兰氏阳性菌；芽孢菌对电场是最不敏感的。微生物的细胞形状、大小也会影响 PEF 的杀菌效果，细胞的大小、形状影响的是脉冲电场处理时在细胞膜内外形成的电势差，尺寸大的细胞因电势差更大而对电场更敏感，更容易被钝化。稳定生长期的微生物对 PEF 电场最不敏感，而对数生长期和衰亡期的微生物对脉冲电场更加敏感。

(二) 脉冲电场对食品中酶的影响

1. 脉冲电场对食品中酶的钝化作用

热处理是传统的灭酶方法，处理的温度因酶种类而异，但大多是 60～90℃之间的高温短时或者超高温瞬时灭酶的方法。热处理虽然灭活效果好，但高温处理在一定程度上破坏了食品原有的风味、品质和营养物质。研究发现高压 PEF 既可以杀死 90% 以上的微生物，对酶活性的钝化也有较好的效果。有学者研究酶分子在电场中的结构变化，认为一方面外部电场作用会影响酶分子静电区域、扰乱肽链静电相互作用，从而使维持酶空间结构的作用力受到影响或破坏，酶分子解折叠而导致酶失活；另一方面，PEF 处理可改变酶活性中心结构，降低酶与底物结合效率，从而对酶起到钝化作用。此外，PEF 引起的电解和自由基的形成也会导致介质系统局部（即电极附近）pH 值变化，以及对酶活性和稳定性起重要作用的氨基酸残基氧化而使酶失活；同时，脉冲期间瞬时温度升高和 PEF 处理室局部温度升高也会导致酶变性。

2. 脉冲电场对食品中酶的激活作用

人们在应用 PEF 技术对酶钝化的过程中发现，一些较低强度的 PEF 处理条件能迅速地提高酶的活性。有研究发现，固定脉冲频率为 2.0Hz 的条件下，牛奶中蛋白酶的活性经任何电场强度处理都增加，增加幅度为 10%～15%。还有研究表明，中等强度 PEF 处理可使两种不同乳酸菌种来源的蛋白酶活性分别提高 11.6% 与 21.9%。另有报道显示，PEF 处理可使乳酸脱氢酶与烯醇酶活性提高 5% 以上，β-半乳糖苷酶与过氧化物酶活性提高 20% 以上。还有学者发现，在 40kV/cm 电场强度，0.5Hz 脉冲频率，2μs 脉冲宽度以及 20℃ 的脉冲电场处理下，胃蛋白酶活性能提高至原来的 2.43 倍。但目前这些激活研究大多集中于对酶活性的影响，对其性质和构象影响报道较少，且研究层面也不够深入。

（三）脉冲电场强化食品体系化学反应

1. 脉冲电场对醇酸常温酯化反应的影响

有研究发现，反应温度、反应时间、流速一定时，PEF 对乳酸与乙醇酯化反应的促进作用随着场强的增强而增强。同一温度下，施加电场相对于未施加电场对反应具有明显的促进作用。20kV/cm PEF 处理使反应的活化能从 43.43kJ/mol 降至 25.05kJ/mol，说明 PEF 处理是一种潜在的降低活化能、促进化学反应的方法。另据报道，PEF 对乙醇和乙酸无水体系酯化反应也有影响。还有研究发现，在各种不同的反应条件下，PEF 均能促进乙醇和乙酸酯化反应进行。改变电场强度，酯化反应速率随着 PEF 场强的增加而增大；改变反应温度，低温下PEF 对酯化反应的促进作用更为明显。当 PEF 场强为 6.6kV/cm、13.3kV/cm 和 20.0kV/cm时，反应活化能由 76.64kJ/mol 分别降至 71.50kJ/mol、67.50kJ/mol 和 59.10kJ/mol，场强越大，活化能降低值就越大。

2. 脉冲电场低温强化美拉德反应

有研究发现，PEF 处理可以引发葡萄糖、蔗糖、麦芽糖和乳糖分别与谷氨酸钠体系发生美拉德反应，其中间产物量、褐变程度和抗氧化活性都有明显提高，是一种促进还原糖-谷氨酸钠体系发生美拉德反应的有效方法。还有研究发现，PEF 能在低热条件下（低于 60℃）有效促进天门冬酰胺-果糖体系的美拉德反应，使溶液的 pH 值下降，褐变程度增加，抗氧化活性增强。反应体系的褐变程度、抗氧化活性均与反应时间和 PEF 强度呈正相关。

3. 脉冲电场与活性氧协同对大分子壳聚糖降解的影响

有研究者对 PEF 和过氧化氢协同降解壳聚糖进行了研究，结果发现，PEF 和过氧化氢协同作用效果明显。处理 60 min 后，PEF 和过氧化氢的降解效率分别为 25% 和 90.7%，而 PEF和过氧化氢联用的降解效率达到 94.8%。该研究者还对 PEF 和臭氧协同降解壳聚糖进行了研究，发现 PEF 和臭氧降解壳聚糖的协同作用效果同样非常明显，随着处理时间的增加，分子量显著降低，40min 后已达 5000Da 以下，为完全水溶性产物。处理 30min 后，PEF 和臭氧的降解效率分别为 20.5% 和 93.8%，而 PEF 和臭氧联用的降解效率达到 98.5%。这说明 PEF 与活性氧联用降解壳聚糖时存在协同效应，是制备低分子量活性壳聚糖的良好方法。

4. 脉冲电场对花青素聚合的影响

据研究报道，PEF 作用下儿茶素与乙醛的聚合规律，PEF 处理对（+）-儿茶素-乙醛间接缩合反应具有明显的加速作用，反应速率随着 PEF 场强的增加而增大，随着 pH 值增加而减小。PEF 处理可显著降低（+）-儿茶素-乙醛间接缩合反应的活化能，40kV/cm 场强处理，可使（+）-儿茶素-乙醛间接缩合反应活化能由 41.59kJ/mol 降低至 28.98kJ/mol。

（四）脉冲电场的提取作用

细胞膜具有通透性，PEF 提取目标成分很大程度上取决于生物材料的细胞破壁状况，利用细胞膜电穿孔原理，使组织细胞发生不可逆的破坏，物质传质系数随之增大，从而促进细胞内目标组分的流出，有效提高目标成分提取率，且处理过程不会造成原料温度的升高，可有效保护提取物的生理活性。

1. 酚类物质的提取

有研究者采用中温加热、超声波和 PEF 三种预处理方法，对"赤霞珠"葡萄酚类物质的提取进行了研究。结果表明，在红葡萄酒发酵过程中，三种预处理方法均能提高酚类物质（花色苷和单宁）的提取率和自由基清除活性。中等场强脉冲（0.8kV/cm）和高等场强脉冲（5kV/cm）对酚类化合物的提取效果最好，提取率分别提高了 51%和 62%，而中温加热和超声波预处理分别只提高了 20%和 7%。与中温加热和超声波预处理相比，PEF 预处理对花色苷和单宁的提取效果较好，颜色强度最高。

2. 多糖类物质的提取

关于高强度 PEF、微波和超声波辅助提取法对木耳多糖提取的比较研究发现，高强度 PEF 提取效果最佳。另据报道，经电场强度 25kV/cm、脉冲宽 10μs、料液比 1：30 条件处理，人参多糖的提取率为 7.20%，与传统煎煮法及超声法相比，PEF 预处理后样品中人参多糖提取率亦最高。

3. 蛋白质的提取

与传统热处理相比，采用 PEF 技术可在较低温度下提取蛋白质，能更大程度保留蛋白质的功能活性，减少其质量损失，是一种有前途的蛋白质提取技术。此方法能在细胞壁上产生小孔，释放细胞内容物，具有优良的破壁效果，因此，PEF 技术适用于微生物（微藻、细菌和酵母菌）蛋白质的提取。

三、脉冲电场技术在食品体系中的应用

脉冲电场技术不仅在食品模型体系中展现了它的应用前景，而且在商业生产中，脉冲电场技术加工产品的质量好于热加工产品。美国食品科学家就苹果汁、鸡蛋、牛乳等进行了试验，证实了脉冲电场技术在杀菌的同时，较好地保持了食品原有的色、香、味和营养成分。

1. PEF在果汁加工中的应用

应用脉冲电场处理鲜榨苹果汁和再制苹果汁，在 4℃下贮藏 3~4 周，果汁的总固体、总糖、灰分、蛋白质和脂肪均无变化；抗坏血酸保持不变；pH 值从 4.1 上升到 4.4，稍有变化；Na^+、K^+、Mg^{2+} 和 Ca^{2+} 的浓度显著下降。感官评价表明脉冲电场处理的样品与对照没有显著差别。美国 Genesis Juice 公司和德国 Beckers Bester 公司已经进行了脉冲电场加工果汁和饮料的商业化生产和销售。

2. PEF在牛乳加工中的应用

应用脉冲电场处理 2%脂肪的牛乳，经无菌包装在 4℃下贮藏，具有 2 周的保质期。脉冲电场处理没有改变牛乳的理化性质，其产品与热巴氏杀菌的产品没有显著性的感官差异。23

个 43kV/cm 的脉冲电场可以杀灭 99%接种在巴氏杀菌乳中的大肠杆菌，36.7kV/cm 的脉冲电场可以完全杀灭接种在巴氏杀菌乳中的沙门菌，其他微生物减少到 20cfu/mL。

3. PEF 对酒类陈酿的影响

有研究报道，应用交流高压电场加速赤霞珠干红葡萄酒陈酿的中试创新技术。在电场强度为 600 V/cm、频率为 1000 Hz 的处理条件下，可加速酒的陈酿，使原酒口感和谐、细腻。经高效液相色谱（HPLC）、气相色谱 / 质谱（GC/MS）联用常规化学分方法鉴定，挥发性化合物中高级醇和醛类含量均显著降低，而酯类和游离氨基含量略有增加，其他各物质均无变化。研究结果表明，在选择的适宜的工艺条件下，高压电场加速葡萄酒陈酿技术是缩短葡萄酒陈酿工艺时间、提高葡萄酒质量的可行方法。

第四节　高压二氧化碳技术

一、高压二氧化碳技术概述

1951 年，Fraser 首次报道高压二氧化碳（HPCD）技术能有效杀灭大肠杆菌。随后大量研究表明，HPCD 技术能对细菌、酵母菌、霉菌及芽孢等起到一定杀灭作用。同时，发现 HPCD 技术能降低脂肪氧化酶、过氧化物酶、脂肪酶、酸性蛋白酶、碱性蛋白酶、果胶甲酯酶、葡萄糖氧化酶等酶的活性，并对酶的活性与结构产生破坏作用。除 HPCD 技术的杀菌和钝化酶相关的研究报道外，其对食品品质的影响研究报道也逐渐增多，由于 HPCD 技术的处理温度相对较低，能较好地保持食品原有的营养、风味等品质。

作为一种无毒、廉价和天然的抗微生物剂，CO_2 单独作用能抑制好氧微生物生长，但不能杀死微生物，而与压力结合则能达到有效的杀菌效果。因此，高压 CO_2 技术日益引起研究人员的高度重视。其原理是将食品置于密封的处理釜中，利用 CO_2 作为高压介质进行压力处理（压强不大于 50MPa），通过高压、高酸、厌氧和爆炸效应达到杀死微生物和钝化酶的效果，使食品得以长期贮藏。如图 6-6 所示，通常 HPCD 处理压强范围为 5~50MPa，温度范围为 0~60℃，在该压强与温度范围内，CO_2 形态包括气态、液态和超临界态。

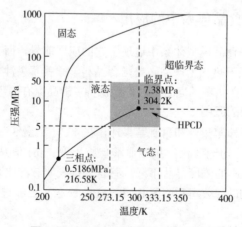

图 6-6　HPCD 处理温度和压强范围

HPCD 技术是食品领域中的新型非热加工技术，具有显著的优点：

① 与热技术相比，食品在 CO_2 和低温条件下进行处理，食品中的营养成分、风味物质

等不易被氧化破坏，可有效保持食品原有的品质；

②　与超高压（100～1000MPa）技术相比，具有压强低、成本低、节约能源、安全性高、无噪声等特点；

③　是一项绿色洁净、环保友好的技术，利用自然界 CO_2 资源，不会破坏自然环境。近年来，美国、法国、韩国、日本等国家在广泛开展 HPCD 技术的基础和应用研究。我国在食品 HPCD 技术相关方面的研究虽然起步较晚，但发展迅速，关于 HPCD 对食品杀菌和品质影响的研究已经取得了一定的成果。

二、HPCD 的性质

HPCD 的性质是由 CO_2 决定的，CO_2 是碳原子的最高氧化状态，CO_2 呈化学惰性，大气中的含量约为 0.04%，常温常压下无色、无味、无毒，微溶于水，水溶液呈弱酸性，其在水中的溶解度遵循亨利定律。随着压力和温度变化，其存在形态和物理性质发生变化，其临界温度、临界压力较低，在此温度、压力以上，CO_2 只能以流体存在，称为超临界 CO_2 流体。超临界 CO_2 流体具有气体的低黏度、高扩散系数和液体的高密度特性，对许多物质具有很强的溶解能力，而且其溶解能力对温度和力的变化极为敏感，易于调节。

三、HPCD 的作用

（一）HPCD 的杀菌作用

HPCD 技术作为一项新型非热杀菌技术，可避免传统热杀菌技术对食品的不良影响，保留食品原有的营养、风味和新鲜感官品质。早在 1951 年，Fraser 报道了高压 CO_2 气体（1.7～6.2MPa）处理能使大肠杆菌（*Escherichia coli*）活菌数降低 95%～99%。自此以后，关于 HPCD 技术在杀菌领域的应用研究逐渐增多。据文献统计，HPCD 技术杀菌的目标微生物有细菌、真菌（含酵母菌和霉菌）及自然菌群，主要包括植物乳杆菌（*Lactobacillus plantarurn*）、单核细胞增生李斯特菌（*Listeria monocytogenes*）和金黄色葡萄球菌（*Staphylococcus aureus*）等革兰氏阳性细菌（G+）25 种，大肠杆菌（*E. coli*）、鼠伤寒沙门菌（*Salmonella typhimurium*）等革兰氏阴性细菌（G−）16 种，酿酒酵母（*Saccharom yces cerevisiae*）和产朊假丝酵母（*Candida utilis*）等酵母菌 10 种，以及细菌总数、霉菌和酵母菌总数、大肠菌群和乳酸菌等 4 个自然微生物群。从研究分布来看，关于细菌营养体杀菌的研究占 63%，其中涉及易引发食品腐败或食源性疾病的致病菌如 *S. typhirnurium*、*L. monocytogenes*、*E. coli* 和 *S. aureus* 等较多。此外，因 *S. cerevisiae* 容易引发果汁和果酒腐败变质，其相关研究也较多。

（二）HPCD 的酶钝化作用

很多研究指出，HPCD 技术能够显著降低酶的活性，并且酶的活性降低跟酶二级结构中 α-螺旋结构的变化有关。有研究发现，在 HPCD 25MPa、35℃处理 30min 后，脂肪酶、碱性蛋白酶、酸性蛋白酶和葡萄糖氧化酶的活性分别是未处理的 62.9%、31.3%、37.6% 和 12.4%，同时观察到处理后酶的 α-螺旋结构发生了很大变化，也因此导致酶活性的改变。还有研究发现，在 HPCD 10MPa、40℃、15min 和 62.1MPa、55℃、15min 条件下处理脂肪氧化酶和过氧化物酶，能够分别完全灭活。据相关研究报道，果胶甲酯酶、脂肪氧化酶和过氧化物酶等对压力的变化承受能力较差，在超临界介质中容易失去活性；而蛋白酶、脂肪合成酶和过氧化氢酶等在超临界介质中则比较稳定。

（1）压强对酶活力的影响　HPCD 技术钝化酶的过程中，酶活力一般随着压强升高而降低。碱性蛋白酶和脂肪酶经 HPCD 处理（8MPa、35℃、30min）后，只保留了 20%的活力；而在相同温度和时间条件下经过 15MPa 处理，两种酶都被完全钝化，无残存活力。同样，大豆脂肪氧合酶（LOX）经 HPCD 处理（30℃、15min），在 10.3MPa 下保留 75%的活力，而在 62.1MPa 下该酶仅剩约 5%的活力。当 HPCD 压强从 8MPa 增加到 30MPa（55℃、60min），苹果汁中多酚氧化酶（PPO）活力从 57.3%降至 38.5%。当压强由 10MPa 升高到 30MPa（2℃、20min）时，橙汁中果胶甲酯酶（PE）残留活力由 85%降低到 60%。

（2）温度对酶活力的影响　HPCD 应用时温度一般不超过 60℃，避免高温对食品品质的不利影响。HPCD 技术钝化酶的过程中，随着温度升高，酶钝化时间缩短，但不影响酶对压力变化的敏感性。除了温度对酶钝化的直接影响外，还可能是由于高温能促进 CO_2 扩散，同时加快了 CO_2 分子和酶分子间的碰撞。在 HPCD 处理过程中压强为 25MPa、时间为 30min，温度从 30℃升至 50℃时，葡糖糖化酶和酸性蛋白酶的活性显著降低，经处理后残存活力分别下降到 0 和 0%～10%。

（3）时间对酶活力的影响　HPCD 技术钝化酶的过程中，时间也是对钝化效果有重要影响的因素。通常而言，延长时间能增加酶活力的损失。当 HPCD（31MPa、40℃）处理时间从 15min 延至 240min，果胶甲酯酶（pectinesterase，PE）活力降低了 88.6%。龙虾和褐虾中的 PPO 经过 HPCD（5.8MPa、43℃）处理 1min 后，其活力分别降低 98%和 78%，而延长时间至 1min 以上时，两种 PPO 活力完全被破坏。

（4）介质初始 pH 值对酶活力的影响　酶有最适 pH 值范围，并且对 pH 值的变化十分敏感。pH 值能影响盐桥的存在，并加强蛋白质的三级结构。通常而言，酶对酸性环境比对碱性环境更为敏感。有研究报道，由于蔬菜 pH 值比水果高，因此草莓中 PPO、过氧化物酶（POD）、PE 和多聚半乳糖醛酸酶（PG）的钝化比胡萝卜和芹菜汁中的要容易。当初始 pH 值分别为 5.0 和 6.0，经 HPCD 处理后，溶解在磷酸缓冲液中的 LOX（35.2MPa、40℃、15min）和 POD（62.3MPa、55℃、15min）活性会完全丧失；然而当 pH 值升高，酶的抗性会显著提高，pH 值为 8.0 时，两种酶的残存活力分别高达 78%和 50%。

（5）CO_2 状态及密度对酶活力的影响　CO_2 临界温度和临界压强（临界温度=31.1℃，临界压强=7.38MPa）较低，因此，基于这一物理性质可有效利用 CO_2 亚临界或者超临界状态，在可控的温度和压强下进行 HPCD 技术的应用。在临界点以上 CO_2 处于流态，其密度和溶解性能和液态相似，而其传质和扩散能力则和气态相当。超临界 CO_2 这些特性能显著影响其与酶分子的相互作用，进而影响酶分子的变性速率。在 CO_2 的临界温度下，且在其临界压强附近，溶剂的密度及其溶解能力会快速升高。在葡糖淀粉酶（糖化酶）和酸性蛋白酶的活性与 CO_2 密度的曲线中，分别包含两条直线交叉于密度 $0.82g/cm^3$ 和 $0.60g/cm^3$ 处，两种酶的活性在交叉点上方会突然降低。

（6）食品组分及介质对酶活力的影响　糖、盐、多价离子及醇类能保护蛋白质，防止其变性。这种抗变性的稳定化作用可能归因于这些物质之间的疏水相互作用。POD 经 HPCD 处理时（62.1MPa、55℃、15min），10%蔗糖对其活力没有保护作用，而 40%蔗糖能保留 55%酶活力。经 HPCD（22MPa、180min）处理后，桃汁中 PE 残存活力明显高于标品 PE，表明果汁中 PE 被 HPCD 钝化得更少。因此推断果汁中其他某些稳定组分对 PE 活性有一定的保护作用，同时 PE 与细胞壁组分可能存在相互作用，使得 HPCD 处理后果汁中 PE 的活力高于缓冲液中 PE 的活力。水分活度对 HPCD 钝化酶活力也有影响，当水分含量增高，脂肪酶的催化活力降低。这种现象很可能是由于增加的水分有利于碳酸的形成，从而降低环境 pH 值，钝化酶活力。假单胞菌、假丝酵母和根霉的脂肪酶在高水分含量下经 HPCD 处理后其活力会急剧降低。

（7）HPCD 系统对酶活力的影响　HPCD 装置包括间歇式、半连续式和连续式装置三类。间隙式装置中，HPCD 处理时容器中的 CO_2 和处理溶液是静止的；半连续式装置中，CO_2 流动经过处理腔；而连续式装置中，CO_2 和液体物料同时流过处理系统。HPCD 连续式装置中微泡 CO_2 已经被证实能够有效钝化酶活力。经过 HPCD 处理（25MPa、35℃）时，采用微孔膜的葡萄糖糖化酶活力比没有采用微孔膜降低 60%。微泡能提高 CO_2 在水溶液中的溶解度，同时能增加吸附于酶分子表面的 CO_2 量，表明增加 CO_2 吸附量有利于酶钝化。此外，微泡 CO_2 能显著降低酶钝化所需的温度和能量。

四、HPCD在食品加工中的应用

临界条件下的 CO_2 是一种特殊的流体，20 世纪 60 年代开始就应用于食品的提取和分离中，近些年来研究取得了很大进步，HPCD 可应用于提取不饱和油脂、天然香料、天然色素、多酚和酶。HPCD 作为一种新型的非热力技术，在果蔬汁加工过程中能够最大限度保持果蔬汁的色泽、营养成分和功能成分等生理活性。有研究表明，西瓜汁经 HPCD 20MPa 和 30MPa，时间 10min、30min 和 60min 处理后，pH 值降低 0.3～0.7、可溶性固形物无明显变化、颜色更红、浊度增加、细菌总数降低可达到 2 个对数值、果胶甲酯酶活性可降低 50%，说明 HPCD 对西瓜汁有一定的杀菌、灭酶效果，同时改变色泽，但不影响其可溶性固形物。还有研究发现，树莓汁经 HPCD 在不同条件下处理后，树莓汁的 pH 值、可溶性固形物和色泽都没有很大变化，处理组的褐变指数明显低于未处理的样品，说明 HPCD 处理过的样品褐变比较少。因此，HPCD 处理对果蔬汁的品质有一定的改善作用。

五、HPCD技术的处理方式与设备

HPCD 技术设备或装置主要包括 CO_2 供给系统、升降压系统、高压釜、输送系统四个部分。已报道的 HPCD 处理方式分为间歇式、半连续式和连续式三种类型。

(一) 间歇式HPCD设备

HPCD 间歇式处理过程中食品和 CO_2 均处于静止状态，早期的研究多采用间歇式。典型的间歇式 HPCD 设备包括 CO_2 气瓶、增压泵、调压阀、泄压阀、高压釜和水浴装置等（图 6-6）。将食品置于高压釜中，达到设定的温度后通入 CO_2 进行增压，维持恒定压强和温度，经过一定处理时间后泄压，取出食品。为了提高处理效果，有些设备高压釜中会装有搅拌器来增强处理效果。图 6-7（a）所示为一种立式间歇式 HPCD 设备，虽然能实现样品的 HPCD 处理，但存在 CO_2 污染、升压慢、处理压强较低以及处理后样品易污染等问题。有研究者开发了新型卧式 ［图 6-7（b）］ 和立式 ［图 6-7（c）］ 间歇式 HPCD 设备，增加了净化过滤器、制冷系统、液压泵、预热器无菌箱等装置，显著提高了 HPCD 处理效率，增强了杀菌效果，同时避免了 CO_2 污染以及样品处理后污染等问题。

(二) 半连续式HPCD设备

HPCD 半连续式处理是指 CO_2 流动经过高压釜，食品处于静止状态，维持恒定压强和一定时间处理。图 6-8 所示为一种半连续式 HPCD 设备。在该设备中，利用泵将 CO_2 液体和生理盐水压入密封舱内，通过蒸发器将 CO_2 变为气体，同时利用孔径为 $10\mu m$ 的不锈钢滤网过滤，将其压缩到生理盐水中。CO_2 在向上流动的过程中继续与生理盐水融合，然后通过加热器加热到处理温度，再将待处理菌的悬浊液泵入处理盘管中与其混合，维持恒定温度和压强进行处理。实验结果表明，半连续式 HPCD 处理装置灭菌的效果提高了 3 倍。

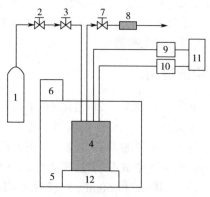

（a）立式间歇式HPCD设备

1—CO_2储气罐；2—调压器；3—CO_2进气阀；4—处理釜；5—恒温水浴锅；6—控温器；7—CO_2泄压阀；8—过滤器；9—温度传感器；10—压力传感器；11—数据收集设备；12—搅拌器

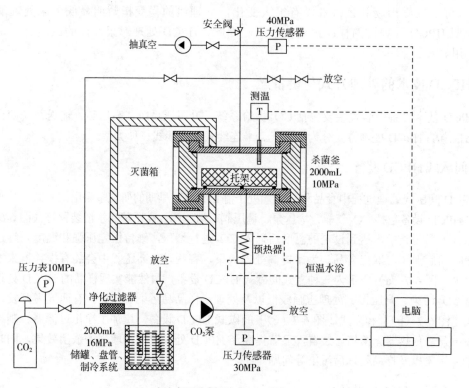

（b）新型卧式间歇式HPCD设备

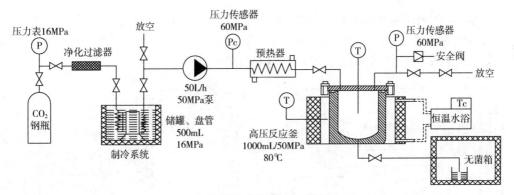

（c）新型立式间歇式HPCD设备

图 6-7 典型的间歇式 HPCD 设备

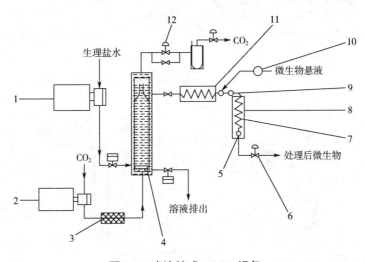

图 6-8 半连续式 HPCD 设备

1，2，10—压力泵；3—蒸发器；4—微孔过滤器；5，9—温度计；6—控制阀（2）；

7—电阻线圈；8—加热器（2）；11—加热器（1）；12—控制阀（1）

（三）连续式 HPCD 装置

HPCD 连续式处理是指处理过程中液体食品和 CO_2 均流动通过高压釜，进行恒定压强和一定时间处理。图 6-9（a）所示为国外设计的一种连续膜接触式 HPCD 设备。这套膜接触处理装置由 4 个柱状聚丙烯模块组成处理系统，其中每个柱状模块中又含有 15 个表面积为 83 cm^2 的平行细管，CO_2 加压后泵入处理系统，利用高效液相色谱泵将液态食品泵入柱状膜管内的平行细管中，由于大大增加了接触面积，CO_2 在瞬间就能在液体样品中溶解并达到饱和状态，从而显著提高杀菌钝化酶效果。

图 6-9（b）所示为美国 Praxair 公司于 1999 年设计的连续流动式 HPCD 处理装置。CO_2 和样品泵入系统并混合，然后通过高压泵将混合物升到设定压强后流过处于设定温度的盘管，通过调节流速来控制处理时间。处理后可利用真空泵对食品中的 CO_2 进行脱气。实验证明，连续流动式 HPCD 处理装置可在短时间内处理致病菌和腐败菌，杀灭效果十分显著。

图 6-9（c）所示是我国自主设计的一种连续流动式 HPCD 设备。CO_2 和果汁分别由高压泵泵入系统进行混合，然后混合物恒压流过设定温度的盘管，并通过调节流速来控制处理时间。处理结束后，利用真空泵脱除果汁中的 CO_2 进行回收。

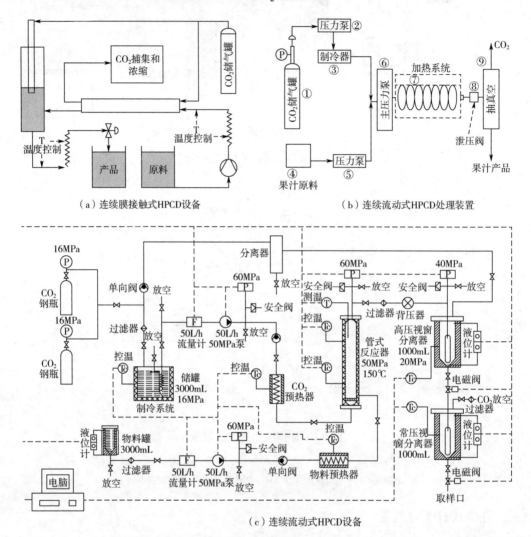

（a）连续膜接触式HPCD设备

（b）连续流动式HPCD处理装置

（c）连续流动式HPCD设备

图 6-9　连续式 HPCD 装置

第五节　超声技术

一、超声技术的理论基础

超声技术是一种多学科交叉的边缘科学技术，因其独特的性质已在食品、化工、生物、医药等方面得到了广泛的应用，且日益显示出优越性。在食品方面，利用超声技术可节约原料、改进食品生产过程、提高效率、改善食品质量、提高产量。超声设备结构简单、参数容易控制、操作方便、运行成本低，而且易于实现自动化、连续化。超声技术被认为是食品领域最有应用潜力和发展前途的新技术。

超声技术的诸多应用均是建立在超声波基本理论之上的，所以，对超声技术理论的了解及其基础研究就显得尤为重要和迫切。超声波作为超声技术的最基本量和信息载体，是研究超声技术的前提。

（一）超声波的产生

超声波属于机械波，为声波的一部分，频率大于 20kHz。由图 6-10 可见，整个声波频谱是比较宽的，其中只有可听声波才能为人耳所听到，而超声波虽然属于声波却不能为人耳所察觉。

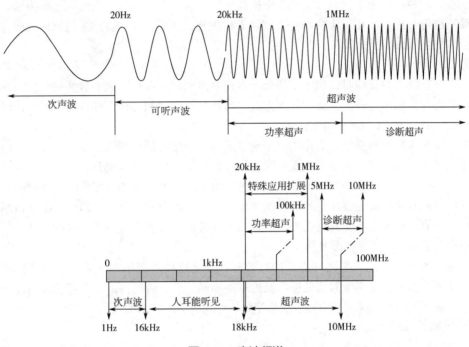

图 6-10 声波频谱

超声波产生的必要条件是声源、波源和介质。能发出声音的物体称为声源。振动是产生声波的根源，即物体振动后产生声波。作机械振动的物体称为波源。介质是传播超声波的媒介物质。固体、液体、气体都是弹性介质。超声波必须在弹性介质中传播，真空中没有介质存在，故不能传播超声波。

（二）超声波的传播

超声波在传播过程中不仅具有光学特性，还具有声学的特性。超声波可在气体、液体、固体、固溶体等介质中有效传播，且可传播足够远的距离，而在真空中则不能传播。由于超声波的频率高，因而波长很短，它可以像光线那样沿直线传播，使我们有可能只向某一确定的方向发射超声波；超声波在传播时，方向性强，遵从几何光学定律，能量易于集中，可传递很强的能量。超声波会产生叠加、干涉、共振、多普勒效应等现象。超声波可与传声媒质相互作用，易于携带有关传声媒质状态的信息。超声波的传播速度与介质的特性有关，而与声波的频率无关。声波在空气中的传播速度为 340m/s，在液体中为 1500m/s，在固体中为 5000m/s。声波的传播速度都随介质温度的上升而加快，气温增高 1℃，声速增加 0.6m/s。由超声波所引起的媒质微粒的振动，即使振幅很小，加速度也非常大，因此可以产生很大的力量。超声波的这些特性，使它在近代科学研究、工业生产中得到日益广泛的应用。

(三) 超声的物理效应

在超声技术中，超声与物质的相互作用具有独特的重要位置，具体表现在以下两个方面。一方面是物质对超声的作用，几乎所有的物质均可以作为超声的媒质，而媒质的性质、结构和状况势必会影响超声在其中的传播行为，或改变其传播状态；另一方面就是超声对物质的作用，主要是因为超声在传播过程中所产生的高频率、大功率、高强度可以改变媒质的物理性质。超声波可用于食品加工中各个操作单元，如杀菌、萃取、灭酶、辅助提取、嫩化及辅助冷冻等。超声波作用于食品主要归功于超声波在介质中传播时产生的物理效应，包括热效应、空化效应和机械效应。

1. 热效应

超声波在媒质中传播时，由于传播介质存在着内摩擦，部分声波能量会被介质吸收转变为热能从而使媒质温度升高，此种升温方式与其他加热方法相比达到同样的效果，而这种使媒质温度升高的效应称为超声的热作用。

超声波在媒质中传播时，大振幅声波会形成锯齿形波面的周期性激波，在波面处造成很大的压强梯度。振动能量则不断被媒质吸收转化为热量而使媒质温度升高，吸收的能量可升高媒质的整体温度和边界外的局部温度。同时，由于超声波的振动，媒质产生强烈的高频振荡，介质间相互摩擦而发热，这种能量能使固体、流体媒质温度升高。超声波在穿透两种不同介质的分界面时，温度升高值更大，这是由于分界面上特性阻抗不同，将产生反射，形成驻波引起分子间的相互摩擦而发热。

超声波的热作用能产生两种形式的热效应：一是连续波产生的热效应，二是瞬时热效应。连续波的热效应是由于媒质的吸收及内摩擦损耗，一定时间内的超声连续作用，使媒质中声场区域产生温升。瞬时热效应主要指空化气泡闭合产生的瞬间高温。

2. 机械效应

超声波能量作用于介质，会引起质点高速细微的振动，产生速度、加速度、声压、声强等力学量的变化，从而引起机械效应。

超声波是机械能量的传播形式，与波动过程有关，会产生线性效变的振动作用。超声波在介质中传播时，质点位移振幅虽然很小，但超声引起的质点加速度却非常大。若20kHz、1W/cm² 的超声波在水中传播，则其产生的声压幅值为173kPa，这意味着声压幅值每秒内要在正负173kPa之间变化2万次，最大质点的加速度达1440km/s²，大约为重力加速度的15000倍，这样激烈而快速变化的机械运动就是功率超声的机械振动效应。

当超声介质不是均匀的分层介质时（例如生物组织、人体等），各层介质的声阻抗不同将使传播的声波产生反射、形成驻波，驻波的波腹、波节造成压力、张力和加速度的变化。不同介质质点（例如生物分子）的质量不同，则压力变化引起的振动速度有差异，介质质点间的相对运动造成压力的变化，这是引起超声机械效应的另一原因。利用超声的机械效应可进行加工处理（打孔、切割、压实、表面强化、焊接、清洗、抛光及去除不希望的薄膜和脏物等），也用于加速分散、均质、乳化、粉碎、杀菌等其他过程。

3. 空化效应

超声空化就是指液体中的微小气泡核在超声波作用下产生振动，当声压达到一定值时，气泡将迅速膨胀，然后突然闭合，在气泡闭合时产生冲击波，这种膨胀、闭合、振荡等一系列动力学过程称超声空化。超声波的空化效应是一个非常复杂的过程，如图6-11所示，显示了超声波的空化效应。超声波在液体介质中传播时，存在一个正负压交替的周期，在正压和负压的交替下，液体结构被破坏，产生气泡，在经历多个正负压循环周期后，气泡的体积会越来越大，直至气泡无法承受内部气体的压力发生爆破，而在气泡爆破的一瞬间会产生高温、高压等特殊的物理现象，释放一定的能量。超声波的空化作用会导致气泡周围的液体中产生强烈的激波，形成局部点的高温高压，空化泡坍塌时，在空化泡周围极小空间内可产生5000K的瞬态高温和约500MPa的高压，且温度冷却率可达109K/s，并伴有强烈冲击波和时速达400km的射流。这种巨大的瞬时压力，可以使悬浮在液体中的固体表面受到急剧的破坏。

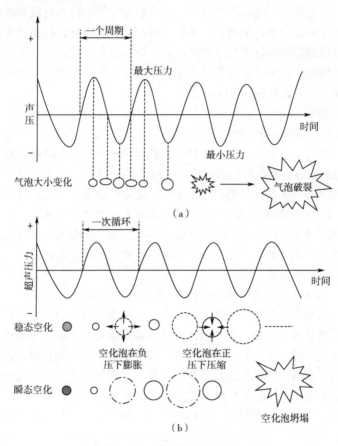

图6-11　超声波空化效应

二、超声技术在食品中的应用

超声技术在食品中的应用已经获得了食品行业普遍认同，而超声技术也成为食品加工过程中某一特定的关键环节，显著提高了加工效率和改善了食品品质。目前超声技术主要应用在液体食品中，如饮料、酒水等。

（一）超声波在提取分离中的应用

在食品工业中，提取技术是一项非常重要的技术，比如动物、植物、微生物中活性物质或其他有用物质的提取，一些化学成分的分析等都离不开提取技术。如何有效地以尽可能短的时间提取出所需的目标物，是很多科研人员和生产单位关心的问题。

超声提取分离主要是依据物质中有效成分和有效成分群体的存在状态、极性、溶解性等设计的一项科学、合理利用超声振动的方法进行提取的新工艺，是使溶剂快速地进入固体物质中，将其物质中所含有机成分尽可能完全地溶于溶剂之中，得到多成分混合提取液，再用适当的分离方法，将提取液中的化学成分分开，然后加以精制、纯化处理，以得到所需的单体化学成分的工艺全过程。这种将超声提取与分离技术有机地结合起来的新工艺技术称为超声提取分离技术。应用超声技术来强化提取分离过程，可有效提高提取分离效率，缩短提取分离时间，节约成本，甚至还可以提高产品的质量和产量。

利用超声波空化效应可以改善传质过程、缩短提取时间、提高提取效率和节约成本等。目前超声波技术在生物糖苷类、生物碱、多糖、黄酮类和某些蛋白的提取中被广泛应用。有研究发现，超声波辅助碱法提取麦麸蛋白时，超声辅助能大大提高麦麸蛋白的提取率，同时改善了麦麸蛋白的特性。在蛋白的提取过程中，超声波空化效应和机械效应可以使细胞的细胞膜和细胞壁破裂，以完成蛋白质的提取过程。

1. 超声提取的原理

（1）对细胞壁产生影响　超声波空化时产生的极大压力和局部高温可以使细胞壁的通透性提高，甚至造成细胞壁及整个生物体破裂，而且整个破裂过程在瞬时完成，从而使细胞中的有效成分得以快速释放，直接与溶剂接触并溶解在其中。

（2）促进细胞溶胀　从原料中尤其是干原料中提取目标物一般包括两个过程：a. 原料的浸泡、溶胀过程；b. 可溶性成分通过扩散和渗透从原料中传质进入溶剂过程。这两个过程都影响提取速率。超声作用可有效地促进细胞的溶胀，如 33kHz 的超声在 23℃处理茴香籽1h，可使其溶胀指数提高 100%。超声之所以能促进种子更好、更快地发芽，原因之一也就是超声作用使种子能够持有更多的水分。

（3）强化传质速率　溶剂中溶质的溶解速率与传质系数、相际接触面积以及推动力有关，任何提高传质系数、相际接触面积和推动力的方法都能增加传质过程的速度。超声的振动效应、热效应提高了传质系数，强烈的冲击波或微射流有利于提高溶质的相际接触面积。由于溶质溶解的量是温度、压力和浓度的函数，超声空化引起空化点附近的溶剂形成超临界状态，这样使得溶质在其中的溶解度显著增大，导致溶质在常态下变为过饱和。因此，超声的作用也可使推动力变大，从而从整体上强化传质速率。

（4）超声波的凝聚作用　有研究者根据超声波有使悬浮于气体或液体中的微粒聚集成较大颗粒而沉淀的作用，用超声波处理浸提液，使芦丁分子更快地碰撞凝聚成大颗粒沉淀，芦丁提取更快速、更完全。

2. 超声提取分离技术的特点

与传统的提取技术相比，超声提取分离技术具有以下特点：

① 超声提取分离技术能增加所提取成分的产率，缩短提取时间。超声提取能够在很短的时间内将物料中所需提取的成分几乎完全地提取出来。与传统提取法相比，可大大提高产品收率及资源利用率、缩短生产周期、节省原料、提高经济效益；且提取物中有效成分含量高，有利于进一步精制和分离。

② 超声提取分离技术在提取过程中无需加热，适于低温成分的提取。因为超声提取在有限的提取时间内所产生的热效应，使溶剂升温不高，避免了因加热时间过长，对物料中热敏性强的成分造成破坏而影响所提取成分的质量。

③ 合理的超声提取分离技术不改变所提取成分的化学结构。用适宜的超声提取所得的化学成分及结构不会受到破坏，能保证有效成分及产品质量的稳定性，提高产品品质。

④ 超声提取分离技术操作方便、提取完全，能充分利用中药资源，能够节约能源，减少提取溶剂的使用量，从而避免了使用溶剂对环境的污染。

⑤ 超声提取分离技术工艺流程简单，可提高生产速度，降低企业生产成本，提高企业的经济效益，是一种高效提取、分离制备的新方法，改进了烦琐的传统提取工艺。

⑥ 超声提取技术与气相色谱仪、液相色谱仪等分析仪器联用，用于食品质量分析中，能客观地反映其中有效成分的真实含量。

⑦ 超声提取分离技术在提取分离后，在某种超声作用下还可能出现新的物质，有利于发现新的成分。

3. 超声提取分离的影响因素

超声空化效应是增强提取分离过程的主导因素，但超声空化作用本身是无选择性的破坏，当参数选择不当时，特别是在高强度或长时间处理条件下，空化作用不仅能打破细胞壁，也可能会打破被提取物质的分子，从而影响所提取的化学成分的产率。另外植物细胞壁的特殊结构及其屏障作用，决定了对原料中化学成分的提出率有一定的限度，并受到多种因素的影响，所以在超声提取分离过程中应注意以下几个问题。

（1）超声参数的影响　使用不同参数的超声设备对原料进行提取会得到不同的结果。即使是提取同一种原料，如果选用的参数不当，就会使原料中所需要提出的成分提不出来或得不到好的结果。在一个提取体系中存在着一个最佳的超声功率值，可使其获得最大的化学成分提取率。有研究报道，用80%乙醇、料液比1∶20、250～400W超声提取芝麻叶30min时，所得总黄酮成分的提取率随着提取功率的增加先升后降，功率在350W左右提取率最高（93.8%）。因此在提取时必须针对具体原料品种以及所提取成分进行筛选，选择适宜的超声频率和超声强度等参数。

（2）超声提取时间的影响　超声提取时间对所提取成分提取率的影响主要有三种情况：提取率随超声处理时间的延长而增大；提取率随超声处理时间的延长而增大，当到某一时间值时，开始随超声处理时间的延长而减小；提取率随超声处理时间的延长而逐渐增大，当达到一定时间时，随超声处理时间的延长而增量很小，将趋于饱和。在超声提取过程中，提取时间是提取主要影响因素之一，应以将原料中所需成分完全提取出来为标准，且以其含量的多少为条件，以达到提取的最佳时间为宜。

（3）超声提取溶剂、用量和浓度的影响　选择适宜的溶剂、浓度和用量对提取效果、浸提物的质量和提取率、能耗都有很大的影响，所以超声提取过程重要的一步是必须结合欲提取成分的性质来选择。其原则是不造成浪费，降低成本，保证所含成分能充分提取出来，增加化学成分产率，所以选择溶剂的浓度、用量是提高所提取成分得率的一个重要条件。因此，选择溶剂既要注意所提取成分的性质及溶剂的浓度、用量、毒性大小、价格等因素，又要注意原料中所含其他物质的影响。有研究表明，用超声提取大豆中的大豆油，其提取率因溶剂的不同、浓度的不同而有所不同。用体积比为6∶4的正己烷和异丙醇的混合液作溶剂超声提取30min，和用正己烷或异丙醇单独作溶剂超声提取3h，其大豆油提取率分别为10.1%和16.4%，比传统提取法高22.5%。

（4）提取产物中酶的影响　酶是由生物体活细胞产生的，广泛存在于植物体中，特别是含苷类成分的植物原料中，苷类成分与能够水解它的相应的酶共存，因而苷类成分很容易被酶水解，苷酶解生成苷元或次级苷。因此，在超声提取原料中苷类成分的过程中，应先使酶失活，再进行超声提取，以防酶对所提取苷类成分的影响。使酶失活的方法是：若欲提取的有效成分为存在于植物体内的原生苷，就需要抑制或破坏酶的活性，以甲醇、乙醇为溶剂或沸水加热，再进行超声提取，或在原料中加入一定量的碳酸钙。另外，在提取过程中还要尽量避免与酸或碱接触，以防苷类被酸或碱水解。

4. 超声强化水提取法

水提取法是一种以水为溶剂，将原料浸在水中，通过加热、搅拌、加入蒸汽等方式提取原料中目标成分的方法。水无毒无害、成本低廉，是经典的提取溶剂。随着超声技术在食品工业中的应用，超声强化水提取技术应运而生。有研究表明，在超声时间 15min、超声功率 200W、水浸提时间 75min、水浸提温度 90℃ 工艺条件下，笃斯越橘中多糖的提取率为 7.96%，总提取时间 90min，与在传统水浸提最佳技术参数下 8h 的提取时间、12.46% 的得率相比，可以实现较短时间内获得较高的提取率。另据超声波技术提取福寿螺蛋白质的研究报道，超声提取 10min 时和 30min 时，蛋白质提取率分别为 14.43% 和 19.46%，分别高于传统水提法 36.21% 和 83.76%。

5. 超声强化有机溶剂提取

与传统的油脂提取方法相比，超声技术提取油脂具有节时、节能、节料、高效、提取率高等特点。有研究比较了索氏抽提法与超声波提取法对山楂黄酮得率的影响，发现常规索氏提取 120min 与超声波提取 45min 得率相近，超声波处理时间相比索氏提取大大减少，而且与索氏提取相比，超声提取所用溶剂量减少。当常规索氏提取时间达到 180min 时，提取率为 4.1%，而超声波提取法仅需 45min 提取率即可达到 4.24%。

6. 超声强化超临界流体萃取

超声强化超临界 CO_2 萃取技术是在超临界 CO_2 萃取的同时附加超声场，以降低萃取压力和萃取温度，缩短萃取时间，最终提高萃取率的技术。超声强化与其他强化方法相比，具有无污染、强化效率高等优点，因此超声作为超临界 CO_2 萃取强化的手段目前越来越受到研究人员的广泛关注，成为相关领域的一个研究热点。

（1）超声强化超临界流体萃取的机理　超声强化超临界流体萃取的机理研究工作多处于定性讨论阶段，尚需深入开展。有研究认为，超声强化作用是由于"微搅拌"强化物料内部的传质、"湍动"作用强化物料外部的传质。另外，超声能的传递可使溶质活化，降低过程的能垒，增大溶质分子的运动，加速其溶解。超声在超临界流体中产生的热效应和激烈而快速变化的机械效应对强化超临界流体萃取作出一定的贡献。低频超声比高频超声的强化效果要好，其原因可能是如下几方面：一是高频超声在流体中的能量消耗快，要获得同样的萃取率，对于高频则需付出较大的能量消耗；二是频率和振幅成反比，频率越小，振幅越大，更有利于强化萃取效果，低频超声引起媒质分子的振幅较高频大，那么低频超声引起媒质分子极化率较高频超声大。

（2）超声强化超临界流体萃取的应用　有研究者采用超声波强化超临界 CO_2 反相微乳（USCRM）萃取设备，以琥珀酸二（2-乙基己基）酯磺酸钠（AOT）为主表面活性剂，乙醇为助表面活性剂，研究了超声波强化 AOT/乙醇/超临界 CO_2 反相微乳萃取人参皂苷，结果表明，超声波强化 AOT/乙醇/超临界 CO_2 反相微乳的人参皂苷萃取得率，分别是乙醇超临界 CO_2 萃取和 AOT/乙醇/超临界 CO_2 反相微乳萃取的 5.28 倍和 1.64 倍，并且萃取得率随超声波功率的增大和超声波作用时间的延长而上升。没有超声波作用时，超临界 CO_2 反相微乳萃取法（SCRM）的皂苷萃取得率只有 0.43%，当采用作用方式为 3s/6s 的超声波，皂苷萃取得率提高到 0.70%，得率较 SCRM 提高了 62.8%。随着超声波作用时间的延长，皂苷的萃取得率上升，但上升不明显。

7. 超声强化膜分离技术

（1）超声强化膜处理过程的原理　在超声波辐射下的超滤与微滤过程中，超声空化所产生的微射流和冲击波等可以促进液流与颗粒的宏观运动，使颗粒易于被液流带走，避免了颗粒的沉积，有效地减缓浓差极化现象及滤饼层的形成，使边界层阻力及滤饼阻力显著减小。同时，空化泡坍塌时产生足够的能量，克服了物质与膜之间的作用力，减弱了溶质的吸附和膜孔的堵塞，从而抑制膜污染。此外，超声波的空化作用使膜表面的溶质浓度减小，降低了溶质的渗透压，抑制了由浓差极化引起的渗透压升高，也有益于膜通量的增加。

（2）影响超声强化膜分离技术的主要因素

① 超声频率与强度　许多研究表明，超声波频率越低，强化膜过滤的效果越明显，膜清洗的效果也越好。究其原因，有研究认为高频率的超声波减少了空化效应的产生，降低了空化效果的强度。在高频率的超声作用下，溶液被稀薄和压缩的频率加大，导致循环周期缩短，产生的空化泡大小不够而不能达到扰动溶液的目的。所以空化泡不能产生足够的能量，不足以带走膜表面的颗粒，导致强化膜过滤的性能降低。超声强度是指单位面积上的超声功率，声强大小直接影响空化作用的效果。一般来说，超声强度越大，导致的声化学效应越强烈。但超声强度过高可能会导致膜的损坏或者缩短膜的使用寿命。

② 温度　超声强化作用与温度有关，温度升高，液体的黏度及表面张力下降，或者使蒸气压增大，在液体中容易产生空化泡。大量研究都证实了，超声辅助膜滤效果随着温度的升高而增加。但是，温度的升高会减弱空化泡坍塌时的作用效果。在膜清洗实验中最显著的空化现象在 60～70℃时产生，在温度低于 40℃或高于 85℃时空化强度减弱为原来的一半。有研究者在利用超声辅助膜清洗时，也发现当温度从 23℃升高至 40℃，膜通量有下降趋势。这主要是因为随温度的升高超声空化的强度减弱，超声辅助膜清洗主要归功于超声产生的空化泡在膜表面破裂引起的扰动，但温度的升高会提高水蒸气的饱和蒸气压，导致空化泡破裂产生的冲击波强度减弱。

③ 操作压力　一般认为，在低压下超声辅助膜滤的效果更佳。操作压力对超声的影响要从两个方面考虑：一方面，压力的升高会引起超声波的空化减弱；另一方面，高压会导致膜表面超声的不均匀程度提高，膜表面损坏部分和未受超声作用部分也会增多，使超声辅助膜滤的效果变差。对过滤而言，高压会引起滤饼层压缩的加剧，使膜通量下降。

④ 溶液性质　溶液的性质，如溶质浓度、颗粒大小、溶液黏度系数、pH 值等因素，对超声强化膜滤效果也有较显著的影响。相对于浓度较高的情况，超声作用在浓度较低的溶液中时，对膜通量的提升率更大。其原因为高颗粒浓度的溶液会形成更强大的声阻，提高声波传递过程中衰减程度。在陶瓷膜过滤硅胶溶液的实验中得出了相似的结论，溶液浓度从 0.1g/L 提高到 1.8g/L 时，膜通量的恢复程度从 92% 下降到 34%。溶液中颗粒的尺寸及浓差极化的程度对超声的作用也有一定影响。在颗粒足够小，膜表面不发生浓差极化现象时，加入超声对膜滤效果没有影响；当溶液中颗粒尺寸较大，膜截留颗粒较多的情况下，加入超声可以有效地提高膜通量。

⑤ 错流速度　有研究者采用三种不同错流速度（0.2m/s、0.29m/s、0.38m/s）对超声辅助超滤进行研究，超声频率为 40kHz。当没有超声作用时，膜的极限渗透通量不受错流速度的影响；加入超声后，错流速度为 0.38m/s，膜的极限渗透通量最大。还有研究者利用尼龙膜做了类似的实验，结果显示超声对膜的清洗效果不会随错流速度的升高而减弱。

⑥ 超声作用方式　从时间上分类，可将超声作用方式分为连续和脉冲两种。有学者研究

了连续和脉冲超声波输入对溶液渗透通量的影响，结果发现，虽然两种模式都能使渗透通量增加，但连续声场更为有效，而当脉冲施加超声波时，需经历 20 min 才能恢复到使用连续声场辐射时相应的渗透通量。但是脉冲输入超声波有利于能源的节省。另一项研究采用每 5～10min 超声作用 1min 的间歇超声作用方式，膜清洗效果与连续作用基本相当，但可节约80%～90%超声能耗。

（3）超声强化膜分离技术的应用　超声强化膜分离过程的应用主要集中在超滤与微滤方面，在静态过滤与错流过滤中也均有广泛应用。有研究者在膜法水处理技术中，对采用超声波清洗以减少膜污染、快速恢复膜通量进行了初步的研究。由于超声波能在清洗溶液中形成极大的扰动，并伴有强大的冲击波和微射流，能与污染膜充分接触和作用，较常规的物化清洗方法效果更好，可使膜通量恢复54%。在一项用不同的超声频率和功率对蛋白胨超滤研究中，也发现超声具有在线防垢作用。还有研究表明，超声波处理有时会对膜造成损伤，超声波强度增加，对微滤膜结构的损伤也会增加，因而超声波处理用于膜污染控制和清洗前，先要确定对微滤膜无损伤的超声波参数（超声波的强度、超声波处理时间）。膜器外壳的材质会影响超声波的能量传递，超声波透过塑料器皿的能量可能低于不锈钢器皿，因而将膜置于塑料器皿内时，膜对超声波处理的耐受时间延长。

（二）超声波的杀菌作用

超声波杀菌技术是一种非热加工技术，其杀菌作用是通过超声波的热效应、空化效应和机械效应实现的，这一应用可以减少食品工业中盐类防腐剂的使用。超声波的三大效应可以破坏大多数细菌的细胞结构，使细菌失活。研究结果表明，超声波处理后在不破坏牛乳营养成分的同时，可以显著地抑制牛乳中微生物的生长，起到很好的杀菌作用。有学者研究了超声波对果蔬汁杀菌和品质的影响，发现超声波单独作用时，对于食源性腐败或致病微生物不能使其完全致死，但是与热处理、高压、臭氧、微波等协同作用时可以增加杀菌和钝化酶的效果。超声波杀菌在不影响苹果汁品质的同时，通过空化效应还可以有效降低苹果汁中的农药残留。

（三）超声波在肉类嫩化中的应用

超声波处理能够破坏肉中的溶酶体，肌原纤维和结缔组织结构也会受到破坏，组织蛋白酶和钙蛋白酶释放出来，从而使肉达到嫩化的效果。传统的嫩化方式有物理嫩化、化学嫩化和生物嫩化等，但是这些嫩化方式会产生影响美观、破坏风味等副作用。有学者研究高功率超声波对牛肌腱肉的影响时发现，在超声波频率为24kHz、强度为12W/cm²的条件下处理牛肉块，能显著降低牛肉的蒸煮损失和总损失，且超声波处理时间为240s时，可显著提高牛肉的嫩度。在超声波嫩化鱿鱼的研究中发现，在超声功率200W、超声频率23kHz、超声时间31min 的条件下对鱿鱼的嫩化效果较好。

（四）超声波辅助冻结

近年来，已经有许多研究者通过实验，探讨了低频超声波技术在食品物料冷冻加工中的作用效果。综合国内外的相关研究，超声波辅助冻结的作用机制主要归纳为以下三个方面：一是低频超声波对冰晶初次成核的影响，超声波的空化效应产生的空穴气泡可以作为冰晶初次成核的晶核；二是低频超声波对冰晶二次成核的影响，超声波可以影响初次成核之后的形状结构，将其破碎成更小的晶核并重新作为初次成核的晶核；三是低频超声波对冰晶生长速率的影响，超声波可以增强传热过程，促进冰晶的生长。

研究者们在研究胡萝卜、马铃薯、草莓、苹果、西兰花的冻结过程中发现，通过合适的超声波条件均能提高其冻结效率，且解冻后样品的汁液流失率降低，能显著提高冷冻样品的品质。超声波处理可加速冻结食品的解冻过程，这主要是因为超声波热效应产生的能量在冻结组织中的衰减程度远远高于未冻结组织，使得物料内部冻结处与解冻处的分界线成为主要能量的吸收处，避免了食品物料内部产生局部高温造成解冻不均匀现象，实现物料快速稳定地解冻，在提高解冻效率的同时还能减少微生物的污染。

三、超声波对食品成分的影响

(一) 超声波处理对蛋白质的影响

有研究者系统研究了 160 W、280 W 和 400 W 超声波解冻对金枪鱼品质和肌原纤维蛋白理化特质及结构的影响，并进一步将超声波直接作用于金枪鱼肌原纤维蛋白，深入探讨超声波处理对肌原纤维蛋白理化特性、结构和凝胶特性的影响。结果表明，超声波解冻能够缩短解冻时间，提高解冻效率，且很好地保持金枪鱼较高的持水性；金枪鱼肌原纤维蛋白的活性巯基含量随着超声波处理时间的增加呈现下降趋势，表面疏水性呈现上升趋势；经过超声波处理可以提高肌原纤维蛋白的储能模量（G'）和损耗模量（G''），显著提高了肌原纤维蛋白在形成凝胶过程中的黏弹性；在长时间超声波处理后（≥18min）凝胶持水性呈现上升的趋势，超声波处理提高了肌原纤维蛋白凝胶的弹性，但降低了硬度、黏聚性、胶着度和咀嚼度；内源荧光结果表明，超声波处理改变了色氨酸和酪氨酸的微环境，同时降低了肌原纤维蛋白的平均粒径；SDS-PAGE 结果显示，肌球蛋白重链和肌动蛋白条带先变浅后稍微加深，但均浅于空白组，说明超声波处理使小部分蛋白质发生降解。

(二) 超声波对花色苷的影响

有研究采用超声波提取模拟体系，发现经超声波处理后，蓝莓中 5 种单体花色苷的质量浓度以及稳定性下降。而花色苷本身会以结合态花色苷以及聚合态花色苷的形式存在，超声波的空化效应同时还会促使花色苷与辅色素发生反应，生成结合态的花色苷以及加速花色苷发生聚合反应。辅色素的存在，使得超声波对花色苷的影响研究结果不尽相同，在酒、醋的真实体系中，往往存在大量的辅色素，因此，不能只看超声波对单体花色苷的影响。还有研究者采用超声波处理红酒，发现红酒中的单体花色苷下降、结合态花色苷和聚合态花色苷增加；红酒中的单体花色苷在超声波处理后，逐渐转变成色更强、更加稳定的聚合态花色苷。

(三) 超声波对风味物质的影响

由于超声波的空化效应，其不仅可以促使介质中极性分子的整齐排列，促进低分子化合物发生聚合和缩合反应，还可以加剧反应物分子的运动，提高各成分的活化能，加速其酯化、缩合、氧化等反应进行。目前超声波对于葡萄酒、黄酒、镇江香醋、意大利醋等酿造过程的催陈作用已经得到广泛研究。超声波对其中酸类、酯类、醇类、酚类等风味物质的形成都有一定的促进作用，能在一定程度上缩短这些酿造食品的生产周期。例如，超声波可诱导自由基的产生，加速醋的各种化学反应的进行，并且改变了醋液中氢键缔合强度，减弱了刺激性气味，达到食醋陈酿的效果。而且，超声波机械效应也可以增加分子间的接触、碰撞，促进醋液中酯化反应和氧化还原等反应，从而加速食醋的陈化，且提高其感官品质。

 **思考题**

1. 简述各种非热加工技术的基本原理和各种处理装置的基本构成。
2. 简述各种非热加工技术对微生物、酶和食品品质的影响。
3. 举例说明各种非热加工技术对于食品保藏和加工的适用性和局限性。

第七章 ┃ 食品的发酵

发酵技术是生物技术中最早发展和应用的食品加工技术之一。许多传统的发酵食品，如酒、豆豉、甜酱、豆瓣酱、酸乳、面包、火腿、腌菜、腐乳以及干酪等均是利用发酵技术生产的。随着分子生物学和细胞生物学的快速发展，现代发酵技术应运而生。传统发酵技术与DNA重组技术、细胞（动物细胞和植物细胞）融合技术结合，已成为现代发酵技术及工程的主要特征。

第一节　食品发酵的原理

一、发酵技术的基本概念

发酵是利用微生物的代谢活动，通过生物催化剂（微生物细胞或酶）将有机物质转化成产品的过程。狭义上讲，发酵是在有氧或缺氧条件下的糖类或近似糖类物质的分解。例如：乳酸链球菌在缺氧条件下将乳糖转化成乳酸，醋酸杆菌则在有氧条件将酒精转化成醋酸。发酵可以抑制腐败菌和一般病原菌的生长，在食品发酵后，其原来的色泽、形状、风味都会有所改变，而且是按照人们的意愿去改变。此外，发酵还能提高原有的未发酵食品的营养价值。

二、食品发酵保藏的原理

食品发酵保藏就是利用能微生物生长及进行新陈代谢活动形成的酒精和酸，抑制脂解菌和肮解菌的活动。脂解菌侵袭脂肪、磷脂和类脂物质，除非含量特低，否则会产生蛤败味和鱼腥味等异味。肮解菌会分解蛋白质及其他含氮物质，并产生腐臭味。食品发酵后，其原来的色泽、形状、风味也可按照人们的意愿去改变。

发酵可将封闭在由不易消化物质构成的植物结构和细胞内的营养物质释放出来，增加食品的营养价值。在微生物分解食品中大分子（如蛋白质、多糖）的同时，微生物的新陈代谢也会产生一些代谢产物，这些代谢产物有许多是营养性的物质，如氨基酸、有机酸等。种子和谷物中含有人体不易消化的纤维素、半纤维素和类似的聚合物，发酵时在酶的裂解下能形成人类能够消化吸收的成分，如简单糖类和糖的衍生物，从而增加了营养价值。发酵菌特别是霉菌，能将食品组织细胞壁分解，从而使得细胞内的营养物质更容易直接地被人体吸收。

三、食品发酵中微生物的利用

1. 乳酸菌发酵

（1）乳酸菌的概念　乳酸菌并非生物分类学名词，而是能够利用发酵性糖类产生大量乳酸的一类微生物的统称。虽然有些霉菌也能产生大量乳酸，但以乳酸细菌为主要类群，因而通常将乳酸细菌称为乳酸菌。乳酸细菌分布在空气中，肉、乳、果蔬等食品的表面上，水以及器具等的表面上，有球状、杆状等等，多数属于兼性嫌气菌，也有专性嫌气菌。一般生长发育的最适温度为 26~30℃。

（2）乳酸菌发酵的概念　按对糖发酵特性的不同，乳酸菌发酵可分为同型发酵和异型发酵。

① 同型发酵　是指乳酸菌在发酵过程中，能使 80%~90% 的糖转化为乳酸，仅有少量的其他产物。引起这种发酵的乳酸菌叫作同型乳酸菌，菌种有干酪乳杆菌、保加利亚乳杆菌、嗜酸乳杆菌和胚芽乳杆菌等。

② 异型发酵　是指一些乳酸菌在发酵过程中使发酵液中大约 50% 的糖转化为乳酸，另外的糖转变为其他有机酸、醇、CO_2、H_2 等。引起这种发酵的乳酸菌叫异型乳酸菌，菌种有双歧杆菌、蚀橙明串珠菌和戊糖明串珠菌等。

2. 醋酸菌发酵

（1）醋酸菌的概念　醋酸菌不是细菌分类学名词。醋酸菌在细菌分类学中主要分布于醋酸杆菌属（*Acetobacter*）和葡萄糖杆菌属（*Glucomobacter*），用于酿醋的醋酸菌种大多属于醋酸杆菌属。

（2）醋酸菌发酵的概念　是利用醋酸杆菌进行的有氧发酵。醋酸发酵液一般保持在 30℃左右的温度，发酵原料液偏酸性。因为醋酸杆菌为需氧菌，所以通常通气进行发酵。在上述条件下，醋酸菌得以大量生长繁殖，使发酵液中的乙醇转化为醋酸，醋酸杆菌产酸高的发酵液中醋的含量可达 10% 以上。发酵原液经过滤、蒸煮杀菌后，再稀释至 2%~3% 的醋酸浓度，调味后即为食用醋。

3. 酵母菌发酵

（1）酵母菌的概念　酵母菌是一种单细胞真菌，并非系统演化分类的单元，是一种肉眼看不见的微小单细胞微生物，能将糖发酵成酒精和CO_2，分布于整个自然界，属于典型的异养兼性厌氧微生物，在有氧和无氧条件下都能够存活，是一种天然发酵剂。

（2）酵母菌发酵的概念　含淀粉较多的谷物和野生植物如大麦、大米、高粱，植物块根如红薯、木薯，含糖分较多的水果如葡萄、山楂、橘子等，凡是供酿酒用的淀粉原料，一般都要先经过糊化及酶的糖化，然后再加入一定的酵母菌种进行酒精发酵。啤酒是以大麦为主要原料，经发芽、糖化、啤酒酵母发酵制成。在酿造啤酒时，通常要加入酒花。葡萄酒以葡萄为原料，在葡萄酒酵母的作用下可直接酿造而成。近年来生产葡萄酒多使用以葡萄汁酵母制得的活性干酵母。酒精发酵过程是进行密闭发酵，而在培育酵母菌种时须进行通气发酵。

4. 霉菌发酵

（1）霉菌的概念　霉菌不是细菌分类学名词，在分类上霉菌分属于子囊菌纲、藻状菌纲与半知菌纲，主要有毛霉属（*Mucor*）、根霉属（*Rhizopus*）、曲霉属（*Aspergillus*）和青霉属（*Penicillium*）。霉菌除用于传统的酿酒、制酱和制作其他发酵食品外，近年来在发酵工业中广泛用于酒精、柠檬酸、青霉素、灰黄霉素、赤霉素、葡萄糖酸、淀粉酶和酒类等的生产。

（2）霉菌发酵的概念　绝大多数霉菌能把加工所用原料中的淀粉和糖类等碳水化合物、蛋白质等含氮化合物及其他种类的化合物进行转化，制造出多种多样的食品、调味品及食品添加剂。不过，在许多食品制造中，除了霉菌以外，还要由细菌和酵母菌的共同作用来完成。

第二节　影响食品发酵的因素及控制

如前所述，食品发酵类型众多，若不加以控制，就会导致食品腐败变质。控制食品发酵过程的主要因素有发酵剂、温度、氧供给量和加盐量、pH 值、乙醇含量等，这些因素同时还决定着发酵食品后期贮藏中微生物的生长。

一、发酵剂

发酵剂是指用于生产发酵食品的单一微生物纯培养物或不同微生物的组合。因各种发酵食品（如酸乳、馒头、葡萄酒、豆腐乳、干酪等）的特性不同，生产上使用的菌种纯培养物也不同，有酵母菌、霉菌和乳酸菌及其组合。常用的乳酸菌种有乳酸球菌和乳酸杆菌，乳酸球菌包括嗜热链球菌、乳酸链球菌、乳脂链球菌、明串球菌等；乳酸杆菌包括嗜酸乳杆菌、保加利亚乳杆菌、嗜热乳杆菌、干酪乳杆菌等。

将发酵剂接种到不同的发酵食品原料中，在一定条件下进行繁殖，其代谢产物可使发酵产品具有一定酸度、滋味、香味和变稠等特性。发酵不仅使食品延长了保藏时间，同时也改善了食品的营养价值和可消化性。例如，利用发酵剂生产酸乳，其主要作用是分解乳糖产生乳酸和挥发性物质（如丁二酮、乙醛等），使酸乳具有典型的风味，以及具有一定的降解脂肪、蛋白质的作用，使酸乳更利于消化吸收，在酸化过程中可抑制致病菌的生长。

二、温度

微生物发酵食品的生产，除了要有优良的菌种，还需要最佳的环境条件及发酵工艺加以配合，才能使其生产能力得以发挥。因此，必须研究发酵食品生产的最佳工艺条件，如营养要求、培养温度、对氧的需求等，设计合理的发酵工艺，使生产菌种处于最佳生长条件下，才能达到理想的效果。

由于任何生物化学的酶促反应都与温度变化有关，因此，温度对发酵的影响及其调节控制是影响有机体生长繁殖最重要的因素之一。温度对发酵的影响是多方面且错综复杂的，主要表现在细胞生长繁殖、产物生成量及合成方向、发酵体系物理性质等方面。

（1）温度影响微生物细胞生长繁殖　从酶促反应的动力学来看，温度升高，反应速率加快，呼吸强度增加，最终导致细胞生长繁殖加快。但随着温度的上升，酶失活的速率也加快，使衰老提前，发酵周期缩短，预期的发酵产物还没有产生，对发酵生产不利。

（2）温度影响产物的生成量及合成方向　很多发酵食品都采用混合菌种发酵，调节发酵温度，可以使不同类型的微生物生长速率得以控制，达到理想的发酵效果。

在腌渍菜生产过程中，主要有三种微生物参与，将碳水化合物转化成乳酸、醋酸和其他产物。参与发酵的细菌主要有肠膜状明串珠菌、黄瓜发酵杆菌和短乳杆菌等。肠膜状明串珠菌产生醋酸及乳酸、酒精和二氧化碳等产物，当肠膜状明串珠菌消失后，黄瓜发酵乳杆菌继续发酵产生乳酸等代谢产物，黄瓜发酵乳杆菌消失后，则由短乳杆菌继续发酵产生乳酸等物质。在不同时期、不同发酵温度下产生的代谢产物间也可发生反应，形成腌渍菜特有的风味，如乙醇和酸合成酯类。不同微生物的生长与温度关系密切，如果在发酵初期温度较高（超过21℃），则乳杆菌生长很快，同时抑制了能产生醋酸、酒精和其他产物，适宜较低温度的肠膜状明串珠菌的生长。因此，腌渍菜初期发酵温度可以低些，有利于风味物质的产生，而在发酵后期可提高发酵温度，以利于乳杆菌的生长。

（3）温度影响发酵体系的物理性质　温度除影响发酵过程中各种反应速率外，还可以通过改变发酵体系的物理性质，间接影响微生物的生物合成。例如，温度对氧在发酵液中的溶解度就有很大影响，随着温度的升高，气体在溶液中的溶解减小，氧的传递速率也会改变。

三、氧供给量

在好氧微生物培养中，氧气的供应是发酵能否成功的重要因素之一。通气效率的改进可减少空气的使用量，从而减少泡沫的形成和杂菌污染的机会。

1. 溶解氧对发酵的影响

溶解氧是需氧微生物发酵控制的重要参数之一。由于氧在水中的溶解度很小，在发酵液中的溶解度也是如此，需要不断通风和搅拌，才能满足不同发酵过程对氧的需求。溶解氧的多少对菌体生长和产物的形成及产量都会产生不同的影响。霉菌是完全需氧性的，在缺氧条件下不能存活，控制缺氧条件则可控制霉菌的生长。酵母菌是兼性厌氧菌，氧气充足时，酵母菌会大量繁殖；缺氧条件下，酵母菌则进行乙醇发酵，将糖分转化成乙醇。细菌中既有需氧的，也有兼性厌氧的和专性厌氧的菌种。例如醋酸菌是需氧的，乳酸菌则为兼性厌氧，肉毒杆菌为专性厌氧。因此供氧或断氧可以促进或抑制某种菌的生长活动，同时可以引导发酵向预期的方向进行。

2. 影响微生物需氧量的因素

在需氧微生物发酵过程中影响微生物需氧量的因素很多，除与菌体本身的遗传特性有关外，还和物料体系（培养基）组成、菌龄及细胞浓度、培养条件、有毒产物的形成及积累等因素有关。

四、pH值

发酵过程中物料体系的pH是微生物在一定环境条件下进行代谢的一个重要发酵工艺参数，它对菌体的生长和产物的积累有很大影响。因此，必须掌握发酵过程中pH的变化规律，及时监测并加以控制，使其处于最佳状态。尽管多数微生物能在3～4个pH单位的pH范围内生长，但在发酵工艺中，为达到高生长速率和最佳产物形成，必须使pH在很窄的范围内保持恒定。

1. pH值对微生物发酵的影响

微生物生长和生物合成都有其最适合能够耐受的pH值范围，大多数细菌生长的最适pH值范围为6.3～7.5，霉菌和酵母菌生长的最适pH值范围为3～6，放线菌生长的最适pH值范围为7～8。pH还会影响菌体的形态，影响细胞膜的电荷状态，引起膜的渗透性发生改变，进而影响菌体对营养物质的吸收和代谢产物的形成。为更有效地控制生产过程，必须充分了解微生物生长和产物形成的最适pH值范围。

2. 影响发酵pH值的因素

发酵过程中，pH值的变化是微生物在发酵过程中代谢活动的综合反映，其变化的根源取决于物料体系（培养基）的成分和微生物的代谢特性。研究表明，培养开始时物料体系对pH的影响不大，因为微生物在代谢过程中，改变培养基pH的能力很快。自然发酵环境下，在生长初期糖类等生理酸性物质代谢占主导，pH值降低，可以起到防御外来有害菌的侵入，后期通过生理碱性物质代谢，提高环境的pH值，并维持稳定。通气条件的变化、菌体自溶或杂菌污染都可能引起发酵液pH值的改变，所以，确定最适pH值以及采取有效的控制措施是使菌种发挥最大生产能力的保证。当外界条件发生较大变化时，菌体就失去了调节能力，发酵液的pH值将会产生波动。

3. 最适pH值的选择和调控

选择最适pH值的原则是既要有利于菌体的生长繁殖，又可以最大限度地获得高产量的目标产物。在工业发酵生产中，调节pH值的方法并不仅仅是采用酸碱中和，因为酸碱中和虽然可以中和培养基中存在的过量碱或酸，但却不能阻止代谢过程中连续不断发生的酸碱度变化。即使连续不断地进行测定和调节，效果也甚微。因为发酵过程中引起 pH 值变化的根本原因是微生物代谢营养物质，所以，调节控制 pH 值的根本措施主要应该考虑调控培养基中生理酸性物质与生理碱性物质的配比，其次是通过中间补料进一步加以控制。

五、乙醇含量

乙醇与酸一样也具有防腐作用。这是由于乙醇具有脱水的性质，可使菌体蛋白质因脱水而变性；另外乙醇还可以溶解菌体表面脂质，起到一定的机械除菌作用。乙醇防腐能力的大小取决于乙醇浓度，按体积计 12%～15% 的发酵乙醇就能抑制微生物的生长，而一般发酵饮料中乙醇含量仅为 9%～13%，防腐能力不够，仍需经巴氏杀菌。如果在饮料酒中加入乙醇，使其含量（按体积计）达到 20%，则无需经巴氏杀菌就可以防止腐败和变质。

六、加盐量

各种微生物的耐盐性并不完全相同，细菌鉴定中就常利用它们的耐盐性作为选择和分类的一种依据。在其他因素相同的条件下，加盐量不同即可控制微生物生长及它们在食品中的发酵活动。一般在蔬菜腌制品中常见的乳酸菌都能忍受浓度为 10%～18% 的食盐溶液，而大多数朊解菌和脂解菌则不能忍受 2.5% 以上的盐液浓度。所以通过控制腌制时食盐溶液的浓度完全可以达到防腐和发酵的目的。

第三节　典型的食品发酵技术及应用

一、乳酸发酵

1. 蔬菜的发酵

蔬菜表面通常存在着一定数量的乳酸菌，在泡菜的发酵过程中成为优势菌群，通过代谢产乳酸、乙酸等有机酸，抑制腐败菌的生长。蔬菜发酵通常是将蔬菜浸在 25%～60% 的盐水中，在厌氧条件下进行厌氧发酵。占主导地位的自然接种的乳酸菌能产生 1% 左右的乳酸。发酵过程中主导菌取决于蔬菜本身所含菌的起始数量、盐浓度和 pH 值。

发酵蔬菜中的主要菌株隶属于厚壁菌门（Firmicutes）和变形菌门（Proteobacteria），在属水平上包括乳杆菌属（*Lactobacillus*）、乳球菌属（*Lactococcus*）、片球菌属（*Pediococcus*）、魏斯氏菌属（*Weissella*）、明串珠菌属（*Leuconostoc*）和肠杆菌属（*Enterobacter*）等。发酵蔬菜的复合风味形成过程依赖于多菌共酵模式，在不同发酵阶段，风味物质的产生均有一定差异，主要是由于不同发酵阶段主导发酵的优势菌群不同。有学者对四川泡菜发酵过程的菌群消长规律进行了研究，结果表明发酵初期微生物多样性和丰富度较高，主要由微球菌科（Micrococcaceae）等环境微生物启动发酵；发酵中期菌群丰富度增加，主要由明串珠菌科（Leuconostocaceae）等主导的异型乳酸发酵，产生的乳酸、乙醇、乙酸和 CO_2 对发酵蔬菜的独特风味起着关键作用；进入发酵后期，乳杆菌科（Lactobacillaceae）占据了绝对的优势地位。

泡菜咸酸适度，味美嫩脆，具有增进食欲、助消化的作用，是我国民间的大众食品。制作时先将鲜菜洗净晾干，然后配制菜卤。其做法是在 100kg 水中加盐 16kg，煮沸后冷却备用。为改善泡菜风味，可根据不同需要加入烧酒或黄酒、花椒、生姜、尖红辣椒等辅料。随后把整理好的各种菜料装入泡菜缸内，然后倒入卤液，使蔬菜全都浸入卤液中。最后将缸口清理干净加盖，并在水封槽内加上冷开水，以隔绝空气，使缸内保持厌氧状态，创造一个有利于乳酸菌生长繁殖的条件，促使乳酸菌利用蔬菜中的可溶性养分进行乳酸发酵，形成乳酸，以抑制其他微生物的活动。在腌制泡菜的过程中，微生物类群的消长变化，可以分为下述三个阶段。

① 微酸阶段　蔬菜入缸后，其表面附生的乳酸菌和其他腐败微生物同时发育，但在厌氧条件下，乳酸菌的活动占优势。乳酸菌利用蔬菜中的可溶性养分进行乳酸发酵，产生乳酸，使环境逐渐变为微酸性，从而抑制了腐败微生物的生长。大多数植物性材料表面的乳酸菌数约为10cfu/g，而链球菌和肠膜明串珠菌的数量约为乳酸菌的14倍。在发酵开始时除乳酸菌外，常见的微生物种类还有假单胞菌、产气肠杆菌、阴沟肠杆菌、短小芽孢杆菌、巨大芽孢杆菌、多粘芽孢杆菌及粪链球菌等。肠膜明串珠菌是这一阶段增殖最旺盛的优势微生物，在其增殖过程中，产生有机酸和CO_2，使 pH 值迅速降低，抑制腐败微生物繁殖。此外，CO_2取代了菜卤中的空气，提供了能够抑制好氧菌群的厌氧环境条件。总之，肠膜明串珠菌的活动为其他乳酸菌的良好生长创造了一个厌氧和低 pH 值的生态环境。

② 酸化成熟阶段　腐败微生物的活动受到抑制，更有利于乳酸菌的大量繁殖和乳酸发酵的继续进行，乳酸浓度愈来愈高，达到酸化成熟阶段。参与这一阶段发酵的优势微生物种类有肠膜明串珠菌、植物乳杆菌、短乳杆菌和发酵乳杆菌。

③ 过酸阶段　当乳酸浓度继续升高，乳酸菌的活动会受到抑制，此时泡菜内的微生物活动几乎完全停止，因此蔬菜得以长期保持不坏，此为过酸阶段。这一阶段的优势微生物主要是植物乳杆菌，此外还有短乳杆菌。

肠膜明串珠菌与短乳杆菌等异型乳酸发酵菌除产生乳酸外，还产生大量的乙酸、乙醇、CO_2、甘露醇、葡聚糖和痕量的其他化合物，对增进泡菜风味是有益的。但在酸黄瓜生产中，异型乳酸发酵菌产生的大量 CO_2，会造成膨胀的危害。

泡菜质量的好坏与发酵初期微酸阶段的乳酸累积有关，若这个时期乳酸累积速度快，可以及早地抑制各种杂菌活动，从而保证正常乳酸发酵的顺利进行。反之，若乳酸累积速度慢，微酸阶段过长，各种杂菌生长旺盛，在腐败细菌的作用下，常导致蔬菜发臭。因此，在泡菜制作中常采用加入一些老卤水的做法，一方面接种了乳酸菌，另一方面又调整了酸度，可有效地抑制有害微生物的生长。

成品泡菜腐败常常是由于容器密闭不严，为白地霉和各种野生酵母菌的活动提供了条件，在有氧条件下，它们能利用乳酸为碳源大量繁殖，从而降低了乳酸的浓度，导致腐败细菌的活动，使泡菜腐发臭变质。

软化是影响泡菜质量的一个严重问题，它可能由植物或微生物的酶引起。各种蔬菜抑制软化所需要的盐浓度千差万别。例如，2%的食盐足以阻止泡菜的软化，但柿子椒必须用约26%饱和盐水才能保持其坚硬的质地。一般盐浓度低对泡菜发酵有利，盐浓度高则对发酵有阻碍作用。各种蔬菜的软化趋向不同，主要与其组织中的自然软化酶活力有关，其次则与其组织抵抗微生物软化酶的侵袭能力有关。常见的泡菜软化，是由盐不足以及酵母菌和霉菌在与空气接触的泡菜表面生长而引起的，适量加盐与严密隔绝空气是解决这一问题的常用可行办法。

2. 肉与鱼制品的发酵

在一些传统的发酵肉制品中，如金华火腿、湖南腊肉、广东腊肠和四川腊肉，主要是采用自然发酵，乳酸菌通常作为主要的发酵菌。乳酸菌利用碳水化合物发酵产生乳酸，从而使肉品 pH 值下降，可促使亚硝酸盐分解，降低了亚硝酸盐的含量，也可以抑制腐败微生物的增殖。

萨拉米是一种西式发酵香肠，通常按照以下工艺流程生产：肉细切、混合[肉、调味料、盐（硝酸盐与亚硝酸盐）]、充填、发酵、巴氏杀菌（65～68℃，4～8h）、干燥和冷藏（2～4℃）。从自然发酵的希腊萨拉米中分离出了 348 株乳酸菌，经鉴定主要是乳杆菌属和魏斯氏菌属，包括弯曲乳杆菌、清酒乳杆菌（*Lactobacillus sakei*）、植物乳杆菌、香肠乳杆菌（*Lactobacillus farciminis*）、棒状乳杆菌（*Lactobacillus coryniformis*）、干酪乳杆菌、绿色魏斯氏菌（*Weissella viridescens*）、希腊魏斯氏菌（*Weissella hellenica*）和粪肠膜魏斯氏菌，此外，还有屎肠球菌、肠膜明串珠菌、短乳杆菌和片球菌。目前，一些肉制品加工企业，也会采用接种发酵剂生产发酵肉，常用的肉品发酵剂有植物乳杆菌、清酒乳杆菌、戊糖片球菌、木糖葡萄球菌、肉葡萄球菌和酵母菌。

干制、腌制和其他形式的肉食保藏方法已有数百年的历史。按古代犹太教的习惯进行动物屠宰和对肉食进行的卫生防护措施被希伯来人发展成肉品的贮藏方法之一。印第安人用腌制和干制的方法来保藏猪牛肉，以提高肉食贮藏的品质。腌制和熏制后肉食的微生物学特性与鲜肉完全不同。腌熏制品中的腌制剂，如氯化钠、硝酸钠、亚硝酸钠等，以及接下来的相关处理，形成了肉制品中的一个微生态环境，对起初污染鲜肉并导致其腐败的革兰氏阴性细菌的生长有抑制作用，而只有一些特殊的革兰氏阳性细菌可以生长。在腌熏过程中这种微生物的转换抑制了鲜肉中的大多数微生物菌群，从而达到延长保质期的目的。鲜肉的真空包装也是基于相同的原理，即由于缺少氧气，好氧性的腐败微生物受到抑制，从而延长了肉制品保质期。

腌熏肉的微生物菌群主要包括微球菌、乳酸菌、链球菌、明串珠菌和微杆菌，还有部分酵母菌和霉菌。腌熏肉食的腐败常见的有以下几种类型：一是表面发黏，主要是细菌在其表面大量生长所致；二是发酸，是由乳酸细菌等产酸菌类所引起；三是产气，是由异型乳酸发酵菌（如乳杆菌、明串珠菌等）和一些酵母菌发酵糖类所致；四是变绿，是肉中色素的化学氧化、各种乳酸细菌积累的过氧化氢和部分细菌的大量繁殖所致。

食盐和硝酸盐是有效的微生物抑制剂，许多病原微生物在腌熏肉食中都不能生长。此外，选择性的环境条件有利于乳酸菌的生长，使其成为微生态环境中的有力竞争者。乳酸细菌的生长通常伴随着酸性物质的形成，降低了产品的 pH 值，并进一步抑制食物病原微生物的生长。葡萄球菌在与乳酸细菌的生存竞争中，不会因为 pH 值的降低而受到影响；肉毒杆菌在腌熏制品中可以生长，但其毒素的形成受乳酸细菌的抑制。

常规腌熏过程的微生物菌群转换为所有发酵肉制品的生产提供了思路。早期欧洲和地中海地区香肠的制作就借鉴了腌熏肉食的操作，从而使发酵香肠具有良好的风味和稳定性，并且发酵香肠的大小、形状、组织结构、风味等都具有明显的地域特性。在世界发酵香肠的发展历程中，当各地域香肠的特性被人们所理解和接受时，它就成为肉食产品中的宠儿，备受消费者青睐，该香肠的发源地也就成为其特有的代名词。微生物学研究发现，所有这些产品的成功制作主要依赖于原材料和加工条件的控制。今天人们对环境生态因子的控制，主要是选择能有效地将糖转化为乳酸，并赋予产品特有的风味、稳定性和安全性的乳酸菌。虽然肉制品发酵的理念来源于肉食的酸化腐败，但随着科学技术的不断进步，人们可以有效地控制其酸度，从而生产出性能稳定、营养丰富、风味独特、被广泛接受的发酵肉制品。

3. 谷物的发酵

在热带国家，人们采用发酵方法将谷物和根类作物制作成饮料和主食。发酵玉米是非洲国家的主食，做法是将玉米浸渍在水中 1～3d，磨粉，然后做成面团。开始阶段，棒杆菌属水解淀粉并初步产生一些乳酸，气杆菌属接着产酸，酵母菌形成一些风味成分；随着酸度的提高，乳杆菌属占主导地位并继续产酸；最后，酵母菌生长并形成发酵面团的风味。食用时将面团煮成稠厚糊状，在这种食品中，发酵只是产生风味，保藏效应较微弱。木薯发酵食品的发酵过程与玉米类似，开始阶段是棒杆菌属作用，随着酸度提高白地霉成为主要菌，白地霉发酵生成醛类和酯类等特征风味物质，发酵后的木薯干燥成粉，这种粉可以保存几个月。因此，木薯发酵主要也是提供风味，保藏效果来自干燥操作。

4. 乳品的发酵

在发酵乳制品中，乳酸菌、乳杆菌、片球菌、肠球菌和明串珠菌都是常用的菌株，它们通过代谢牛奶中的脂类、糖类和蛋白质，并将以上物质逐渐降解成小分子化合物，为发酵乳制品增添了独特的口感与风味。风味和质构的差别是由于乳风味醛、酮、有机酸、丁二酮（芳香物质，显示奶油风味）的浓度差别和生成率。质构的变化是由于乳酸的形成改变了酪蛋白胶束结构，使酪蛋白在等电点附近凝结并形成特征结构，改变发酵剂的种类、培养条件和工艺操作顺序将改变酪蛋白凝结块的大小和质构，从而形成各种产品特征。发酵乳制品的保藏效果来源于酸度提高和冷藏（如酸乳），或者是水分活度下降。

近年来，随着对双歧乳酸杆菌等益生菌在营养保健作用方面的研究深入，人们已经将其引入乳酸菌饮料及酸奶制造中，使传统的单菌种发酵变为双菌种或三菌种发酵。双歧杆菌等的引入，使酸奶在原有的助消化、促进肠胃功能作用基础上，又具备了提高机体免疫功能等保健作用。

双歧杆菌酸奶的生产有两种不同的工艺：一种是两歧双歧杆菌与嗜热链球菌、德式乳杆菌保加利亚亚种等共同发酵的生产工艺，称共同发酵法（见图7-1）；另一种是将两歧双歧杆菌与兼性厌氧的酵母菌同时在脱脂牛乳中混合培养，利用酵母菌在生长过程中的呼吸作用，以生物法耗氧，创造一个适合双歧杆菌生长繁殖、产酸代谢的厌氧环境的生产工艺，称为共生发酵法（见图7-2）。

① 共同发酵法　共同发酵法生产工艺如图7-1所示。

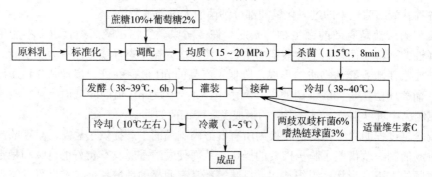

图 7-1　共同发酵法生产工艺

② 共生发酵法　共生发酵法生产工艺如图7-2所示。

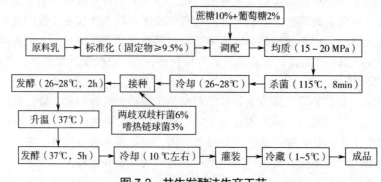

图 7-2　共生发酵法生产工艺

二、酒精发酵

糖酵解途径的初期阶段是酒精酵母菌发酵和同型乳酸细菌发酵的普遍形式，大部分产品中，乙醇是主要的产物，并起到保藏食品的作用。但是在面团发酵过程中，CO_2 是主要的发酵产物，也是面包形成蜂窝结构的主要原因。

1. 面包的发酵

酵母菌是制作面包必不可少的生物疏松剂，其主要作用是将可发酵的碳水化合物转化为二氧化碳和酒精，转化所产生的 CO_2 气体使面团发起，生产出柔软蓬松的面包，并产生香气和优良风味。酵母质量和活性的好坏对面包生产有着重要影响。生产上应用的酵母主要有鲜酵母、活性干酵母及发干酵母。鲜酵母是将酵母菌种在培养基中经扩大培养和繁殖、分离、压榨而制成。鲜酵母发酵活力较低，发酵速度慢，不易贮存运输，0~5℃可保存 2 个月，其使用受到一定限制。活性干酵母是鲜酵母经低温干燥而制成的颗粒酵母，发酵活力及发酵速度都比较快，且易于贮存运输，使用较为普遍。发干酵母又称速效干酵母，是活性干酵母的替代用品，使用方便，一般无须活化处理，可直接用于生产。

面包发酵过程主要是为了产生 CO_2 并形成疏松面团效果，而不是为了保藏，当然，面团中的酵母菌和其他微生物也会对面包的风味产生影响。在焙烤温度达到 43℃时，酵母菌的活性停止，当温度上升到 54℃时酵母菌被杀死。面包中的 CO_2 在温度达到 74℃之前一直保留在面包中，面包的耐贮藏性主要是由于加热作用和水分活度的下降。

面包生产工艺有传统的一次发酵法、二次发酵法和新工艺快速发酵法等。我国生产面包多用一次发酵法及二次发酵法。近年来，快速发酵法应用也较多。

① 一次发酵法　一次发酵法的工艺流程如图 7-3 所示。

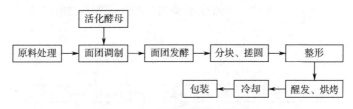

图 7-3　一次发酵法的工艺流程

一次发酵法的特点是生产周期短，所需设备和劳力少，产品有良好的咀嚼感、有较粗糙的蜂窝状结构，但风味较差。该工艺对时间相当敏感，大批量生产时较难操作，生产灵活性差。

② 二次发酵法　二次发酵法的工艺流程如图 7-4 所示。

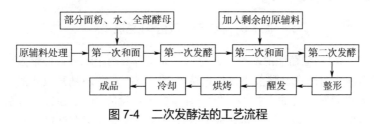

图 7-4　二次发酵法的工艺流程

二次发酵法即采取两次搅拌、两次发酵的方法。第一次搅拌时先将部分面粉（占配方用量的 1/3）、部分水和全部酵母混合至刚好形成疏松的面团。然后将剩下的原料加入，进行二次混合调制成成熟面团。成熟面团再经发酵、整形、醒发、烘烤制成成品。

二次发酵法生产出的面包体积大、柔软，且具有细微的海绵状结构，风味良好，生产容易调整，但周期长、操作工序多。

2. 红葡萄酒的发酵

葡萄酒是一种以新鲜葡萄或葡萄果汁为原料，经过全部发酵或者部分发酵酿制而成，同时酒精度不低于8.5%的发酵酒。当葡萄汁中的酵母菌开始生长繁殖时，发酵过程就开始了，酵母菌逐步将葡萄汁中的糖分转化为酒精。

葡萄酒酿造环境中的微生物种类繁多，不同微生物对葡萄酒的影响不同。酿酒酵母菌是产酒精的主要微生物，其种类及代谢强度是影响葡萄酒香气和风味特色的主要因素。非酿酒酵母菌对葡萄酒酿造亦有重要作用，其中发酵初期所含的柠檬形克勒克酵母、有孢汉逊酵母和发酵毕赤酵母的代谢产物有助于酒精发酵的开启，但过量生长则会消耗大量能源物质，损害葡萄酒的品质。酒精发酵结束后，致病性酵母菌逐渐生长繁殖，其中危害最大的是间型酒香酵母，会使葡萄酒产生泥土、皮革味；菌膜假丝酵母会使葡萄酒表面形成一层灰白色或暗黄色的菌膜，引起葡萄酒中乙醇和有机酸氧化，使酒味变淡，并产生令人不快的怪味和过氧化味。

葡萄酒前发酵主要目的是进行酒精发酵、浸提色素物质和芳香物质，前发酵进行的好坏是决定葡萄酒质量的关键。当残糖降至5g/L以下，发酵液面只有少量CO_2气泡，"皮盖"已经下沉，液面比较平静，发酵液温度接近室温，并且有明显酒香，此时表明前发酵已经结束，可以出池。后发酵主要是使残糖转化，促进风味物质的形成，改善口感，并使酒体澄清。

酿制红葡萄酒一般采用红葡萄品种。我国红葡萄酒生产主要以酿造干红葡萄酒为原酒，然后按标准调配成半干、半甜、甜型葡萄酒。

① 干红葡萄酒生产工艺流程　干红葡萄酒的生产工艺流程如图7-5所示（"---"表示副产物工艺）。

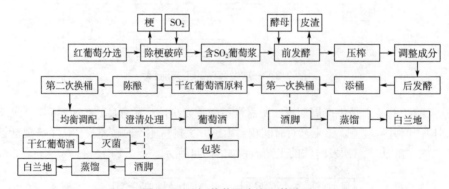

图 7-5　干红葡萄酒生产工艺流程

② 发酵特点　根据葡萄酒的酿造工艺特点，其发酵分两个阶段，即前发酵与后发酵。

由于酿酒用的葡萄汁在发酵前不进行灭菌处理，有的发酵还是开放式的，因此，为了消除细菌和野生酵母菌对发酵的干扰，在发酵前添加一定量的SO_2。SO_2具有杀菌、澄清、抗氧化、增酸、溶解作用。为了加大色素或芳香物质的浸提率和葡萄汁的出汁率，葡萄浆中还需添加果酸酶。发酵过程除控制温度等条件外，还要促使葡萄汁循环。

前发酵结束后，原酒中还残留3～5g/L的糖分，这些糖分在酵母菌作用下继续转化成酒精与CO_2。在较低温度（18～25℃）缓慢地发酵中，酵母菌及其他成分逐渐沉降，使酒逐步澄清。新酒在后发酵过程中，进行缓慢的氧化还原作用，并促使醇酸酯化，乙醇和水的缔合排列使酒的口味变得柔和，风味更趋完善。

后发酵的原酒应避免与空气接触，工艺上常称为隔氧发酵。后发酵的隔氧措施一般是在容器上安装水封。前发酵的原酒中含有糖类物质、氨基酸等营养成分，易感染杂菌，影响酒的质量。搞好卫生是后发酵的重要管理内容。

三、酸醇混合发酵

1. 醋和其他食品用酸的发酵

我国传统食醋的酿造工艺在选料和操作方面各具特色，但与国外制醋工艺相比有如下共同特点：以谷物类农副产品为主料（如高粱、糯米、麸皮等），以大曲或药曲为发酵剂，大多采用边糖化边发酵（双边发酵）的固态自然发酵工艺，发酵周期长，酸味浓厚，酯香浓郁，并采用陈酿或熏醅方法强化了食醋的色香味体。

食醋按加工方法可分为合成醋、酿造醋、再制醋三大类。其中产量最大且与我们关系最为密切的是酿造醋，它是用粮食等淀粉质为原料，经微生物制曲、糖化、酒精发酵、醋酸发酵等阶段酿制而成，主要成分除醋酸（3%～5%）外，还含有各种氨基酸、有机酸、糖类、维生素、醇和酯等营养成分及风味成分，具有独特的色、香、味。它不仅是调味佳品，长期食用对身体健康也十分有益。

传统工艺制醋是利用自然界中野生菌制曲、发酵，涉及的微生物种类繁多，如霉菌中的根霉、曲霉、毛霉、犁头霉；酵母菌中的汉逊氏酵母、假丝酵母，以及细菌中的芽孢杆菌、乳酸菌、醋酸菌、产气杆菌等。在众多的微生物中，有对酿醋有益的菌种，也有对酿醋有害的菌种。新法酿醋是采用经人工选育的纯培养菌株，经制曲、酒精发酵和醋酸发酵酿制而成。其优点是酸醋周期短、原料利用率高，因此带来了显著的经济效益。制醋的主要微生物为：

（1）淀粉液化、糖化微生物　曲霉菌能产生丰富的淀粉酶、糖化酶、蛋白酶等酶系，因此在食醋酿造中常用曲霉制糖化曲。糖化曲作为水解淀粉质原料的糖化剂，其作用是将制醋原料中的淀粉水解为糊精和葡萄糖。同时，制曲过程中形成的蛋白酶能够将蛋白质水解为肽和氨基酸，有利于下一步酵母菌的酒精发酵以及之后的醋酸发酵。常用的曲霉有黑曲霉、米曲霉、黄曲霉（常用菌株为 AS3.800 和 AS3.384）。

（2）酒精发酵微生物　在食醋酿造过程中，淀粉质原料经曲的糖化作用产生葡萄糖，酵母菌则通过其酒精发酵酶系将葡萄糖转化为酒精和 CO_2，完成酿醋过程中的酒精发酵阶段。在食醋酿造中酒精发酵一般由子囊菌亚门酵母属中的酵母菌来完成，因此，生产上所用菌株不仅要性能稳定，同时还要具有较强的酒精耐受能力。酵母菌的最适培养温度为 28～32℃，最适 pH 值为 4.5～5.5，在厌氧条件下发酵葡萄糖生成酒精和 CO_2。酵母菌除产生酒化酶系外，还能产生麦芽糖酶、蔗糖酶、转化酶、乳糖分解酶和脂肪酶等。在酒精发酵中，除生成酒精外还有少量有机酸、杂醇油、酯类等物质生成，这些物质对形成醋的风味有一定作用。

（3）醋酸发酵微生物　醋酸菌是醋酸发酵的主要菌种，醋酸菌不是细菌分类学名词，在细菌分类学主要分布于醋酸杆菌属（*Acetobacter*）和葡萄糖杆菌属（*Gluconobacter*），用于醋酸发酵的醋酸菌种大多属于醋酸杆菌属。醋酸菌具有氧化酒精生成醋酸的能力，其形态为长杆状或短杆状细胞，单独、成对或列成链状，不形成芽孢，革兰氏染色幼龄菌阴性，老龄菌不稳定，好氧，喜欢在含糖和酵母膏的培养基上生长。其生长最适温度为 28～32℃，最适

pH 值为 3.5～6.5。

醋酸发酵生产过程中首先是酵母菌进行酒精发酵，然后由醋酸杆菌将乙醇氧化生成醋酸和一些风味物质。醋的成熟涉及产物中酸和醇参与发生的酯化反应，这些反应决定了醋的风味。其他食品用酸包括柠檬酸、谷氨酸、乳酸、丙酸、酒石酸等等，都是采用有机酸发酵方式生产的，酸是具有抑菌作用的。

① 固态发酵法制醋　我国食醋生产的传统工艺大都为固态发酵法，其产品在形态和风味方面都具有独特风格。固态发酵生料制醋工艺生产设备简单，操作管理比较容易，产品质量和出品率也比较稳定。固态法食醋生产工艺流程如图 7-6 所示。

② 液体深层发酵法制醋　液体深层发酵法制醋是利用发酵罐进行液体深层发酵生产食醋的方法，通常是将淀粉质原料经液化、糖化发酵后先制成酒醪或酒液，然后在发酵罐里完成醋酸发酵。液体深层发酵法制醋具有机械化程度高、操作卫生条件好、原料利用率高（可达65%～70%）、生产周期短、产品的质量稳定等优点，缺点是醋的风味较差。液体深层发酵法制醋工艺流程如图 7-7 所示。

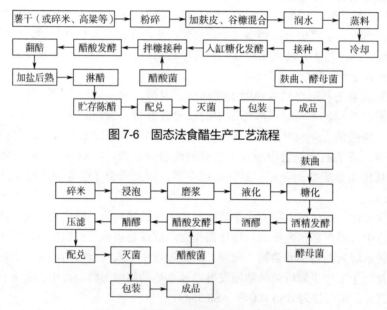

图 7-6　固态法食醋生产工艺流程

图 7-7　液体深层发酵法制醋工艺流程

在液体深层发酵法制醋过程中，采用发酵罐进行液体深层发酵，需通气搅拌，醋酸菌种子为液态（即醋母）。醋酸液体深层发酵温度为 32～35℃，通风量前期每分钟为 1∶0.13（发酵液与无菌空气体积比），中期为 1∶0.17，后期为 1∶0.13，罐压维持 0.03MPa。连续进行搅拌，醋酸发酵周期为 65～72h。经测定已无酒精，残糖极少，测定酸度不再增加，说明醋酸发酵结束。液体深层发酵法制醋也可采用半连续法，即当醋酸发酵成熟时，取出 1/3 成熟醪，再加 1/3 酒醪继续发酵，如此每 20～22h 重复一次。目前生产上多采用此法。

2. 大豆制品的发酵

酱油和其他大豆制品一般都是两段发酵，通常由一种或者多种霉菌发酵。主要是米曲霉，它能分泌以蛋白酶、淀粉酶、谷氨酰胺酶等为主的多种酶系，并且其淀粉酶、蛋白酶活力较强，它们把原料中的蛋白质分解为氨基酸、淀粉变为糖类，作为第二发酵阶段需要的底物。发酵混合物随后转移到盐水中，进一步发酵，此时温度逐步上升，大豆足球菌产酸，将 pH 值降低到 5 左右，接着鲁氏酵母进行酒精发酵。最终体系温度将回到 15℃左右，整个体系经过 6 个月到 3 年的成熟，将形成酱油特定的风味。最后进行分离、澄清、巴氏杀菌和装瓶。最终的酱油产品大约含有 2.5%的乙醇和 18%的盐。

 思考题

1. 何为食品发酵？食品发酵保藏的基本原理是什么？
2. 简述发酵乳制品达到保藏目的的原理。
3. 葡萄酒的风味是如何形成的？
4. 肉制品发酵保藏的原理是什么？
5. 参与食醋酿造的微生物有哪些类群？它们各起何种作用？
6. 食醋酿造的基本原理是什么？简述食醋生产过程中的主要生物化学变化。

第八章 | 食品的腌渍和烟熏

用腌渍或烟熏的方法保藏食品不论是在我国还是在国外均具有悠久的历史，它是一种广为普及并行之有效的食品保藏方法。

食品的腌渍主要是利用食盐和食糖的高渗透作用渗入食品组织中，提高食品的渗透压，降低食品的水分活度，以控制微生物的活动，防止食品腐败变质，保持食品的食用价值。利用食盐保藏的食品称为盐渍品，但习惯称为腌渍品；加糖保藏的食品称为糖渍品。腌渍品包括腌菜、腌肉、腌禽蛋等。腌菜也称果蔬腌渍品，可分为发酵性腌渍品和非发酵性腌渍品两大类。发酵性腌渍品的特点是腌渍时食盐用量较低，腌渍过程中有显著的乳酸发酵，并用醋液或糖醋香料液浸渍，如四川泡菜、酸黄瓜、酸萝卜、酸藠头等。非发酵性腌渍品的特点是腌渍时食盐用量较高，以完全抑制乳酸发酵或使其只能极其轻微地进行，其间还加用香料。这类产品可再分成三类：腌菜（干态、半干态和湿态的盐腌渍品）；酱菜（加用甜酱或咸酱的盐腌渍品）；糟制品（腌渍时加用了米酒糟或米糠），如咸白菜、腌雪菜、酱瓜、什锦菜、榨菜等。腌肉包括鱼类腌渍品、肉类腌渍品，如咸猪肉、咸牛肉、咸鱼、金华火腿、风肉、腊肉、板鸭等。腌禽蛋是用盐水浸泡，或用含盐泥土黏制，或添加石灰、纯碱等辅料包裹的方法制得的产品，如咸鸡蛋、咸鸭蛋和皮蛋等。糖渍品也称蜜饯，按我国《食品安全国家标准　蜜饯》（GB 14884—2016）中给出的定义，蜜饯是指以果蔬等为主要原料，添加（或不添加）食品添加剂和其他辅料，经糖或蜂蜜或食盐腌渍（或不腌渍）等工艺制成的制品。蜜饯食品按其性状特点、加工方法不同可分为蜜饯类、果脯类、凉果类、话梅类、果糕类和果丹类等六大类。

烟熏主要是利用木材不完全燃烧时产生的熏烟来处理食品，使有机成分附着在食品表面，抑制微生物的生长，达到延长食品保质期的目的。经过烟熏的制品还会有一种诱人的烟熏味，从而改善制品的风味。随着冷藏技术的不断发展，烟熏的防腐作用已显得不是很重要，烟熏技术转而成为加工具有特殊烟熏风味制品的一种方法。

第一节　食品腌渍的基本原理

食品腌渍过程中，不论采用湿腌或干腌，腌渍剂形成溶液后，扩散渗入食品组织内，因此降低了 A_w，提高了渗透压，从而抑制了微生物和酶的活动。因此，溶液的扩散和渗透是食品腌渍的理论基础。

一、溶液浓度与微生物的关系

微生物细胞实际上是由细胞壁保护及原生质膜包围的胶体状原生浆质体。细胞壁是全透性的，原生质膜则为半透性的，它们的渗透性随微生物的种类、菌龄、细胞内组成成分、温度、pH 值、表面张力的性质和大小等各因素变化而变化。根据微生物细胞所处的溶液浓度的不同，可把环境溶液分成三种类型，即等渗溶液、低渗溶液和高渗溶液，如表8-1 所示。

表 8-1 环境溶液类型与微生物状态

溶液类型	微生物细胞所处溶液透压（A）	两者关系	微生物细胞渗透压（B）	微生物状态
等渗溶液	A	A=B	B	微生物细胞保持原形，如果其他条件适宜，微生物就能迅速生长繁殖。
低渗溶液	A	A<B	B	外界溶液的水分会穿过微生物的细胞壁并通过细胞膜向细胞内渗透，渗透的结果使微生物的细胞呈膨胀状态，如果内压过大，就会导致原生质胀裂，微生物无法生长繁殖。
高渗溶液	A	A>B	B	细胞内的水分透过原生质膜向外界溶液渗透，微生物细胞发生质壁分离，使细胞变形，微生物的生长活动受到抑制，脱水严重时还会造成微生物死亡。

由表 8-1 可知，微生物细胞所处环境不同，微生物的存活状态不同。腌渍就是利用这种原理达到保藏食品的目的。用糖、盐和香料等作为腌渍剂腌渍，当其浓度达到足够高时，就可抑制微生物的正常生理活动，且还可赋予制品特殊风味及口感。在高渗透压下，微生物的稳定性取决于它们的种类，其质壁分离的程度取决于原生质的渗透性。如果溶质极易通过原生质膜，即原生质的通透性较高，细胞内外的渗透压就会迅速达到平衡，不再存在质壁分离的现象。因此，微生物的种类不同时，由于其原生质膜不同对溶液浓度反应也就不同。

二、溶液的扩散与渗透作用

1. 溶液的扩散

溶液的扩散是液体浓度均匀化的过程。在溶液浓度不平衡的情况下，会产生一种推动力，使处于稳定运动状态的溶剂和溶质（特别是后者）向低分子区域移动，把溶液产生的这种推动力称为渗透压。溶液的扩散总是从高浓度处向低浓度处移动，并将持续到各处浓度均等时停止。

常用扩散通量的大小来衡量扩散过程的进程。扩散通量是指单位面积、单位时间内扩散传递的物质的量，单位为 kmol/（m² · s）。扩散通量与浓度梯度成正比，如式（8-1）所示：

$$J = -D\frac{dc}{dx} \tag{8-1}$$

式中　J——物质扩散通量，kmol/（m · s）；

　　D——扩散系数，m²/s；

$\frac{dc}{dx}$——物质的浓度梯度（c为浓度，x为距离），kmol/m²。

溶质的扩散速度与扩散系数成正比。扩散系数是指在单位浓度梯度的影响下单位时间内通过单位面积的溶质量。扩散系数的大小与温度、介质性质等有关。扩散系数越大，扩散越迅速；溶质分子越大，扩散系数越小。扩散系数还随温度升高而增大，温度每增加 1℃，各种物质在水溶液中的扩散系数平均增加 2.6%（2%～3.5%）。因为温度增加，分子运动加速，溶剂黏度减小，可溶性物质分子易从溶剂分子中通过，扩散速度也随之加快。

扩散物质的分子永远是从高浓度向低浓度方向扩散，浓度差增大，扩散速度也将随之加快。当溶液浓度增加时（以糖液为例），其黏度必然增加，扩散系数就会降低，因而增加浓度差虽然会加快扩散速度，但必须考虑到因黏度增加对扩散产生的不利影响。在缺少实验数据的情况下，扩散系数可按式（8-2）计算：

$$D = \frac{RT}{6N_A \pi d \mu}$$ (8-2)

式中　R——气体常数，8.314J/（mol·K）；

N_A——阿伏伽德罗常数，6.023×10^{23} 个/mol；

T——温度，K；

d——扩散物质微粒直径，m；

μ——介质黏度，Pa·s。

由此可见，不同种类的腌渍剂如食盐和食糖在腌渍过程中的扩散速度各不相同。如不同糖类在糖液中的扩散速度依次为：葡萄糖>蔗糖>饴糖中的糊精。

2. 溶液的渗透

渗透是指溶剂从低浓度溶液一侧经过半渗透膜向高浓度溶液一侧扩散的过程。半渗透膜即只允许溶剂通过而不允许溶质通过的膜，如细胞膜、羊皮膜等。半渗透膜最显著的特点是具有选择透过性，而不是任意地进行物质交换，能够透过半渗透膜的物质包括水、糖、氨基酸和各种离子等。不同的细胞在不同的条件下，对不同物质的透过性是不同的，其中水分子通过半渗透膜的速度要快于溶解于其中的离子和其他成分，这可能因为不同物质通过半渗透膜的机制不同。

如果将一个容器用一层半渗透膜隔成两部分，一边注入盐水，一边注入纯水，并使两侧溶液的液位相等，这时纯水会自然地透过半渗透膜移至盐水一侧，盐水的液面达到某一高度后，产生一定的压力，会抑制纯水进一步向盐水一侧渗透，此时的压力即为渗透压。同时，还可看到盐水的浓度越大，两个液面之间的高度差越大，即渗透压越大，此过程如图8-1所示。

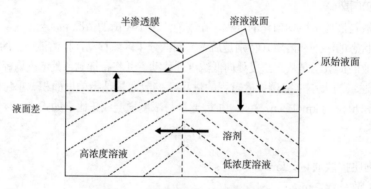

图 8-1　溶液渗透压形成示意图

渗透压还与温度有关，温度越高，渗透压越大。水的渗透是在溶液渗透压的作用下进行的。Van't Hoff 研究推导出的稀溶液的渗透压的公式如式（8-3）所示：

$$\Pi = cRT$$ (8-3)

式中　Π——溶液的渗透压，Pa；

c——溶液中溶质的浓度，mol/L；

R——气体常数 8.314×10^3 Pa/（mol·K）；

T——热力学温度，K。

由上式可知，渗透压与溶质的浓度和温度成正比，而与溶液的数量无关。细胞内外的渗透压差决定了细胞内外物质的交换，其实质与扩散相似，也就是说物质都有从高浓度处向低浓度处转移的趋势，并且转移的速度与浓度呈正相关。

食品腌渍的速度取决于渗透压，由于渗透压和温度及浓度成正比，因此，为了加速腌渍过程，应尽可能在高温度和高浓度溶液条件下进行。就温度而言，每增加 1℃，渗透压就会增加 0.3%~0.35%，糖渍常在高温条件下进行。盐渍如果也采用高温，则原料在尚未腌透前就已出现腐败现象，因此，盐渍时以采用低温（低于 10℃）为宜，有时温度低至 2~4℃。食品在腌渍过程中，食品内外溶液浓度通过渗透逐渐趋向平衡，食品外面溶液和食品细胞内部溶液的浓度通过溶质扩散达到均衡化。因此，腌渍过程实际是扩散和渗透相结合的过程。

三、腌渍剂的防腐作用

食品腌渍的一个重要目的是通过腌渍防止食品腐败变质，延长其保质期。腌渍过程中的防腐作用主要是通过食盐、食糖、亚硝酸盐等腌渍剂的防腐抑菌作用来实现的。

(一) 食盐在腌渍中的作用

1. 食盐的防腐机制

（1）食盐溶液对微生物细胞的脱水作用　食盐的主要成分是 NaCl，在溶液中完全解离为钠离子和氯离子，其质子数比同浓度的非电解质要高得多，因此，食盐溶液具有很高的渗透压。1%的食盐溶液可产生 61.7kPa 渗透压，而大多数微生物细胞内的耐受渗透压为 30.7~61.5kPa。当微生物处于高渗透压的食盐溶液（>1%）中，细胞内的水分就会透过原生质向外渗透，造成细胞的原生质因脱水而与细胞壁发生质壁分离，并最终使细胞变形，微生物的生长活动受到抑制，脱水严重时还会造成微生物的死亡，从而达到防腐的目的。

（2）食盐溶液对微生物的生理毒害作用　食盐溶液中的一些离子，如 Na^+、Mg^{2+}、K^+ 和 Cl^- 等，在高浓度时能对微生物产生毒害作用。Na^+ 能和细胞原生质的阴离子结合产生毒害作用，而且这种作用随着溶液 pH 值的下降而加强。一般情况下，酵母菌在 20%的食盐溶液中才会被抑制，但在酸性条件下，14%的食盐溶液就能抑制其生长。NaCl 对微生物的毒害作用也可能来自 Cl^-，因为 Cl^- 也会与细胞原生质结合，从而促使细胞死亡。蔗糖溶液对微生物是否产生毒害作用，目前尚缺乏实验数据。

（3）食盐溶液对酶活力的影响　微生物分泌的酶的活性与所处环境的离子强度有关，食盐的溶解会改变环境的离子强度，再加上 Na^+ 和 Cl^- 可分别与酶蛋白的活性基团相结合，导致微生物分泌出来的酶的活性常在低浓度盐溶液中就遭到破坏，失去催化活力。例如，变形菌处在浓度为 3%的食盐溶液中时就会失去分解血清的能力。

（4）食盐溶液降低微生物所处环境的 A_w　食盐溶于水后，解离出来的 Na^+ 和 Cl^- 与极性的水分子通过静电吸引力的作用，形成水化离子 $[Na(H_2O)_n]^+$ 和 $[Cl(H_2O)_n]^-$，食盐的浓度越高，Na^+ 与 Cl^- 的数量越多，所吸收的水分子也就越多，导致水分子由自由状态（自由水）转变为结合状态（结合水），致使 A_w 降低。A_w 越低，其渗透压越高。

例如，欲使溶液的 A_w 降低到 0.850，若溶质为非理想的非电解质，则其质量摩尔浓度需达到 9.80mol/kg；当溶质为食盐时，其质量摩尔浓度仅需达到 4.63mol/kg。溶液的 A_w 与渗透压相关，A_w 越低，其渗透压必然越高。食盐溶液浓度与 A_w、渗透压之间的关系可参见表 8-2。

表8-2　食盐溶液浓度与 A_w 和渗透压之间的关系

盐液浓度/%	0	0.875	1.75	3.11	3.50	6.05	6.92	10.0	13.0	15.6	21.3
A_w	1.000	0.995	0.990	0.982	0.980	0.965	0.960	0.940	0.920	0.900	0.850
渗透压/MPa	0	0.64	1.30	2.29	2.58	4.57	5.29	8.09	11.04	14.11	22.40

由表8-2可以看出，随着食盐溶液浓度的增加， A_w 逐渐减小。饱和盐溶液（浓度为26.5%），由于水分全部被离子吸引，几乎没有自由水，此时 A_w 为0.75，在这种条件下，细菌、酵母菌等微生物都难以生长。

（5）食盐溶液降低氧气浓度　氧气在水中具有一定的溶解度，盐溶液浓度高，食品腌渍时使用的盐水或者渗入食品组织内形成的盐溶液浓度很大，使氧气的溶解度下降，从而造成缺氧环境，需氧菌难以生长。

食盐溶液对上述因素的共同作用，使食盐具有良好的防腐作用。但是，食盐溶液仅仅能抑制微生物的活动而不能杀死微生物，也不能消除微生物污染对腌渍食品的危害，有些嗜盐菌在高浓度盐溶液中仍能生长。因此，在食品腌渍过程要注意腌渍液的卫生，使用清洁没有被细菌污染的盐和水，并控制腌渍室的温度，尽量在低温条件下完成。

2. 微生物对食盐溶液的耐受力

微生物不同，其细胞液的渗透压也不一样，致使微生物所要求的最适渗透压即等渗溶液浓度也不同，而且不同微生物对外界高渗透压溶液的适应能力也不一样。微生物等渗溶液的渗透压越高，其所能忍耐的盐溶液的浓度就越大；反之就越小。同时，各种微生物均具有耐受不同盐含量的能力，盐浓度对微生物的影响如表8-3所示。

表8-3　盐浓度对微生物的影响

盐浓度	微生物情况
1%以下	微生物的生理活动不会受到任何影响
1%～3%	大多数微生物会受到暂时性抑制
6%～8%	大肠杆菌、沙门氏菌、肉毒杆菌停止生长
超过10%	大多数杆菌不再生长
15%	球菌被抑制
20%	葡萄球菌被杀死
20%～25%	霉菌被抑制

由表8-3可知，腌渍食品中的细菌几乎被抑制或杀灭，但易受到酵母菌和霉菌的污染而变质。某些乳酸菌、酵母菌和霉菌对一定浓度以上的盐液耐受性差，它们在乳酸菌产生的乳酸和盐液两者互补作用下会受到抑制。脂肪分解菌等同样也会在酸和盐的互补作用下受到抑制，不过这些菌对酸比对盐敏感得多。如果耐盐的霉菌和能利用酸的菌生长以致发酵食品的酸度下降，那么脂肪分解菌等就会大量生长而导致食品腐败。另外，腌渍食品时微生物虽不能在较高的盐溶液中生长，但如果只是短时间的盐液处理，那么当微生物再次遇到适宜环境时仍能恢复正常的生理活动。

蔬菜腌渍过程中，几种微生物所能耐受的最高食盐溶液的浓度见表8-4。

表 8-4　几种蔬菜腌渍相关微生物对食盐溶液的耐受力

微生物	所属种类	能耐受食盐的最高浓度/%
Bact. brassicae fermentati	乳酸菌	12
Bact. cueumers fermentati	乳酸菌	13
Bact. aderholdi fermentati	乳酸菌	8
Bact. coli	大肠杆菌	6
Bact. amylobacter	丁酸菌	8
Bact. proteus vulgare	变形杆菌	10
Bact. botulinus	肉毒杆菌	6

表8-4中前两种乳酸菌是蔬菜腌制中引起乳酸发酵的主要乳酸菌,对食盐的耐受力较强。而一些有害的细菌对食盐的耐受力较差,所以适当食盐溶液浓度的掌握对抑制有害细菌活动,达到防腐效果有重要作用,要尽量做到不影响正常的乳酸发酵。

3. 食盐质量和腌渍食品之间的关系

《食品安全国家标准　食用盐》(GB 2721—2015)规定了食用盐的理化指标,具体见表 8-5。

表 8-5　食用盐理化指标

项目	指标
氯化钠(以干基计)/(g/100g)≥	97.00
氯化钾(以干基计)/(g/100g)	10～35
碘(以 I 计)/(mg/kg)<	5
钡(以 Ba 计)/(mg/kg)≤	15

食盐的主要成分为 NaCl,还含有其他一些成分,如 $CaCl_2$、$MgCl_2$、$FeCl_3$、$CaSO_4$、$MgSO_4$、$CaCO_3$ 以及沙土和一些有机物等。产地不同,食盐成分也不同。几种盐类组分在不同温度下的溶解度参见表 8-6。

表 8-6　几种盐类组分在不同温度下的溶解度　　　　单位: g/100g 水

温度/℃	NaCl	$CaCl_2$	$MgCl_2$	$MgSO_4$最高
0	35.5	49.6	52.8	26.9
5	35.6	54.0	—	29.3
10	35.7	60.0	53.5	31.5
20	35.9	74.0	54.5	36.2

食盐常含有杂质,如化学性质不活泼的水和不溶物,化学性质活泼的钙、镁、铁等氯化物和硫酸盐等。食盐中的不溶物主要指沙土等无机物,其溶解度比较大。由表 8-6 可以看

出，$CaCl_2$ 和 $MgCl_2$ 的溶解度远远超过 $NaCl$，而且随着温度的升高，这几种组分之间溶解度的差异越来越大，故当食盐中含有这两种成分时，会降低 $NaCl$ 的溶解度。

此外，$CaCl_2$ 和 $MgCl_2$ 还具有苦味，水溶液中 Ca^{2+} 和 Mg^{2+} 浓度达到 $0.15\% \sim 0.18\%$，在食盐中达到 0.6%时，就可察觉出有苦味。食盐中含有钾化合物时就会产生刺激咽喉的味道，含量多时还会引起恶心、头痛等现象，岩盐中钾化合物含量较多，海盐中较少。可见食盐中所含的一些杂质会引起腌渍食品的味感变化，因此腌渍食品时要考虑到食盐中杂质的含量及种类。

（二）食糖在腌渍中的作用

食糖是糖渍食品的主要原料，也是蔬菜和肉类腌制时经常使用的一种调味品，我国食糖品种包括原糖、白砂糖、赤砂糖和绵白糖。腌渍食品多使用白砂糖，其作用主要有以下几点。

1. 糖溶液的防腐机制

（1）食糖溶液产生高渗透压　蔗糖在水中的溶解度很大，饱和溶液（25℃时）的摩尔分数可达 67.5%，以摩尔浓度表示则为 6.08mol/L，该溶液的渗透压很高（参见表 8-7），足以使微生物发生脱水，严重地抑制微生物的生长繁殖，这是蔗糖溶液能够防腐的主要原理。

表 8-7　20℃时蔗糖溶液的渗透压

蔗糖溶液的浓度		渗透压/MPa	
mol/L	g/L	按 $\Pi = cRT$ [①]	实验测定值
0.1	34.2	0.245	0.249
0.5	171.0	1.235	1.235
0.8	273.6	1.969	1.982
1.0	342.0	2.483	2.496
2.2	752.4	5.359	13.103
2.5	855.0	6.090	—

① 范特霍夫公式仅适用于稀溶液，故高浓度时与实验测定值有较大偏差。

（2）食糖溶液降低环境的 A_w　蔗糖是一种亲水性化合物，蔗糖分子中含有许多羟基和氧桥，它们都可以和水分子形成氢键，从而降低了溶液中自由水的量，A_w 也因此而降低。大部分微生物的存活要求 A_w 在 0.9 以上。当原料加工成糖渍品后，食品中的可溶性固形物增加，游离水分含量减少，A_w 降低，从而抑制微生物的生命活动。例如浓度为 67.5%的饱和蔗糖溶液，A_w 可降到 0.85 以下，在糖渍食品时，可使入侵的微生物得不到足够的自由水分，其正常生理活动受到抑制。

（3）食糖使溶液中氧气浓度降低　糖溶液的抗氧化作用是糖渍品得以保存的另一个原因。主要作用机制为氧在糖液中的溶解度小于在水中的溶解度，和盐溶液类似，氧气同样难溶于糖溶液中，糖浓度越高，氧的溶解度越低，即高浓度的糖溶液可起到隔氧的作用。这不仅可防止维生素 C 的氧化，而且还可抑制有害的好气性微生物的活动，对糖渍品的防腐起到一定的辅助作用。如浓度为 60%的蔗糖溶液，在 20℃时，氧的溶解度仅为纯水的 1/6。糖液中的氧含量降低，有利于抑制好氧微生物的活动，还有利于制品色泽、风味的形成和维生素 C 的保存。

（4）高浓度糖溶液加速原料脱水吸糖　高浓度糖溶液的强大渗透压会加速原料的脱水和糖分的渗入，进而缩短糖渍和糖煮时间，并有利于改善糖渍品的质量。然而，糖渍初期若糖浓度过高，则会使原料因脱水过多而收缩，降低成品率。

2. 不同微生物对糖溶液的耐受力

糖的种类和浓度决定其加速或抑制微生物生长。从糖的浓度来说，浓度为1%～10%的蔗糖溶液一般不会对微生物起抑制作用，反而会促进某些微生物的生长；浓度达到50%时会阻止大多数细菌的生长；当浓度达到65%～75%（以72%～75%为最适宜）时，则会抑制耐高糖溶液的酵母菌和霉菌的生长。但是有些微生物是耐糖微生物，比如耐糖酵母菌，它的存在会导致蜂蜜腐败。因此，用糖渍方法保存加工的食品，主要应以防止霉菌和酵母的影响为主。

从糖的种类来说，在同样摩尔分数下葡萄糖、果糖溶液的抑菌效果要好于乳糖和蔗糖。其原因是葡萄糖和果糖是分子量为180的单糖，而蔗糖和乳糖是分子量为342的双糖，所以在同样的浓度时，葡萄糖和果糖溶液的质量摩尔浓度就要比蔗糖和乳糖的高，故其渗透压也高，对微生物的抑制作用也相应加强。例如抑制食品中葡萄球菌需要的葡萄糖浓度为40%～50%，而蔗糖则为60%～70%。

3. 食糖质量和腌渍食品的关系

食品腌渍时多使用砂糖，我国主要的砂糖是蔗糖和甜菜糖，即使是精制的白砂糖中也会存在少量的灰分和还原糖。砂糖中常常混有微生物，这些微生物的存在会引起某些食品的腐败变质，尤其是在低浓度溶液中最易发生。

《食品安全国家标准 食糖》（GB 13104—2014）规定了原糖的理化指标：不溶于水杂质≤350mg/kg。《白砂糖》（GB/T 317—2018）国家标准中规定了白砂糖主要理化指标，见表8-8。

表8-8 白砂糖的主要理化指标

项目		指标			
		精制	优级	一级	二级
蔗糖分/（g/100g）	≥	99.8	99.7	99.6	99.5
还原糖分/（g/100g）	≤	0.03	0.04	0.10	0.15
电导灰分/（g/100g）	≤	0.02	0.04	0.10	0.13
干燥失重/（g/100g）	≤	0.05	0.06	0.07	0.10
色值/IU	≤	25	60	150	240
混浊度/MAU	≤	30	80	160	220
不溶于水杂质/（mg/kg）	≤	10	20	40	60

（三）亚硝酸盐在腌渍中的作用

硝酸盐和亚硝酸盐可以抑制肉毒梭状芽孢杆菌的生长，也可以抑制许多其他类型腐败菌的生长，这种作用在硝酸盐浓度为0.1%和亚硝酸盐浓度为0.01%左右时最为明显。肉毒梭状芽孢杆菌能产生肉毒梭菌毒素，这种毒素具有很强的致死性。这种细菌对热稳定，大部分肉制品进行热加工的温度仍不能杀灭它，而硝酸盐能抑制这种细菌的生长，防止食物中毒事故的发生。

硝酸盐和亚硝酸盐的防腐作用受pH值的影响很大，在pH值为6.0时，对细菌有明显的抑制作用；当pH值为6.5时，抑菌能力有所降低；在pH值为7.0时，则不起作用。亚硝酸盐的抑菌机理尚不是很确定，主要有以下几点：

① 加热过程中亚硝酸盐和肉中的一些化学成分反应，生成一种能抑制芽孢生长的物质。

② 亚硝酸盐可以作为氧化剂或还原剂和细菌中的酶、辅酶、核酸或细胞膜等发生反应，影响细菌正常代谢。

③ 亚硝酸盐可以与细胞中的铁结合，破坏细菌正常代谢和呼吸。

④ 亚硝酸盐可同硫化物形成硫代硝基化合物，破坏细菌代谢和物质传递。

四、微生物的发酵作用

微生物发酵在食品的腌渍过程中起着十分重要的作用，它不仅对腌渍品风味有影响，而且也能抑制有害微生物的活动，从而有利于产品的保藏。微生物导致食品发生变化的类型很多，它们的反应也各不相同，这就需要根据对食品品质的要求有效地控制各种反应，即促进或抑制某些反应，以期获得理想的腌渍效果。尽管腌渍过程中微生物的发酵作用多种多样，但主要的发酵作用是乳酸发酵、酒精发酵和醋酸发酵作用。具体可参见第七章食品的发酵。

五、蛋白质的分解作用及其他生化作用

腌渍食品中除了有糖外，还有蛋白质和氨基酸。在腌渍过程中，蛋白质在微生物及原料自身所含蛋白质水解酶的作用下，逐渐被分解为氨基酸，氨基酸本身具有一定的鲜味和甜味。蛋白质的变化在腌渍过程和制品的后熟期是十分重要的，也是腌渍品产生一定的色泽、香气和风味的主要原因，但其变化是缓慢和复杂的。

1. 鲜味的产生

蛋白质水解产生的各种具有鲜味的氨基酸赋予腌渍品一定的风味。蔬菜腌制品鲜味的主要来源是谷氨酸与食盐作用生成的谷氨酸钠。

2. 香气的产生

主要通过以下几个方面产生香气。

（1）微生物的发酵作用产生香气　蛋白质水解生成的氨基酸与酒精发酵产生的酒精反应，失去一分子水，生成的酯类物质芳香味浓郁。氨基酸种类不同所生成的酯也不同，其香味也各不相同。例如，氨基丙酸与乙醇生成氨基丙酸乙酯。

（2）原料成分及加工过程中形成香气　腌渍品产生的香气有些来源于原料及辅料中的呈香物质，有些则是由呈香物质的前体在风味酶或热的作用下经水解或裂解而产生。

（3）吸附产生的香气　主要靠扩散和吸附作用，是腌渍品从辅料中获得的外来香气，其品质的高低与辅料的质量及吸附量密切相关。

（4）苷类物质水解　一些蔬菜因含有某些苷类物质具有苦涩辛辣味，但是在腌渍过程中一些苷类物质也可以被水解生成具有芳香气味的物质，如十字花科蔬菜中的芥菜含有黑芥子苷，水解后可产生具有特殊香气的芥子油，从而改善制品的风味。

3. 色泽的产生

色泽的产生主要是褐变和吸附，褐变包括酶促褐变和非酶促褐变。对于深色酱菜、酱油渍和醋渍产品，褐变形成的色泽对品质是有利的；但是对有些腌渍品，褐变是降低品质的主要原因，加工过程中必须加以控制，减少褐变的发生。

蔬菜经腌渍后细胞膜变为透性膜，失去对渗透物质的选择性，加工处理后细胞内溶液浓度降低，外界溶液浓度大于细胞内溶液浓度，在扩散作用下，辅料的色素微粒就向细胞内扩

散，结果使得蔬菜细胞吸附了辅料中的色素，使产品具有类似辅料的色泽。为防止产品因吸附色素不均匀而出现"花色"，就需要特别注意生产过程中的"打扒"或翻动。

4. 甜味和酸味的变化

有些淀粉含量高的原材料在腌渍过程中会变甜，如甜面酱在发酵过程中淀粉经曲霉淀粉酶水解生成葡萄糖和麦芽糖，并且由蛋白质分解产生的某些氨基酸，如组氨酸、丝氨酸及甘氨酸等也是甜面酱甜味的主要来源。但是对一般发酵型腌渍品而言，制品经过发酵作用后含糖量降低，而酸含量相应增加。非发酵性腌渍品，其含量基本没有变化。

5. 维生素C的变化

在腌渍过程中，维生素 C 因氧化作用而大量减少。例如腌渍时间越长，维生素 C 损耗越多；用盐量越大，维生素 C 损失越多；产品露出盐卤表面接触空气越多，维生素 C 破坏越快；产品多次冻结和解冻也会造成维生素 C 的大量损失。

6. 矿物质含量变化

经过腌渍的各种腌渍品灰分含量有显著提高，钙含量亦有提高，磷和铁含量降低；而酱菜的情况则是钙含量及其他矿物质含量均有不同程度的提高。

六、香料与调味品的防腐作用

酱腌菜要用到的香料与调味品主要有食盐、酱油、食醋、食糖、酒类、大蒜、鲜姜、大葱、红辣椒以及茶叶、食用油等，这些香料与调味品除赋予酱腌菜特有的色、香、味等食用品质外，还具有一定的防腐功能。食盐和食糖由于渗透和扩散作用，能很好地抑制微生物生长繁殖；食醋也是蔬菜腌渍时经常使用的调味品，除含有醋酸外，还含有乳酸、琥珀酸、柠檬酸、苹果酸等有机酸，这些酸可以与白酒或黄酒结合生成酯类而使之富有香味；酒的主要成分是酒精和水，加入适量的白酒或黄酒不仅可以产生特殊香味，还具有杀菌防腐作用。

香辛料除具有浓郁的辛辣味外，还含有相当数量的挥发性芳香油，使它们具有特殊的芳香气味。芳香油里有些成分具有一定的杀菌能力。因此，香辛料不仅是酱腌菜加工过程中重要的调味品，而且具有一定的防腐作用。

第二节 食品腌渍剂及其作用

腌腊肉中常用的腌渍剂有食盐、糖、硝酸盐和亚硝酸盐、碱性磷酸盐、抗坏血酸盐和异抗坏血酸盐等，其作用各不相同。

一、食盐的作用

（1）突出鲜味 肉制品中含有大量的蛋白质、脂肪等成分具有的鲜味，常常要在一定浓度的咸味下才能表现出来，不然就淡而无味。

（2）防腐作用 盐可以通过脱水作用和渗透压的作用，抑制微生物的生长，延长肉制品的保存期。

（3）提高保水性 一定的离子强度可提高保水性，主要可提取盐溶性蛋白；但盐浓度过高，渗透压作用会造成食品脱水。盐浓度4.6%～5.8%时保水性最强，实际上一般达不到。

（4）加速腌制速度 促进亚硝酸盐、糖等成分向肌肉内部渗透。

二、食糖的作用

（1）帮助呈色　腌制时还原糖对肉颜色的保持有一定作用，这些还原糖（葡萄糖等）能吸收氧气而防止肉脱色，还为硝酸盐还原菌提供能源。

（2）增加嫩度　糖极易氧化成酸，使肉的酸度增加，有利于胶原膨润和松软，因而能增加肉的嫩度。

（3）调味作用　糖和盐有相反的滋味，可一定程度地缓和腌肉的咸味。

（4）产生风味物质　在加热肉制品时，糖和含硫氨基酸之间发生美拉德反应，产生醛类等多羰基化合物，其次产生含硫化合物，增加肉的风味。

（5）促进发酵进程　给微生物提供营养，尤其是需要发酵的制品。

三、硝酸盐及亚硝酸盐的作用

（1）抑菌作用　抑制肉毒梭状芽孢杆菌的生长，并且具有抑制许多其他类型腐败菌生长的作用。

（2）呈色作用　在硝化细菌的作用下分解产生 NO，与肉中的肌红蛋白结合形成氧化氮肌红蛋白。

（3）抗氧化作用　延缓腌肉腐败，这是由于它本身具有还原性。

（4）增加风味作用　能使肉类在腌渍过程中产生更多的风味物质，对腌肉的风味有较大的改善作用。

亚硝酸盐是唯一能同时起上述几个作用的物质，目前还没有发现有一种物质能完全取代它。亚硝酸很容易与肉中蛋白质分解产物二甲胺作用，生成致癌物质二甲基亚硝胺。因此在腌肉制品中，硝酸盐的用量应尽可能降低到最低限度。按国家食品卫生法规规定，硝酸钠在肉类制品的最大使用量为 0.5g/kg，亚硝酸钠在肉类罐头和肉类制品的最大使用量为 0.15g/kg；残留量以亚硝酸钠计，肉类罐头不得超过 0.05g/kg，肉制品不得超过 0.03g/kg。

四、碱性磷酸盐的作用

（1）提高肌肉 pH 值的作用　在肉中加入焦磷酸钠或三聚磷酸钠后，肉的 pH 值向碱性偏移。实验证实，当肉的 pH 值在 5.5 左右，接近肉蛋白质的等电点时，肉的持水性最低；当肉的 pH 值向酸性或碱性偏移，持水性均提高，因而加入磷酸盐后，可提高肉的持水性。

（2）对肉中金属离子有螯合作用　聚磷酸盐具有与金属离子螯合的作用，加入聚磷酸盐后，原与肌肉的结构蛋白质结合的 Ca^{2+} 和 Mg^{2+}，被聚磷酸盐螯合，肌肉蛋白中的羧基被释放出来，羧基之间静电力的作用，使蛋白质结构松弛，可以吸收更多量的水分。

（3）增加肌肉离子强度的作用　聚磷酸盐是具有多价阴离子的化合物，因而在较低的浓度下可具有较高的离子强度。由于加入聚磷酸盐而增加了肌肉的离子强度，因而提高了持水性。

（4）解离肌动球蛋白的作用　焦磷酸盐和三聚磷酸盐有解离肌肉蛋白质中肌动球蛋白的特异作用。它们有将肌动球蛋白解离为肌动蛋白和肌球蛋白的作用，而肌球蛋白的持水能力强，因而提高了肉的持水能力。聚磷酸盐的使用量为肉量的 0.1%～0.4%，使用量过高则会导致肉风味劣变，并使呈色效果不佳。在实际生产中，常将几种磷酸盐混合使用，效果上以焦磷酸钠、三聚磷酸钠和六偏磷酸钠复配为最好。

研究证实，三聚磷酸盐和焦磷酸盐的效果最佳。但只有当三聚磷酸盐水解形成焦磷酸盐时，才起到有益作用。由于焦磷酸盐被酶分解会失去效用，因此，焦磷酸盐最好在腌渍以后搅拌时加入。加入磷酸盐后，pH 值升高，对发色有一定影响；过量使用不仅会有损风味，呈色效果也不佳，故磷酸盐用量应控制在 0.1%～0.4%。

除磷酸盐外，通常还可通过添加果胶、阿拉伯胶、黄原胶、海藻胶、明胶、羧甲基纤维素钠等增稠剂，以及脂肪酸单甘油酯、蔗糖脂肪酸酯、山梨醇酐脂肪酸酯、丙二醇脂肪酸酯和大豆磷脂等乳化剂，以改善或稳定腌渍品的物理性质或组织状态，使制品黏滑适口。

五、抗坏血酸盐的作用

（1）加速腌制　抗坏血酸盐可以将高铁肌红蛋白还原为亚铁肌红蛋白，因而加速了腌渍的速度。

（2）促进发色　抗坏血酸盐可以同亚硝酸发生化学反应，增加 NO 的形成，加快发色过程。

（3）抗氧化　一定量的抗坏血酸盐能起到抗氧化剂的作用，因而可稳定腌肉的颜色和风味。

（4）减少有毒物质的产生　在一定条件下抗坏血酸盐具有减少亚硝胺形成的作用。

第三节　食品常用腌渍方法

腌渍食品的方法很多，大致可分为干腌法、湿腌法、混合腌渍法、肌内或动脉注射腌渍法、腌晒法、漂烫盐渍法、滚揉腌渍法、高温腌渍法等，其中干腌法和湿腌法为两类基本方法。不同原料、不同产品对腌渍方法的要求也不同，有的产品采用一种腌渍法即可，有的产品则需要采用两种甚至两种以上的腌渍法。不论采用何种腌渍方法，腌渍时都要求腌渍剂渗入食品内部深处并均匀分布于其中，这时腌渍过程才基本完成，因而腌渍时间主要取决于腌渍剂在食品内进行均匀分布所需要的时间。

一、食品的腌渍

1. 干腌法

干腌法是利用干盐（结晶盐）或混合盐，先在食品表面擦透，利用食盐产生的高渗透压使原料脱水，即汁液外渗，然后层层堆叠在腌渍架或腌渍容器中，各层间均匀地撒上食盐，依次压实，在外加压力或不加压力的条件下，依靠外渗汁液形成盐液进行腌渍的方法。

干腌法所用设备简单、操作方便、用盐量较少，腌渍品含水量低而利于贮存，同时蛋白质和浸出物等食品营养成分流失较别的方法少。腌渍剂在卤水内通过扩散向食品内部渗透，比较均匀地分布在食品中，但因盐水形成缓慢，开始时盐分向食品内部渗透较慢，因此是一个缓慢的腌渍过程，但腌渍品风味较好。

因食盐溶解时吸收热量，故可降低制品的温度。表 8-9 所示为干腌法腌渍小鳗鱼时鱼体温度随腌渍时间而逐渐下降的情况。

表 8-9　小鳗鱼干腌时鱼体温度的变化

腌渍时间/min	鱼体温度/℃	腌渍时间/min	鱼体温度/℃
0	24	180	21
15	24	240	20.5
60	22	300	20.5

注：空气温度 30℃，食盐温度 26℃。

干腌法的腌渍设备一般采用水泥池、陶瓷罐或坛等容器及腌渍架。腌渍时采取分次加盐法，并对腌渍的原料进行定期翻倒（倒池、倒缸，以保证食品腌渍均匀和促进产品风味品质的形成）。翻倒的方式因腌渍品种类别不同而异，例如腌肉采用上下层依次翻倒；腌菜则采用机械抓斗倒池，工作效率高，可节省大量劳动力和费用。我国的名特产火腿就是采用腌渍架层堆方法进行干腌的，并必须翻倒7次、覆盐4次以上才能达到腌渍要求。

腌渍过程通常需定期地将上下层食品依次翻转，又称翻缸，同时要加盐复腌，每次复腌用盐量为开始时的一部分，通常2～4次。腌渍肉时食盐用量通常为17%～20%，冬天可减少，14%～15%；芥菜、雪里蕻等通常7%～10%，夏季通常14%～15%。干腌法由于食盐撒布不均匀而影响食品内部盐分的均匀分布，且盐卤不能浸没原料时，易引起蔬菜的长膜、生花和发霉等劣变。此外，干腌法腌渍时间长、失重大、味太咸、色泽较差，若用硝酸盐，色泽可以好转。我国的名产金华火腿、咸肉、烟熏腊肉和鱼类及雪里蕻、萝卜干等常采用干腌法。

2. 湿腌法

湿腌法是将食品原料浸没在盛有一定浓度食盐溶液的容器中，利用溶液的扩散和渗透作用使食盐溶液均匀地渗入原料组织内部，当原料组织内外溶液浓度达到动态平衡时，即完成湿腌的过程。盐溶液配制时一般是将腌渍剂预先溶解，必要时煮沸杀菌，冷却后使用；然后将食品浸没在腌渍液中，通过渗透作用，使食品组织内的盐浓度与腌渍液浓度相同。腌渍浓度一般为15%～20%，有时用饱和盐水。腌肉用的盐液除了食盐外，还有亚硝酸盐、硝酸盐，有时也加糖和抗坏血酸盐，主要起调节风味和助发色作用。

采用湿腌法腌渍时，食品中的水分会渗透出来使盐液原有浓度迅速下降，这就要求在腌渍过程中增添食盐以维持一定浓度。湿腌法的优点是食品原料完全浸没在浓度一致的盐溶液中，既能保证原料组织中盐分均匀分布，又能避免原料接触空气出现氧化变质现象，渗透速度快，肉质柔软，盐度适当，腌渍液再制后可以重复使用。与干腌法相比，湿腌法用盐量多，故易造成原料营养成分较多流失，并因制品含水量高，不利于贮存；此外，湿腌法需用容器设备多，工厂占地面积大。

湿腌法的腌渍操作因食品原料而异。肉类多采用混合盐液腌渍，盐液中食盐含量与砂糖量的比值（盐糖比）对腌渍品的风味影响较大。表8-10为肉类湿腌时常用的混合盐液的配方。其中采用浸渍法的盐腌液，按照人们的喜好不同可分为甜味和咸味两类，前者盐糖比值低，在25～42之间；后者盐糖比值高，可达28～75，相应的盐水浓度则分别为12.9%～15.6%和17.2%～19.6%。

表8-10　肉类盐腌液的配方　　　　　　　　　　　　单位：kg

材料	浸渍用量		肌内注射用量
	甜味式	咸味式	
水	100	100	100
食盐	15～20	21～25	24
砂糖	2～7	0.5～1.0	2.5
硝石	0.1～0.5	0.1～0.5	0.1
亚硝酸盐	0.05～0.08	0.05～0.08	0.1
香辛料	0.3～1.0	0.3～1.0	0.3～1.0
化学调味料	—	—	0.2～0.5

采用湿腌法时必须用高度纯净的冷水配制盐溶液。为使腌渍剂充分溶解可加热水或进行必要的加热。腌肉用盐液浓度一般为15.3～177°Bé（常用的盐液浓度）。这种盐液内含有食盐、糖、亚硝酸盐或（和）硝酸盐。用湿腌法腌肉一般在冷库（2～3℃）中进行，先将肉块附着的血液洗去，再堆积在腌渍池中注入肉重量二分之一的盐腌液，盐液温度为2～3℃，在最上层放置格形木框，再压重石，避免腌肉上浮。腌渍时间随肉块大小而定，一般每千克肉块腌渍4～5d即可，肉块大者，在腌渍过程中常需翻倒，以保证腌肉质量。

一般来说湿腌时盐浓度很高，不低于1%。腌鱼时常用饱和食盐溶液。果蔬湿腌时，盐液浓度一般为5%～15%，有时可低至2%～3%，以10%～15%为宜，在此条件下有害微生物的活动基本得到了抑制。腌渍酸黄瓜时常用湿腌法，盐液浓度为6%～10%。

果蔬湿腌的方法有多种：

① 浮腌法。即将果蔬和盐水按比例放入腌渍容器，使果蔬悬浮在盐水中，定时搅拌并随着日晒水分蒸发使菜卤浓度增高，最终腌渍成深褐色产品，菜卤越老品质越佳。

② 泡腌法。即利用盐水循环浇淋腌渍池中的果蔬，能将果蔬快速腌成。

③ 低盐发酵法。即以低于10%的食盐水腌渍果蔬。该方法乳酸发酵明显，腌渍品咸酸可口，除直接食用外还可作为果蔬保藏的一种手段。至于盐腌法储藏，由于食盐是唯一的防腐剂，为了抑制微生物生长盐溶液浓度须高达15%～29%，在进一步加工时，盐胚须先经过脱盐处理。

3. 注射腌渍法

如食品原料块状较大时，无论采用干腌法或湿腌法，食盐及其他配料向产品内部渗透速度较慢，当产品中心及骨骼周围的关节处有微生物繁殖时，即当产品未达到腌好的程度，肉就已腐败。注射腌渍法是进一步改善湿腌法的一种措施。为了加速腌渍时扩散过程、缩短腌渍时间，最先出现了动脉注射腌渍法，其后又发展了肌内注射腌渍法，注射法目前只用于肉类腌渍。

（1）动脉注射法　动脉注射法是用泵通过针头将盐水或腌渍液经动脉系统压送入腿内各部位或分割肉内的腌渍方法。一般是用针头插入腿股动脉切口内，然后将盐水或腌渍液用注射泵压入，实际上腌渍液是同时通过动脉和静脉向各处分布的，故它的确切名称应为"脉管注射"。

注射盐液一般用16.5～20°Bé的，工业生产上最常用16.5°Bé或17°Bé的。盐液中通常还加入一定量的糖，用量为2.4～3.6kg/L，一般用蔗糖。此外，盐液中还要添加亚硝酸钠，添加量为150mg/L。动脉注射法的优点是腌渍速度快、产品得率高。缺点是只能用于腌渍前后腿，胴体分割时要注意保证动脉的完整性，并且腌渍品易腐败变质，需冷藏。

（2）肌内注射法　肌内注射法直接将注射针头插入肌肉内注射盐水，适用于肉块的腌渍。注射用的针头，有单针头和多针头之分，针头大多多孔，目前一般都是多针头。针头上除有针眼外在侧面还有多个孔，以便腌渍液四射，如图8-2所示。盐水的注射量和注射压力可调。

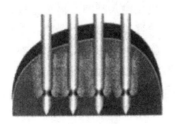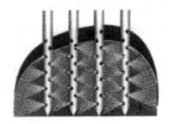

（a）低压注射　　　　　　　　（b）高压注射

图8-2　肌内注射示意图

肌内注射法的腌渍剂与干腌大致相同，主要有食盐、糖和硝酸盐、亚硝酸盐、磷酸盐。

注射盐水的浓度一般为 16.5%或 17%，注射量占肉重的 8%～12%。为了使注射后盐分快速地扩散，常用机械的方法对肉进行滚揉或按摩，注射后经一定时间冷藏，一般 2d 左右可腌好。肌内注射腌渍速度快，得率比较高，若用碱性磷酸盐，得率还可以进一步提高。注射腌渍的肉制品水分含量高，产品需冷藏。

4. 腌晒法

腌晒法是指将腌渍和晾晒相结合，通过单腌法盐腌，晾晒脱水。前者是为了减少水分提高盐的浓度，利于贮藏；而后者则是除去水分，防止在盐腌时营养成分过分流失。不同腌渍品的加工腌渍和晾晒的顺序要求不一样，如榨菜、梅干菜，在腌渍前先要进行晾晒，去除部分水分；而有些品种如萝卜头、萝卜干等半干性制品，则要先腌后晒。

5. 滚揉腌渍法

滚揉腌渍法属于肉类快速腌渍方法中的一种。具体流程为，先把肉制品进行预腌渍，然后将肉料放入滚揉机内连续或间歇地滚揉，滚揉时间可控制在 5～24h，温度 2～5℃，转速 35r/min。滚揉处理促进了腌渍液的渗透和盐溶性蛋白的提取，破坏肉块表面组织，从而达到缩短腌渍周期的目的，同时也提高了肉制品的保水性和黏结性。此法常与肌内注射法及湿腌法结合使用。

6. 漂烫盐渍法

新鲜的果蔬经过 2～4min 的沸水烫漂，再用常温水浸凉，经盐腌而成盐渍品或咸坯。烫漂处理可以除去原料中的空气进而使果蔬显出鲜艳的颜色，同时，可以钝化果蔬中影响产品品质的氧化酶类，另外，还可以杀死部分果蔬表面所带有的害虫卵和微生物。

7. 高温腌渍法

在进行高温腌渍时，腌渍液可在腌渍罐和贮液罐内循环，贮液罐可加热，这样就可以使腌渍液保持在 50℃左右，进行持续高温腌渍。高温可缩短腌渍的时间，还可使腌渍肉料嫩而风味好，但该方法操作时要注意防止微生物污染造成肉料的变质。

8. 混合腌渍法

混合腌渍法常用于鱼类（特别适用于多脂鱼），是由两种或两种以上的腌渍方法相结合的腌渍方法。例如，先经湿腌后，再进行干腌；或者加压干腌后，再进行湿腌；或者以磷酸调节鱼肉的 pH 值至 3.5～4.0，再湿腌；或者采用减压湿腌及盐腌液注射法等。若用于肉类可先行干腌后堆放入容器内，再加 15～18°Bé 盐水湿腌半个月。

混合腌渍法在增加制品在贮藏期间的稳定性的同时，又可以避免湿腌法因水分外渗而降低浓度，而且又不会像干腌那样促进食品表面过多脱水，还能阻止内部发酵或腐败。经过混合腌渍的制品色泽好，营养流失少且盐度适中。

注射盐液法腌肉一般采用混合腌渍，将盐溶液注射入鲜肉，再进行按层擦盐，同时将肉制品放置于腌渍架上或装入装有食盐或者腌渍剂的容器内，进行湿腌。要求盐水浓度低于注射用的盐水浓度，这样有利于肉类吸收水分，干腌湿腌相结合可避免单独采用湿腌法导致食品水分外渗而发生的浓度降低。同时混合腌渍时不会出现干腌时产生的食品表面脱水现象。南京板鸭和西式培根的生产中常采用混合腌渍法。

二、食品的糖渍

食品的糖渍主要应用于某些果品和蔬菜。糖渍的原料应选择适于糖渍加工的品种，且具备适宜的成熟度，加工用水应符合国家饮用水标准。糖渍前还要对原料进行各种预处理，砂糖要求蔗糖含量高，水分及非蔗糖成分含量低，符合砂糖国家标准《白砂糖》（GB/T 317—2018）规定。食品糖渍法按照产品的形态不同可分为两类。

1. 保持原料组织形态的糖渍法

（1）糖煮法　原料经过热糖液的煮制、浸渍。糖煮法生产周期短，应用比较广泛，但是制品要经过热处理，会损失较多的维生素 C，而且色、香、味不及蜜制产品。按照原料糖煮过程中压力的不同，糖煮又分为常压糖煮和真空糖煮，其中常压糖煮又可分为一次煮成法和多次煮成法。

（2）糖腌法　指将果品原料在浓度为 60%～70% 的冷糖液中浸渍，但不需要加热处理。适用于肉质柔软而不耐糖煮的果品。例如糖制青梅、杨梅、枇杷和樱桃等均采用此种操作进行糖腌。其优点是冷糖液浸渍能够保持果品原有的色香、味及完整的果形，产品中的维生素 C 损失较少。其缺点是产品含水量较高，不利于保藏。

2. 破碎原料组织形态的糖渍法

采用这种糖渍法，食品原料组织形态被破碎，并利用果胶质的凝胶性质，加糖熬煮浓缩使之形成黏稠状或胶冻状的高糖高酸性食品。如山楂糕、果丹皮等果糕食品。加糖煮制有利于糖分迅速渗入，缩短加工期，但色、香、味较差，维生素损失较多。煮制分为常压煮制和减压煮制两种，其中常压煮制又分为一次煮制、多次煮制和快速煮制三种。

（1）一次煮制法　加糖后的原料经过一次性的煮制，比如苹果脯、蜜枣等都是一次煮制法得到的产品。操作流程为，锅内放置配好 40% 的糖液，倒入果实，大火将糖液煮至沸腾，这时果实内的水分会外渗，锅内糖液的浓度得到稀释，再通过加糖提高糖液的浓度，当糖液的浓度变为 60%～65% 后停火。此法快速省工，但若持续加热较长时间，原料易烂，色、香、味差，维生素破坏严重，糖分难以达到内外平衡，致使原料失水过多，从而出现干缩现象，在生产上较少采用。

（2）多次煮制法　多次煮制法一般要经过 3～5 次完成煮制。其过程为：先用 30%～40% 的糖溶液煮原料，煮至其稍软时，放冷糖渍 24h。然后，再次煮制，每次煮制增加糖浓度 10%，煮 2～3min，直至糖浓度达到 60% 以上。此法的加热时间较短，而且在煮制过程中放冷糖渍，逐步提高糖浓度，因此产品质量较高，适用于细胞壁较厚难以渗糖和易煮烂的柔软原料或含水量高的原料。但此法加工时间长，煮制过程不能连续化，费工、费时、占容器。

（3）快速煮制法　即加热糖煮和放冷糖渍交替进行，在此过程中，果蔬内部的水汽压迅速消除，糖分快速渗入而达到平衡。具体过程为，将原料装入网袋中，放入热糖液（30%）中煮 4～8min，取出后立即浸入等浓度的冷糖液（15℃）中冷却。如此交替进行 4～5 次，每次提高糖浓度 10%，最后完成煮制过程。此法可连续进行，时间短，产品质量高，但需准备足够的冷糖液。

减压煮制分为降压煮制和扩散煮制两种。

（1）降压煮制法　又称真空煮制法。原料在真空和较低温度下煮沸，因组织中不存在大量空气，糖分能迅速渗入达到平衡。温度低，时间短，制品色、香、味都比常压煮制优。

（2）扩散煮沸法　原料装在一组真空扩散器内，用由稀到浓的几种糖液对一组扩散器内的原料连续多次进行浸渍，逐步提高糖浓度。操作时，先将原料密闭在真空扩散器内，随后抽真空排出原料组织中的空气，而后加入 95℃ 热糖液，待糖分扩散渗透后将糖液顺序地转入另一扩散器内，再在原来的扩散器内加入较高浓度的热糖液，如此连续进行几次，制品即可达到要求的糖浓度。这种方法采用真空处理，煮制效果好而且可连续化操作。在室温下进行糖渍，为保证糖渍的效果，需要注意以下几点：

① 糖液宜稀不宜浓　稀糖液比浓糖液的扩散速度较快。糖液浓度应当逐渐增高，这样糖

液可以均匀渗入制品组织中。果蔬组织要疏松，有利于糖液的渗入。

② 时间宜长不宜短　物质分子在室温条件下运动速度较低，糖分子在果蔬组织中的扩散速度很慢，延长糖渍时间可以保证渗透效果，生产周期一般为15～20d。在果蔬糖渍过程中，糖液浓度与制品的品质、糖渍速率等均有关系。控制不当会严重影响制品的质量，应该加以关注。

三、食品腌渍方法的改进

随着科技的发展，一些辅助腌渍工艺方法也得到了发展和应用，如真空腌渍技术、酸辅助腌渍技术、超声波腌渍技术、超高压腌渍技术等。

1. 真空腌渍技术

真空腌渍技术利用负压使细胞膨大，细胞间距增大而利于腌渍液快速渗入，一般与湿腌法相结合。将腌渍品放入大型真空干燥器中，连接真空泵以调节不同的真空度，在室温条件下进行真空腌渍。真空可形成低氧环境，避免或者减轻制品发生氧化，而且压力差可以加速物质分子和气体分子的扩散。在肉制品的加工中，真空腌渍可以明显增加肉中食盐的内渗量和水分的流失，显著缩短腌渍时间。

真空腌渍技术通过压力差和浓度梯度实现对物料的快速腌渍，该技术多用于西式肉制品的加工，在此条件下结合滚揉可提高腌渍剂的渗透速度，增加肉质嫩度，提升肉制品品质。此外，同一阶段真空腌渍的腊肉检测出的挥发性风味物质的种类及相对含量均高于传统干腌法，这也说明真空腌渍技术在提高腊肉的保水性、促进腌渍剂的吸收及改善腊肉风味和颜色等方面发挥了重要作用。

2. 酸辅助腌渍技术

该技术一般是将肉进行酸渍腌制，通常选择弱有机酸，如乳酸、柠檬酸和醋酸等。腌渍过程可以选择将肉浸泡在酸液中，也可以使弱有机酸通过注射处理方法进入肉中，弱有机酸和盐腌结合处理对肉制品的品质改善效果显著，比如经柠檬酸处理的牛半腱肌肉的保水性和嫩度均有显著提高。

3. 超声波腌渍技术

利用超声波产生的机械弹性振动波的空化效应、热效应和机械效应改变物料的组织微观结构。除此之外，超声波的"力学效应"赋予溶剂对细胞膜更大的渗透力并强化细胞内外的质量传输；"微流效应"也能促进物质的运动；此外超声波还能刺激活细胞和酶，参与生物化学反应，影响物质的分解，促进 NaCl 的渗透与扩散。超声波腌渍是一种可靠且非破坏性的腌渍方法，可以改善干腌火腿的质构特性。

辅以超声波腌渍的食品，蒸煮得率也会相应提高。超声波可以加快 NaCl 等腌渍剂的渗透速度，缩短腌渍时间，加快肉类腌渍进程，提高肉制品品质和生产效率。利用超声波处理可以起到一定程度的嫩化效果，进一步改变肌肉组织的微观结构，促进肌纤维胀大，提高肌肉组织的吸水性，改善肉品质构特性。

4. 超高压腌渍技术

超高压腌渍技术是以水或其他流体作为传导介质，将腌渍品密封于高压处理仓中，保压一段时间后，大分子物质会失活、糊化和变性，从而达到冷杀菌和蛋白质大分子改性等效果。与传统腌渍工艺相比，超高压处理对肉的品质有显著的改善作用，超高压腌渍技术安全性高且无污染，能够保留食物固有的感官品质（质地、颜色、外形、生鲜风味、滋味和香气等）以及营养成分（维生素、蛋白质、脂质等），也可赋予腌渍品新的风味。此外，超高压腌渍技术会影响微生物的新陈代谢，通过破坏细胞膜，改变遗传机制等来控制微生物生长繁殖，达到延长腌渍品货架期的目的。

除上述腌渍技术外，目前还有一些辅助腌渍技术，如加酶腌渍技术。例如通过添加木瓜蛋白酶、菠萝蛋白酶等改善肉制品的品质。另外与常压腌渍、真空腌渍和加压腌渍技术相比，静态变压腌渍技术可以显著提高腌渍效果，改善肉的品质。

第四节　腌渍品的食用品质

一、影响腌渍效果的因素及其控制技术

肉类腌渍的目的主要是防止其腐败变质，同时改善组织结构，增加风味。要达到腌渍目的，就应该对腌渍过程进行合理的控制，以保证腌渍质量。

1. 食盐的纯度

食盐中除含 NaCl 外，尚含有 $CaCl_2$、$MgCl_2$、Na_2SO_4 等杂质，这些杂质在腌渍过程中会影响食盐向食品内部渗透的速度，如果过量，还可能带苦涩的味道。食盐中不应有微量的铜、铁、铬存在，它们对腌肉制品中脂肪氧化酸败会产生严重影响。为此，腌渍时要使用精制盐，要求 NaCl 含量在 98% 以上。

2. 食盐用量或盐水浓度

食盐的用量是根据腌渍目的、环境条件、腌渍品种类和消费者口味而添加的。扩散渗透理论也表明，扩散渗透速度随盐分浓度而异。干腌时用盐量越多或湿腌时盐水浓度越大，则渗透速度越快，食品中食盐的内渗透量越大。为达到完全防腐，要求肉中盐分浓度最少在 7%，这就要求盐水浓度最少在 25%；腌渍时温度低，用盐量可降低。提取盐溶性蛋白的最佳食盐浓度是 5% 左右，但消费者能接受的最佳食盐浓度为 1.8%～2.5%，这也是用盐量参考的标准。

3. 温度

温度越高，扩散渗透速度越迅速，反应速率也越快，但微生物生长活动也就越迅速，易引起腐败菌大量生长造成原料变质。为防止在食盐渗入肉内之前就出现腐败变质现象，腌渍应在低温环境条件下（0～4℃）进行。目前，肉制品加工企业基本都具有这样温度的腌渍间。

4. 腌渍方法

腌渍过程要考虑盐水的渗透速度和分布的均匀性，对于现代肉制品加工企业来说，灌肠类的肉糜由于比表面积大，常采用静止的湿腌法；对于盐水火腿的肉块状原料，常采用滚揉腌渍的动态腌渍法。

5. 氧化

肉类腌渍时，保持缺氧环境有利于稳定色泽，避免肉制品褪色。有时制品在避光的条件下贮藏也会褪色，这是由 NO-肌红蛋白单纯氧化所造成。当肉内缺少还原性物质时，肉中的色素氧合肌红蛋白和肌红蛋白就会被氧化成氧化肌红蛋白，从而导致暴露于空气中的肉表面的色素氧化，并出现褪色现象，从而影响产品的质量。所以滚揉腌渍时，常采用真空滚揉机；肉糜静态腌渍时，在腌渍料上覆盖一层塑料薄膜，既能防止灰尘，又能使原料肉表面与空气隔断。

6. 腌渍时间

在 0～4℃ 条件下，充足的时间才能保证盐水渗透与生化反应的充分进行，因此，必须有一定的时间才能让原料肉被腌透。不同的原料其腌渍时间的长短都不一样，传统酱牛肉采取

湿腌法，一般 5～7d 可以腌透；灌肠用的肉糜一般 24h 即可；盐水火腿滚揉腌渍需要滚揉桶的周长运行 12000m 即可。

二、腌渍对食品品质的影响

1. 腌渍品的成熟

腌渍品的成熟过程中除腌渍剂渗透扩散过程外，同时还存在着化学和生物化学过程。只有经历成熟过程后，腌渍品才具有它自己特有的色泽、风味和质地。对肉类来说，即形成了腊味。在一定时间内，腌渍品的成熟时间愈长，质量愈佳。我国金华火腿就是要经过一定时间贮藏后才会出现深红色泽和浓郁的芳香味，时间愈长，香味愈浓，故成为我国著名特产。

腌渍品的成熟过程不仅是蛋白质和脂肪分解从而形成特有风味的过程。对腌肉来说，尚有极重要的发色过程，而且在成熟过程中仍然在肉内进一步进行着腌渍剂（如食盐、硝酸盐、亚硝酸盐、异构抗坏血酸盐以及糖等）均匀扩散过程，以及和肉内成分发生反应的过程。正是这样，才逐渐出现了品质优良和风味特殊的腌渍品。且温度越高，腌渍品成熟得也越快。

2. 发色

肉中主要的色素为肌红蛋白和血红蛋白，动物宰杀后，肌红蛋白就是主要的色素。腌渍时，添加亚硝酸盐，让色素与亚硝酸盐分解产生的 NO 反应形成粉红色的较稳定的色素。NO-肌红蛋白和 NO-亚铁血色原远比肌红蛋白易受光的损害，因此在一般货柜上光照下腌肉仅需经 1h 就会出现褪色现象，而鲜肉则可经历 3d 以上尚未褪色。光线只在有氧存在时才会加速氧化变化，因而真空包装或充氮包装能消除光线的影响。如果腌肉内加有抗坏血酸盐，则它也可以将包装内的氧消耗掉以延缓腌肉表面的褪色。还原糖同样可以延缓腌肉表面褪色。若在开始腌渍时加入糖分，将有利于肉类色素和亚硝酸盐的反应。

3. 腌渍品的风味

腌肉产品加热后产生的风味和未经腌渍的肉的风味不同，这主要是由使用的腌渍剂和肉内成分经过一定时间的成熟作用形成的。腌肉中形成的风味物质主要为羰基化合物、挥发性脂肪酸、游离氨基酸、含硫化合物等物质，当加热时就会释放出来，形成特有风味。腌肉制品在成熟过程中由于蛋白质水解，游离氨基酸含量增加。游离氨基酸是肉中风味的前体物质，腌肉成熟过程中游离氨基酸的含量不断增加，这是由于肌肉中自身所存在的组织蛋白酶的作用。此外，硝酸盐和亚硝酸盐也能使肉制品产生特殊的腌肉风味。

第五节　食品的烟熏

利用各种燃料如庄稼（稻草、玉米棒子）、木材等不完全燃烧产生的烟气来熏制食品，延缓食品腐败变质的方法叫烟熏保存。食品烟熏保藏和腌渍保藏一样，有着悠久的历史，常用于肉制品、禽制品和鱼制品等动物性食品。由于冷藏技术的发展，当前食品烟熏的主要目的是增加风味和色泽，烟熏防腐已降为次要目的。因此，现代烟熏技术已成为生产具有独特风味制品的加工方法。

一、烟熏的目的及作用

1. 赋予制品特殊烟熏风味和增添花色品种

在烟熏过程中，熏烟中的许多有机化合物附着在制品上，赋予制品特有的烟熏香味。其中的酚类化合物是使制品形成烟熏味的主要成分，特别是其中的愈创木酚和 4-甲基愈创木酚是最重要的风味物质。烟熏制品的烟熏香味是多种化合物综合形成的，这些物质不仅自身显示出烟熏味，还能与肉的成分反应生成新的呈味物质，综合构成肉的烟熏风味。烟熏味首先表现在制品的表面，随后渗入制品的内部，从而改善产品的风味，使口感更佳。此外，烟熏过程中加热促进了微生物或酶对蛋白质及脂肪的分解，产生风味物质。

2. 发色作用

熏烟成分中的羰基化合物，可以和肉蛋白质或其他含氮物中的游离氨基发生美拉德反应，使其外表形成独特的金黄色或棕色；熏制过程中的加热能促进硝酸盐还原菌增殖及蛋白质的热变性，游离出半胱氨酸，因而促进 NO-血色原形成稳定的颜色；此外还会因受热有脂肪外渗起到润色作用，从而提高制品的外观美感。烟熏制品的色泽与燃料种类、烟熏浓度、树脂含量以及温度和表面水分有关。例如，以山毛榉作为燃料，肉呈现金黄色；以赤杨、桦树为燃料，肉则呈现深黄色或棕色。另外，温度也会对肉色产生影响，温度较低，肉色呈淡褐色；温度高，肉色呈深褐色。对于肠制品来说，烟熏前先用高温加热，使其表面色泽均匀鲜明。

3. 使制品脱水、杀菌防腐作用

熏烟中的有机酸、醛和酚类杀菌作用较强。有机酸与肉中的氨、胺等碱性物质中和，由于其本身的酸性而使肉酸性增强，从而抑制腐败菌的生长繁殖。醛类一般具有防腐性，特别是甲醛，不仅具有防腐性，而且还与蛋白质或氨基酸的游离氨基结合，使碱性减弱，酸性增强，进而增加防腐作用；酚类物质也具有很强的防腐作用。

熏烟的杀菌作用较为明显的是在表层，经熏制后表面的微生物可减少 1/10。大肠杆菌、变形杆菌、葡萄状球菌对熏烟最敏感，3h 即死亡。只有霉菌和细菌芽孢对烟的作用较稳定。由烟熏本身产生的杀菌防腐作用是很有限的，而通过烟熏前的腌制、熏烟中和熏烟后的脱水干燥则赋予熏制品良好的储藏性能。

4. 抗氧化

烟中许多成分具有抗氧化作用，有人曾用煮制的鱼油试验，将烟熏与未经烟熏的产品在夏季高温下放置 12d 测定它们的过氧化值，结果经烟熏的为 2.5mg/kg，而未经烟熏的为 5mg/kg，由此证明烟熏具有抗氧化能力。烟中抗氧化作用最强的是酚类及其衍生物，其中以邻苯二酚和邻苯三酚及其衍生物作用尤为显著。熏烟的抗氧化作用可以较好地保护脂溶性维生素不被破坏。

二、熏烟的产生及主要成分

1. 熏烟的产生

熏烟是植物性材料如不含树脂的阔叶树（山毛榉、赤杨、白杨、白桦等）、竹叶或柏枝等缓慢地燃烧或不完全氧化产生的蒸汽、气体、液体（树脂）和微粒固体的混合物。各种材料所产生的熏烟成分有差别，一般来说，硬木、竹类风味较佳，软木、松叶类风味较次。

较低的燃烧温度和适当空气的供应是缓慢燃烧的必要条件。木柴含有 40%～60%纤维素、20%～30%半纤维素和 20%～30%木质素。木柴和木屑热分解时表面和中心存在温度梯度，外表面正在氧化时内部却正在进行着氧化前的脱水，在脱水过程中外表面温度稍高于100℃。脱水或蒸馏过程中外逸的化合物有 CO、CO_2，以及像醋酸那样的挥发性短链有机酸。当木屑中心内部水接近零时，温度就迅速上升到 300～400℃左右。温度一旦上升到这样的高度，就会发生热分解并出现熏烟。实际上大多数木柴在 200～260℃温度范围内已有熏烟产生，温度达到 260～310℃时则产生焦木液和一些焦油，温度再上升到310℃以上时则木质素裂解产生酚及其衍生物。

熏烟的温度和湿度对烟熏的效果有显著影响，温度为30℃时，浓度较淡的熏烟对细菌影响不大；温度为43℃时，浓度较高的熏烟则能显著降低微生物数量；温度为60℃时，不论淡的或浓的熏烟都能使微生物数量下降到原数的 0.01%。高湿度有利于熏烟沉积，但不利于呈色，干燥的表面需延长沉积时间。

2. 熏烟的主要成分

目前已从熏烟中分离出 400 多种化合物。当然这并不意味着烟熏制品中存在着所有这些化合物，熏烟成分因熏材种类、燃烧温度、燃烧发烟条件等许多因素的变化而有差异，而且熏烟成分对熏制品的附着又与熏制品的原料性质、干湿程度、温度高低等因素有关。一般认为在烟熏中起重要作用的熏烟成分是酚类、醇类、有机酸类、羰基化合物和烃类。

（1）酚类　木材熏烟中分离出来并经过鉴定的酚类达 40 种之多，其中愈创木酚、4-甲基愈创木酚、酚、4-乙基愈创木酚、邻位甲酚、间位甲酚、对位甲酚、4-丙基愈创木酚、香兰素、2，6-双甲氧基-4-甲基木酚以及 2，6-双甲氧基-4-丙基酚等对熏烟"熏香"的形成起重要作用。酚在鱼肉类烟熏制品能形成特有的烟熏味，还具有抑菌防腐作用和抗氧化作用。酚类化合物对于鱼、肉制品的重要作用可以从三方面论述：首先是抗氧化作用，其次是有助于鱼肉类食品形成特殊的烟熏风味，再次就是抑菌防腐的作用。其中，酚类物质可以防止腌肉氧化，这也是烟熏的主要目的之一。目前许多研究都一致认为酚类是肉类形成特殊烟熏风味的主要影响化合物。另外，总酚浓度常被用来估测烟熏肉制品烟熏的深度和浓度。不同酚类物质所呈现的色泽和风味不同，总酚含量并不能反映各种酚的组成，因此，总酚量反映风味的结果不一定与感官结果一致。

（2）醇类　木材熏烟中醇的种类很多，有甲醇、乙醇及多碳醇。熏烟中还含有伯醇、仲醇和叔醇等，它们常被氧化成相应的酸类。在烟熏过程中，醇类物质作为挥发物的载体，杀菌能力较弱，且对风味的形成无影响。

（3）有机酸类　熏烟中还含有碳数小于10的简单有机酸，其中含 1～4 个碳的有机酸主要存在于蒸气相内，含 5～10 个碳的有机酸则附着在固体载体微粒上。因而熏烟内蒸气相中常见的酸为甲酸、醋酸、丙酸、丁酸和异丁酸，附在微粒上的酸有戊酸、异戊酸、己酸、庚酸、辛酸、壬酸和癸酸。有机酸对制品的风味影响极为微弱，杀菌作用也只有当它们积聚在制品表面，以致酸度有所增长的情况下才显示出来。在烟熏加工时，有机酸最重要的作用是促使肉制品表面蛋白质凝固，形成良好的外皮，使肠衣易剥除。

（4）羰基化合物　熏烟中存在有大量的羰基化合物，同有机酸一样，它们分布在蒸气相内的固体颗粒上。现已确定的有戊酮、戊醛、丁酮、丁醛、丙酮、丙醛、丁烯醛、乙醛、异戊醛、丙烯醛、异丁醛、丁二酮（双乙酰）、3-甲基丁酮、3，3-二甲基丁酮、4-甲基-3-戊酮、顺-2-甲基丁烯、己酮、己醛、5-甲基糠醛、丁烯酮、糠醛、异丁烯醛、丙酮醛等。虽然绝大部分羰基化合物为非蒸汽蒸馏性的，但蒸汽蒸馏组分内有着非常典型的烟熏风味，而且还含有所有羰基化合物形成的色泽。因此，对熏烟色泽、风味和芳香味来说，简单短链化合物最为重要。

熏烟中出现的许多相同羰基化合物可以从种类相当广泛的食品中分离出来。熏烟的风味和芳香味可能来自某些羰基化合物，但更可能来自熏烟中浓度特别高的羰基化合物，从而促使烟熏食品具有特有的风味和芳香味。不管怎样，可以说烟熏的风味和色泽主要是熏烟中蒸汽蒸馏成分所致。

（5）烃类　熏烟中能分离出不少的多环芳烃（简称 PAHs）类化合物，现已鉴定了 27 种这类物质，其中有苯并 [a] 蒽、二苯并 [a, h] 蒽、苯并 [a] 芘、苯并 [g, h, i] 芘、芘以及 4-甲基芘等。已证实苯并 [a] 芘和二苯并 [a, h] 蒽是致癌物质。多环芳烃对烟熏制品并不起重要的防腐作用，也不会产生特有风味，研究表明它们多附着在熏烟的固相上，因此可以通过过滤去除掉。现已研制出不含苯并 [a] 芘和二苯并 [a, h] 蒽的液体烟熏制剂，使用时就可以避免食品因烟熏而含有致癌物质。

大多数烟熏食品中苯并 [a] 芘和二苯并 [a, h] 蒽的含量非常低，但是烟熏大马哈鱼和羊肉中的含量较高（2.1mg/1mg湿重 与 1.3mg/1kg 湿重），鳕鱼为 0.5mg/1mg湿重，红鱼为 0.3mg/1mg湿重。对于其他烃类化合物来讲，还未被证实与癌症有关。

多环芳烃类化合物对烟熏制品的防腐作用极其微弱，而且也不是烟熏制品形成特殊风味的主要原因，因此可以通过调整烟熏剂的方式避免致癌物质的产生，因为这些致癌化合物主要附着在烟熏食品的固相上。

三、烟熏的方法

为了提高烟熏制品的质量，减少有害物质在制品上的沉积，提高烟熏的效率，长期以来，人们一直在对烟熏的方法进行研究和改进。目前，常用的烟熏方法可按照加工过程、熏烟生成方法、烟熏过程温度范围来分类。

1. 按照加工过程分类

（1）熟熏　一般指进行烟熏前，制品已经是熟制品，例如酱卤类、烧鸡等，其特点是温度高且时间较短。

（2）生熏　一般指对原料进行熏制整理，不经历加热过程，例如西式火腿、培根、灌肠等，其特点是温度低且时间长。

2. 按照熏烟的生成方法分类

（1）直接火烟熏　一般指在烟熏室内直接燃烧木材，进行熏制，这种方法比较原始。具体做法为，制品挂在上部，下部燃烧木材，烟熏的密度和温度分布得不是十分均匀，导致得到的制品质量不一。

（2）间接发烟法　利用烟熏发生器，将烟熏好的熏烟送入到烟熏室，烟熏发生器和烟熏室独立放置。与直接火烟熏法相比，这种方法的熏烟温度和密度比较均匀，熏制出来的制品品质比较一致，同时，这种方法可以通过调节熏材燃烧的温度、湿度以及接触氧气的量来控制熏烟的成分。

3. 按照烟熏过程温度范围

（1）冷熏法　冷熏一般指制品所处的周围熏烟和空气的温度低于 22℃，冷熏法是一种在低温（15～30℃）下进行较长时间（4～7d）熏制的方法。冷熏时间长，熏烟成分在制品中渗透较均匀且较深，冷熏时制品干燥虽然比较均匀，但干燥程度较大，失重量大，有干缩现象，同时由于干缩提高了制品内盐含量和熏烟成分的聚集量，制品内脂肪熔化不显著或基本没有，冷熏制品耐藏性比其他烟熏法稳定，特别适用于烟熏生香肠。

（2）温熏法　温熏法是在 30～50℃的温度范围内进行的烟熏方法。这一温度范围超过了脂肪的熔点，所以脂肪很容易游离出来，而且部分蛋白质开始凝固，因此，烟熏过的制品质地稍硬。由于这种烟熏法的温度条件有益于微生物的生长，烟熏的时间一般控制在 5～6h，最长不能超过 2～3d，温熏法常用于熏制脱骨火腿和通脊火腿及培根等。熏制时应控制温度缓慢上升，用这种温度熏制，重量损失少，产品风味好，但耐贮藏性差。

（3）热熏法 热熏法采用的温度为50～85℃，但在实际操作过程中，烟熏温度大多控制在60℃左右。在此温度范围内，蛋白质几乎全部凝固，经过烟熏的制品表面硬度较高，而内部含有较多的水分，产品富有弹性。熏制时间4～6h，是应用较广泛的一种方法。但要注意烟熏过程不能升温过快，否则会有发色不均的现象。

（4）焙熏法 焙熏法的温度为95～120℃，是一种特殊的熏烤方法，包含有蒸煮或烤熟的过程。由于熏制温度较高，熏制过程中食品完全熟化，不需要重新加工即可食用。

4. 电熏法

电熏法主要是应用静电进行烟熏的一种方法，如图8-3（a）所示，制品以5cm的距离依次排开，相互连接上正负极，一边送烟，一边施加电压（15～30kV），制品本身作为电极进行电晕放电，在这个过程中，烟粒子可以较快地吸附在制品表面，大大缩短烟熏时间。

如图8-3（b）所示，将制品放置中央，在相互对应的电极上施加高电压，这种方法的最佳条件为：电极与制品间的距离为10cm，电压为40kV，烟熏时间为3min，烟的流速为24m/min，浓度为3.2照度仪单位。

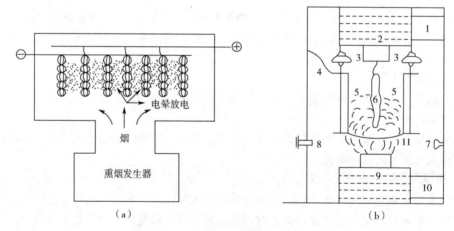

图8-3 电熏法

1—排烟管；2—集烟装置；3—绝缘子；4—高压电线；5—离子化板；6—制品；

7—光源；8—光量计；9—放烟装置；10—烟道；11—高压电线

5. 液熏法

液熏法又可以称为湿熏法或者无烟熏法，主要利用液体浸泡制品或者喷淋制品表面实现烟熏的目的，这种液体主要包括通过木材干馏生成的木醋液或者用其他方法制得的与烟熏成分相同的无毒液体。液烟熏具有以下优点：首先，不需要烟熏装置，因此节约了大量的设备投资费用；其次，烟熏剂的成分稳定，可连续性和机械化地实现烟熏过程，而且可以有效缩短烟熏时间；再次液态烟熏剂已除去固相物质以及有害烃类，降低了烟熏制品的致癌风险；最后，液熏法具有工艺简单、操作方便、烟熏时间短、劳动强度低以及保护环境等优点。

目前，用于如腊肉、火腿、家禽肉制品、鱼类制品或者干酪、点心类食品熏制的烟熏液已经在很多国家普及，在美国约90%的烟熏制品是使用液态烟熏的技术实现的，每年烟熏液的用量可达到1000t，日本也达到700t左右的用量。

液态烟熏的方式包括直接添加法、喷淋浸泡法、肠衣着色法以及喷雾法。

（1）直接添加法 指将液态烟熏剂以食品添加剂的形式直接添加到产品中，这种方法有助于风味的形成，但是不利于色泽的形成。

（2）喷淋浸泡法　在产品表面喷淋烟熏液或者将制品放入烟熏液中浸泡，取出后再进行干燥处理，这种方法有助于表面色泽和风味的形成。在浸泡或者喷淋处理前，需要将烟熏液预先稀释，一般比例为20~30份的烟熏液用60~80倍的水进行稀释。具体可以依据说明书进行使用。

（3）肠衣着色法　是指先对包装产品的肠衣或者包装膜进行烟熏处理，在后续蒸煮时，由于产品紧紧地贴合肠衣，烟熏色泽就被紧紧吸附在产品表面，而且同时具有烟熏风味。

（4）喷雾法　先将烟熏液雾化后，再送入烟熏炉对制品进行熏制。在具体操作过程中，为节约烟熏液，一般先将产品进行短时间的干燥，烟熏液雾化后再送入烟熏炉，这样反复进行2~3次，烟熏液雾化再进入烟熏炉的间隔时间控制在5~10min以内。

不同烟熏液的品质不同，有研究探讨蒜杆、紫苏、陈皮、梨木、桃木、枣木烟熏液的品质及多环芳烃（polycyclic aromatic hydrocarbons，PAHs）的含量，并采用毒性当量因子（toxic equivalent factors，TEFs）对烟熏液的毒性风险进行评估。结果表明，烟熏液中16种PAHs均被检测出，其中苯并[a]芘（BaP）含量为0.13~1.53μg/kg，总PAHs含量范围是123.53~2222.31μg/kg。烟熏液中PAHs主要是苊烯，其中3环占比最高，范围是60.05%~97.39%。有研究报道，烟熏液中16种PAHs基于BaP的毒性当量浓度TEQ_{Bap}分别为梨木5.00μg/kg、陈皮4.25μg/kg、紫苏2.25μg/kg、蒜杆1.74μg/kg、桃木1.37μg/kg、枣木0.64μg/kg。

四、烟熏过程的控制

1. 烟熏温度

熏烟来源于植物性材料的缓慢燃烧或者不完全氧化产生的蒸汽、气体、液体（树脂）和微粒固体的混合物。因此，必须把燃烧温度控制在较低的程度，空气供应量控制在合理范围。木材在进行缓慢燃烧或不完全氧化时，首先要脱水，在脱水过程中，燃料外表面温度会稍高于100℃，发生氧化反应，内部则会进行水分的扩散和蒸发，温度低于100℃，这时候则会产生CO、CO_2和挥发性有机酸。然而，随着内部水分的慢慢蒸发，温度也会迅速升高，可达到300~400℃，此时燃料组分发生热分解，出现熏烟。对于大多数木材来说，200~260℃的温度范围熏烟已经产生，260~310℃时则会出现焦木液和焦油，温度达到310℃以上，木质素裂解产生酚及其衍生物，苯并芘和苯并蒽等致癌物多在400~1000℃时产生。一般在400~600℃，一些有益成分，如酚类、羰基化合物及有机酸形成最多，所以烟熏温度可选择在这个温度范围内进行，当然，同时要结合过滤、冷水淋洗或者静电沉降等方式排出致癌物。发烟温度与烟气有益成分可参考表8-11。

表8-11　发烟温度与烟气有益成分的关系

发烟温度/℃	总酚类/（mg/100g木屑）	总羰基化合物/（mg/100g木屑）	总有机酸/（mg/100g木屑）
380	998	9996	2506
600	4858	14952	6370
760	2632	7574	2996

2. 熏烟的浓度

烟熏时，熏房中熏烟的浓度一般可用40W电灯来确定，若离7m时可看见物体，则熏烟不浓；若离60cm时就不可见，则说明熏烟很浓。

3. 烟熏方法的选择

高档产品、非加热制品最好采用冷熏法，而生产热熏肉制品时，以不发生脂肪熔融为宜。

4. 熏烟程度的判断

主要根据烟熏上色程度，也可以通过化学分析方法判断，通过测定肉品中所含的酚、醛量来确定。

五、烟熏对食品品质的影响

1. 烟熏对食品质构的影响

影响食品质构的因素很多，比如烟熏肉肠制品的质构除受到烟熏操作的影响外，原料品质、斩拌和肉糜的形成阶段对肌肉的作用、乳状体系形成程度（蛋白质受离子强度、氢键、二硫键等影响形成乳状体系的程度不同）、肌肉中自身的蛋白酶的作用、外面侵入的微生物产生的蛋白酶的作用、烟熏过程温度和湿度的作用以及烟熏成分与食品组分之间的相互作用等都会影响最终烟熏肉肠制品的质构。此外，食品 pH 值也将与上述因素相互作用并直接影响产品的质构。

2. 烟熏对食品色泽的影响

烟熏对食品的颜色有显著的影响，这种影响不仅仅是由于熏烟颗粒在食品表面的沉积，也由于熏烟成分与食品组分的相互作用。熏烟成分中羰基类化合物与食品组分中氨基酸的反应是食品在烟熏中发生颜色反应的一个主要原因之一。这个反应与美拉德反应很类似。

制品的色泽与木材的种类、烟气的浓度、树脂的含量、熏制的温度以及肉品表面的水分等因素有关。例如以山毛榉为燃料，则肉呈金黄色；以赤杨、桦树为燃料，则肉呈深黄色或棕色；而肉表面干燥、温度较低时色淡，肉表面潮湿、温度较高时则色深。又如肠制品先用高温加热再进行烟熏，则表面色彩均匀而且鲜明，烟熏时因脂肪外渗还可使烟熏制品带有光泽。

3. 烟熏对食品风味的影响

熏烟中的一些主要成分对烟熏食品风味的影响已经有一些研究。值得注意的是，尽管从熏烟中分离出了大量的化合物并且对其中的一些成分的风味特征和口味极限做了相关鉴别和验证，但是这些化合物是否在烟熏食品中体现出一样的风味值得进一步研究。由于在烟熏制品的制造过程中风味的形成不仅与原料本身、配料、制作工艺条件、熏烟的组成有关，而且与这些化合物与食品成分的作用、化合物之间的相互作用以及反应后生成的新化合物是否呈现强烈风味等相关。

4. 烟熏对食品营养的影响

每种加工方法都会对最终产品的营养成分产生影响，这种影响既可能是正面的，也可能是反面的。关于烟熏对食品营养品质的影响研究报道相对比较少。在烟熏加工产品中，蛋白质含量由于变动不大，并不是需要关注的重点，但是必须考虑的是一些必需氨基酸在烟熏操作中的稳定性，比如赖氨酸。这是因为赖氨酸在很多食品中含量比较低，同时也容易参与食品中容易发生的一些化学反应。烟熏操作还会影响制品的消化性。大部分研究者认为，烟熏操作能提高制品蛋白质的消化性，但是提高消化性的原因并不十分清楚。一些研究者认为，是由于熏烟成分有一些酸性物质，这些物质将在贮藏过程中促进蛋白质的降解，从而促进可消化性；也有一些研究者认为，是熏烟成分起到酶激活的效果，从而促进蛋白质的消化。烟熏操作除了对蛋白质和氨基酸有影响外，对维生素也有影响，特别是 B 族维生素。在鱼的腌制、烟熏、杀菌操作过程中，核黄素、烟酸、泛酸和维生素 B_6 在烟熏过程有 50%左右的损失，而在后面接着的热加工操作中还有 10%的损失。也有研究者采用模拟体系研究表明，烟熏操作可能会引起 2%～25%硫胺素损失，而烟酸和核黄素的损失几乎可以忽略不计。

5. 烟熏对食品抗氧化性的影响

众所周知，烟熏可以提高食品的抗氧化性。那么，究竟是熏烟中的哪些成分起到了抗氧化作用呢？是否可以将这些成分提取出来并应用到其他食品加工中去呢？这些问题引起了人们的兴趣。事实上，从实用观点考虑，熏烟中的一些抗氧化的有效成分由于具有特殊的风味，其应用受到限制。如果将熏烟成分分成酸性、中性和碱性三类，中性成分由于包含了大部分的酚类组分而具有最强的抗氧化能力，酸性成分几乎没有抗氧化性，而碱性成分甚至还有促进氧化的可能。进一步的研究表明，在酚类成分中，高沸点的酚类成分是最主要的抗氧化成分，而低沸点的酚类抗氧化能力相对比较弱。

第六节　食品的腌渍和烟熏保藏新技术

一、腌渍保藏新技术

1. 预按摩法

腌渍前采用 $60\sim100kPa/cm^2$ 的压力预按摩，可使肌肉中肌原纤维彼此分离，并增加肌原纤维间的距离使肉变松软，加快腌渍剂的吸收和扩散、缩短总滚揉时间。

2. 无针头盐水注射

不用传统的肌内注射，采用高压液体发生器，将盐液直接注入原料肉中。

3. 高压处理

高压处理由于使分子间距增大和极性区域暴露，提高肉的持水性，改善肉的出品率和嫩度。据 Nestle 公司研究结果，盐水注射前用 2000bar（200MPa）高压处理，可提高 0.7%～1.2%出品率。

4. 超声波

超声波常作为滚揉辅助手段，促进盐溶性蛋白萃取。

二、烟熏保藏新技术

为加快肉品熏制过程和改善熏制品的卫生质量，其他一些烟熏方法，如液熏法、电熏法等被逐渐应用。

1. 电熏法

应用静电进行烟熏的方法。将制品吊起，排列间隔5cm，相互连上正负电极，在送烟的同时，通上 15～20kV 高压直流电或交流电，以自体（制品）作为电极进行电晕放电。烟粒子由放电作用而带电荷，被急速地吸附在制品表面并向内部渗透，以提高风味，延长贮藏期。电熏法熏制时间仅为通常烟熏法的1/20，且制品内部甲醛含量较高，因此不易生霉，贮藏期长。缺点是烟的附着不均匀，制品尖端附着较多，成本较高，目前尚未得到普及。

2. 液熏法

液熏法又称为湿熏法或无烟熏法，它是利用木材干馏生成的烟气成分利用一定方法液化或者再加工形成液态烟熏剂，然后用于浸泡食品或喷涂在食品表面，以代替传统的烟熏方法。液态烟熏剂以及衍生物使用时可以采用直接混合法和表面添加法两种方法。和常规烟熏方法相比，液熏法具有如下优点：

① 不再需要熏烟发生装置，能节省大量的设备投资费用；

② 由于烟熏剂成分比较稳定，便于实现熏制过程的机械化和连续化，可大大缩短熏制时间；

③ 用于熏制食品的液态烟熏制剂已除去固相物质，无致癌危险；

④ 工艺简单，操作方便，熏制时间短，劳动强度降低，不污染环境；

⑤ 通过后道加工使产品具有不同风味和控制烟熏成品的色泽，这在常规的气态烟熏方法中是无法实现的；

⑥ 加工者能够在加工的不同步骤中、在各种配方中添加烟熏调味料，使产品的使用范围大大增加。

 思考题

1. 试述腌渍保藏原理。

2. 扩散和渗透在食品腌渍中的作用有哪些？

3. 腌渍的方法及优缺点。

4. 腌渍过程中食盐和糖的作用有哪些？

5. 烟熏保藏的基本原理。

6. 烟熏的目的和作用是什么？

第九章 | 食品的化学保藏

食品的存贮量是社会稳定的重要因素之一，从古至今，人类一直关注着提高新鲜食品贮藏性方法。盐腌、糖渍、酸渍和烟熏是利用盐、糖、酸及熏烟等化学物质来保藏食品，是传统的化学保藏方法。随着社会发展和人民生活水平的提高，人们需要的是常年供应新鲜食品，传统的保藏方法等已不能满足人们生活的需求。20 世纪 50 年代以后，随着化学工业和食品科学的发展，天然提取的和化学合成的食品保藏剂逐渐增多，广泛应用到食品工业中，食品化学保鲜贮藏迅速发展，成了食品科学研究中的一个重要领域。

第一节　食品化学保藏原理

一、化学保藏概述

食品化学保藏就是在食品生产和贮运过程中使用食品添加剂提高食品的耐藏性和尽可能保持它原来品质，主要作用就是保持或者提高食品品质和延长食品保藏期。食品化学保藏剂的种类很多，它们的理化性质和保藏机理也各异，这些添加剂可以被用于防止、阻碍或者延迟食品的化学或者生物学变质。通过抗菌剂来防止微生物导致的腐败变质，通过抗氧化剂的作用防止色素、风味物质、脂类和维生素等的氧化，通过抗褐变的化合物防止酶或者非酶褐变，通过抗老化剂来防止淀粉老化和产品质构变化。通过合理选择这些防腐剂、抗氧化剂和其他添加剂，很多食品的保质期可以得到有效延长。比如，抗氧化剂的使用可以使一些含油脂食品的保质期延长 200% 以上。通过复合使用一些防腐剂或者其他功能的添加剂，可以同时控制化学和生物学方面的变质，从而进一步延长食品的保质期。

食品化学保藏和其他食品保藏方法如罐藏、冷冻保藏、干藏等相比，具有简便且经济的特点。食品中添加了少量的化学制品如防腐剂、生物代谢产物及抗氧化剂等物质之后，就能在室温条件下延缓食品的腐败变质。不过食品化学保藏通常只能控制和延缓微生物生长，或只能在短时间内延缓食品的化学变化，在有限时间内保持食品原有的品质状态，属于一种暂时性或辅助性的保藏方法。

二、化学保藏剂的使用原则

使用食品化学保藏剂保藏食品具有简便、经济的特点，只要在食品中均匀混入适量的化学保藏剂就能在室温条件下延缓食品的腐败变质。但在此过程中需注意如下事项：

1. 食品化学保藏剂保藏属于暂时性的保藏

食品化学保藏的方法并不是全能的，其只能推迟微生物的生长，在一定时期内防止食品变质，并不能完全阻止微生物的生长或延缓食品的化学变化。因此，只有在未遭受微生物严重污染的食品中使用才能取得较好的效果。如果在不清洁卫生条件下生产的食品中使用防腐剂，则会减弱防腐剂的防腐能力。一般防腐剂用量越大，延缓腐败变质的时间就越长。

2. 防腐剂必须在规定的剂量范围内在指定的食品中使用

食品化学保藏剂的使用卫生安全性是人们最为关注的问题，食品中使用的化学保藏剂必须对人体无毒害。防腐剂在尚未确定其使用后对人体的毒害情况和使用条件以前，必须经过足够时间的动物生理、药理和生物化学试验，为防腐剂的安全使用提供科学的依据。毒理学试验包括判明其对人体脏器特别是肝脏和肾脏的急剧过敏和慢性中毒的可能性，明确其代谢情况，致癌、致畸、致突变的可能性，实验动物的半致死剂量或致死剂量。另外，防腐剂使用后的卫生安全性还应表现在食用后不会引起不适感，更不能引发中毒。

事实上，目前使用的大多数人工合成的防腐剂，对人体都有一定的毒性，尤其是过量使用和食用时，会对人体健康产生不利甚至非常有害的影响。为此，在选用化学保藏剂时，首先要求保藏剂必须符合食品添加剂的卫生安全性规定，并严格按照食品卫生标准规定控制其用量；其次要求在能够产生预期效果的前提下必须是最低剂量，以保证食用者的身体健康。化学保藏剂使用品种及其剂量必须严格执行国家《食品安全国家标准　食品添加剂使用标准》（GB 2760—2014）的规定，同时使用时遵守国家《食品添加剂卫生管理办法》。

3. 食品化学保藏剂的使用并不能改善食品的品质

食品化学保藏剂添加的时机需要掌握，食品的腐败变质一旦开始，绝不可能利用化学保藏剂将已经腐败变质的食品改变成优质的食品，因为这时腐败变质的产物已留存在食品中。因此，食品腐败变质后使用化学保藏剂无效。

4. 食品化学保藏剂使用必须保证不会破坏食品营养素和感官品质

各种食品都有其固有的营养素含量和感观性状，使用食品化学保藏剂后，不能破坏营养素而使其含量明显下降，也不能使食品的色、香、味、形、质等感官性状发生明显异常变化而使消费者不予接受。对于某些防腐性能很好的食品添加剂，如果会对食品固有品质产生这样或那样的影响，则应谨慎使用。

5. 几种食品化学保藏剂复配使用比单一使用效果好

没有一种防腐剂能抑制或杀死所有细菌，而食品败坏往往不是某一种微生物引起的，故需要研究防腐剂的抑菌谱，以便混合使用。与此类似，多种抗氧化剂复配使用的效果往往优于单一的抗氧化剂。

第二节　食品防腐剂

食品的营养丰富，极易受微生物污染，导致食品的外观和内在品质劣变而失去食用价值。微生物引起的食品变质一般有以下几种情况：

① 细菌造成的食品变质现象　其现象主要有：食品丧失原有的色泽，呈现其他颜色，发出腐臭气味，产生不良滋味。

② 食品霉变现象　其现象主要有：食品外层长霉或颜色发生改变，产生明显的霉味；食品营养价值破坏，甚至产生毒素。毒素会对人体健康造成严重影响。例如，黄曲霉素可致癌。

③ 食品异常发酵　一些水果、蔬菜罐头可发生酒精发酵现象，一些低度酒、饮料（果酒、啤酒、黄酒等）常常发生醋酸发酵，鲜奶和奶制品可发生乳酸发酵现象等。

④ 食品为致病菌所污染　这种变质可能引起人体疾病。

食品工业常通过热杀菌、冷藏、干藏、辐射、罐藏、无氧包装等手段抑制微生物生长或杀死微生物，延长食品保质期。但上述方式往往需要较多设备、能源消耗多，还会改变食品原有的色、香、味，破坏食品的营养成分等。因此，通过添加食品防腐剂杀灭或抑制微生物的生长繁殖，以达到防腐的目的，是一种使用方便、效果显著且广泛使用的食品防腐方法。

一、食品防腐剂的原理

食品防腐剂是用于防止食品在贮存、流通过程中主要由微生物繁殖引起的变质，提高保藏性，延长食用期限而在食品中使用的添加剂。食品防腐剂抑制或杀死微生物的机理十分复杂，目前一般认为其机理为：

① 使微生物的蛋白质变性，从而干扰其生长和繁殖。微生物体内有大量的蛋白质，凡能破坏蛋白质立体构型的因素均能使蛋白质变性或凝固。大多数重金属盐类、醇类、醛类等均有此种作用，它们或使蛋白质脱水变性，或与微生物蛋白结合使之丧失功能。

② 改变细胞膜、细胞壁的通透性，使微生物体内的酶类和代谢物逸出细胞，破坏其正常的平衡而失活。

③ 干扰微生物体内酶系，抑制酶的活性，破坏其正常代谢，从而影响其生存和繁殖。通常防腐剂作用于微生物的呼吸酶类，如乙酰辅酶 A 缩合酶、脱氢酶、电子传递酶系等。

④ 对微生物细胞原生质部分的遗传机制产生效应等。

食品防腐剂须符合《食品添加剂卫生管理办法》和《食品安全国家标准　食品添加剂使用标准》（GB 2760—2014）规定，即应符合以下要求：防腐效果好，在低浓度时仍有抑菌作用；性质稳定，不与食品成分发生不良反应；尽可能具有破坏病原微生物的作用；不妨碍胃肠道酶类的作用，不影响有益的肠道内正常菌的活动；本身无刺激性和异味；大量使用时不污染环境；使用过程中不会对工作人员健康造成明显伤害，如对皮肤的腐蚀、对呼吸道黏膜和眼睛的刺激等；使用方便，价格合理。目前，国内外应用较为普遍的防腐剂，一般可分为以下五类：

① 酸型防腐剂。常用的有山梨酸、苯甲酸、丙酸等及其盐类。酸型防腐剂的防腐功能主要来源于未离解的酸分子，因此其防腐效力主要随 pH 值而变，食品酸性越强其防腐效果越好，在碱性中几乎没有防腐能力。

② 酯型防腐剂。对霉菌及酵母的抑菌作用较强，对细菌特别是对革兰氏阴性菌及乳酸菌作用较差，但总体来说其杀菌作用比酸型防腐剂强。由于酯型防腐剂没有离解作用，因此其防腐效果不会因 pH 值的改变而有所变动。酯型防腐剂有较好的脂溶解度，但因较差的水溶性而限制了其应用范围。

③ 无机防腐剂。主要为亚硫酸及其盐类（我国列为漂白剂）、硝酸盐及亚硝酸盐（我国作为护色剂）、次氯酸盐等。亚硫酸盐可用于蔬菜及水果的保鲜，美国在 1959 年批准为一般公认安全（GRAS），1982 年批准继续有效，但由于残留的 SO_2 能引起严重的过敏反应，尤其对哮喘病患者影响更大，美国食品及药品管理局已于 1986 年禁止在新鲜蔬菜及水果中作为防腐剂使用。

④ 乳酸链球菌素（nisin）等生物防腐剂。nisin 是乳酸链球菌属微生物的代谢产物，对革氏阳性菌、乳酸菌、链球菌属、杆菌属、梭菌属和其他厌氧芽孢菌有抑制作用，不能抑制酵母及霉菌。由于抑菌范围较窄，应用面较小。其在人的消化道中为蛋白水解酶所降解，不是以原有形式被人体吸收，因而安全性较高。

⑤ 取材于各种生物的天然防腐剂。由于安全性高，不受用途限制，并适应人们对食品安全性的要求，发展潜力很大，是近年来发展较快的防腐剂。

二、常用的食品防腐剂及其作用机制

（一）合成有机防腐剂

1. 苯甲酸及其钠盐

① 性状　苯甲酸及苯甲酸盐又称为安息香酸和安息香酸盐，盐类包括钙盐和钠盐。苯甲酸广泛用作食品的防腐剂，天然存在于酸果蔓、梅干、肉桂和丁香中，分子式为 $C_7H_6O_2$，分子量为 122.12。苯甲酸为白色鳞片状或针状结晶，难溶于水，易溶于乙醇。苯甲酸钠分子式为 $C_7H_5O_2Na$，分子量为 144.12。为白色颗粒或晶体粉末，无臭或微带安息香气味，味微甜，有收敛性，在空气中稳定，易溶于水，生产上使用较为广泛。苯甲酸及苯甲酸钠结构式如下：

苯甲酸　　　　苯甲酸钠

② 作用机制　苯甲酸主要抑制酵母和细菌，对霉菌的作用不大。苯甲酸钠的水溶性好，在酸性食品中可转变为苯甲酸。未解离的苯甲酸才具有抗菌活性，因未解离的苯甲酸亲油性强，易透过细胞膜进入细胞内，干扰细胞膜的通透性，酸化细胞内的贮藏，并能抑制细胞呼吸酶系的活性，对乙酰辅酶 A 缩合反应有很强的阻止作用，从而达到防腐目的。

③ 安全性　在食品中添加少量苯甲酸时，对人体并无毒害。因苯甲酸被人体吸收后，大部分在 9～15h 之间，在酶的催化下与甘氨酸化合成马尿酸（苯甲酰甘氨酸）从尿中排出，剩余部分与葡萄糖醛酸化合形成葡萄糖苷酸而解毒，并全部进入肾脏，最后从尿中排出，不在体内蓄积。但近年来有报道称苯甲酸及其钠盐可引起过敏性反应，对皮肤、眼睛和黏膜有一定的刺激性，苯甲酸钠还可引起肠道不适，再加之味道不良，可尝出味道的最低值为 0.1%，故近年使用有逐步减少趋势。苯甲酸的每日容许摄入量（ADI 值）为 0～5.0mg/kg（FAO/WHO，1994），半数致死量（LD_{50}）为 2530mg/kg（大鼠，经口）。

④ 应用与限量　苯甲酸及其盐类一般在低 pH 值范围内防腐效果显著，最适宜的 pH 值为 2.5～4.0，对一般微生物完全抑制的最低浓度为 0.05%～0.10%，pH 值高于 5.4 则失去对大多数霉菌和酵母的抑制作用。根据《食品安全国家标准　食品添加剂使用标准》（GB 2760—2014）规定，苯甲酸和苯甲酸钠可用于酱油、醋、浓缩果蔬汁（浆）（仅限食品工业用）、果酱及酱制品、果酒、蛋白饮料等食品中，其最大使用量为 0.2～1.0g/kg，浓缩果蔬汁（浆）（仅限食品工业用）中最大使用量为 2.0g/kg。用量均以苯甲酸计，1.0g 苯甲酸钠相当于 0.847 g 苯甲酸。使用苯甲酸时，先用少量乙醇溶解，再添加到食品中。使用苯甲酸钠时，一般先配制成 20%～30%的水溶液，再加入食品中，搅拌均匀即可。

2. 山梨酸及其钾盐

① 性状　山梨酸又称为花楸酸，分子式为 $C_6H_8O_2$，分子量为 112.13。为无色针状结晶或白色粉末，无臭或稍有刺激性臭味，难溶于水，易溶于乙醇，60℃ 升华，在空气中易被氧化而颜色变暗，导致防腐效果有所降低。山梨酸钾又名 2,4-己二烯酸钾，分子式为 $C_6H_7O_2K$，分子量为 150.22。为无色至浅黄色鳞片状结晶、晶体颗粒或晶体粉末，无臭或略有轻微臭味，在空气中易被氧化而颜色变暗，有吸潮性，易溶于水和乙醇，1%水溶液的 pH 值为 7.0～8.0。

山梨酸钾因具有较强的防腐能力，且毒性远低于其他防腐剂，对光、热相对稳定，易溶于水，也易溶于高浓度蔗糖和食盐溶液，已在食品工业中广泛使用，最适宜 pH 值为 3.5～6.0。山梨酸及山梨酸钾结构式如下：

山梨酸　　　　　　　　　　　山梨酸钾

② 作用机制　山梨酸和山梨酸钾对霉菌和酵母有较强的抑制作用，但对于能形成芽孢的厌氧性微生物和嗜酸乳杆菌无效，其抑菌作用主要是损害微生物细胞中脱氢酶系统，并使分子中的共轭双键氧化，产生分解和重排。

③ 安全性　山梨酸是一种不饱和脂肪酸，能在人体内参与正常的代谢活动，最后被氧化成 CO_2 和 H_2O，故国际上公认其为安全的食品防腐剂。山梨酸的 ADI 值为 0～25mg/kg（以山梨酸计，FAO/WHO，1994）。

④ 应用与限量　山梨酸和山梨酸钾适宜的 pH 值范围比苯甲酸广，其防腐效果随 pH 值降低而增强。根据《食品安全国家标准　食品添加剂使用标准》（GB 2760—2014）规定，山梨酸和山梨酸钾作为防腐剂、抗氧化剂、乳化剂，可用于人造黄油及其类似制品、果酱、腌渍的蔬菜、豆干再制品、新型豆制品（大豆蛋白及其膨化食品、大豆素肉等）、面包、糕点、焙烤食品馅料及表面用挂浆、调味糖浆、酱油、醋、复合调味料等，最大使用量为1.0g/kg；蜜饯凉果、酱及酱制品、饮料类、果冻、胶原蛋白肠衣等的最大使用量为0.5g/kg；配制酒（仅限青稞干酒）、果酒的最大使用量为0.6g/kg；葡萄酒的最大使用量为0.2g/kg；浓缩果蔬汁（浆）的最大使用量不得超过2.0g/kg。用量均以山梨酸计，1.0g山梨酸钾相当于0.752g山梨酸。

⑤ 使用注意事项　根据山梨酸及其钾盐和钙盐的理化性质，在食品中使用时应注意下列事项：

a. 山梨酸容易在加热时随水蒸气蒸发，所以在使用时，应该将食品加热冷却后再按规定用量添加山梨酸类防腐剂，以减少损失。

b. 山梨酸及其钾盐和钙盐对人体皮肤和黏膜有刺激性，要求操作人员佩戴防护眼镜。

c. 山梨酸对微生物污染严重的食品防腐效果不明显，因为微生物也可以利用山梨酸作为碳源。在微生物严重污染的食品中添加山梨酸起不到防腐作用，只会加速微生物的生长繁殖。

3. 对羟基苯甲酸酯类

① 性状　对羟基苯甲酸酯又名对羟基安息香酸酯或尼泊金酯，是苯甲酸的衍生物。此类物质为无色小结晶或白色结晶性粉末，无臭，开始无味，随后稍有涩味，无吸湿性，对光和热稳定，难溶于水而易溶于乙醇、丙酮等有机溶剂。对羟基苯甲酸酯类结构式如下：

式中 R 分别为：—CH_3 甲基（甲酯）；—CH_2CH_3 乙基（乙酯）；—$(CH_2)_2CH_3$ 丙基（丙酯）；—$CH(CH_3)CH_3$ 异丙基（异丙酯）；—$(CH_2)_3CH_3$ 丁基（丁酯）；—$CH_2CH(CH_3)CH_3$；异丁基（异丁酯）；—$(CH_2)_6CH_3$ 庚基（庚酯）。

② 作用机制　对羟基苯甲酸酯类属于广谱性抑菌剂，由未解离分子发挥抑菌作用，对霉菌、酵母菌的作用较强，对细菌特别是革兰氏阴性杆菌和乳酸菌的作用较差。其抑菌机理与苯甲酸基本相同，主要使微生物细胞呼吸系统和电子传递酶系统的活性受抑制，并能破坏微生物细胞膜的结构，从而起到防腐的效果。对羟基苯甲酸酯类结构式中 R 的碳链越长则抑菌效果越强，毒性越小，但溶解度有所下降。对羟基苯甲酸酯类抑菌效果强于苯甲酸和山梨

酸，而且使用范围更广，一般在 pH 值 4.0～8.0 范围内效果较好。

③ 安全性　对羟基苯甲酸酯类在人体内的代谢途径与苯甲酸基本相同，且毒性比苯甲酸低，但高于山梨酸，是较为安全的防腐剂。其毒性与烷基链的长短有关，烷基链短者毒性大，故对羟基苯甲酸甲酯很少作为防腐剂使用。

④ 应用与限量　根据《食品安全国家标准　食品添加剂使用标准》（GB 2760—2014）规定，对羟基苯甲酸酯可用于酱油和醋，最大用量为 0.25g/kg；用于风味饮料（仅限果味饮料）为 0.10g/kg；用于果蔬汁（浆）类饮料、果酱（罐头除外）为 0.25g/kg，用于经表面处理的鲜水果和蔬菜为 0.012g/kg。

4. 丙酸及丙酸盐

① 性状　丙酸类包括丙酸、丙酸钠和丙酸钙三种。丙酸又称为初油酸，分子式为 $C_3H_6O_2$，分子量为 74.078。纯丙酸是无色、有腐蚀性的液体，有刺激性气味，可溶于水、乙醇、乙醚、氯仿。丙酸盐通常是丙酸钠和丙酸钙，丙酸钠分子式为 $C_3H_5O_2Na$，分子量为 96.06。丙酸钙分子式为 $C_6H_{10}O_4Ca$，分子量为 186.22。两者均为白色结晶颗粒或结晶粉末，无臭或略有异臭，易溶于水。它们的结构式如下：

$$CH_3CH_2COOX$$

X 分别为：—H，CH_3CH_2COOH（丙酸）；—Na，CH_3CH_2COONa（丙酸钠）；—Ca，$(CH_3CH_2COO)_2Ca$（丙酸钙）。

② 作用机制　丙酸盐属酸性防腐剂，在 pH 值较低的介质中抑菌作用强。例如最低抑菌浓度在 pH 值 5.0 时为 0.01%，在 pH 值 6.5 时为 0.5%。丙酸盐抑菌谱较窄，对霉菌、需氧芽孢杆菌或革兰氏阴性杆菌有较强的抑制作用，对引起食品发黏的菌类如枯草杆菌抑菌效果好，对防止黄曲霉毒素的产生有特效，但是对酵母几乎无效。

③ 安全性　丙酸是食品中的正常成分，也是人体代谢的中间产物，丙酸盐不存在毒性问题，故 ADI 无需作特殊规定。

④ 应用与限量　根据《食品安全国家标准　食品添加剂使用标准》（GB 2760—2014）规定，丙酸盐常用于面包和糕点的防霉。在同一剂量下，丙酸钙的抑菌效果优于丙酸钠，但会影响面包制品的蓬松性，因此丙酸钠的应用更为广泛。

5. 脱氢乙酸及其钠盐

① 性状　脱氢乙酸又称为脱氢醋酸（DHA），分子式为 $C_8H_8O_4$，分子量为 168.15。为无色至白色针状或片状结晶，或白色晶体粉末，无臭无味，无刺激性，易溶于乙醇等有机溶剂而难溶于水，故多用其钠盐作防腐剂。脱氢乙酸钠分子式为 $C_8H_7O_4Na$，分子量为 190.13。为白色结晶性粉末，在水中的溶解度可达到 33%。

脱氢乙酸　　　　　脱氢乙酸钠

② 作用机制　脱氢乙酸及其钠盐是一种广谱型防腐剂，适应的 pH 值范围较宽，但在酸性介质中的抑菌效果更好，对霉菌和酵母菌的作用较强，对细菌的作用较差。其抑菌作用是由三羰基甲烷结构与金属离子发生螯合作用，从而损害微生物的酶系而起到防腐效果。

③ 安全性　脱氢乙酸及其钠盐是 FAO 和 WHO 认可的一种安全型食品防霉和防腐剂。脱氢乙酸钠可在水溶液中降解为醋酸，对人体无毒，是一种广谱型防腐剂。

④ 应用与限量　脱氢乙酸及其钠盐广泛用于肉类、鱼类、蔬菜、水果、饮料类、糕点类等的防腐保鲜。根据《食品安全国家标准　食品添加剂使用标准》（GB 2760—2014）规定，脱氢乙酸作为防腐剂，可用于黄油和浓缩黄油、腌渍的食用菌和藻类、发酵豆制品、果蔬汁（浆）中，最大使用量为 0.3g/kg；面包、糕点、预制肉制品、熟肉制品、复合调味料中，最大使用量为 0.5g/kg；腌渍的蔬菜、淀粉制品中，最大使用量为 1.0g/kg。

6. 双乙酸钠

① 性状　双乙酸钠又称为双乙酸氢钠或二醋酸氢钠，白色晶体，有乙酸气味，有吸湿性，极易溶于水和乙醇，并释放出乙酸。10%双乙酸钠的水溶液为酸性，pH 值为 4.5～5.0。

② 作用机制　双乙酸钠是一种广谱、高效、无毒的防腐剂，其抗菌机理源于其中含有分子状态的乙酸，可降低食品的 pH 值，同时乙酸分子与类脂化合物互溶性较好，可有效穿透微生物的细胞壁，使细胞蛋白质变性，干扰细胞间酶的相互作用，从而起到防腐性能，对细菌和霉菌都有良好的抑制能力。

③ 安全性　双乙酸钠在人体内最终分解产物为水和二氧化碳，毒性很低，不会残留在人体内，对人畜、生态环境没有破坏作用或副作用。双乙酸钠的 ADI 为 0～15mg/kg，LD_{50} 为 4.96g/kg（大鼠，经口）。

④ 应用与限量　双乙酸钠是一种安全无毒可靠的广谱抗菌防腐剂，有很好的防腐效果。双乙酸钠常用于酱菜类的防腐，对黑根菌、黄曲霉、李斯特菌等抑制效果明显。0.2%的双乙酸钠和 0.1%的山梨酸钾复配使用在酱菜产品中，有很好的保鲜效果。根据我国《食品安全国家标准　食品添加剂使用标准》（GB 2760—2014）规定，双乙酸钠可用于豆干类、豆干再制品、原粮、熟制水产品（可直接食用）、膨化食品，最大使用量为 1.0g/kg；用于粉圆、糕点，最大使用量均为 4.0g/kg；用于预制肉制品、熟肉制品，最大使用量为 3.0g/kg；用于调味品，最大使用量为 2.5g/kg；用于复合调味料，最大使用量为 10.0g/kg。

（二）无机防腐剂

1. 氧化型无机防腐剂

氧化型无机防腐剂（杀菌剂）主要包括过氧化物和氯制剂两类，在食品保藏中常用的有过氧化氢、过氧乙酸、臭氧、二氧化氯、氯、漂白粉、漂白精以及其他的氧化型杀菌剂。氧化型无机防腐剂常用于生产环境、设备、管道或水的消毒或杀菌。

（1）过氧化氢

① 性状　过氧化氢又称双氧水，分子式为 H_2O_2，分子量为 34.01，是一种活泼的氧化剂，易分解成水和新生态氧（具有杀菌作用）。在无水状态下，过氧化氢是一种无色有苦味的液体，并且带有类似臭氧的气味。

② 应用与限量　0.1%浓度的过氧化氢在 60min 内可以杀死大肠杆菌、伤寒杆菌和金黄色葡萄球菌，1%浓度需数小时能杀死细菌芽孢，3%浓度则只需几分钟就能杀死一般细菌，3%以下浓度的过氧化氢稀溶液还可用作医药上的杀菌剂。过氧化氢作为生产加工助剂，具有消毒、杀菌、漂白等功效，但有机物的存在会降低其杀菌效果。

根据《食品安全国家标准　食品添加剂使用标准》（GB 2760—2014）的规定，过氧化氢为可在各类食品加工过程中使用且残留量不需限定的加工助剂之一。食品级双氧水广泛应用于乳品、饮料、纯净水、矿泉水、啤酒、水产品、瓜果、肉制品、豆制品等食品生产加工过程中，作为食品加工助剂用于食品的杀菌和漂白；食品级双氧水经适当稀释后，也可对生产设备、包装容器、生产空间和人员进行消毒。

（2）过氧乙酸

① 性状　过氧乙酸是强氧化剂，其分子式为 $C_2H_4O_3$，分子量为 76.051，结构式为 CH_3COOOH。为无色液体，有强烈刺鼻气味，易溶于水，性质极不稳定，尤其在低浓度溶液中更易分解释放出氧，但在 2～6℃的低温条件下分解速率减慢。

② 安全性　过氧乙酸几乎无毒性，其分解产物为乙酸、过氧化氢、水和氧，使用后即使不除去，也无残毒遗留，是较安全的防腐剂。但过氧乙酸对纸、木塞、橡胶和皮肤等有腐蚀作用；且属于爆炸性物质，浓度大于 45%时就有爆炸性，遇高热、还原剂或有金属离子存在时就会引起爆炸。但是当在有机溶剂中浓度小于 55%时，室温下操作是安全的，该试剂应在通风橱中使用且有必要准备安全护罩。

③ 应用与限量　过氧乙酸是一种广谱、高效、速效的强力杀菌剂，对细菌及其芽孢、真菌和病毒均有较强的杀灭效果，特别是在低温下仍能灭菌，这对保护食品的营养成分有极为重要的意义。一般使用浓度 0.2%的过氧乙酸便能杀灭霉菌、酵母菌及细菌，用浓度为 0.3%的过氧乙酸溶液可以在 3min 内杀死蜡样芽孢杆菌。

过氧乙酸多作为杀菌消毒剂，用于食品加工车间、工具及容器的消毒。喷雾消毒车间使用的是浓度为 $0.2g/m^3$ 的过氧乙酸水溶液；浸泡消毒工具和容器时常用浓度为 0.2%～0.5%；水果、蔬菜用 0.2%溶液浸泡；鲜蛋用 0.1%溶液浸泡；饮用水用 0.5%溶液消毒 20 s。

（3）臭氧

① 性状　臭氧（O_3）常温下为不稳定的淡蓝色气体，有刺激腥味，具强氧化性。臭氧在水中的半衰期（在 pH=7.6 时为 41min，pH=10.4 时为 0.5min）通常为 20～100min。在常温下能自行分解为 O_2，臭氧气体难溶于水，40℃时的溶解度为 494mL/L，水温越低，溶解度越大。含臭氧的水一般浓度控制在 5mg/kg 以下。

② 作用机制　臭氧是一种强氧化剂，氧化能力高于氯和二氧化氯（ClO_2），能破坏分解细菌的细胞壁，很快地扩散透进细胞内，氧化分解细菌内部氧化葡萄糖所必需的葡萄糖氧化酶等，也可以直接与细菌、病毒发生作用破坏细胞、核糖核酸，分解 DNA、RNA、蛋白质、脂质和多糖等大分子聚合物，使细菌的代谢和繁殖过程遭到破坏。

③ 应用与限量　臭氧对细菌、霉菌、病毒均有强杀灭能力，能使水中微生物有机质进行分解。臭氧可用于瓶装饮用水、自来水等的杀菌，在食品行业的应用较为普及，我国部分食品工业厂家已陆续开始使用臭氧对生产线及产品进行高效快速消毒杀菌保鲜处理，同时应用其对生产车间进行严格的空气消毒。

（4）二氧化氯

① 性状　二氧化氯又称为过氧化氯，化学式为 ClO_2，为黄绿色气体，有不愉快臭味，对光较不稳定，可受日光分解微溶于水 [0.3g/100mL，25℃]。冷却压缩后变成红色液体，沸点 11℃，熔点-59℃，含游离氯 25%以上。

② 安全性　ClO_2 ADI 值 0～30 mg/kg（FAO/WHO，1994）。

③ 应用与限量　ClO_2 属无毒型消毒剂，一般使用浓度较小，可直接用于水果、蔬菜、肉类、蛋类的杀菌和保鲜。根据《食品安全国家标准　食品添加剂使用标准》（GB 2760—2014）规定，稳态化ClO_2作为防腐剂，用于经表面处理的鲜水果和新鲜蔬菜，最大使用量为 0.01g/kg；用于水产品及其制品（包括鱼类、甲壳类、贝类、软体类、棘皮类等水产品及其加工制品）（仅限鱼类加工），最大使用量为0.05g/kg。

（5）氯

① 性状　气态氯单质俗称氯气，液态氯单质俗称液氯。氯气常温常压下为黄绿色气体，

有强烈的刺激性气味，化学性质十分活泼，具有毒性。

②　应用与限量　氯有较强的杀菌作用，饮料生产用水、食品加工设备清洗用水，以及其他加工过程中的用具清洗用水都可用加氯的方式进行消毒，这主要是利用氯在水中生成的次氯酸（如下式）达到杀菌消毒的目的。

$$Cl_2 + H_2O \Longrightarrow HCl + HOCl$$

次氯酸具有强烈的氧化性，是一种有效的杀菌剂。当水中余氯含量保持在 0.2～0.5mg/L 时，就可以把肠道病原菌全部杀死。使用氯消毒时，需注意的是由于病毒对氯的抵抗力较细菌大，要杀死病毒需增加水中加氯量。食品工厂一般清洁用水的余氯量控制在 25mg/L 以上。另外，有机物的存在会影响氯的杀菌效果。此外，降低水的 pH 值可提高杀菌效果。

（6）漂白粉

①　性状　漂白粉是一种混合物，包含次氯酸钙、氯化钙和氢氧化钙等，其中有效的杀菌成分为次氯酸钙等复合物[CaCl(ClO)·Ca(OH)$_2$·H$_2$O]分解产生的有效氯。为白色至灰白色粉末或颗粒，性质极不稳定，吸湿受潮或经光和热的作用而分解，有明显的氯臭，在水中的溶解度约为 6.9%。

②　应用与限量　漂白粉的主要成分次氯酸钙中的次氯酸根（OCl$^-$）遇酸则释放出有效氯（HOCl），具强烈杀菌作用。漂白粉对细菌芽孢、酵母菌、霉菌及病毒均有强杀灭作用，在我国主要用作食品加工车间、库房容器设备及蛋品、果蔬等的消毒剂。0.5%～1.0%的水溶液 5min 内可杀死大多数细菌，5.0%的水溶液在 1h 内可杀死细菌芽孢。使用时，先用清水将漂白粉溶解成乳剂澄清液后密封存放待用，然后按不同消毒要求配制澄清液的适宜浓度。一般对车间、库房预防性消毒，其澄清液浓度为 0.1%；蛋品用水消毒按冰蛋操作规定，要求水中有效氯为 80～100mg/L，消毒时间不低于 5min；用于果蔬消毒时，要求有效氯 50～100mg/kg。

（7）漂白精

①　性状　漂白精又称为高度漂白粉，化学组成与漂白粉基本相同，但纯度高，一般有效氯含量为 60%～75%，主要成分为次氯酸钙复合物[3Ca(ClO)$_2$·2Ca(OH)$_2$·2H$_2$O]。通常呈白色至灰白色粉末或颗粒，性质较稳定，吸湿性弱，但是遇水和潮湿空气或经阳光暴晒和升温至 150℃以上，会发生燃烧或爆炸。

②　应用与限量　漂白精在酸性条件下分解，其消毒作用同漂白粉，但消毒效果比漂白粉高 1 倍。工具消毒用 0.3～0.4g/kg 水，相当于有效氯 200mg/kg 以上。

氧化型无机防腐剂（杀菌剂）使用时应注意以下事项：

a. 过氧化物和氯制剂都是以分解产生的新生态氧或游离氯进行杀菌消毒，这两种气体对人体的皮肤、呼吸道黏膜和眼睛有强烈的刺激作用和氧化腐蚀性，要求操作人员加强劳动保护，佩戴口罩、手套和防护眼镜，以保障人体健康与安全。

b. 根据杀菌消毒的具体要求，配制适宜浓度，并保证杀菌剂足够的作用时间，以达到杀菌消毒的最佳效果。

c. 根据杀菌剂的理化性质，控制杀菌剂的贮存条件，防止因水分、湿度、高温和光线等因素使杀菌剂分解失效，并避免发生燃烧、爆炸事故。

2. 还原型无机防腐剂

还原型无机防腐剂主要是亚硫酸及其盐类，国内外食品贮藏中常用的有二氧化硫（SO$_2$）、焦亚硫酸钾、焦亚硫酸钠、亚硫酸钠、亚硫酸氢钠、低亚硫酸钠等。

（1）SO$_2$

①　性状　SO$_2$ 在常温下是一种无色且具有强烈刺激性臭味的气体，易溶于水和乙醇，在

水中形成亚硫酸，0℃时溶解度为 22.8%。

② 作用机制　在酸性介质中，SO_2 是最有效的抗菌剂，这种抗菌作用是未解离的亚硫酸产生的，因为未解离的亚硫酸更容易穿透细胞壁。亚硫酸抑制酵母菌、霉菌和细菌的程度各不相同，特别是酸度低时更是如此，低酸度 HSO_3^- 离子对细菌有效，但对酵母菌无效。而且，对革兰氏阴性菌的抑菌效果远远超过对革兰氏阳性菌的效果。

③ 安全性　SO_2 对人体有害，当空气中 SO_2 含量超过 $20mg/m^3$ 时，对人的眼睛和呼吸道黏膜有强烈刺激，如果含量过高则能使人窒息死亡。其 ADI 值为 $0\sim0.7mg/kg$（FAO/WHO，1994）。

④ 应用与限量　SO_2 常用于植物性食品的保藏。SO_2 是强还原剂，可以减少植物组织中氧的含量，抑制氧化酶和微生物的活动，从而阻止食品的腐败变质、变色和维生素 C 的损耗。由于 SO_2 的漂白作用，其还常用于食品的护色。根据《食品安全国家标准　食品添加剂使用标准》（GB 2760—2014）规定，SO_2 作为漂白剂、防腐剂、抗氧化剂，可用于葡萄酒和果酒中，最大使用量（以 SO_2 残留量计）为 $0.25g/L$；水果干类、腌渍的蔬菜、饼干等食品中，最大使用量（以 SO_2 残留量计）为 $0.1g/L$。

（2）亚硫酸钠　亚硫酸钠又称为结晶亚硫酸钠，分子式为 $Na_2SO_3 \cdot 7H_2O$，分子量为 252.15。为无色至白色结晶，易溶于水，微溶于乙醇，0℃时在水中的溶解度为 32.8%。遇空气中的 O_2 会慢慢氧化成硫酸盐，丧失杀菌作用。亚硫酸钠在酸性条件下使用，产生 SO_2。其 ADI 值为 $0\sim0.7mg/kg$（FAO/WHO，1994）。

（3）低亚硫酸钠　低亚硫酸钠又称为连二亚硫酸钠，商品名是保险粉，分子式为 $Na_2S_2O_4$，分子量为 174.108。该杀菌剂为白色粉末状结晶，有 SO_2 浓臭，易溶于水，久置空气中则氧化分解，潮解后能析出硫黄。应用于食品保藏时，具有强烈的还原性和杀菌作用。其 ADI 值为 $0\sim0.7 mg/kg$（以 SO_2 计，FAO/WHO，1985）。

（4）焦亚硫酸钠　焦亚硫酸钠又称为偏重亚硫酸钠，分子式为 $Na_2S_2O_5$，分子量为 190.09。为白色结晶或粉末，有 SO_2 浓臭，易溶于水与甘油，微溶于乙醇，常温条件下水中溶解度为 30%。焦亚硫酸钠与亚硫酸氢钠可发生可逆反应，目前生产的焦亚硫酸钠为上述两者的混合物，在空气中吸湿后能缓慢放出 SO_2，具有强烈的杀菌作用，可以在新鲜葡萄、脱水马铃薯、黄花菜和果脯、蜜饯等的防霉与保鲜中应用，效果良好。其 ADI 值为 $0\sim$ $0.7mg/kg$（FAO/WHO，1994）。

还原型无机防腐剂使用时应注意以下事项：

a. 亚硫酸及其盐类的水溶液在放置过程中容易分解逸散 SO_2 而失效，所以应现用现配制。

b. 在实际应用中，需根据不同食品的杀菌要求和各亚硫酸杀菌剂的有效 SO_2 含量确定杀菌剂用量及溶液浓度，并严格控制食品中的 SO_2 残留量，以保证食品的卫生安全性。

c. 亚硫酸分解或硫黄燃烧产生的 SO_2 是一种对人体有害的气体，具有强烈的刺激性和对金属设备的腐蚀作用，所以在使用时应做好操作人员和库房金属设备的防护管理工作，以确保人身和设备的安全。

（三）天然防腐剂

1. 乳酸链球菌素

① 性状　乳酸链球菌素亦称乳酸链球菌肽或音译为尼辛（nisin），是由乳酸链球菌合成的多肽抗菌类物质，是研究较为成熟的天然防腐剂，由 34 个氨基酸残基组成。为灰白色固体粉末，在水中溶解度较低，pH 值较低时溶解度较好，中性碱性条件下几乎不溶解。其活性在室温及酸性条件下加热均稳定，中性和碱性条件下热稳定性差。

② 作用机制　nisin 与敏感菌的细胞膜作用，通过结合、插入、孔道形成等多过程形成孔道复合物，引起细胞内物质（ATP、氨基酸、核酸等）流失，抑制细胞内的生物合成等导致细胞解体死亡。

③ 应用与限量　对革兰氏阳性菌有抑制作用，可用于乳制品和肉制品的抑菌防腐；对革兰氏阴性菌、霉菌和酵母菌一般无抑制作用。根据我国《食品安全国家标准　食品添加剂使用标准》（GB 2760—2014）规定，nisin常用于干酪、奶油制品、罐头、高蛋白制品的防腐，使用时一般先溶于 0.02mol/L 的 HCl 后再加入食品中，现配现用，以保证活性。杂粮罐头、食用菌和藻类罐头防腐的最大用量为 0.2g/kg，预制肉制品和熟肉制品防腐的最大用量为 0.5g/kg。

2. 纳他霉素

① 性状　纳他霉素是一种多烯大环内酯类抗真菌剂，也称游链霉素。外观为近白色到奶油黄色粉末，几乎无臭无味，几乎不溶于水，微溶于甲醇，溶于冰醋酸，难溶于大部分有机溶剂。对空气中的氧和紫外线极为敏感，使用和存放时应注意避光和密封。

② 作用机制　纳他霉素能与细胞膜上的甾醇化合物反应，阻遏麦角甾醇的生物合成，引起细胞膜结构改变而破裂，细胞内物质渗漏，导致细胞死亡。几乎对所有霉菌和真菌具有抑制活性，但不抑制细菌和病毒。用于发酵酸奶时可选择性抑制真菌，而让有益细菌（如双歧杆菌）得到正常生长和代谢。

③ 应用与限量　用于食品表面时，有良好的抗霉效果。可用浸泡或喷涂方法防止肉类霉菌生长，如用于香肠表面，可有效防止香肠表面长霉。饼干、蛋糕、面包等均可用纳他霉素悬浮液喷涂于表面防霉，对产品不产生任何影响，有效防止霉变，延长保质期。应用在酱油中，不影响产品的口感、颜色和香味成分，有效抑制酱油中酵母菌的生长，防止产生"白花"。

3. 溶菌酶

① 性状　溶菌酶是一种化学性质非常稳定的蛋白质，pH 值在 1.2～11.3 的范围内剧烈变化时，其结构几乎不变。酸性条件下，溶菌酶遇热较稳定，pH 值为 4.0～7.0，100℃处理 1min，仍保持原酶活性。但是在碱性条件下，溶菌酶对热稳定性差，用高温处理时酶活性会降低，不过溶菌酶的热变性是可逆的。

② 作用机制　溶菌酶能溶解许多细菌的细胞膜，使细胞膜的糖蛋白发生分解，而导致细菌不能正常生长。溶菌酶对革兰氏阳性菌、好气性孢子形成菌、枯草杆菌、地衣形芽孢菌等均有良好的抗菌能力。

③ 应用与剂量　溶菌酶是无毒性的蛋白质，可用于各种食品的防腐，如作为母乳化奶粉、面类、水产熟食品和沙拉等的防腐剂。由于食品中的羧基和硫酸能影响溶菌酶的活性，因此将溶菌酶和其他抗菌物质如乙醇、植酸、聚磷酸盐和甘氨酸等结合使用，效果会更好。

4. 苯乳酸

① 性状　D-苯乳酸和 L-苯乳酸是苯乳酸的两个对映异构体。苯乳酸的亲水性较强，能在各种食品体系中均匀分散。苯乳酸对热和酸的稳定性也较好，熔点为 121～125℃，并可在 121℃条件下保持 20 min 不被破坏，能够在广泛的 pH 值范围内保持稳定。

② 应用与剂量　苯乳酸具有较广的抑菌谱，能抑制食源性致病菌、腐败菌，特别是能抑制真菌的污染。苯乳酸既具有抗革兰氏阳性菌的作用又具有抗革兰氏阴性菌和真菌等多种功能。

5. ε-聚赖氨酸

① 性状　ε-聚赖氨酸是混合物，为淡黄色粉末，吸湿性强，略有苦味，易溶于水，微溶于乙醇，不溶于乙醚、乙酸乙酯等有机溶剂。其不受 pH 值影响，热稳定性高，没有固定的熔点，高于 250℃开始软化分解。在中性或微酸、微碱性环境中均有较强的抑菌性，而在酸

性和碱性条件下，抑菌效果不太理想。

② 作用机制　ε-聚赖氨酸抑菌机制主要表现在对微生物细胞膜结构破坏，从而中断细胞的物质、能量和信息的传递，还能与细胞内的核糖体结合影响生物大分子的合成，最终导致细胞的死亡。

③ 安全性　ε-聚赖氨酸是由人体必需氨基酸 L-赖氨酸构成的多肽，经消化后变成单一的赖氨酸而成为人体营养的强化剂，故其作为食品防腐剂具有无毒副作用、安全性高等特点，还可作为一种赖氨酸的来源物质。

④ 应用与剂量　ε-聚赖氨酸具有较好的广谱抑菌性，对酵母菌、革兰氏阳性菌、革兰氏阴性菌及霉菌等均有一定程度的抑制作用。尤其是对革兰氏阳性微球菌、保加利亚乳杆菌、热链球菌、革兰氏阴性大肠杆菌、沙门氏菌以及酵母菌的生长有明显抑制效果。由于对热稳定，加入后可热处理，因此还能抑制耐热芽孢杆菌等。

ε-聚赖氨酸在我国的研究刚刚起步，但在国外特别是在日本已经比较成熟。在日本，ε-聚赖氨酸已用于快餐、乳制品、面点、酱类、饮料、果酒类、肉制品、海产品、肠类、禽类的保鲜防腐。根据《食品安全国家标准　食品添加剂使用标准》（GB 2760—2014）规定，ε-聚赖氨酸作为防腐剂，可用于焙烤食品中，最大使用量为 0.15g/kg；熟肉制品中，最大使用量为 0.25g/kg；果蔬汁类及其饮料中，最大使用量为 0.2g/L。

6. 壳聚糖

① 性状　壳聚糖即脱乙酰甲壳素，又称几丁质、甲壳质、聚氨基葡萄糖，广泛存在于甲壳类虾、蟹、昆虫等动物的外壳和低等植物如真菌、藻类的细胞壁中，在乌贼、水母和酵母菌等中亦有存在。壳聚糖为白色无定形粉末状，不溶于水、中性和碱性溶液，溶于乙酸、甲酸、乳酸、苹果酸，酸性水溶液有涩味。

② 作用机制　壳聚糖吸附在细胞表面形成高分子膜，阻止营养物质向细胞内运输；同时壳聚糖还能渗透进入细胞内，吸附带有阴离子的细胞质，产生絮凝作用，扰乱细胞正常的生理作用，从而杀灭微生物。壳聚糖的抑菌范围广，抗菌活性强，对细菌、霉菌和酵母菌均有抑菌作用，抑菌能力的大小与壳聚糖的分子量、脱乙酰度、环境的 pH 值及金属离子、表面活性剂等杂质的干扰有关。

③ 应用与剂量　壳聚糖是可食用的天然产物，无毒无害，能被生物降解，主要用作水果和蔬菜的保鲜。根据《食品安全国家标准　食品添加剂使用标准》（GB 2760—2014）规定，壳聚糖作为增稠剂和被膜剂用于，西式火腿（熏烤、烟熏、蒸煮火腿）类和肉灌肠类食品中的最大使用量为 6.0g/kg。

第三节　食品抗氧化剂

一、食品抗氧化剂的概念和作用机理

食品的变质除了微生物作用外，食品的氧化也是一个重要原因。油脂或含油脂的食品在贮藏、加工和运输过程中由于氧化酸败或油烧现象，会发生褐变、褪色、维生素破坏等问题，不仅会降低食品的营养价值和感官品质，还会产生有害物质。因此，防止食品发生氧化是食品保藏中的一个重要问题。

脂类化合物分子的电子是单线态，而基态氧分子是三线态的，按照自旋角动量守恒原理，一个脂类化合物分子与基态氧不能自发反应。这个反应的活化能在 146～272kJ/mol 之间，是相当高的。脂类化合物和氧之间自发氧化反应历程是自由基连锁反应，与所有的链反应一样，其历程可以分成三个阶段：

① 引发反应，即自由基的生成

$$ROOH \rightleftharpoons ROO\cdot + H\cdot$$

$$ROOH \rightleftharpoons RO\cdot + \cdot OH$$

$$2ROOH \rightleftharpoons RO\cdot + H_2O + ROO\cdot$$

② 自由基的传递，即一种自由基转变成另一种自由基

$$R\cdot + O_2 \rightleftharpoons ROO\cdot$$

$$ROO\cdot + R'H \rightleftharpoons ROOH + R'\cdot$$

③ 终止反应，即两种自由基结合生成一种稳定的产物

$$ROO\cdot + R'OO\cdot \rightleftharpoons ROOR' + O_2\cdot$$

$$RO\cdot + R'\cdot \rightleftharpoons ROR'$$

为防止食品发生氧化变质，除了对食品原料、加工和贮藏过程采取低温、避光、真空、隔氧或充氮气包装等措施以外，还常在食品中添加抗氧化剂或脱氧剂以延缓或阻止食品的氧化。食品抗氧化剂是添加到食品中后防止或延缓食品氧化变质，提高食品稳定性和延长食品保质期的一类食品添加剂，作为抗氧化剂需满足四个条件：

① 对食品具有优良的抗氧化效果，用量适当；

② 使用时和分解后都无毒、无害，对于食品不会产生怪味和不利的颜色；

③ 使用中稳定性好，分析检测方便；

④ 容易制取，价格便宜。

食品抗氧化剂的种类繁多，抗氧化剂的作用机理较为复杂，现已研究发现其抗氧化作用都是以其还原性为理论依据的，抗氧化剂的作用机理如表9-1所示。

表9-1　食品抗氧化剂的作用机理

抗氧化剂	抗氧化类别	抗氧化剂的作用机理
酚类化合物	自由基吸收剂	使脂游离基灭活
酚类化合物	氢过氧化物稳定剂	防止氢过氧化物降解转变成自由基
柠檬酸、维生素C	增效剂	增强自由基吸收剂的活性
胡萝卜素	单线态氧猝灭剂	将单线态氧转变成三线态氧
磷酸盐、美拉德反应产物、柠檬酸	金属离子螯合剂	将金属离子螯合物转变成不活泼物质
蛋白质、氨基酸	还原氢过氧化物	将氢过氧化物还原成不活泼状态

二、食品抗氧化剂的种类和特性

食品抗氧化剂按来源不同，可分为合成抗氧化剂和天然抗氧化剂两类；按溶解性不同，分为脂溶性抗氧化剂和水溶性抗氧化剂两类。

(一) 脂溶性抗氧化剂

脂溶性抗氧化剂能均匀地分散于油脂中，主要作用是防止食品油脂的氧化酸败及油烧现象，特别是氧化酸败。目前常用的有叔丁基对苯二酚（TBHQ）、丁基羟基茴香醚（BHA）、

二丁基羟基甲苯（BHT）、没食子酸及其酯类［没食子酸丙酯（PG）、没食子酸十二酯（DG）、没食子酸辛酯（OG）、没食子酸异戊酯］、生育酚等。此外，在研究和使用的脂溶性抗氧化剂还有愈创树脂、正二氢愈创酸、2,4,5-三羟基苯丁酮、乙氧基喹、3,5-二特丁基-4-茴香醚以及天然抗氧化剂如芝麻酚、米糠素、棉花素、芳香素和红辣椒抗氧化物质等。

1. 叔丁基对苯二酚

（1）性状　该抗氧化剂又称为特丁基对苯二酚、叔丁基氢醌，简称 TBHQ，分子式为 $C_{10}H_{14}O_2$，分子量为 166.22，熔点 126～128℃。白色或浅黄色的结晶粉末，微溶于水，不与铁或铜形成络合物。在许多油和溶剂中溶解性较好，在椰子油、花生油中易溶，在水中溶解度随温度升高而增大。TBHQ 溶于乙醇（60g/100mL，25℃）、丙二醇（30g/100mL，25℃）、棉籽油（10g/100mL，25℃）、玉米油（10g/100mL，25℃）、大豆油（10g/100mL，25℃）、猪油（5g/100mL，50℃）。TBHQ 结构式如下：

叔丁基对苯二酚

（2）作用机制　TBHQ 是一种酚类抗氧化剂，多数情况下，TBHQ 对大多数油脂，尤其对植物油来说，较其他抗氧化剂有更有效的抗氧化稳定性。此外，TBHQ 不会因遇到铜、铁而发生颜色和风味方面的变化，只有在有碱存在时才会转变为粉红色。TBHQ 对蒸煮和油炸食品有良好的持久抗氧化能力，也适用于土豆之类的生产。TBHQ 与 BHA 合用可提高其在焙烤制品中的持久力。

TBHQ 的抗氧化活性与 BHT、BHA 或 PG 相等或稍优于它们。TBHQ 对其他的抗氧化剂和螯合剂有增效作用，例如对 PG、BHA、BHT、维生素 E、抗坏血酸棕榈酸酯、柠檬酸和乙二胺四乙酸（EDTA）等有增效作用。在植物油、膨松油和动物油中，TBHQ 一般与柠檬酸结合使用。TBHQ 最有意义的性质是在其他的酚类抗氧化剂都不起作用的油脂中有效，柠檬酸的加入可增强其活性。TBHQ 除具有抗氧化作用外还具有一定的抗菌作用，可有效抑制枯草芽孢杆菌、金黄色葡萄球菌、大肠杆菌、产气短杆菌等细菌以及黑曲霉、杂色曲霉、黄曲霉等微生物的生长。

（3）安全性　TBHQ 的 ADI 为 0～0.2mg/kg（FAO/WHO，1991），LD_{50} 为 700～1000mg/kg（大鼠，经口）。

（4）应用与限量　根据《食品安全国家标准　食品添加剂使用标准》（GB 2760—2014）规定，TBHQ作为抗氧化剂，可用于油脂、熟制坚果与籽类、油炸面制品、方便米面制品、饼干、腌制肉制品类、膨化食品等食品中，最大使用量为 0.2g/kg。

2. 丁基羟基茴香醚

（1）性状　该抗氧化剂又称为叔丁基-4-羟基茴香醚、丁基大茴香醚，简称 BHA。BHA 由 3-BHA 和 2-BHA 两种异构体混合组成，分子式为 $C_{11}H_{16}O_2$，分子量为 180.25。BHA 为白色或微黄色蜡状粉末晶体，带有酚类的刺激性臭味，沸点 264～270℃，熔点 48～65℃。不溶于水，易溶于油脂及丙二醇、丙酮、乙醇等溶剂，乙醇（25g/100mL，25℃）、甘油（1g/100mL，25℃）、猪油（50g/100mL，50℃）、玉米油（30g/100mL，25℃）、花生油

（40g/100mL，25℃）和丙二醇（50g/100mL，25℃）。BHA 结构式如下：

（2）作用机制　BHA 热稳定性强，可用作焙烤食品的抗氧化剂；BHA 吸湿性微弱，并具较强的杀菌作用。BHA 与其他抗氧化剂并用可以增加抗氧化效果，其在弱碱条件下也不容易被破坏，因此具有良好的持久能力，尤其是对使用动物油脂的焙烤制品；可与碱金属离子作用而呈粉红色。同时，具有一定的挥发性，能被水蒸气蒸馏，故在高温制品中，尤其是在煮炸制品中易损失，但可将其置于食品的包装材料中加以维持。

BHA 对动物性脂肪的抗氧化作用比对不饱和植物油更有效，其最重要的性质是能够在焙烤和油炸后的食品中保持活性。在低脂肪食品（如谷物食品），特别是早餐谷物面包、豆浆和速煮饼中，广泛使用 BHA。将适当高浓度的抗氧化剂 BHA 加入包装材料中也可稳定这些食品。

（3）安全性　BHA 比较安全，其 ADI 值为 0～0.5mg/kg（FAO/WHO，1994），LD_{50} 为2.2～5g/kg。

（4）应用与限量　BHA 是目前国际上广泛应用的抗氧化剂之一，也是我国常用的抗氧化剂之一。根据《食品安全国家标准　食品添加剂使用标准》（GB 2760—2014）规定，BHA 可用于油脂、油炸面制品、饼干、方便米面制品、腌腊肉制品等，最大使用量为 0.2g/kg。BHA在食品中的用量见表 9-2。

表9-2　BHA 在食品中的用量

食品	用量/%
动物油	0.001～0.01
植物油	0.002～0.02
焙烤食品	0.01～0.04
谷物食品	0.005～0.02
脱水豆浆	0.001
精炼油	0.01～0.1
口香糖基质	达到 0.1
糖果	达到 0.1
食品包装材料	0.02～0.1

3. 二丁基羟基甲苯

（1）性状　该抗氧化剂又称为 2,6-二叔丁基对甲酚，简称 BHT，分子式为 $C_{15}H_{24}O$，分子量为220.36。BHT 为白色结晶，无臭无味，沸点265℃，熔点69.7℃，相对密度为1.084。不溶于水和丙二醇，易溶于大豆油（30g/100mL，25℃）、棉籽油（20g/100mL，25℃）、猪油（40g/100mL，50℃）、乙醇 25%、丙酮 40%、甲醇 25%、苯 40%、矿物油 30%。BHT 结构式如下：

$$\text{OH}$$

$$(CH_3)_3C \quad\quad C(CH_3)_3$$

$$H_3C$$

二丁基羟基甲苯

（2）作用机制　BHT 稳定性高，抗氧化能力强，抗氧化效果好，遇热抗氧化能力也不受影响，与金属离子反应不着色，也不与铁离子发生反应，具单酚型油脂的升华性，加热时随水蒸气挥发，基本无毒性。BHT 的抗氧化作用是通过其自身发生自动氧化而实现的。BHT 与柠檬酸、抗坏血酸或 BHA 复配使用，能显著提高抗氧化效果。BHT 可以用于油脂、焙烤食品、油炸食品、谷物食品、奶制品、肉制品、水产品和坚果蜜饯中，对长期贮藏的食品和油脂有良好的抗氧化效果。BHT 也可加入包装焙烤食品、速冻食品及其他方便食品的纸或塑料薄膜等材料中，以延长食品保质期，对于不易直接拌和的食品可溶于乙醇后喷雾使用。

（3）安全性　BHT 的急性毒性大于 BHA，但无致癌性。其 ADI 值为 $0 \sim 0.3mg/kg$（FAO/WHO，1995）。

（4）应用与限量　BHT 也是广泛用于食品的抗氧化剂，在许多方面与 BHA 相同。BHT 价格低廉，为 BHA 价格的 1/8～1/5，可用作主要的抗氧化剂，目前是我国生产量最大的抗氧化剂之一。根据《食品安全国家标准　食品添加剂使用标准》（GB 2760—2014）规定，BHT 可用于油脂、即食谷物、油炸面制品、饼干、方便米面制品、腌腊肉制品等，最大使用量为 0.2g/kg。BHT 在食品中的用量见表 9-3。

表 9-3　BHT 在食品中的用量

食品	用量/%
动物油	0.001～0.01
植物油	0.002～0.02
烘焙食品	0.01～0.04
谷物食品	0.005～0.02
脱水豆浆	0.001
精炼油	0.01～0.1
口香糖基质	达到 0.1
食品包装材料	0.02～0.1

4. 没食子酸丙酯

（1）性状　该抗氧化剂又称为 3,4,5-三羟基苯甲酸丙酯，简称 PG。可用作食品抗氧化剂的没食子酸酯除 PG 外，还包括没食子酸辛酯（OG）和没食子酸十二酯（DG）。没食子酸是 3,4,5-三羟基苯甲酸。以没食子酸丙酯为例说明其性质，PG 分子式为 $C_{10}H_{12}O_5$，分子量为 212.21，熔点 146～149℃。为白色至淡褐色结晶，无臭，略带苦味，易溶于乙醇、丙酮、乙醚，而在脂肪和水中较难溶解。由水或含水乙醇可得到 1 分子结晶水的盐，在 105℃失去结晶水变为无水物。PG 难溶于水（0.35g/100mL，25℃），微溶于棉籽油（0g/100mL，25℃）、花生油（0.5g/100mL，25℃）、猪油（10g/100mL，25℃）。PG 结构式如下：

没食子酸丙酯

（2）作用机制　PG 热稳定性强，但易与铜、铁离子作用生成紫色或暗紫色络合物，有一定的吸湿性，遇光能分解，故 PG 总是与一种金属螯合剂配合使用，且PG与其他抗氧化剂或增效剂并用可增强抗氧化效果。PG 使用量达 0.01%时即能自动氧化着色，与其他抗氧化剂复配使用量约为 0.005%时，即有良好的抗氧化效果。PG 常与 BHA 复配使用或与具有螯合作用的柠檬酸、酒石酸复配使用，不仅起增效作用，而且可以防止金属离子的呈色作用。例如，PG 与 BHA 和抗坏血酸柠檬酸酯或抗坏血酸结合使用可延长牛肉保质期；PG 也可延长鸡肉的保质期；PG 和柠檬酸加入油炸食品中可增强 BHA 在该食品中的抗氧化能力；PG 和柠檬酸加入油炸食品中，可补偿在油炸期间酚类抗氧化剂的损失，提高食品的稳定性；在焙烤食品中，BHA 与 PG 的结合也是有效的。

（3）安全性　PG 摄入人体可随尿排出，比较安全，其 ADI 值为 0～1.4mg/kg（FAO/WHO，2001），LD_{50} 为 3.6g/kg（大鼠，经口）。

（4）应用与限量　PG 是应用最广泛的食品抗氧化剂，也是许多商品混合抗氧化剂的组成成分。根据《食品安全国家标准　食品添加剂使用标准》（GB 2760—2014）规定，PG 可用于油脂、油炸面制品、饼干、方便米面制品、腌腊肉制品等，最大使用量为 0.1g/kg。没食子酸在食品中的用量见表 9-4。

表9-4　没食子酸在食品中的用量

食品	用量/%
动物油	0.001～0.01
植物油	0.001～0.02
全脂乳粉	0.0005～0.01
人造黄油	0.001～0.01
面包	0.001～0.04
谷类食品	0.003
口香糖基质	0.1
糖果	0.01

5. 生育酚

（1）性状　生育酚又称为维生素 E，广泛分布于动植物体内，已知的同分异构体有 8 种，其中已知的天然维生素 E 有 α、β、γ、δ 四种同分异构体。分子式为 $C_{29}H_{50}O_2$，分子量为 430.71，相对密度为 0.932～0.955。作为抗氧化剂使用的天然维生素 E 是生育酚的同分异构体的混合物，经人工提取并浓缩后成为生育酚类物质。为黄色至褐色无臭透明黏稠液体，溶于乙醇，不溶于苯，能与油脂完全混溶。生育酚结构式如下：

R_1、R_2、$R_3=CH_3$　　　　　为 α-生育酚

R_1、$R_3=CH_3$，$R_2=H$　　　为 β-生育酚

R_2、$R_3=CH_3$，$R_1=H$　　　为 γ-生育酚

R_1、$R_2=H$，$R_3=CH_3$　　　为 δ-生育酚

（2）作用机制　生育酚的热稳定性强，耐光、耐紫外线及耐辐射性也强于 BHA、BHT，故除用于一般的油脂食品外，还是透明包装食品的理想抗氧化剂。在较高的温度下，生育酚有较好的抗氧化性能，还有防止维生素 A 在 γ 射线照射下分解的作用，防止胡萝卜素在紫外光照射下分解的作用，还能防止甜饼干和速食面条在日光照射下的氧化作用。近年研究结果表明，生育酚还有阻止腌肉中产生致癌物亚硝胺的作用。维生素 E 与其他的抗氧化剂或增效剂结合使用，例如与抗坏血酸棕榈酸酯、抗坏血酸、卵磷脂、柠檬酸等配合，比单独使用时更有效。维生素 E 对猪油和其他动物油有稳定抗氧化作用。0.01%～0.1%维生素 E，无论单独使用还是与 0.01%的 BHA 配合使用，对于用猪油制作的饼干、糕点和马铃薯片都比对照样品有明显的抗腐败作用。

（3）安全性　生育酚的 ADI 为 0.15～2mg/kg（FAO/WHO，1994），$LD_{50}>10g/kg$（小鼠，经口）。

（4）应用与限量　生育酚是国际上应用广泛的天然抗氧化剂，也是目前国际上唯一大量生产的天然抗氧化剂，这类天然产物都是 α-生育酚。但由于其价格较贵，主要用于保健食品、婴儿食品和其他高价值的食品。根据《食品安全国家标准　食品添加剂使用标准》（GB 2760—2014）规定，生育酚作为抗氧化剂，可用于调制乳，基本不含水的脂肪和油，熟制坚果与籽类，油炸面制品，方便米面制品，果蔬汁（浆）类饮料，蛋白饮料，茶、咖啡和植物饮料，风味饮料，膨化食品等食品中，最大使用量为 0.2g/kg。

6. 其他油溶性抗氧化剂

（1）愈创树脂　愈创树脂是一种可从热带树中萃取出来的树脂，主要成分是 α-愈创木脂酸和 β-愈创木脂酸。为绿褐色至红褐色玻璃样块状物，其粉末在空气中会逐渐变成暗绿色，有香脂的气味和辛辣味，易溶于乙醇、乙醚、氯仿和碱性溶液，微溶于油，难溶于二硫化碳和苯，不溶于水。愈创树脂是较安全的天然抗氧化剂，也是最早使用的天然抗氧化剂之一。在动物脂肪中使用要比在植物油中使用效果好，在油中对风味有些影响，但由于愈创树脂本身具有红褐色，在油中溶解度较小，成本高，目前还未列入我国食品添加剂名录中。

（2）正二氢愈创酸（NDGA）　NDGA 既可从一种沙漠植物 *Larrea divaricata* 中提取，又可用愈创木脂酸二甲酯加氢后脱甲基制得。在油中的溶解度仅为 0.5%～1.0%，但把油加热后溶解度可有较大的提高。NDGA 的耐久性差，贮藏时遇铁或高温易变黑色。NDGA 的抗氧化活性受 pH 值影响较大，在高碱性条件下易被破坏。有研究指出，NDGA 能有效地延迟含脂食品及肉制品的羟高铁血红素催化的氧化作用。

（二）水溶性抗氧化剂

水溶性抗氧化剂是能溶于水的一类抗氧化剂，其主要功能是保护食品色泽、保持食品的风味和质量等。此外，使用某些水溶性抗氧化剂还能在罐头生产时阻止镀锡铁板腐蚀。常用的有抗坏

血酸类抗氧化剂。此外，目前在研究和使用的水溶性抗氧化剂还有许多种，如异抗坏血酸及其钠盐、植酸、乙二胺四乙酸二钠（EDTA-2Na）以及氨基酸类、肽类、香辛料和糖醇类抗氧化剂等。

1. L-抗坏血酸

（1）性状　该抗氧化剂又称为维生素 C，可由葡萄糖合成，分子式为 $C_6H_8O_6$，分子量为 176.13，熔点 190～192℃（分解）。L-抗坏血酸是 3-酮基-L-呋喃古洛糖酸内酯，具有烯醇式结构，是一种强还原性的化合物。其异构体 D-异抗坏血酸（异抗坏血酸，erythorbic acid）生理活性约为 L-抗坏血酸活性的 1/20，但具有比 L-抗坏血酸强的还原能力。

自然界中存在的抗坏血酸主要是 L-抗坏血酸，为白色至微黄色结晶，呈颗粒或粉末，无臭，带酸味，其钠盐有咸味，易溶于水和乙醇，不溶于氯仿、乙醚和苯。干燥品性质较稳定，但热稳定性差，在空气中氧化变为黄色。L-抗坏血酸结构式如下：

L-抗坏血酸

（2）作用机制　L-抗坏血酸可作为啤酒、无酒精饮料、果汁的抗氧化剂，能防止褐变及品质风味劣变现象。在延缓油脂氧化的过程中，抗坏血酸是酚类抗氧化剂 BHA、PG 和维生素 E 的增效剂。抗坏血酸对于抑制加工过的水果和蔬菜的褐变非常有效。抗坏血酸可有效地防止新鲜的或加工过的肉制品褪色，防止烹调过的肉制品腐败；在肉制品中起助色剂的作用。经研究发现抗坏血酸及其钠盐还有阻止亚硝胺生成的作用，所以又是一种防癌物质。在瓶装的和罐装的碳酸饮料中，抗坏血酸被用作氧清除剂，以防止饮料变味和变色；还可防止啤酒氧化变浑、变味、颜色变暗和褪色，也可提高酒的香味和透明度，保持氧化还原电势的稳定性。

（3）安全性　抗坏血酸及其钠盐对人体无毒害，抗坏血酸的 ADI 值为 0～15mg/kg，$LD_{50} \geqslant 5g/kg$（小鼠，经口）。

（4）应用与限量　L-抗坏血酸作为抗氧化剂，可用于果汁、饮料、水果罐头、果酱、硬糖、粉末果汁、乳制品和肉制品，还可用作营养强化剂。根据《食品安全国家标准　食品添加剂使用标准》（GB 2760—2014）规定，L-抗坏血酸作为抗氧化剂，可用于小麦粉中，最大使用量为 0.2g/kg；用于去皮或预切的鲜水果，去皮、切块或切丝的蔬菜中，最大使用量为 0.5g/kg；用于浓缩果蔬汁（浆）中，按生产需要适量使用。

2. 植酸

（1）性状　该抗氧化剂又称为肌醇六磷酸，简称 PA，分子式 $C_6H_{18}O_{24}P_6$，分子量为 660.08。为浅黄色或浅褐色液体，无臭，有强酸味，易溶于水、95%乙醇、丙二醇和甘油，微溶于无水乙醇，几乎不溶于醚、苯、乙烷和氯仿。植酸遇高温则分解。植酸结构式如下：

植酸

（2）作用机制　植酸具有很强的抗氧化作用，除此之外，还具有金属螯合作用、调节 pH 值及缓冲作用等。对于肉类制品，它可从带负电荷的磷脂中清除肌红蛋白衍生的铁，防止自动氧化和异味的生成。在豆油-水乳浊液中加入 1.0mL 植酸能大大减少其氧化程度，还能极大地降低样品体系中铁催化的氧化作用和部分抑制铜催化的维生素 C 氧化。

植酸对油脂有明显的降低过氧化值作用。植酸及其钠盐可用于对虾保鲜，也可用于食用油脂、果蔬制品、果蔬汁饮料及肉制品的抗氧化，还可用于清洗果蔬原材料表面农药残留及防止水产品罐头产生结晶与变黑等。如添加 0.01%～0.05% 的植酸与 0.3% 亚硫酸钠能有效地防止鲜虾变黑并且可以避免 SO_2 的残留量过高。在植物油中添加 0.01% 植酸可以明显防止植物油的酸败，其抗氧化效果因植物油的种类不同而异。添加 0.1%～0.2% 的植酸可抑制大马哈鱼、鳟鱼、虾、金枪鱼等罐头中产生玻璃状结晶磷酸铵镁。添加 0.1%～0.5% 的植酸可以防止贝类罐头因加热杀菌产生的硫化氢与肉中的铁、铜以及金属罐表面溶出的铁、锡等结合硫化变黑。

（3）应用与限量　根据《食品安全国家标准　食品添加剂使用标准》（GB 2760—2014）规定，植酸可用于基本不含水的脂肪和油、加工水果、加工蔬菜、腌腊肉制品类、酱卤肉制品类、西式火腿类、肉灌肠类、发酵肉制品类、果蔬汁（浆）类饮料，最大使用量为 0.2g/kg。

3. 乙二胺四乙酸二钠

（1）性状　该抗氧化剂分子式为 $C_{10}H_{14}N_2Na_2O_8 \cdot 2H_2O$，分子量为 372.24，为白色结晶颗粒或粉末，无臭无味，易溶于水，微溶于乙醇，不溶于乙醚。EDTA-2Na 结构式如下：

乙二胺四乙酸二钠

（2）作用机制　EDTA-2Na 对重金属离子有很强的络合能力，能形成稳定的水溶性络合物，除去和消除重金属离子或由其引起的有害作用，保持食品的色、香、味，防止食品氧化变质，提高食品的质量。

（3）安全性　EDTA-2Na 进入体液后主要是与体内的钙离子络合，最后由尿排出，大部分在 6 h 内排出。口服后，体内有重金属离子时形成络合物，由粪便排出，无毒性。

（4）应用与限量　根据《食品安全国家标准　食品添加剂使用标准》（GB 2760—2014）规定，EDTA-2Na 除用作抗氧化剂外，还能用作稳定剂、凝固剂、防腐剂，其适用范围和最大使用量为：果酱、蔬菜泥（酱）（番茄沙司除外）0.07g/kg，果脯类（仅限地瓜果脯）、腌渍的蔬菜、蔬菜罐头、坚果与籽类罐头、杂粮罐头 0.25g/kg，复合调味料 0.075g/kg，饮料类 0.03g/kg。

三、食品抗氧化剂使用注意事项

1. 掌握正确的使用时机

抗氧化剂只能阻碍或者延缓食品的氧化变质，食品中添加抗氧化剂时要特别注意时机，一般应在食品保持新鲜状态和未发生氧化变质之前使用抗氧化剂，若在食品已经发生氧化变质现象后再使用抗氧化剂，其抗氧化效果会显著下降，甚至完全无效。这对防止油脂及含油脂食品的氧化酸败尤为重要，根据油脂自动氧化酸败的连锁反应，抗氧化剂应在氧化酸败的诱发期开始之前添加才能充分发挥抗氧化的作用。

2. 完全混合均匀使用

因抗氧化剂在食品中的用量很少，为使其充分发挥作用，必须将其十分均匀地分散在食品中。可以先将抗氧化剂与少量的物料调拌均匀，分多次添加物料并不断搅拌，直至完全混合均匀为止。

3. 抗氧化剂与增效剂并用

增效剂是配合抗氧化剂使用并能增加抗氧化效果的物质，这种现象称为增效作用。例如，添加酚类抗氧化剂的同时并用某些酸性物质，如柠檬酸、磷酸、抗坏血酸等，有显著的增效作用，可有效防止食品中油脂的氧化酸败。此外，抗氧化剂与食品稳定剂并用或两种抗氧化剂并用也可起增效作用。

4. 对影响抗氧化剂还原性的诸多因素加以控制

抗氧化剂的作用机理是以其强烈的还原性为依据的，所以使用抗氧化剂应当对影响其还原性的各种因素进行控制。光、温度、氧、金属离子及物质的均匀分散状态等都影响着抗氧化剂的效果。紫外线及高温能促进抗氧化剂的分解和失效，所以在避光和较低温度下抗氧化剂效果更容易发挥。氧是影响抗氧化剂的敏感因素，如果食品内部及其周围的氧浓度高则会使抗氧化剂迅速失效。为此，需要在添加抗氧化剂的同时采用真空和充氮密封包装，以隔绝空气中的氧，这样才能获得良好的抗氧化效果。铜、铁等金属离子起着催化抗氧化剂分解的作用，在使用抗氧化剂时，应尽量避免混入金属离子或者采取某些增效剂螯合金属离子。

5. 可复配使用提高作用效果

可利用已有的合成抗氧化剂与天然抗氧化剂进行复配使用，天然抗氧化剂与增效剂配合使用等使其产生增效作用，以减少合成抗氧化剂的用量，充分利用抗氧化剂的协同作用，可大量节省资源，减少抗氧化剂的使用量。

第四节　食品脱氧剂

脱氧剂又称为游离氧吸收剂（FOA）或游离氧驱除剂（FOS），是一类能够吸除氧的物质。脱氧剂不同于作为食品添加剂的抗氧化剂，它不直接加入食品的组成，而是在密闭的高阻隔包装容器内通过化学反应吸除容器内的游离氧及溶存于食品的氧，并生成稳定的化合物，使包装内部的氧含量降低到 0.1%，从而防止食品中油脂、色素、维生素等营养成分的氧化，较好地保持产品原有的色、香、味和营养。同时利用所形成的缺氧条件也能有效地防止食品的霉变和虫害。脱氧剂除具有除氧功能外，还具有各种复合功能，可以吸收氧、产生二氧化碳，或既吸氧又吸收二氧化碳，是一种对食品无污染、简便易行、效果显著的保藏辅助措施，能有效地防止霉变、虫蛀、锈蚀及氧化变质。

脱氧剂目前已经发展成为一种应用广泛的食品保藏剂，在食品保藏中主要用于防止糕点、饼干、油炸食品、富含脂肪食品等包装食品的氧化变质和霉变。此外，脱氧剂对防治食品生虫也有显著的效果。

一、脱氧剂的分类

1. 以原料成分分类

①无机型，如铁粉等；②有机型，如抗坏血酸等。

2. 以脱氧机理和反应速率分类

①自反应型脱氧剂；②靠水反应型除氧剂；③快速反应型脱氧剂；④正常反应型脱氧剂；⑤慢性反应型脱氧剂。

3. 以适用范围分类

①高水分食品脱氧剂；②中等水分食品脱氧剂；③低水分食品脱氧剂；④超干燥食品脱氧剂。

4. 以除氧功能分类

①单一功能型脱氧剂：仅吸收 O_2；②多功能型脱氧剂：吸收 O_2、产生二氧化碳或吸收二氧化碳。

5. 以形状分类

①颗粒状脱氧剂；②片剂脱氧剂；③卡片形脱氧剂。

二、常用的脱氧剂及其原理

1. 特制铁粉

特制铁粉由特殊处理的铸铁粉及结晶碳酸钠、金属卤化物和填充剂混合而成，特制铁粉为主要成分。特制铁粉的粒径在 $300\mu m$ 以下，比表面积为 $0.5m^3/g$ 以上，呈褐色粉末状。脱氧机理是特制铁粉先与水反应，再与 O_2 结合，最终生成稳定的氧化铁。反应式如下：

$$Fe+2H_2O \longequal Fe(OH)_2+H_2\uparrow$$

$$3Fe+4H_2O \longequal Fe_3O_4+4H_2\uparrow$$

$$4Fe(OH)_2+2O_2+2H_2O \longequal 4Fe(OH)_3 \longequal 2Fe_2O_3 \cdot 3H_2O$$

特制铁粉的原料来源广，成本较低，使用效果良好，在生产中应用较广泛。特制铁粉的脱氧量由其反应的最终产物而定，在一般条件下，1g 铁粉完全被氧化需要 300mL 或者 0.43g O_2，即 1g 铁粉可以处理大约 1500mL 空气中的 O_2，是一种十分有效而且经济的脱氧剂。特制铁粉在反应过程中伴有氢气的产生，因此可在铁系脱氧剂中适当添加抑制氢的物质，或者将已产生的氢气加以处理。特制铁粉的脱氧效果与使用环境的湿度有关，一般湿度越大，脱氧速度越快。

2. 低亚硫酸钠

这种脱氧剂是以低亚硫酸钠为主剂，与氢氧化钙和植物性活性炭为辅料配合而成。如果用于鲜活食品保藏时，脱氧并要同时脱除 CO_2，就需要在辅料中加入碳酸氢钠。该脱氧剂的脱氧机理是以活性炭为催化剂，遇水发生化学反应，并释放热量，温度可达 $60 \sim 70℃$，同时产生 SO_2 和 H_2O。反应式如下：

$$Na_2S_2O_4+Ca(OH)_2+O_2 \longequal Na_2SO_4+CaSO_3+H_2O$$

$$Na_2S_2O_4+O_2 \longequal Na_2SO_4+SO_2$$

$$Ca(OH)_2+SO_2 \longequal CaSO_3+H_2O$$

在低亚硫酸钠与水和活性炭并存的条件下，脱氧速度快，一般在 $1 \sim 2$ h 内就可以除去密封容器中 $80\% \sim 90\%$（体积分数）的 O_2，经过 3h 几乎达到无氧状态。根据理论计算，1g 低亚硫酸钠能与 0.184g O_2 发生反应，即相当于与正常状态下 130mL O_2 或者 650mL 空气中的 O_2 发生反应。低亚硫酸钠也可用于透气性材料包封，放入食品包装袋内，其脱氧效果与包装环境中的温度、水分、压力以及催化物质等因素有关。

3. 碱性糖制剂

碱性糖制剂是以糖为原料制成的碱性衍生物，其脱氧机理是利用还原糖的还原性，进而与氢氧化钠作用形成儿茶酚等多种化合物，其详细机理尚不清楚。此种脱氧剂的脱氧速率差异甚大，有的在 12h 内就可除去密封容器中的 O_2，有的则需要 24h 或 48h。此外，该脱氧剂只能在常温下才具有活性，当处于-5℃ 时脱氧能力减弱，再回到常温下也不能恢复其脱氧活性；如果温度降至-15℃，则完全丧失脱氧能力。

4. 葡萄糖氧化酶

葡萄糖氧化酶也称有机系脱氧剂，是葡萄糖氧化成葡萄糖酸的酶催化剂，在催化其氧化反应的过程中消耗了包装内的氧，从而达到脱除 O_2 的目的。

第五节　食品保鲜剂

一、食品保鲜剂的概念和作用机理

保鲜剂是指为防止生鲜食品脱水、氧化、变色、腐败变质等而在其表面进行喷涂、喷淋、浸泡或涂膜的物质，也称为涂膜剂。食品保鲜剂的应用历史悠久，早在 12、13 世纪我国就有关于用蜂蜡涂在柑橘表面防止水分损失的记载。在 16 世纪英国就出现了涂脂以防止食品干燥的记载。20 世纪 30 年代，美国、英国和澳大利亚开始出现用天然或合成的蜡或树脂处理新鲜水果和蔬菜的技术。20 世纪 50 年代后期，出现用可食性涂膜剂处理肉制品方法的报道。此外，将可食性涂膜剂产品用于糖果食品已不少见。

保鲜剂的作用机理和防腐剂有所不同，其除了对微生物起抑制作用外，还能抑制食品本身的变化，如鲜活食品的呼吸作用、酶促反应等，故保鲜剂的使用对象更多是生鲜食品，尤其是水果、蔬菜、肉制品等。

一般来说，在食品中使用保鲜剂有如下目的：

① 减少食品的水分散失；

② 防止食品氧化；

③ 防止食品变色；

④ 抑制生鲜食品表面微生物的生长；

⑤ 保持食品的风味；

⑥ 保持和增加食品特性，特别是水果的硬度和脆度；

⑦ 提高食品外观可接受性；

⑧ 减少食品在贮运过程中机械损伤。

果蔬表面用保鲜剂处理后，不但可以在果蔬表面形成保护膜，起到阻隔外界 O_2 进入和有害病菌侵入的作用，还可以减少擦伤。涂蜡柑橘要比不涂蜡的柑橘保藏期长，用蜡包裹奶酪可防止其在成熟过程中长霉。此外，树脂蛋白和蜡等保鲜材料还可以使产品带有光泽，提高其商品价值。

二、食品保鲜剂的种类和特性

食品保鲜剂按其作用和使用方法可分为八类：

① 乙烯脱除剂 能抑制果蔬的呼吸作用，防止后熟老化，包括物理吸附剂、氧化分解剂、触媒型脱除剂。

② 防腐保鲜剂 利用化学或者天然抑菌剂防止微生物生长繁殖，从而起到防腐保鲜作用。

③ 涂膜保鲜剂 能抑制果蔬的呼吸作用，减少水分蒸腾，防止微生物入侵，包括蛋白质、类脂和多糖类涂膜保鲜剂等。

④ 气体发生剂 具有催熟、着色、脱涩、防腐等作用，包括 SO_2 发生剂、卤族气体发生剂、乙烯发生剂和乙醇发生剂。

⑤ 气体调节剂 能产生气调效果，包括二氧化碳发生剂、脱氧剂、二氧化碳脱除剂等。

⑥ 生理活性调节剂 具有调节果蔬生理活性作用，包括抑芽丹、苄基腺嘌呤等。

⑦ 湿度调节剂 能调节湿度，包括蒸汽抑制剂、脱水剂等。

⑧ 其他类型保鲜剂 如烧明矾等。

上述保鲜剂中当以涂膜保鲜剂的研究和应用更为广泛。涂膜保鲜是将蛋白质、天然树脂、酯类化合物、多糖等成膜物质制成适当浓度的水溶液或者乳液，采用浸渍、涂抹、喷洒等方法涂布于果蔬表面达到保鲜效果。在这类保鲜剂中动植物多糖类及蛋白质类等高黏度成膜保鲜剂用于果蔬保鲜研究发展最快，应用也最为广泛。

1. 蛋白质

植物来源的蛋白质包括：玉米醇溶蛋白、小麦面筋蛋白、大豆分离蛋白、花生蛋白和棉籽蛋白等。动物来源的蛋白质包括：角蛋白、胶原蛋白、明胶、酪蛋白和乳清蛋白等，可分别或复合制成可食性膜用于食品的保鲜。如乳蛋白中的酪蛋白和玉米醇溶蛋白即可复合用于肉制品、坚果和糖果的保鲜。对蛋白质溶液的 pH 值进行调节会影响其成膜性和渗透性。大多数蛋白质膜是亲水的，对水的阻隔性差。干燥的蛋白质膜，如玉米醇溶蛋白、小麦面筋蛋白和大豆分离蛋白对氧有阻隔作用。

（1）玉米醇溶蛋白 玉米醇溶蛋白是由玉米谷蛋白衍生出的醇溶蛋白，由于非极性氨基酸含量高其在极低或极高 pH 值下均不溶于水。玉米醇溶蛋白可溶于醇溶液，干燥后具有抗油性。一般使用时要添加塑化剂以抗脆裂。由于其高度光亮性、快干性，现在已可替代紫胶使用。玉米醇溶蛋白涂膜有较好的阻隔空气的作用，能防止食品成分氧化、失水及风味损失。

（2）小麦面筋蛋白 小麦面筋蛋白主要由麦醇溶蛋白和麦谷蛋白组成。麦谷蛋白具有弹性，麦醇蛋白具有延伸性，能与水形成网络结构，从而具有优良的黏弹性、延伸性、吸水性、乳化性、成膜性等独特的性能，故具有广阔的应用前景。采用小麦面筋蛋白涂膜进行荔枝保鲜试验，可使荔枝的保鲜期由 2~3d 延长至 7d。

（3）大豆分离蛋白 大豆分离蛋白是一种高纯度大豆蛋白产品，除具有很高的营养价值外，还有诸多加工功能，如乳化、吸水、吸油、黏结、胶凝、成膜等。大豆分离蛋白膜较多糖膜具有更好的阻隔性能和机械性能。由于大豆分离蛋白膜的透氧率太低，透水率又高，故常与糖类、脂类复合用于果蔬保鲜。用大豆分离蛋白淀粉复合膜液对白蘑菇进行涂膜保鲜，能够显著降低其贮藏期内的开伞率、失重率、呼吸强度，有效地抑制多酚氧化酶的活性，提高白蘑菇的贮藏品质。大豆浓缩蛋白（70%蛋白质）和大豆分离蛋白（90%蛋白质）加热后，它们的成膜性因形成二硫键而有所提高，形成膜溶液要远离蛋白质的等电点 pH 值 4.6。

（4）胶原蛋白　胶原蛋白是动物皮、腱和结缔组织的主要成分，它部分水解可形成明胶，可以作为微胶囊的成分。明胶在水溶液中可溶，形成一种柔韧、透明、氧可渗透的膜。用酸或酶对胶原蛋白进行降解可产生可食性的胶原蛋白肠衣，胶原蛋白肠衣是商业化生产可食性薄膜的极好的例子，在肉制品工业中发挥着重要作用。

（5）乳清蛋白　乳清蛋白是原料乳中除在 pH 值等电点处沉淀的酪蛋白外，留下来的蛋白质，占乳蛋白质的 18%～20%。乳清蛋白具有良好的营养特性及成膜能力，它可以形成透明、柔软、有弹性、不溶于水的薄膜，并且此膜在较低的湿度条件下具有优良的阻隔 O_2、芳香物质和油脂的特性。以乳清蛋白为原料，以甘油、山梨醇、蜂蜡、羧甲基纤维素（CMC）等为增塑剂，研制的乳清蛋白可食性膜，具有透水、透氧率低、强度高的特点。

2. 类脂

类脂是一类疏水性化合物，属于甘油和脂肪酸组成的中性酯，蜡是其中之一，包括石蜡油、蜂蜡、矿物油、蓖麻油、菜油、花生油、乙酰单甘酯及其乳胶体等，它们可以单独或与其他成分混合在一起用于食品涂膜保鲜。通常这类化合物做成薄膜后易碎，因此常与多糖类物质混合使用。类脂固形物含量达 75% 时隔水性能较好，而固形物低于 25% 则渗透性增加。

人工涂蜡是果品采后商品化处理的一个重要环节，能减缓果实的失水皱缩，增加果实的光泽，改善其外观品质，且蜡液还可以与保鲜剂配合使用，可更长时间保持果蔬的良好品质。有研究表明，虫胶果蜡可显著提高茄子的贮藏品质。采用石蜡作被膜剂，硬脂酸单甘油酯等为乳化剂，以 ClO_2 为防腐剂制成的涂膜剂对黄瓜、番茄保鲜效果明显。

3. 多糖

在食品系统中，多糖用作增稠剂、稳定剂、凝胶剂和乳化剂已有多年历史。由多糖形成的亲水性膜，有不同的黏度规格，对气体的阻隔性好，但隔水能力差。

（1）纤维素　纤维素是地球上最丰富的多糖，是植物细胞壁的主要成分，天然的纤维素不溶于水，但其衍生物，如 CMC 可溶于水。这些衍生物对水蒸气和其他气体有不同的渗透性，可作为成膜材料的组分。

（2）果胶　果胶也是一种源于植物细胞壁的多糖，果胶物质的基本结构是 D-吡喃半乳糖醛酸以 α-1,4-糖苷键结合的长链物质。果胶酯化程度影响其溶解性和凝胶特性，链的长度也影响到溶解性和黏性。果胶制成的薄膜由于其亲水性，故水蒸气渗透性高。迈尔斯（Miers）等人曾报道甲氧基含量 4% 或更低以及特性黏度在 3.5 以上的果胶，其制成的薄膜强度可以接受。使用的甲氧基果胶类型，与形成不同要求的可食性薄膜关系密切。阿拉伯树胶、海藻中的角叉菜胶、褐藻酸盐、琼脂和海藻酸钠等都是良好的成膜或凝胶材料。

（3）淀粉　淀粉类物质（直链淀粉、支链淀粉以及它们的衍生物）也可用于制造可食性涂膜，有报道指出这些膜对 CO、O_2 均有一定的阻隔作用。直链淀粉的成膜性好于支链淀粉，支链淀粉比较适合作为增稠剂。糊精是淀粉的部分水解产物，也可制作成涂膜、微胶囊等。

（4）阿拉伯胶　从很多植物组织以及通过发酵工程都可以提取出或制造出胶类物质。阿拉伯胶是阿拉伯胶树等金合欢属植物树皮的分泌物，在糖果工业中可作为稳定剂、驻香剂、乳化剂等，也可作为涂膜剂。

4. 甲壳质类

甲壳质类又称几丁质、甲壳质、壳蛋白，是生物界广泛存在的一种天然高分子化合物，属于多糖中的一类，是仅次于纤维素的第二大可再生资源。化学名称为无水 N-乙酰-2-氨基-

2-脱氧-D-葡萄糖，分子式为$(C_8H_{13}NO_5)_n$。

将甲壳素分子中 C 上的乙酰基脱除后可制成脱乙酰甲壳质，称为壳聚糖。壳聚糖呈白色无定形粉末状，溶于盐酸、硝酸、硫酸等，不溶于水、有机溶剂和碱液中，使用时通常是将其溶于醋中。壳聚糖具有成膜性、人体可吸收、抗辐射和抑菌防霉作用，也具有很强的杀菌能力，对大肠杆菌、荧光假单胞菌、普通变形杆菌、金黄色葡萄球菌、枯草芽孢杆菌等有很好的抑制作用。

壳聚糖适用于不含蛋白质的酸性食品，如腌菜的调味液，特别是水果的防腐保鲜。壳聚糖在果实表面能形成一层无色透明的半透膜，能有效地减少 O_2 进入果实内部，显著地抑制了果实的呼吸作用再加上其抗菌作用，故可达到推迟生理衰老，防止果实腐败变质的效果。用含 2%改性壳聚糖制剂处理的苹果块，在 30℃下贮存 1 周未出现霉斑，而对照苹果块则受微生物侵染而出现霉斑。通常使用浓度为 0.5%～2%（质量分数）的溶液，喷在果蔬表面形成一层膜就可达到保鲜效果。

甲壳质或壳聚糖薄膜可以阻碍果蔬的蒸腾作用，以减少水分损失。用壳聚糖处理的水果其硬度有所保持，对果蔬中的营养物质也有一定的影响，其在果蔬表面所形成的无色透明薄膜能有效地控制果蔬的呼吸强度，对乙烯的产生、细胞膜脂过氧化有一定的抑制作用，并有能提高果蔬中超氧化物歧化酶活力的能力。壳聚糖处理还有利于果实细胞的稳定。

5. 树脂

天然树脂来源于树或灌木的细胞中，合成树脂一般是石油的产物。

（1）紫胶　由紫胶桐酸和紫胶酸组成，与蜡共生，可赋予涂膜食品以明亮的光泽。紫胶在果蔬和糖果中应用广泛。紫胶和其他树脂对气体的阻隔性较好，对水蒸气一般。

（2）松脂　可用作柑橘类水果的涂膜保鲜剂。

（3）苯并呋喃-茚树脂　可用作柑橘类水果的保鲜剂。

6. 聚赖氨酸

聚赖氨酸是采用生物工程技术生产的天然食品保鲜剂，是 L-赖氨酸的聚合物，一般以液态使用，使用浓度范围在 1～100μg/mol。聚赖氨酸作为天然保鲜剂，对热稳定性好，安全性也好，对许多微生物的生长有抑制作用。

7. 复合型可食性膜

复合型可食性膜是以不同配比的多糖、蛋白质、脂肪酸结合在一起制成的一种可食性膜。由于复合膜中各种成分的种类及含量不同，膜的透明度、机械强度、阻气性、耐水性、耐湿性也就不同，可以满足不同果蔬保鲜的需要。

如普鲁兰多糖的成膜性、阻气性、可塑性、黏性均较强，并且具有易溶于水、无色无味等优良特性。在猕猴桃涂膜试验中发现，采用 0.080%普鲁兰、0.165%硬脂酸和 0.775%大豆蛋白溶液对猕猴桃浸泡 30s 后存放在 15℃、相对湿度 50%的环境中，20d 后涂膜处理的猕猴桃失水率为 6.48%，而对照组则为 8.26%，失水率显著降低。角叉胶和抗褐变剂复合涂膜处理苹果切片，能有效地降低其呼吸率，抑制微生物生长，延长保鲜期。用壳聚糖和木薯淀粉制成不同的涂膜液对鲜切菠萝蜜进行涂膜处理，涂膜后鲜切菠萝蜜的可溶性固形物、总糖、淀粉、总酸、维生素 C 变化均小于对照组，抗菌性能也优于对照组。以不同溶剂制成的香椿提取液涂膜处理草莓，其保鲜期可延长 6～8d，并能够有效地延缓失重率、腐果率以及可滴定酸、维生素 C 和可溶性固形物含量的变化。

此外，在涂膜剂中常常要加入其他成分或采取其他措施，以增加薄膜的功能。如添加增塑剂（常用丙三醇、山梨醇）、防腐剂（苯甲酸盐、山梨酸盐）、乳化剂（蔗糖酯）、抗氧化剂

（BHT、PG）以及浸渍无机盐溶液（CaCl₂）等。

目前，无毒、无害和无污染的可食性膜已成为食品保藏研究的热点，发展趋势逐渐由单材料向多材料，由单层膜向多层膜方向发展。因而，研制出由多种成分构成的复合型可食性膜和添加防腐剂、酶制剂等生物活性物质的多功能可食性膜是今后发展的主要方向。

 思考题

1. 简述食品化学保藏的原理。
2. 简述食品防腐剂的种类及作用机制。
3. 食品抗氧化剂的种类及作用特点有哪些?
4. 食品抗氧化剂在使用时需要注意哪些事项?
5. 简述常用的脱氧剂种类及作用机制。
6. 简述食品保鲜剂的作用机理。
7. 简述食品保鲜剂的种类及作用。

参考文献

[1] 赵征，张民．食品技术原理[M]．3版．北京：中国轻工业出版社，2022.

[2] 曾庆孝．食品加工与保藏原理[M]．3版．北京：化学工业出版社，2015.

[3] 孙海燕．食品保藏工艺及新技术探究[M]．北京：中国纺织出版社，2019.

[4] 董世荣．食品保藏与加工工艺研究[M]．北京：中国纺织出版社，2019.

[5] 唐浩国，曾凡坤．食品保藏学[M]．郑州：郑州大学出版社，2019.

[6] 胡卓炎，梁建芬．食品加工与保藏原理[M]．北京：中国农业大学出版社，2020.

[7] 李秀娟．食品加工技术[M]．北京：化学工业出版社，2018.

[8] 胡卓炎，梁建芬．食品加工与保藏原理[M]．北京：中国农业大学出版社，2020.

[9] 陈健，吴国杰，赵谋明．食品化学原理[M]．广州：华南理工大学出版社，2015.

[10] 陈文．功能食品教程[M]．北京：中国轻工业出版社，2018.

[11] 秦文，张清．农产品加工工艺学[M]．北京：中国轻工业出版社，2019.

[12] 廖小军，饶雷．食品高压二氧化碳技术[M]．北京：中国轻工业出版社，2021.

[13] 高福成，郑建仙．食品工程高新技术[M]．北京：中国轻工业出版社，2009.

[14] 曾新安．脉冲电场食品非热加工技术[M]．北京：科学出版社，2019.

[15] 翟玮玮．食品加工原理[M]．2版．北京：中国轻工业出版社，2018.

[16] 秦贯丰，丁中祥，原姣姣，等．苹果汁冷冻浓缩与真空蒸发浓缩效果的对比[J]．食品科学，2020，41（7）：102-109.

[17] 张馨月，邓绍林，胡洋健．几种新型解冻技术对肉品质影响的研究进展[J]．食品与发酵工业，2020，46（12）：293-298.

[18] 李成梁，靳国锋，马素敏，等．辐照对肉品品质影响及控制研究进展[J]．食品科学，2016，37（21）：271-278.

[19] 贾培培，王锡昌．热处理方式对动物源肉类食品品质影响的研究进展[J]．食品工业科技，2016，37（9）：388-392.

[20] 李孝莹，高彦祥，袁芳．超高压对食品凝胶特性影响的研究进展[J]．食品工业科技，2017，38（7）：385-389.

[21] 郭园园，娄爱华，沈清武．烟熏液在食品加工中的应用现状与研究进展[J]．食品工业科技，2020，41（17）：339-344.

[22] Smid E J, Gorris L G M．Natural antimicrobials for food preservation[M]．Handbook of food preservation．Boca Raton：CRC，2020：283-298.

[23] Zhang Z H, Wang L H, Zeng X A, et al．Non-thermal technologies and its current and future application in the food industry：A review[J]．International Journal of Food Science & Technology，2019，54（1）：1-13.

[24] Sadiku M N O, Ashaolu T J, Musa S M．Food preservation：An introduction[J]．International Journal of Trend in Scientific Research and Development，2019：367-369.

[25] Leng D, Zhang H, Tian C, et al．Low temperature preservation developed for special foods in East Asia：A review[J]．Journal of Food Processing and Preservation，2022，46（1）：e16176.

[26] Delfiya D S A, Prashob K, Murali S, et al．Drying kinetics of food materials in infrared radiation drying：A review[J]．Journal of Food Process Engineering，2022，45（6）：e13810.

[27] Sharma R, Garg P, Kumar P, et al．Microbial fermentation and its role in quality improvement of fermented foods[J]．Fermentation，2020，6（4）：106.